仪器分析

主　编　刘　宇

副主编　余莉萍　孙菲菲

邢福保

内 容 提 要

本书为“天津大学国家工科化学基础课程教学示范基地”教学改革的研究成果，是按新课程体系编写的教材。

本书以仪器分析的分析方法、基本原理、基本概念、基本知识为教材的基本内容，力求反映仪器分析的发展和新成就，构建教材新体系。

全书共19章，依次是：绪论、电化学分析法导论、电位分析法、电解和库仑分析法、极谱分析法、光学分析法导论、原子吸收光谱法、原子发射光谱法、紫外-可见吸收光谱法、红外吸收光谱法、分子发光分析法、旋光谱和圆二色光谱、核磁共振波谱法、质谱法、色谱分析法导论、气相色谱法、高效液相色谱法、毛细管电泳法、热分析法。

本书可作为高等学校工科化学类、化工类、材料类、环境类各专业的仪器分析教材，也可供相关检验工作人员参考。

图书在版编目(CIP)数据

仪器分析/刘宇主编. —天津：天津大学出版社，2010. 8
ISBN 978-7-5618-3624-8

Ⅰ. ①仪… Ⅱ. ①刘… Ⅲ. ①仪器分析－教材 Ⅳ. ①0657

中国版本图书馆 CIP 数据核字(2010)第147505号

出版发行 天津大学出版社
出 版 人 杨欢
地　　址 天津市卫津路92号天津大学内(邮编:300072)
电　　话 发行部:022-27403647　邮购部:022-27402742
网　　址 www. tjup. com
印　　刷 肃宁县科发印刷厂
经　　销 全国各地新华书店
开　　本 185mm×260mm
印　　张 17.75
字　　数 428千
版　　次 2010年8月第1版
印　　次 2010年8月第1次
印　　数 1－5 000
定　　价 34.00元

前　言

随着科学技术的发展，仪器分析的发展十分迅速，仪器分析课程在各高校有关专业的地位也日益突出，已经成为化学、化工、制药、环境、食品等学科的专业必修基础课之一。本书是在我们教研室多年教学工作积累的基础上，参考了国内有关教材编写而成。由于现代仪器分析方法的内容很广，在内容的取舍上，主要考虑到工科院校应用和知识结构的特点，结合综合大学化学专业《仪器分析教学大纲》的要求，选取较为成熟的仪器分析方法作重点介绍。在教材编写中，我们以介绍各类方法的基本原理、仪器的基本结构、定性、定量方法以及方法的应用为主线，使学生能较全面掌握仪器分析这一领域的基本知识和基本内容。并加入了一些仪器分析方法的历史、新进展和一些分析方法的比较，以利于学生更全面了解掌握各种仪器分析方法。

参加本书编写的有：刘宇（第1~5章）；余莉萍（第6~8，11，18章）；孙菲菲（第15~17章）；邢福保（第9，10章）；魏玉萍（第19章）；马军安（第12章）；郑艳（第14章）；聂晶（第13章）。全书由天津大学肖新亮教授通读、修改和定稿，谨在此致以深切的谢意。

由于编者水平有限，书中难免有错误和不妥之处，敬请读者批评指正！

编者

2010年3月

目 录

第1章　绪　论

分析化学是研究物质的组成、含量、状态和结构的科学。它是化学领域中一个重要的分支，是人们认识物质、了解自然不可缺少的工具。分析化学包括化学分析和仪器分析两个部分。

化学分析是利用物质的化学反应及其计量关系来进行分析的方法。测定时一般只需用化学试剂、天平和一些玻璃器皿。内容包括定性分析、滴定分析和重量分析等方法，主要应用于物质成分的定性分析和定量分析，它是分析化学的基础。仪器分析是在化学分析的基础上发展起来的，是以物质的物理和物理化学性质为基础而建立起来的分析方法。测定时常需要用一些特殊或复杂的仪器设备。它不仅用于物质的定性和定量分析，还可用于结构分析、状态分析、表面分析、微区分析和化学反应有关参数的测定等，代表了分析化学的发展方向。

一、仪器分析方法的特点和局限性

仪器分析法与化学分析相比，具有以下几个主要特点。

(1) 灵敏度高，样品用量少。其绝对灵敏度可达 $10^{-9} \sim 10^{-12}$ g，比化学分析法要高得多；样品用量由化学分析的 mL、mg 级降低到仪器分析的 μL、μg 级，甚至更低。适合于微量、痕量和超痕量成分的测定。

(2) 选择性高。很多仪器分析方法可以通过选择或调整测定的条件，使共存的组分测定时，相互间不产生干扰。

(3) 用途广泛，能适应各种分析的要求。除了能进行定性、定量分析外，还能进行结构分析、物相分析、微区分析、价态分析等，也可进行相对分子质量和各种物理化学常数的测定等。

(4) 操作简便，分析速度快。许多仪器配有自动进样装置和微型计算机控制，使仪器能在较短时间内分析多个样品，并且大多数的仪器分析方法都可以在一次分析中进行多组分的同时测定。

(5) 仪器设备复杂，对工作环境要求较高，价格昂贵。

(6) 相对误差大，一般为 5%，有的甚至更大，因此许多仪器分析方法不适合于常量和高含量分析。

应该指出，与化学分析法相比，尽管仪器分析法具有很多的优点，但它并不能完全替代化学分析法。原因有以下几点。

(1) 仪器分析方法的一个共同缺点是分析的准确度不够高，相对误差一般在 2% ~5%，甚至更差。这样的准确度对于低含量组分的分析，能完全满足要求，但对常量组分的分析，准确度就远低于化学分析法。

(2) 在进行仪器分析前，经常要用到化学分析法对试样进行预处理，如样品的溶解、共存组分的掩蔽、分离或化学富集等。

(3) 仪器分析是一种相对的分析方法，一般需要用标准物质作比较，而所用标准物质的含量通常需要用化学分析方法来确定。

因此仪器分析法与化学分析法是相辅相成的,只有熟练掌握化学分析部分所学的有关知识和实验技能,才能全面掌握仪器分析法。

二、仪器分析方法的分类

仪器分析的方法很多,而且各自都有相对比较独立的原理和体系,常用的仪器分析方法一般可以分为以下几大类别。

1. 光学分析法

这类方法是根据电磁波作用于待测物质后产生的辐射信号或所引起的变化,来进行官能团的鉴定、分子结构的确定、晶体结构的分析及物质含量的测定。可利用的电磁辐射波长范围非常宽广,从X射线到无线电波,即从X射线光谱到核磁共振波谱等。这类方法包括原子吸收光谱、紫外-可见吸收光谱法、红外吸收光谱法、核磁共振波谱法、X射线衍射光谱法、X射线荧光光谱法、原子发射光谱法等。

2. 电化学分析法

电化学分析法是根据物质在溶液中的电化学性质及其变化来进行分析的方法。通常将试液作为化学电池的一个组成部分,通过测量该电池的某种电化学参数(如电导率、电位、电流、电量等)进行检出和测定的方法。根据所测量的电化学参数可将电化学分析法分为电位分析法、极谱和伏安分析法、电解和库仑分析法以及电导分析法等。电化学分析法是仪器分析中应用较普遍的一类方法,常用于常规分析,特别适宜于现场监测、流程在线分析等,可作为生产自动化中分析的有力工具。

3. 色谱分析法

色谱分析法是根据混合物的各组分在互不相溶的两相(固定相和流动相)中吸附能力、分配系数或其他亲和作用的差异而建立的分离分析方法。这种分析最大的特点是集分离和测定于一体,是对多组分物质高效、快速、灵敏的分析方法,它的应用很广泛,发展很迅速。色谱分析法分为气相色谱法、高效液相色谱法和超临界流体色谱法。

4. 其他仪器分析方法

1)质谱法

试样在离子源中被电离成带电的离子,在分子分离器中按质荷比(m/z)的大小顺序进行收集和记录,得到质谱图,根据谱线的位置进行定性和结构分析,根据谱线的相对强度来进行定量分析。

2)热分析法

热分析法是通过测定物质的质量、体积、热导或反应热与温度之间的关系进行定性和定量分析的方法。它包括差热分析法、差示扫描量热法、热重分析法等。

三、仪器分析的发展

分析化学的发展经历了三次巨大的变革。16世纪天平的出现,使分析化学有了科学的内涵。20世纪初,物理化学溶液理论的发展为分析化学提供了理论基础,从而使分析化学由一门操作技术发展为一门科学,实现了其第一次伟大的变革。第二次变革发生在20世纪40~60年代,由于物理学和电子技术的飞速发展并与分析化学相结合,建立和发展了许多新的仪器分析方法,分析化学从以化学分析为主的经典的分析化学发展为以仪器分析为主的现代分析化学，实现了其第二次伟大的变革。20世纪70年代末开始，以计算机应用为主要标志的信息时代的来临，给科学技术的发展带来了巨大的变革，分析化学开始了第三次变革的新时代。计算机的应用可使分析仪器更加快速、灵敏、准确与智能化。各种傅里叶变换仪器相继问世，比传统的仪器具有更多的功能和优越性，如提高灵敏度、快速扫描、便于与其他仪器联用等。计算机又促进了数理统计理论渗入分析化学，出现了化学计量学。

21世纪，生命科学、环境科学、材料科学、能源科学和信息科学等核心科学的发展，对分析化学提出了新的课题和更高的要求，因而也促进了分析化学的发展。现代分析化学已不再只限于测定物质的组成和含量，还要对物质的形态（如价态、配位态、晶形等）、结构（空间分布）进行分析，分析研究体系由简单转向复杂，分析研究层次已进入单细胞、单分子水平和立体构象，分析研究区间已由主体延伸至表面和微区。分析化学已成为最富发展活力的一门学科，必将继续为科技发展和人类进步作出卓越贡献。

四、本课程的任务和要求

本课程是高等学校化学、化工、材料、制药、环境、食品等专业的一门化学基础课。课程有以下基本任务和要求。

（1）掌握常用仪器分析方法的基本原理和熟悉仪器的基本结构。

（2）知晓各种仪器分析方法的特点及其应用范围，并能根据分析的目的，选择适宜的分析方法。

（3）掌握仪器分析实验的基本操作和技能，树立明确的量的概念，培养学生严格、认真、实事求是的科学作风和科学技术工作者应具备的素质。

（4）初步具备查阅一般分析化学书刊、选择分析方法和拟定实验方案及操作步骤的能力。

第 2 章　电化学分析法导论

2-1 概　述

一、电化学分析法的分类

电化学分析法(electroanalytical methods)是利用物质的电学、电化学性质及其变化而建立起来的分析方法。这类方法,通常是将待测试液与适当的电极构成一个化学电池,然后根据物质的组成及含量与化学电池的某些电参量之间的关系进行表征和测量的方法。按照所测量的化学电池电参量性质的不同,如根据电导、电位、电量和电流等,电化学分析法可分为电导分析法、电位分析法、电解分析法、库仑分析法、极谱分析法和伏安分析法等。

根据 IUPAC 的推荐,电化学分析法可以分为三类。

第一类:既不涉及双电层,也不涉及电极反应,如电导分析和高频滴定。

第二类:涉及双电层现象,但不涉及电极反应,如表面张力和非法拉第阻抗的测量。

第三类:涉及电极反应,如电位分析法、电解分析法、库仑分析法、极谱和伏安分析法。

二、电化学分析法的特点

电化学分析是仪器分析的一个重要分支,它具备如下特点。

(1)所用仪器设备简单、小型化,价格比较低,易于实现自动化和连续分析,适用于生产过程中的在线分析。

(2)各种电化学分析法的准确度和灵敏度都高,且重现性和稳定性都较好。

(3)选择性好。除电导分析法和某些电解分析法外,都具有较高的选择性。

(4)可测定组分含量的范围宽。例如电导分析法、电位分析法和电解分析法都可用于常量组分的测定;而各类极谱与伏安分析法和某些电位分析法与库仑分析法则可用于微量和痕量组分的分析。

(5)应用范围广。不仅可测定阳离子,也可测定阴离子;不仅可测定无机物,也可测定有机物、药物和生物分子,包括生物大分子;甚至可测定非电活性物质。

电化学分析法不仅用于成分分析,也可用作结构分析,如进行价态和形态分析;还可作为科学研究的工具,如研究电极过程动力学、氧化还原过程、催化过程、吸附现象等等。

表 2-1 列出几种常用电化学分析法的特点和主要用途。

表 2-1　常用电化学分析法的特点和用途

方法名称	测定的电参量	特点及用途
电位分析法	电极电位	1. 适用于微量组分的测定，对一价离子的测定误差为 4%，二价离子的测定误差为 8% 2. 选择性好，适用于测定 H^+、F^-、Cl^-、K^+ 等数十种离子
电导分析法	电阻或电导	1. 适用于测定水的纯度（电解质总量） 2. 选择性较差
库仑分析法	电量	1. 不需要标准物质，准确度高 2. 适用于测定许多金属、非金属离子及一些有机化合物
极谱与伏安分析法	电流—电压曲线	1. 选择性好，可用于多种金属离子和有机化合物的测定 2. 适用于微量和痕量组分的测定

2-2　化学电池和电极电位

一、化学电池的组成

化学电池（electrochemical cell）是化学能与电能互相转换的装置。能自发地将化学能转变成电能的装置称为原电池；需要外部电源提供电能，使电池内部发生电极反应的装置称为电解池。这两种化学电池在电化学分析法中均有应用。

化学电池是两个电极浸入适当的电解质溶液中构成的。两个电极可以相同也可以不同，所接触的电解质溶液也可以相同或不同。如果两个电极浸在同一个电解质溶液中，这样构成的电池称为无液体接界电池，如图 2-1（a）所示。如果两个电极分别浸在不同的电解质溶液中，溶液用烧结玻璃或素烧陶瓷隔开，或用盐桥（salt bridge）连接，这样构成的电池称为有液体接界电池，如图 2-1（b）所示。一个电极与它接触的溶液构成一个半电池，两个半电池组成一个化学电池。

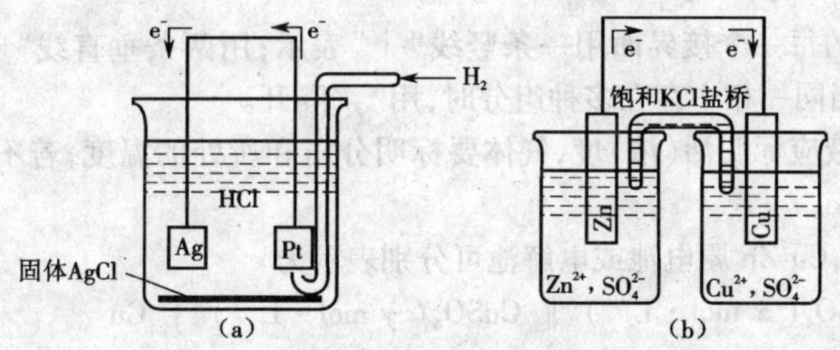

图 2-1　化学电池
（a）无液体接界电池　（b）有液体接界电池

为了避免两种电解质溶液相互混合而破坏两个半电池，同时又能使离子在其间自由迁移，在两种电解质溶液之间必须有适当的液体接界装置。多孔烧结玻璃或素烧陶瓷以及盐桥等就能起到这种作用。当电池工作时，电流必须在电池内部和外部流通，构成回路。将两个电极用金属导线连接，则在外电路中，电子通过金属导体从一个电极流到另一个电极。而在电池内部的电解质溶液中，是靠带正、负电荷离子的迁移来输送电荷。最后在电极和电解质溶液的固液界面上通过氧化或还原反应而发生电子的转移，这是电流流过电池的整个过程。图2-1(b)所示的铜锌电池是大家熟悉的丹聂尔(Daniel)电池。它由一个浸在$ZnSO_4$溶液中的锌电极和一个浸在$CuSO_4$溶液中的铜电极所组成，两者用盐桥连接。用导线把两个电极接通，在两个电极上将分别发生电极反应。

由于Zn的标准电极电位($\varphi^{\ominus}_{Zn^{2+}/Zn} = -0.763\ V$)比Cu($\varphi^{\ominus}_{Cu^{2+}/Cu} = 0.340\ V$)负，因此Zn较Cu活泼，易失去电子，被氧化成$Zn^{2+}$进入溶液相。锌原子将失去的电子留在锌电极上，通过外电路流到铜电极上，再被溶液中Cu^{2+}接受，成为金属铜沉积在铜电极上。因此，在锌电极上发生的是氧化反应，是阳极，即

$$Zn \rightleftharpoons Zn^{2+} + 2e^-$$

在铜电极上发生的是还原反应，是阴极，即

$$Cu^{2+} + 2e^- \rightleftharpoons Cu$$

总的电池反应是这两个电极反应(半电池反应)之和，即

$$Zn + Cu^{2+} \rightleftharpoons Zn^{2+} + Cu$$

电化学规定：不论是原电池还是电解池，发生氧化反应的电极称为阳极；发生还原反应的电极称为阴极。按物理学规定：电流的方向与电子流动的方向相反，电流总是从电位高的正极流向电位低的负极。在上述Cu-Zn原电池中，外电路电子流动的方向是由锌电极流向铜电极，因此铜电极是电池的正极，锌电极是电池的负极。

对于原电池，电池的阳极，就是负极；阴极，就是正极。对于电解池，情况恰好相反。电解池的负极(与电源的负极相连)就是阴极，该电极发生还原反应；电解池的正极就是阳极，该电池发生氧化反应。

按照国际公认的规则，电池有如下表示方法。

(1)阳极写在左边，阴极写在右边，电池的电动势$E_{电池}$为右边的电极电位减去左边的电极电位，即

$$E_{电池} = \varphi_{右} - \varphi_{左} = \varphi_{阴} - \varphi_{阳}$$

(2)电池组成的每一个接界面用一条竖线"|"表示；用两条垂直线"‖"表示盐桥，表示它有两个接界面；当同一相中存在多种组分时，用","隔开。

(3)电解质溶液应标明活(浓)度，气体要标明分压和所处的温度，若不注明则表示25 ℃及$1.013\ 25 \times 10^5$ Pa。

按照上述原则，Cu-Zn原电池或电解池可分别表示为

原电池　Zn | $ZnSO_4$(x mol·L^{-1}) ‖ $CuSO_4$(y mol·L^{-1}) | Cu

电解池　Cu | $CuSO_4$(y mol·L^{-1}) ‖ $ZnSO_4$(x mol·L^{-1}) | Zn

Cu-Zn原电池由于右边铜电极的电位比锌电极高，故$E_{电池}$为正值，表示电池反应能自发地进行；Cu-Zn电解池右边锌电极的电位比铜电极低，则其$E_{电池}$为负值，表示电池反应不能自发地进行，必须外加一个大于该电池电动势的外加电压，才能使电池反应进行。

二、电极电位

任何化学电池都是由两个半电池组成的。每个半电池都是由电极与电解质溶液在它们的界面上发生电极反应，当电极反应达到平衡时产生的电位差称为电极电位(electrode potential)

或半电池电位。但是目前还没有办法能够测量单个电极的绝对电位值，而只能测量整个电池的电动势，因此可另取一个电极作为比较标准，与其组成一个化学电池。于是统一以标准氢电极（Normal（or Standard）Hydrogen Electrode，NHE 或 SHE）为标准，根据 IUPAC 规定，在任何温度下 NHE 的电极电位为零。将 NHE 作为负极与其他各种被测电极组成原电池，在标准状态下，即电解质溶液的离子活度均为 1 mol · L^{-1}；如为气体，其分压为 101 325 Pa；如为固体或液体，均为纯净物；温度为 25 ℃，此时的电极电位就是被测电极的标准电极电位，用 $\varphi^{\ominus}_{Ox/Red}$ 表示。

某电极与电解质溶液之间组成电对的电极电位，其大小可由能斯特（Nernst）方程式表示。电极电位是参与电极反应物质的活度和温度的函数。在通常的实验条件下，温度保持不变，电极电位只随活度而变。

在实际工作中，经常要用到浓度而不是活度，可以设法使标准溶液与被测溶液的离子强度相同，活度系数不变，这时可以用浓度代替活度。当用氧化态和还原态的浓度代替它们的活度时，能斯特方程式中的标准电极电位 $\varphi^{\ominus}$ 要改用条件电位 $\varphi^{\ominus'}_{Ox/Red}$。也就是说条件电位是指氧化态与还原态的总浓度均等于 1 mol · L^{-1} 时的电极电位。它除了受温度的影响外，还与活度系数和副反应系数有关，所以条件电位受离子强度、酸效应、配位效应和水解效应等因素的影响，只有条件一定时，条件电位才是常数。在实际工作中条件电位比标准电极电位具有更为广泛的实用价值。

三、液体接界电位

当两个不同的溶液相接触时，在它们的相界面上存在着微小的电位差，称为液体接界电位，简称液接电位（liquid junction potential）。液接电位的产生是由于不同离子扩散经过两个溶液界面时具有不同的速度而引起的。

例如，不同浓度的两个 HCl 溶液互相接触时，如图 2-2（a）所示。在两个溶液的界面上，H^+ 和 Cl^- 将从浓度高的一边向浓度低的一边扩散，但 H^+ 的扩散速度约为 Cl^- 的 5 倍，所以在浓度低的一边便出现过剩的 H^+ 而荷正电，而在浓度高的一边则由于过剩 Cl^- 而荷负电，形成双电层（electric double layer），因而在它们之间出现了电位差，产生了液接电位。

当相同浓度不同组成的两种溶液互相接触时，如图 2-2（b）所示。在界面上由于 H^+ 的扩散速度比 K^+ 快，使 KCl 溶液一边积聚过剩的 H^+ 而荷正电，形成双电层，达到平衡时产生液接电位。

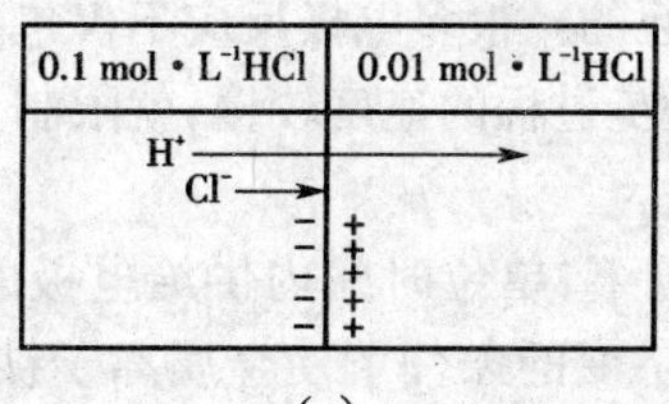

（a）

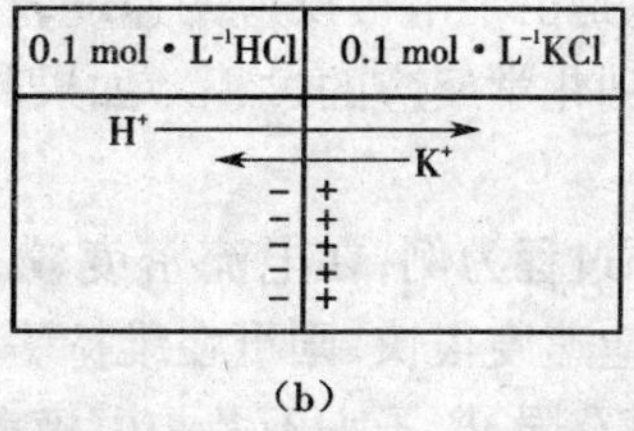

（b）

图 2-2　液接电位产生示意图

液接电位值无法准确测定，它会影响电池电动势的测量结果，实际工作中必须设法清除，或者尽可能使其减小。通常采用的方法是在两种溶液之间用盐桥相连接。盐桥可以这样制备：在饱和 KCl 溶液中加入 3% 的琼脂，加热使琼脂溶解，注入 U 形玻璃管内，冷却而成凝胶。

使用时将它的两端分别插入两个溶液中。由于饱和 KCl 溶液的浓度高达 4.2 $mol \cdot L^{-1}$，当盐桥和浓度低的电解质溶液接触时，主要是盐桥中的 K^+ 和 Cl^- 迁移到插入的溶液中。而 K^+ 和 Cl^- 的扩散速率又相近，使盐桥与溶液接触处产生的液接电位很小，一般为 1 ~ 2 mV。由此可见，即使是使用了盐桥，液接电位也不可能完全消除，所以在所测定的电池的电动势中应包含有液接电位，即

$$E_{电池} = \varphi_{右} - \varphi_{左} + \varphi_{液接}$$

2-3 电极的极化与超电位

一、电极的极化

电化学中所谓的极化(polarization)是指电流通过电极时，电极电位偏离能斯特平衡电位的现象。电池的两个电极都可以发生极化。当电子从外电路大量流入金属相，破坏了原来金属与含该金属离子溶液两相间的平衡电位，使电极电位变得更负，这就是阴极的极化。如果外电路接通电源后，金属相的离子大量流失，同样破坏了原来的平衡电位，使电极电位变得更正，这就是阳极的极化。影响极化程度的因素有电极的大小和形状、电解质溶液的组成、搅拌情况、温度、电流的大小、电池反应中反应物和生成物的物理状态以及电极的成分等。

根据产生极化现象原因的不同，通常将电极的极化分成浓差极化(concentration polarization)和电化学极化两类(electrochemical polarization)。

1. 浓差极化

它是由于电极反应过程中，电极表面附近溶液的浓度和主体溶液的浓度发生差别所引起的。例如，电解时在阴极发生 $M^{n+} + ne^- \rightleftharpoons M$ 的反应，就会使电极表面附近离子的浓度迅速降低，而主体溶液的 M^{n+} 向阴极表面扩散的速度跟不上 M^{n+} 在阴极还原析出的速度，这就使得电极表面 M^{n+} 的浓度比主体溶液中的离子浓度小。由能斯特方程可知，由于电极表面的离子浓度减小，其电极电位将比平衡电位要负一些，即电位负移。随着电流密度的增大，电位负移显著。如果发生的是阳极反应，由于金属的溶解，使阳极表面的金属离子浓度大于主体溶液的浓度，因而使阳极电位变得更正。这种由浓度差别引起的极化，称为浓差极化。要减小浓差极化，可采用增大电极面积、减小电流密度、提高溶液温度并加强搅拌等方法。

2. 电化学极化

电化学极化是由于电极反应的速度较慢而引起的。很多电极反应不仅包括有电子转移的过程，还有一系列化学反应的过程。如果其中某一步过程的速度较慢，就限制了总的电极反应的速度。

以阴极还原过程为例，在电流密度较大的情况下，单位时间内供给电极的电荷数量相当多，如果电极反应速度很快，则可在维持平衡电位不变的条件下使金属离子被还原。相反，如果电极反应速度有限，离子来不及与电极表面过剩的电子结合，就将使电子在电极表面上积聚起来，从而使阴极电位变负。对于阳极来说，电位将变正。

二、超电位

由于极化现象的存在，实际电极电位与平衡电极电位之间产生一个差值，这个差值称为超电位(也称过电位，over-potential)，一般用 η 表示。阴极上的超电位使阴极电位向负的方向移

动，阳极上的超电位使阳极电位向正的方向移动。超电位的大小可衡量电极极化的程度。超电位受到多种因素的影响，无法从理论上进行计算，只能根据经验归纳出一些规律：

(1)超电位随电流密度的增加而增大；

(2)超电位随温度升高而降低；

(3)电极的化学成分不同，超电位也有明显的不同；

(4)产物是气体的电极过程，超电位一般较大，金属电极和仅仅是离子价态改变的电极过程，超电位一般较小。

思　考　题

1. 简述电化学分析法的分类及特点。

2. 化学电池根据能量转换可分成哪两类？各类电池由哪几部分组成？

3. 电极电位是如何产生的？电极电位 φ 的数值是如何得到的？

4. 液接电位是如何产生的？如何设法减小？

5. 决定化学电池的阴、阳极和正、负极的根据各是什么？

6. 何谓电极的极化？产生极化的原因有哪两种？分别是怎样产生的？

7. 何谓超电位？影响超电位有哪些因素？

8. 某一电池由下列物质组成：银电极、未知 Ag^+ 溶液、盐桥、饱和 KCl 溶液、$Hg_2Cl_2(s)$、Hg(l)。(1)写出其电池表示式。(2)盐桥起什么作用？该盐桥内应充以什么电解质？

习　　题

1. 对下述电池：(1)写出两个电极上的反应；(2)计算电池的电动势；(3)按题中的写法，这些电池是原电池还是电解池？（假设温度为 25 ℃，活度系数均等于 1）

①$Pt \mid Cr^{3+}(1.0\times10^{-4}\ mol\cdot L^{-1}), Cr^{2+}(1.0\times10^{-1}\ mol\cdot L^{-1}) \parallel Pb^{2+}(8.0\times10^{-2}\ mol\cdot L^{-1}) \mid Pb$

已知　$Cr^{3+} + e^- \rightleftharpoons Cr^{2+}$　　$\varphi^\ominus = -0.41\ V$

　　　$Pb^{2+} + 2e^- \rightleftharpoons Pb$　　$\varphi^\ominus = -0.126\ V$

②$Bi \mid BiO^+(8.0\times10^{-2}\ mol\cdot L^{-1}), H^+(1.0\times10^{-2}\ mol\cdot L^{-1}) \parallel I^-(0.10\ mol\cdot L^{-1})$，AgI(饱和) $\mid$ Ag

已知　$BiO^+ + 2H^+ + 3e^- \rightleftharpoons Bi + H_2O$　　$\varphi^\ominus = 0.32\ V$　　$K_{sp,AgI} = 8.3\times10^{-17}$

2. 根据下列电池测得电动势的数值，计算右边电极相对应于标准氢电极的电极电位值：

(1)饱和甘汞电极 $\parallel M^{n+} \mid M, Pt$　　$E = 0.809\ V$

(2)饱和银－氯化银电极 $\parallel$ MA(饱和)，$A^{2-} \mid M$　　$E = -0.122\ V$

3. 标准甘汞电极与铂电极同置于 Sn^{4+} 和 Sn^{2+} 溶液中。甘汞电极为正极，25 ℃时，测得电池电动势为 0.07 V。计算该溶液中 Sn^{4+} 与 Sn^{2+} 的比率。

第3章 电位分析法

3-1 概述

一、电位分析法

电位分析法(potentiometry)是利用化学电池内电极电位与溶液中某种组分浓度的对应关系,实现定量测定的一种电化学分析法。

电位分析法分为两大类:直接电位法(direct potentiometry)和电位滴定法(potentiometric titration)。直接电位法是通过测量电池电动势直接求出待测离子活度的方法。在离子强度一定时,可实现对待测离子浓度的测定。电位滴定法则是通过测量滴定过程中电池电动势的变化来确定终点,并根据所用滴定剂的用量计算出被测物质的含量。

电位分析法的关键是如何准确测定电极电位值。电极电位是在零电流(即通过指示电极的电流为零)的条件下测得的平衡电位。此时,电极上的电极过程处于平衡状态。在此状态下,电极电位与溶液中参与电极过程的待测离子活度之间服从能斯特方程。这是电位分析法的基础。

直接电位法简便、快速,广泛用于微量组分的测定。电位滴定法比直接电位法具有较高的准确度和精密度,但分析时间较长,如能使用自动电位滴定仪,计算机处理数据,则可达到简便、快速的目的。它既适用于微量组分的测定,也可用于常量组分的测定。

二、参比电极与指示电极

测量电池的电动势时,通常是在待测试液中插入两支性质不同的电极组成工作电池。将电极电位随待测离子活度变化而变化的电极称为指示电极(indicator electrode),将另一支电极电位值恒定的、提供测量电位标准的电极称为参比电极(reference electrode)。

电位分析法中使用的指示电极种类繁多,在下面章节中将详细介绍。常用的参比电极主要有标准氢电极、甘汞电极和银-氯化银电极。标准氢电极(NHE)是参比电极的一级标准,IUPAC规定在任何温度下,它的电位值都是0 V。但由于标准氢电极不易制作,而且铂黑容易中毒,在实际工作中常用的参比电极是甘汞电极和银-氯化银电极。

甘汞电极是由金属汞及其难溶盐 Hg_2Cl_2 和 KCl 溶液组成的电极,有单盐桥型(232型)和双盐桥型(217型)两种,如图3-1所示。两种类型电极的内部结构相同。内玻璃管中封接一根铂丝,铂丝插入纯汞中(厚度为0.5~1 cm),下置一层甘汞(Hg_2Cl_2)和汞的糊状物,外玻璃管中装入KCl溶液,底端通过熔结陶瓷芯或玻璃砂芯等多孔物质与待测溶液接通。

甘汞电极的半电池可表示为

$$Hg, Hg_2Cl_2(s) \mid KCl$$

电极反应为

$$Hg_2Cl_2 + 2e^- \rightleftharpoons 2Hg + 2Cl^-$$

实际上是电极表面的 Hg_2^{2+} 与金属汞交换电子，即

$$Hg_2^{2+} + 2e^- \rightleftharpoons 2Hg$$

甘汞电极电位的大小，由电极表面 Hg_2^{2+} 的活度 $a_{Hg_2^{2+}}$ 决定：

$$\varphi_{Hg_2Cl_2/Hg} = \varphi^{\ominus}_{Hg_2^{2+}/Hg} + \frac{0.059}{2}\lg a_{Hg_2^{2+}} (25℃) \tag{3-1}$$

在电极表面，溶液中 Hg_2Cl_2 是饱和的，在一定温度下，活度积 K_{ap,Hg_2Cl_2} 为常数，电极表面 Hg_2^{2+} 的活度取决于溶液中 Cl^- 的活度。

$$K_{ap,Hg_2Cl_2} = a_{Hg_2^{2+}} \cdot a_{Cl^-}^2 \tag{3-2}$$

将式(3-2)代入式(3-1)中，则

$$\varphi_{Hg_2Cl_2/Hg} = \varphi^{\ominus}_{Hg_2^{2+}/Hg} + \frac{0.059}{2}\lg K_{ap,Hg_2Cl_2} - 0.059\lg a_{Cl^-}$$

$$= \varphi^{\ominus}_{Hg_2Cl_2/Hg} - 0.059\lg a_{Cl^-} \tag{3-3}$$

上式中 $\varphi^{\ominus}_{Hg_2Cl_2/Hg} = \varphi^{\ominus}_{Hg_2^{2+}/Hg} + \frac{0.059}{2}\lg K_{ap,Hg_2Cl_2}$

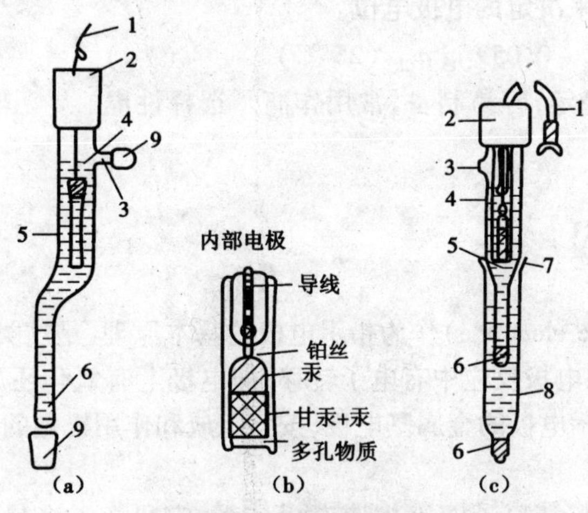

图3-1 饱和甘汞电极

(a)232型甘汞电极 (b)内部电极结构 (c)217型甘汞电极

1—导线；2—绝缘帽；3—加液口；4—内部电极；5—饱和氯化钾溶液；

6—多孔性物质(陶瓷芯)；7—可卸盐桥磨口套管；8—可卸盐桥液接溶液；9—橡皮帽

由式(3-3)可以看出，当温度一定时，甘汞电极的电极电位取决于溶液中 a_{Cl^-}，当 a_{Cl^-} 一定时，其电极电位是个定值。不同浓度的KCl溶液，使甘汞电极的电位具有不同的恒定值，如表3-1所示。

表 3-1　25 ℃时甘汞电极的电极电位(对 NHE)

名　　称	KCl 溶液的浓度	电极电位 φ / V
0.1 $mol \cdot L^{-1}$ 甘汞电极	0.1 $mol \cdot L^{-1}$	+0.336 5
标准甘汞电极(NCE)	1.0 $mol \cdot L^{-1}$	+0.282 8
饱和甘汞电极(SCE)	饱和溶液	+0.243 8

单盐桥型甘汞电极使用 KCl 自身盐桥电解质溶液,Cl^-不断地从盐桥口渗出,保持新鲜的液体接界面。当 Cl^-、K^+对测定有干扰时,应使用双盐桥(双液接)甘汞电极,在 KCl 盐桥外再套接一磨口套管,内充 NH_4NO_3等不干扰测定的电解质溶液。

银-氯化银电极(见图 3-2)的电极反应类似于甘汞电极,其半电池可表示为

$$Ag, AgCl(s) \mid KCl$$

电极反应为

$$AgCl + e^- \rightleftharpoons Ag + Cl^-$$

实际上是电极表面的 Ag^+与金属银交换电子,建立起由 a_{Cl^-}(通过难溶盐 AgCl)来决定的电极电位。

$$\varphi_{AgCl/Ag} = \varphi^{\ominus}_{AgCl/Ag} - 0.059\ \lg a_{Cl^-}\ (25\ ℃) \qquad (3\text{-}4)$$

Ag-AgCl 电极性能稳定,容易制备,常用作离子选择性电极的内参比电极。

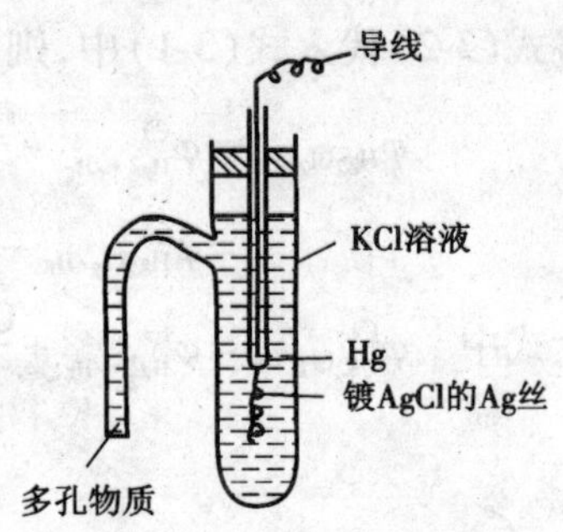

图 3-2　银-氯化银电极

3-2　金属基电极

金属基电极(metallic electrode)作为指示电极的基本原理,是这类电极的电位能随待测离子活度的变化而变化,在电极反应中有电子转移,即电极上有氧化还原反应发生,且电极电位呈能斯特响应。用作指示电极的金属基电极,按其组成和作用机理的不同分为四类。

1. 第一类电极

这类电极是由金属与其离子溶液构成电极体系,它只有一个界面。电极的半电池可用 $M^{n+} \mid M$ 表示,电极反应为

$$M^{n+} + ne^- \rightleftharpoons M$$

电极电位为

$$\varphi_{M^{n+}/M} = \varphi^{\ominus}_{M^{n+}/M} + \frac{0.059}{n} \lg a_{M^{n+}}\ (25\ ℃) \qquad (3\text{-}5)$$

构成第一类电极常见的金属有 Ag、Cu、Zn、Cd、Hg 和 Pb 等。例如银电极($Ag^+ \mid Ag$)是由金属银丝浸在 $AgNO_3$溶液中构成,其电极电位为

$$\varphi_{Ag^+/Ag} = \varphi^{\ominus}_{Ag^+/Ag} + 0.059\ \lg a_{Ag^+}\ (25\ ℃)$$

2. 第二类电极

这类电极是由金属表面覆盖其难溶盐(氧化物、氢氧化物或氯化物),并浸在含该难溶盐的阴离子溶液中构成的。前述甘汞电极和银－氯化银电极属于此类电极。电极电位为

$$\varphi_{MX/M}=\varphi^{\ominus}_{MX/M}-0.059\lg a_{X^-}\ (25\ ℃) \tag{3-6}$$

电极对金属离子 M^+ 和与其难溶盐对应的阴离子 X^- 产生响应。因此，除了能测量金属离子活度外，还能测量并不直接参与电子转移的 X^- 的活度。应当注意，如果有能与相同金属离子形成难溶盐的其他阴离子存在，将会产生干扰。这类电极常用作参比电极以测定其他电极的电位。

3. 第三类电极

这类电极是由金属和含共同配位体的两个难解离配合物组成的电极，例如汞电极。

汞电极是将金属汞浸入待测金属离子 M^{n+} 的溶液中，并加入少量 Hg^{2+} – EDTA 配合物所构成的电极体系。电极的半电池为

$$Hg|HgY^{2-},MY^{(n-4)},M^{n+}$$

电极反应为

$$HgY^{2-}+2e^-\rightleftharpoons Hg+Y^{4-}$$

为简便起见，忽略离子强度的影响，近似地用浓度代替活度。汞电极电位为

$$\varphi_{Hg^{2+}/Hg}=\varphi^{\ominus}_{Hg^{2+}/Hg}+\frac{0.059}{2}\lg[Hg^{2+}]\ (25\ ℃) \tag{3-7}$$

在滴定过程中，溶液中存在着 Hg^{2+}、M^{n+} 和 H_2Y^{2-} 之间的平衡：

$$Hg^{2+}+H_2Y^{2-}=HgY^{2-}+2H^+$$

$$K_{HgY}=\frac{[HgY^{2-}][H^+]^2}{[Hg^{2+}][H_2Y^{2-}]} \tag{3-8}$$

$$M^{n+}+H_2Y^{2-}=MY^{(n-4)}+2H^+$$

$$K_{MY}=\frac{[MY^{(n-4)}][H^+]^2}{[M^{n+}][H_2Y^{2-}]} \tag{3-9}$$

将式(3-8)、式(3-9)代入式(3-7)中，得

$$\varphi_{Hg^{2+}/Hg}=\varphi^{\ominus}_{Hg^{2+}/Hg}+\frac{0.059}{2}\lg\frac{K_{MY}}{K_{HgY}}+\frac{0.059}{2}\lg\frac{[HgY^{2-}]}{[MY^{(n-4)}]}+\frac{0.059}{2}\lg[M^{n+}] \tag{3-10}$$

在滴定过程中 $[HgY^{2-}]$ 几乎不变，滴至化学计量点时 $[MY^{(n-4)}]$ 值不变，于是式(3-10)可简化为

$$\varphi_{Hg^{2+}/Hg}=\varphi^{\ominus'}_{Hg^{2+}/Hg}+\frac{0.059}{2}\lg[M^{n+}] \tag{3-11}$$

上式表明，在一定条件下，汞电极电位仅与 $[M^{n+}]$ 有关。因此，汞电极常用作 EDTA 电位滴定 M^{n+} 的指示电极。汞电极适用于 $2<pH<11$ 的溶液。当 $pH>11$ 时，产生 HgO 沉淀，而 $pH<2$ 时，HgY^{2-} 又不稳定。目前，汞电极能用于约 30 种金属离子的电位滴定。

4. 零类电极

这类电极也称为氧化还原电极或惰性金属电极。它是由惰性金属如铂丝或铂片浸入均相和可逆的同一元素的两种不同氧化态的离子溶液中构成的电极。由于构成电极的氧化态和还原态物质都不是固态导体，必须借助于铂、金、石墨等惰性材料实现导电作用。这些惰性材料本身不参与氧化或还原的半反应，仅起电子贮存器作用，为溶液中发生的氧化还原反应提供电子转移的场所。例如，将铂片插入含有 Fe^{3+} 和 Fe^{2+} 的溶液中，25℃时 Fe^{3+}/Fe^{2+} 的电极电位为

$$\varphi_{Fe^{3+}/Fe^{2+}}=\varphi^{\ominus}_{Fe^{3+}/Fe^{2+}}+0.059\lg\frac{a_{Fe^{3+}}}{a_{Fe^{2+}}} \tag{3-12}$$

此外,有气体参加组成的电极,如氢电极、氯电极和卤素电极等也属于这一类。常用的零类电极有 Pt | Fe^{3+},Fe^{2+}、Pt | MnO_4^-,Mn^{2+}、Pt | Ce^{4+},Ce^{3+}、Pt | H^+,H_2等。

上述四类金属基电极的共同特点是:当电极置于溶液中时,在电极与溶液的界面有氧化还原反应发生,即有电子转移。由于这些电极容易受溶液中氧化剂或还原剂的影响,选择性不如离子选择性电极,常在电位滴淀中用作指示电极。

3-3 离子选择性电极

离子选择性电极(ion selective electrode)是通过电极上的敏感膜对某种特定离子具有选择性的电位响应而作为指示电极的。它所指示的电极电位值与相应离子活度的关系符合能斯特方程。离子选择性电极与金属基电极在基本原理上有本质的不同,在电极的薄膜处并不发生电子转移,而是选择性地让某些特定离子渗透,由于离子迁移而发生离子交换。离子选择性电极是一类电化学传感器,由于其敏感膜对于特定离子有显著交换作用,所以这类电极又称为膜电极。

一、离子选择性电极的分类

根据离子选择姓电极敏感膜的组成和结构,IUPAC 建议分类如下:

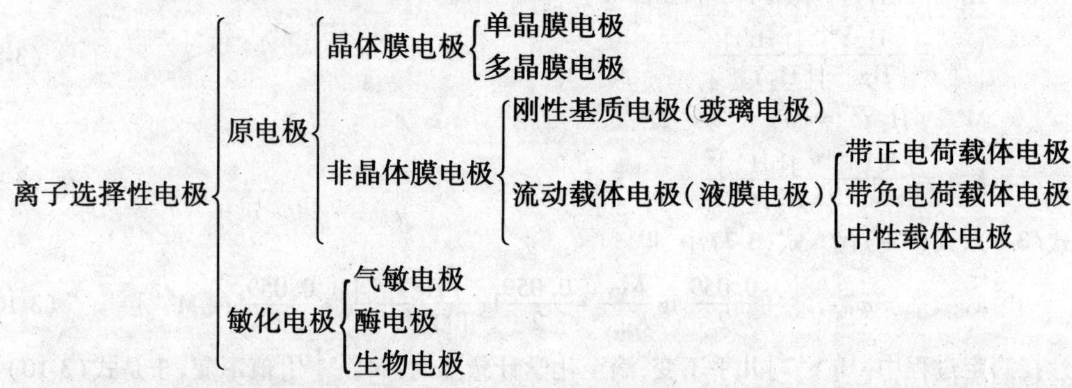

原电极是指敏感膜直接与试液接触的离子选择性电极,根据膜材料性质的不同,可分为晶体膜电极和非晶体膜电极两大类型。敏化电极则是在原电极的基础上,对其敏感膜采取某些特殊措施,使之不仅能响应离子,而且能响应分子、微生物等物质。将敏化电极与外参比电极装配在一起,可制成微生物敏感器、免疫敏感器和酶敏感器等。

二、非晶体膜电极

1. 玻璃电极

玻璃电极属于非晶体刚性基质电极。这类电极的敏感膜主要是以 SiO_2 为基质的玻璃体。适当改变玻璃膜的组成,可制成 pH 电极、pNa 电极和 pK 电极等。其中 pH 玻璃电极是使用最早、最广泛的离子选择性电极,其结构如图 3-3 所示。玻璃电极的敏感膜是一种固熔体,是在 SiO_2 基质中加入 Na_2O 和少量 CaO 经烧结而成的球形玻璃薄膜,膜厚约 80 ~ 100 μm,泡内装有 0.1 $mol \cdot L^{-1}$ HCl 溶液(内参比溶液),其中插入一支 Ag-AgCl 电极作内参比电极。内参比电极的电位是恒定的,与待测溶液的 pH 值无关。

pH 玻璃电极之所以能测定溶液 pH 值,是由于玻璃膜产生的膜电位 φ_m 与待测溶液 pH 值有关。

玻璃电极的玻璃膜是由特殊组成的硅酸盐玻璃制成的。这种硅酸盐结构中的 —Si—O⁻ 骨架是带负电荷的，它与金属离子（主要是碱金属离子，例如 Na^+）结合成

$$
\begin{array}{c} O \\ | \\ —O—Si—O^- \quad Na^+ \\ | \\ O \end{array}
$$

这种结构对体积小的 H^+ 具有很强的亲和力。但是干玻璃对 H^+ 并没有能斯特响应。经实验证明，玻璃电极在使用前必须在水中浸泡一定的时间后才能显示 pH 电极的功能。这是由于薄膜表面吸收水分后溶胀而形成一层水合硅胶层，其中的 Na^+ 与水中 H^+ 发生交换反应：

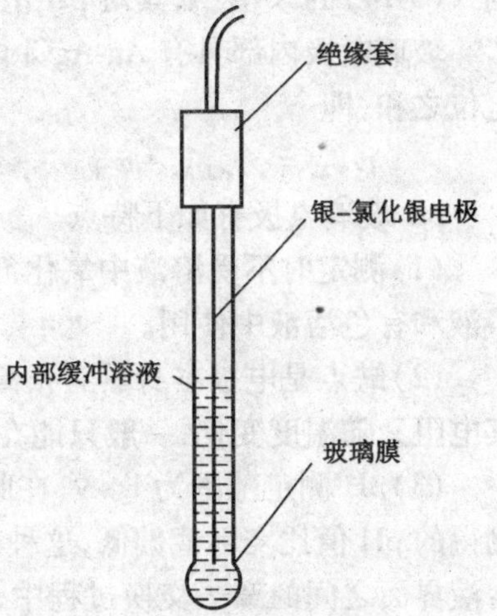

绝缘套

银–氯化银电极

内部缓冲溶液

玻璃膜

图 3-3　玻璃膜电极

$$H^+_{(膜)} + Na^+Gl^-_{(固)} \rightleftharpoons Na^+_{(液)} + H^+Gl^-_{(固)}$$

反应式中 Gl^- 表示玻璃中不能迁移的硅酸盐基团。当交换反应达到平衡后，水合硅胶层与溶液的界面之间由于离子交换而产生了电位差。

玻璃膜的内表面与内参比溶液接触也同样形成水合硅胶层，由于离子交换也产生电位差。玻璃膜的内、外层所形成的水合硅胶层是极薄的，膜的中间仍然是干玻璃层。当玻璃电极的内参比溶液的 pH 值与外部试液的 pH 值不同时，在膜内外的界面上的电荷分布是不同的。这样就使得膜内水合硅胶层与内参比溶液间产生的相界电位 $\varphi_{内}$，以及膜外水合硅胶层与外部试液间产生的相界电位 $\varphi_{外}$，其大小也不相同。这种跨越膜两侧之间产生的电位差称为膜电位（membrane potential），用 φ_m 表示。可用图 3-4 来示意说明。

由此可见，玻璃膜两侧相界电位的产生不是由于电子转移，而是由于 H^+ 在水合硅胶层和溶液界面间进行交换的结果。

由热力学可以证明，跨越膜两侧的膜电位为

$$\varphi_m = \varphi_{外} - \varphi_{内} = 0.059 \lg \frac{a_{H^+(试)}}{a_{H^+(内)}} \quad (3\text{-}13)$$

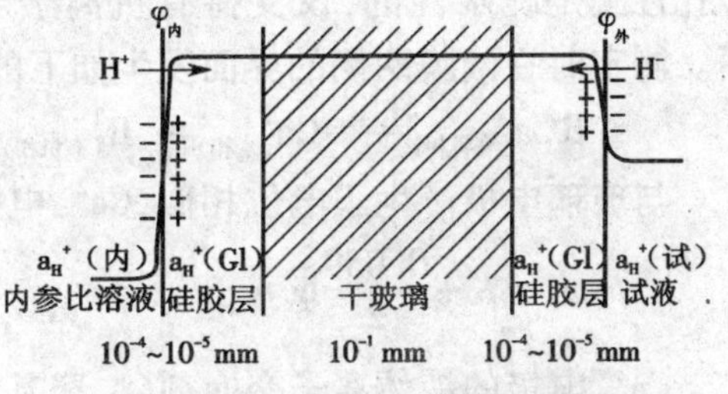

$\varphi_{内}$　$\varphi_{外}$　H^+　H^+

a_{H^+}（内）　a_{H^+}(Gl)　a_{H^+}(Gl)　a_{H^+}(试)

内参比溶液　硅胶层　干玻璃　硅胶层　试液

10^{-4}~10^{-5} mm　10^{-1} mm　10^{-4}~10^{-5} mm

图 3-4　玻璃电极膜电位形成示意图

式中 $a_{H^+(试)}$ 为外部试液的 H^+ 活度；$a_{H^+(内)}$ 为内参比溶液的 H^+ 活度。由于内参比溶液 H^+ 活度 $a_{H^+(内)}$ 是一定值，所以

$$\begin{aligned}\varphi_m &= K + 0.059 \lg a_{H^+(试)} \\ &= K - 0.059 pH_{试}\end{aligned} \quad (3\text{-}14)$$

式(3-14)表明，在一定温度下，pH 玻璃电极的膜电位 φ_m 与试液的 pH 值成线性关系。式中的 K 值由玻璃电极本身的性质所决定。由式(3-13)可见，当 $a_{H^+(试)} = a_{H^+(内)}$ 时，φ_m 应为零，但实际上玻璃膜两测仍存在有电位差，这种电位差称为不对称电位（asymmetry potential）$\varphi_{不对称}$，它是由于膜内外表面产生的张力不同，以及膜外表面受到机械损伤和化学浸蚀等原因产生的。玻璃电极经长时间浸泡后，不对称电位逐渐减小至一稳定值（约为 1 ~ 30 mV），因此可以合并

到式(3-14)的 K 值中,其对 pH 值测定的影响可以用标准缓冲溶液的 pH 值来进行校正。

玻璃电极内部具有 Ag-AgCl 内参比电极,因此玻璃电极的电位应是内参比电极电位与膜电位之和,即

$$\varphi_{玻璃}=\varphi_{AgCl/Ag}+\varphi_{m}$$

pH 玻璃电极有如下特点。

(1)测定时不受溶液中氧化剂或还原剂的影响,电极不易因杂质的作用而中毒,能在胶体溶液和有色溶液中使用。

(2)缺点是电极本身具有很高的内阻,可达数百兆欧,必须辅以电子放大装置才能测定,其电阻又随温度变化,一般只能在 5 ~60 ℃使用。

(3)pH 测定范围为 1 ~9,在此范围内可准确至 pH ±0.01。当 pH >9 或 Na^+ 浓度较大时,测得的 pH 值比实际值偏低,这种现象称为碱差(alkaline error)或钠差。这是由于在水化层和溶液界面之间的离子交换过程中,不仅 H^+ 参加,碱金属离子也参与交换,因而产生误差,其中 Na^+ 影响最显著。当 pH <1 时测得值比实际值偏高,称为酸差(acid error)。这是由于在强酸性溶液中,水分子活度减小,而 H^+ 是以 H_3O^+ 传递的,到达电极表面的 H^+ 减少,因而交换的 H^+ 减少,测得的 pH 偏高。

2. 流动载体电极

流动载体电极又称液体薄膜电极(简称液膜电极)。它的敏感膜是由待测离子的盐类或其螯合物溶解在不与水混溶的有机溶剂中,使这种有机溶液渗入多孔塑料膜内而制成。例如 Ca^{2+} 电极是这类电极的一种,其结构如图 3-5 所示。电极内装有两种溶液。一种是内参比液(0.1 mol · L^{-1} $CaCl_2$ 水溶液),其中插入 Ag-AgCl 内参比电极。另一种是液体离子交换剂 (0.1 mol · L^{-1} 二癸基磷酸钙的苯基磷酸二辛酯溶液),底部用多孔塑料膜与试液隔开。这种多孔性膜是疏水性的,仅支持有机离子交换剂,形成电极的敏感膜。测定时在液膜两侧的界面发生如下的离子交换反应:

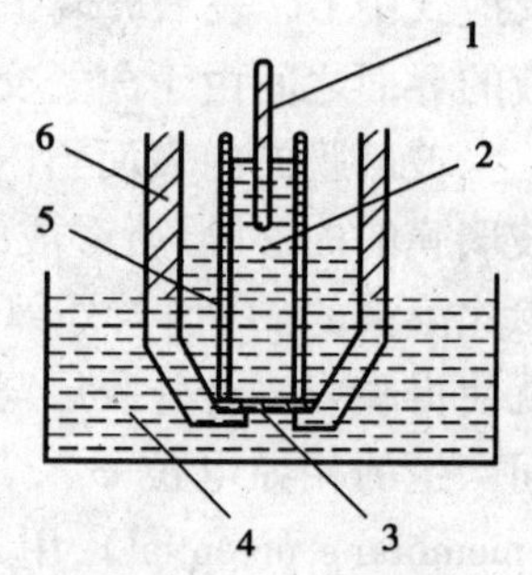

图 3-5 液膜电极

1—内参比电极;2—内参比溶液;3—多孔性膜(载有离子交换剂);4—试剂;5—液体离子交换剂;6—壁

$$RCa_{(有机相)} \rightleftharpoons Ca^{2+}_{(水相)} + R^{2-}_{(有机相)}$$

与玻璃电极产生膜电位相似,Ca^{2+} 电极的膜电位(25 ℃)为

$$\varphi_m = K + \frac{0.059}{2}\lg a_{Ca^{2+}} \qquad (3\text{-}15)$$

Ca^{2+} 电极的液体离子交换剂(二癸基磷酸钙)是带负电荷的载体,根据载体所带电荷的不同,可分为三类液膜电极:带负电荷载体电极(如 Ca^{2+} 电极)、带正电荷载体电极(如 NO_3^- 电极)和中性载体电极(如 K^+ 电极)。

三、晶体膜电极

1. 单晶膜电极

这类电极的敏感膜是由难溶盐的单晶薄片制成。最典型的是 F^- 电极,其结构如图 3-6 所示。F^- 电极的敏感膜是由掺有 EuF_2 的 LaF_3 单晶切片制成的(Eu^{2+} 的加入可以造成 LaF_3 晶格空穴,增加其导电性)。将单晶膜封在硬塑料管的一端,管内装 0.1 mol · L^{-1} NaCl 和 0.1 mol · L^{-1} NaF 混合液,以 Ag-AgCl 作内参比电极。内参比溶液中 F^- 用以控制膜内表面的膜电位,

Cl^-用以固定内参比电极的电位。

当F^-电极插入含F^-溶液中时，F^-在电极表面进行交换。当溶液中F^-活度较高时，溶液中F^-可以进入单晶的空穴；反之，单晶表面的F^-也可进入溶液。LaF_3单晶片是阴离子导电体，由F^-移动来传导电荷。当a_{F^-}在$10^0 \sim 10^{-6}$ mol·L^{-1}范围内时，F^-电极的膜电位与溶液中F^-活度的对数值具有良好的线性关系，可用能斯特方程表示。25 ℃时

$$\varphi_m = K - 0.059 \lg a_{F^-} \tag{3-16}$$

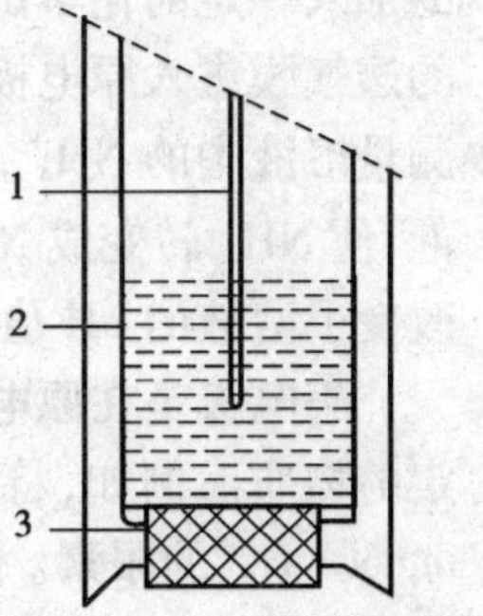

图 3-6　氟离子选择性电极

1—Ag-AgCl 内参比电极；2—内参比溶液（0.1 mol·L^{-1} NaF + 0.1 mol·L^{-1} NaCl）；3—氟化镧单晶膜

F^-电极的选择性较高，当Cl^-、Br^-、I^-、SO_4^{2-}、NO_3^-等离子的含量为F^-量的 1 000 倍时，对F^-的测定无明显干扰。但待测试液的 pH 值需控制在 5～6。因为 pH 值过低，F^-部分形成 HF 或HF_2^-，降低了F^-的活度；pH 值过高，LaF_3薄膜中的F^-与溶液中的OH^-发生交换，晶体表面形成$La(OH)_3$而释放出F^-，增大了F^-的活度，均使测定产生误差。当溶液中存在能与F^-生成稳定配合物或难溶化合物的离子（如Al^{3+}、Fe^{3+}、Ca^{2+}、Mg^{2+}等）时，会干扰F^-的测定，应加入掩蔽剂来消除干扰。

2. 多晶膜电极

这类电极的敏感膜是由难溶盐粉末在高压下压制而成的，所以又称为压片电极。例如由Ag_2S晶体粉末压片制成S^{2-}电极、Ag^+电极；由卤化银晶体粉末压片制成Cl^-电极、Br^-电极和I^-电极。为了增加卤化银的导电性和力学强度，减少其对光的敏感性，常在卤化银中加入Ag_2S。如果将Ag_2S与另一重金属硫化物（如 CuS、CdS、PbS 等）混合压片，则可制成测定相应重金属离子的晶体膜电极（如Cu^{2+}电极、Cd^{2+}电极和Pb^{2+}电极等）。图 3-7 是两种最常用形式的Ag_2S膜电极。其中（a）是离子接触型，（b）是全固态型。

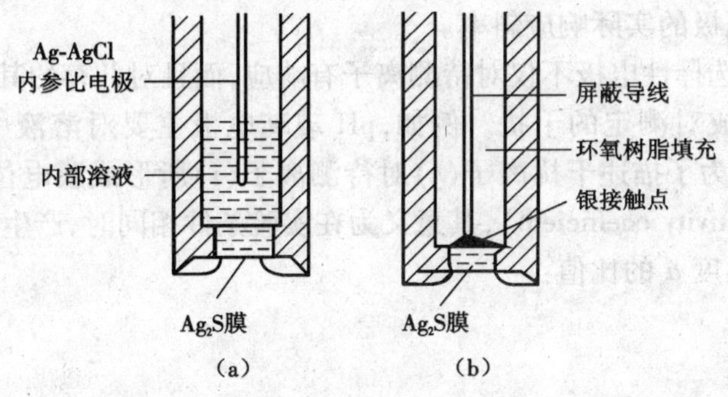

图 3-7　硫化银膜电极

四、敏化电极

敏化电极是以原电极为基础装配而成的。这类电极是通过某种界面的敏化反应（如气敏反应、酶敏反应等），将试液中待测物质转变为原电极能响应的离子。敏化电极包括气敏电极、酶电极和生物电极三种。

气敏电极是对某些气体敏感的电极，在原电极敏感膜上覆盖一层透气薄膜，将原电极与待测试液隔开，在透气薄膜与原电极之间充有一定组成的溶液。用气敏电极测量时，在待测试液

中加入一定的化学试剂,使待测物转变成原电极可以响应的气体物质。该气体透过原电极外的透气膜进入原电极与透气膜之间的溶液,使溶液的组成发生变化。例如,氨气敏电极可用于测量溶液中的 NH_4^+,它的原电极就是 pH 玻璃电极。测量时向溶液中加入一定量的 NaOH 溶液,使 NH_4^+ 转变成 NH_3,并透过透气薄膜进入薄膜与原电极之间的 NH_4Cl 溶液中,NH_3 的进入改变了溶液的 pH 值并通过原电极的电位的变化表现出来。

酶电极是在原电极上覆盖一层酶,利用酶的界面催化作用,将待测物转变为适宜于电极测定的物质。例如,将脲酶固定在氨电极上制成的脲酶电极,可以检验血浆和血清中 0.05 ~ 5 $mmol \cdot L^{-1}$ 的尿素。

生物电极是把动物或植物组织覆盖于原电极上构成的。例如,用猪肾切片贴在氨电极表面制成的生物电极,可测谷氨酰胺含量;用刀豆浆涂在氨电极表面制成的生物电极可测尿素含量。

五、膜电位与电位选择系数

离子选择性电极用于电位分析,主要是利用其膜电位与待测离子活度之间有定量的关系。一般来说,对阳离子有响应的电极,其膜电位应为

$$\varphi_m = K + \frac{2.303RT}{nF}\lg a_{阳离子} \tag{3-17}$$

对阴离子有响应的电极,其膜电位应为

$$\varphi_m = K - \frac{2.303RT}{nF}\lg a_{阴离子} \tag{3-18}$$

式中 K 值对于不同的电极有不同的值。它与敏感膜及内部溶液有关。以上二式表明离子选择性电极在其工作范围内,膜电位与待测离子活度的对数值成线性关系。对阳离子有响应的电极,响应斜率为正值;对阴离子有响应的电极,响应斜率为负值。电极响应斜率的理论值为 $2.303\ RT/nF$,但实际电极的响应斜率往往偏离理论值,必须实际测得。通常用标准曲线法求得的线性斜率即为电极的实际响应斜率。

应该指出,离子选择性电极不仅对待测离子有响应,而且对共存的其他离子有时也能产生程度不同的响应,造成对测定的干扰。例如,pH 玻璃电极主要对溶液中的 H^+ 有响应,但对 Na^+ 也能产生响应。为了描述干扰离子(j)对待测离子(i)所形成膜电位的贡献大小,引入电位选择系数 K_{ij}(selectivity coefficient),其意义为在实验条件相同时,产生相同电位的待测离子活度 a_i 与干扰离子活度 a_j 的比值:

$$K_{ij} = \frac{a_i}{(a_j)^{n_i/n_j}} \tag{3-19}$$

式中:n_i 为待测离子电荷数;n_j 为干扰离子电荷数。通常 $K_{ij} < 1$,K_{ij} 越小表示电极的选择性越高。例如,$K_{H^+,Na^+} = 0.01$ 意味着 a_{Na^+} 等于 a_{H^+} 的 100 倍时,Na^+ 所提供的膜电位才与 H^+ 所提供的膜电位相等。能测量高 pH 值的玻璃电极,其 K_{H^+,Na^+} 可达 10^{-15},即该电极对 H^+ 的响应值等于对相同浓度的 Na^+ 响应值的 10^{15} 倍。

对一般离子选择性电极,考虑干扰离子的影响后,经校正的膜电位应为

$$\varphi_m = K \pm \frac{0.059}{n_i}\lg\left[a_i + K_{ij}(a_j)^{n_i/n_j}\right] \tag{3-20}$$

K_{ij} 可通过实验来测量,其值与 i 离子和 j 离子的活度大小、实验条件及测定方法等有关。

因此，K_{ij}不是真正的常数，不能作为分析测定时的干扰校正，但可以用来估计干扰的程度，在拟定有关分析方法时起参考作用。借助电位选择系数 K_{ij} 可以估计干扰离子对测定造成误差的大小，其相对误差的计算式为

$$相对误差 = K_{ij} \times \frac{(a_j)^{n_i/n_j}}{a_i} \times 100\% \tag{3-21}$$

例 1　已知某 NO_3^- 离子选择性电极对 SO_4^{2-} 的电位选择系数 $K_{NO_3^-,SO_4^{2-}} = 4.1 \times 10^{-5}$，用此电极在 1.0 mol · L^{-1} 介质中测定 NO_3^-，测得 $a_{NO_3^-}$ 为 8.2×10^{-4} mol · L^{-1}，求由 SO_4^{2-} 所引起的测量误差。

解：$相对误差 = \dfrac{4.1 \times 10^{-5} \times (1.0)^{1/2}}{8.2 \times 10^{-4}} \times 100\% = 5.0\%$

即 SO_4^{2-} 引起的测量误差为 5.0%。

例 2　某 pNa 玻璃电极的电位选择系数 $K_{Na^+,H^+} = 0.03$。若用该电极测定 pNa = 3 的 Na^+ 溶液，并要求测定误差小于 3%，则试液的 pH 值必须大于几？

解：$相对误差 = \dfrac{K_{Na^+,H^+} \cdot a_{H^+}}{a_{Na^+}} \times 100\% < 3\%$

$$a_{H^+} < \frac{3a_{Na^+}}{K_{Na^+,H^+} \times 100} = \frac{3 \times 10^{-3}}{0.03 \times 10^2} = 10^{-3} \text{mol} \cdot \text{L}^{-1}$$

所以　　pH > 3

六、离子选择性电极的主要性能

除了上述电位选择系数 K_{ij} 作为离子选择性电极性能的一个重要参数外，以下各参数可表征电极的主要性能。

1. 线性范围和检测下限

以离子选择性电极的电位对响应离子活度的负对数作图(见图 3-8)，所得曲线称为校准曲线。此校准曲线的直线部分(*CD* 段)所对应的离子活度范围称为离子选择性电极的线性范围，通常为 $10^{-1} \sim 10^{-6}$ mol · L^{-1}。当待测离子活度超出线性范围时，校准曲线发生弯曲。

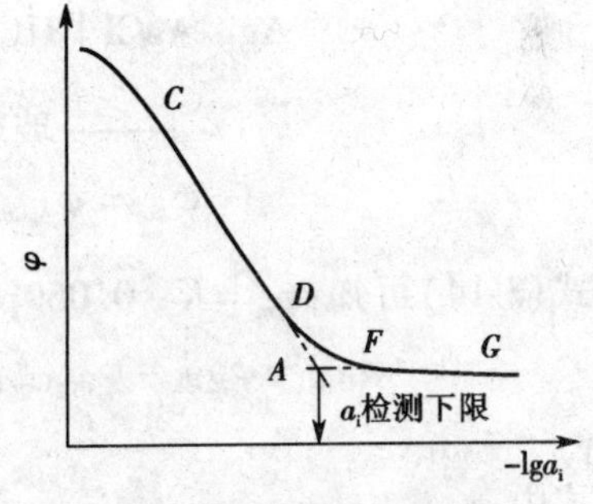

图 3-8　电极校准曲线

根据 IUPAC 的建议，将校准曲线中两条直线(图 3-8 中的 *CD* 与 *GF*)延长线的交点(*A*)所对应的待测离子活度 a_i 值，称为该电极对待测离子 i 的检测下限。它表示离子选择性电极能够检测待测离子的最低活度。

应当指出的是，离子选择性电极响应的线性范围和检测下限会受到实验条件的影响，特别是受到试液的酸度和共存离子干扰的影响，因此在测定时要应用适宜的实验条件。

2. 响应时间

IUPAC 规定，响应时间是从离子选择性电极和参比电极一起接触待测试液的瞬间算起，到电池电动势达到稳定数值(±1 mV 以内)所需的时间。性能良好的电极响应时间一般应小于 1 min。电极响应时间的长短与电极敏感膜的性质、待测离子活度的高低以及测试条件等因素有关。待测离子活度越高，响应时间越短；增加搅拌速度，可以缩短响应时间。

3. 稳定性

电极在同一溶液中所指示的电位值随时间的变化称为漂移。电极的稳定性常以 24 h 漂移的毫伏数表示。漂移的大小与膜的稳定性、电极的结构和绝缘性有关。性能良好的电极在 10^{-3} mol · L^{-1}溶液中,24 h 电位漂移小于 2 mV。稳定性差的电极不宜使用。

4. 电极内阻

各类型电极的内阻有很大的差别,某一类型的电极有其特有的内阻值。例如晶体膜电极的内阻为 1 ~30 MΩ,流动载体膜电极为 1 ~5 MΩ,玻璃电极一般为 100 MΩ 以上。电极的内阻越高,越容易受外界交流电场的影响,需要使用高输入阻抗的电位计。因此,电极的内阻是选择电位计输入阻抗的重要参数。阻值发生明显的变化是电极老化或破损的征兆。

3-4 直接电位法

直接电位法是通过测量工作电池的电动势来求得待测离子活(浓)度的方法。但在实际测量过程中得到的电池电动势,除了包括指示电极和参比电极的电极电位以外,还包括难以测量和计算的液接电位和不对称电位等因素,因此不能通过测得的电动势直接计算待测离子活(浓)度,而是采用相对测量法,即通过比较待测试液和标准溶液的电池电动势求得待测离子活(浓)度。常用的定量方法有标准比较法、标准曲线法和标准加入法。直接电位法应用最多的是 pH 值的电位测定和用离子选择性电极测定离子浓度。

一、pH 值的电位法测定

溶液的 pH 值测定是采用标准比较法。测定时,将玻璃电极作指示电极,饱和甘汞电极(SCE)作参比电极,与待测溶液组成工作电池,如图 3-9 所示。此电池可表示为

$$\text{Ag, AgCl} \mid \text{HCl} \mid \text{玻璃膜} \mid \text{试液} \parallel \text{KCl(饱和)} \mid Hg_2Cl_2\text{, Hg}$$

φ_m φ_L

|←—— 玻璃电极 ——→| |←—— 甘汞电极 ——→|

$$\varphi_{玻璃} = \varphi_{AgCl/Ag} + \varphi_m + \varphi_{不对称}; \qquad \varphi_{甘汞} = \varphi_{Hg_2Cl_2/Hg} + \varphi_L$$

由式(3-14)可知:$\varphi_m = K - 0.059\text{pH}_{试}$,因此,上述电池的电动势应为

$$E = \varphi_{甘汞} - \varphi_{玻璃} = \varphi_{Hg_2Cl_2/Hg} - \varphi_{AgCl/Ag} - K + 0.059\text{pH}_{试} + \varphi_L - \varphi_{不对称} \tag{3-22}$$

上式中 $\varphi_{Hg_2Cl_2/Hg}$、$\varphi_{AgCl/Ag}$、φ_L、$\varphi_{不对称}$和 K 值在一定条件下都是常数,将其合并为常数 K',于是上式可表示为

$$E = K' + 0.059\text{pH}_{试} \tag{3-23}$$

由式(3-23)可知,工作电池的电动势与试液的 pH 值成线性关系。测定时,先将已知 pH 值的标准缓冲溶液倒入图 3-9所示的烧杯中,测得电池电动势 E_s 为

$$E_s = K' + 0.059\text{pH}_s$$

再将烧杯改盛待测试液,在相同条件下测得电池电动势为

$$E_x = K' + 0.059\text{pH}_x$$

合并以上二式,可得

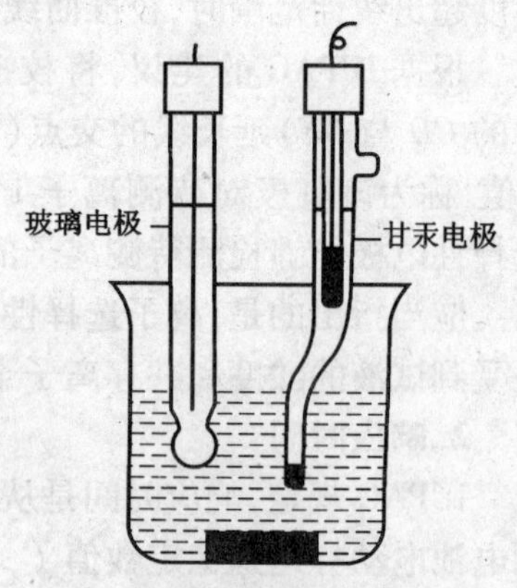

图 3-9 用玻璃电极测定 pH 的工作电池示意图

$$pH_x = pH_s + \frac{E_x - E_s}{0.059}\ (25\ ℃) \tag{3-24}$$

若是在其他温度下测定，可表示为

$$pH_x = pH_s + \frac{E_x - E_s}{2.303RT/F} \tag{3-25}$$

式中 pH_s为已知的确定值，通过测量 E_s和 E_x即可求得 pH_x值。这就是按照实际操作方式对水溶液的 pH 值进行测定的实用定义式。

酸度计是根据 pH 值的实用定义式(3-25)而设计的测定 pH 值的仪器，它由电极和电位计两部分组成。测定时，应选用 pH_s值与待测溶液 pH_x值相近的标准缓冲溶液对酸度计定位。然后直接读出试液的 pH_x值。

由于标准缓冲溶液是用酸度计测定 pH 值的基准，因此标准缓冲溶液的配制是至关重要的。我国标准计量局颁发了 6 种 pH 标准缓冲溶液及其在 0 ~60 ℃的 pH_s值，见表 3-2。

表 3-2　pH 基准缓冲溶液的 pH_s值

温度 t/℃	0.05 $mol\cdot kg^{-1}$ 四草酸氢钾	25 ℃饱和 酒石酸氢钾	0.05 $mol\cdot kg^{-1}$ 邻苯二甲酸氢钾	0.025 $mol\cdot kg^{-1}$ 磷酸二氢钾 0.025 $mol\cdot kg^{-1}$ 磷酸氢二钠	0.01 $mol\cdot kg^{-1}$ 硼砂	25 ℃饱和 $Ca(OH)_2$
0	1.668		4.006	6.981	9.458	13.416
5	1.669		3.999	6.949	9.391	13.210
10	1.671		3.996	6.921	9.330	13.011
15	1.673		3.996	6.898	9.276	12.820
20	1.676		3.998	6.879	9.226	12.637
25	1.680	3.559	4.003	6.864	9.182	12.460
30	1.684	3.551	4.010	6.852	9.142	12.292
35	1.688	3.547	4.019	6.844	9.105	12.130
40	1.694	3.547	4.029	6.838	9.072	11.975
50	1.706	3.555	4.055	6.833	9.015	11.697
60	1.721	3.573	4.087	6.837	8.968	11.426

二、离子活度的测定

用离子选择性电极测定离子活度时，是将离子选择性电极和参比电极浸入待测试液中组成工作电池，并测量其电动势来确定待测离子的活度。例如，用氟离子选择性电极测定 F^-活度时，工作电池是由 F^-电极、甘汞电极和待测试液组成。由于 F^-电极的电位高于甘汞电极的电位，根据电池表示规则，此电池可表示为

$$Hg,\ Hg_2Cl_2 \mid KCl(饱和) \parallel 试液 \mid LaF_3 \mid NaF,\ NaCl \mid AgCl,\ Ag$$

$$\mid \varphi_m \mid$$

|←— 甘汞电极 —→|←— F^-电极 —→|

若忽略液接电位和不对称电位，则电池电动势为：

$$E=\varphi_{F^-}-\varphi_{甘汞}=\varphi_{AgCl/Ag}+\varphi_m-\varphi_{Hg_2Cl_2/Hg} \tag{3-26}$$

将式(3-16)$\varphi_m=K-0.059\lg a_{F^-}$代入上式中得

$$E=\varphi_{AgCl/Ag}+K-\varphi_{Hg_2Cl_2/Hg}-0.059\lg a_{F^-}$$

令 $$K'=\varphi_{AgCl/Ag}+K-\varphi_{Hg_2Cl_2/Hg}$$

则 $$E=K'-0.059\lg a_{F^-} \tag{3-27}$$

对于各种离子选择性电极与甘汞电极、待测试液所组成的工作电池的电动势，可用以下通式表示：

$$E=K'\pm\frac{2.303RT}{nF}\lg a_i \tag{3-28}$$

上式的线性斜率(2.303RT/nF)正负号的选取应根据离子选择性电极在电池中作正极还是作负极。对于电池：

(－)SCE‖试液｜离子选择性电极(＋)

当离子选择性电极作正极时，对阳离子有响应的电极，斜率取正号；对阴离子有响应的电极，则取负号。反之，对于电池：

(－)离子选择性电极｜试液 ‖SCE(＋)

当离子选择性电极作负极时，对阳离子有响应的电极，斜率取负号；对阴离子响应的电极，则取正号。

测定待测离子的活度，一般不采用标准比较法。这是由于目前能提供离子选择性电极校正用的标准活度溶液，除少数几种外，大多尚未见报道。目前常用已知离子浓度的标准溶液，通过标准曲线法或标准加入法来测定待测离子的浓度。

1. 标准曲线法

由式(3-28)可知，工作电池的电动势，在一定条件下与待测离子的活度的对数值成线性关系，通过测量电动势可以测定待测离子的活度。但在分析工作中要求测定的是离子浓度，而不是活度。活度 a 与浓度 c 的关系式为

$$a=\gamma c$$

只有当离子活度系数 γ 固定不变时，电池的电动势才与离子浓度的对数值成线性关系。于是式(3-28)可改写为

$$\begin{aligned}E&=K'\pm\frac{2.303RT}{nF}\lg\gamma_i c_i\\&=K'\pm\frac{2.303RT}{nF}\lg\gamma_i\pm\frac{2.303RT}{nF}\lg c_i\\&=K''\pm\frac{2.303RT}{nF}\lg c_i\end{aligned} \tag{3-29}$$

由于活度系数与溶液中的离子强度有关，固定溶液的离子强度就可使离子活度系数不变。因此，必须把离子强度较大的溶液加入到标准溶液和待测溶液中，从而使离子活度系数不变。固定离子强度的溶液除含有大量惰性电解质外，还需根据不同电极的使用条件加入 pH 缓冲溶液，以及为掩蔽干扰离子加入的掩蔽剂。这种组成的溶液称为总离子强度调节缓冲剂(Total Ionic Strength Adjustment Buffer，简称 TISAB)。例如用 F^- 电极测定 F^- 时，加入的 TISAB 溶液，其组成为 NaCl($1\ mol\cdot L^{-1}$)、HOAc($0.25\ mol\cdot L^{-1}$)、NaOAc($0.75\ mol\cdot L^{-1}$)及柠檬酸钠($0.001\ mol\cdot L^{-1}$)。它可以维持较高的离子强度($1.75\ mol\cdot L^{-1}$)和适于测定 F^- 的 pH 值

（约为 5.0），柠檬酸钠用于掩蔽 Fe^{3+}、Al^{3+}，消除干扰。这样就可以用标准曲线法来测定试液中的离子浓度。

标准曲线法的测定方法：配制一系列含有不同浓度的待测离子的标准溶液，并在其中加入一定量的 TISAB 溶液；将指示电极和参比电极分别浸入系列标准溶液中，组成工作电池，并测量各个电池的电动势，绘制 E—lg$c$ 关系曲线，如图 3-10 所示（在一定浓度范围内，关系曲线是一条直线）；然后在待测试液中也加入相同量的 TISAB 溶液，在相同条件下测量电池的电动势 E_x，再从标准曲线上查出相应的 c_x。本法适用于浓度变化较大（相差 4～5 个数量级）的大批试样的测定。

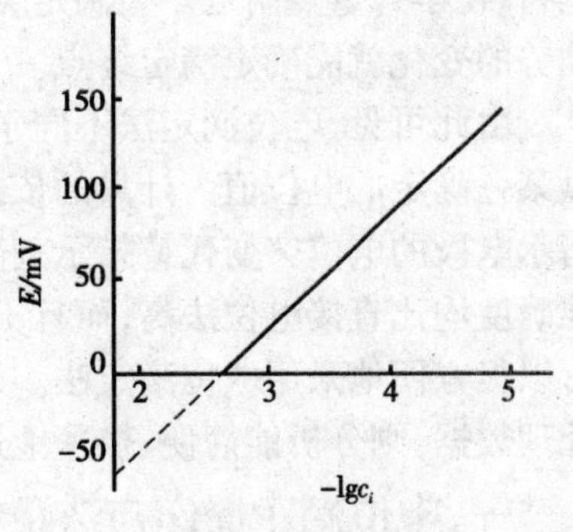

图 3-10 标准曲线

2. 标准加入法

标准曲线法要求配制的标准溶液与待测试液具有接近的离子强度和组成。当待测试液的组成比较复杂，难以使标准溶液的基体与它相接近时，不宜采用标准曲线法。此时可以采用标准加入法测定。

采用标准加入法测定时，取待测试液体积为 V_0（mL），设其浓度为 c_x，测得电池电动势 E_1 为

$$E_1 = K' \pm s\lg c_x \tag{3-30}$$

式中 s 为响应斜率，其理论值为 2.303 RT/nF。然后在待测试液中准确加入体积为 V_s、浓度为 c_s 的标准溶液（一般 $c_s \gg c_x$，$V_s \ll V_x$），测得电池电动势 E_2 为

$$E_2 = K' \pm s\lg \frac{c_x V_x + c_s V_s}{V_x + V_s} \tag{3-31}$$

式(3-31)与式(3-30)相减，得

$$E_2 - E_1 = \Delta E = \pm s\lg \frac{c_x V_x + c_s V_s}{c_x (V_x + V_s)}$$

整理后得到

$$c_x = \frac{c_s V_s}{V_x + V_s}\left(10^{\pm \Delta E/s} - \frac{V_x}{V_x + V_s}\right)^{-1}$$

由于 $V_s \ll V_x$，则 $V_x + V_s \approx V_x$，从上式可得下列近似计算公式：

$$c_x = \frac{c_s V_s}{V_x}\left(10^{\pm \Delta E/s} - 1\right)^{-1} \tag{3-32}$$

式中右边指数项的符号，对阳离子取“+”，对阴离子取“-”。

标准加入法的优点是仅需要一种标准溶液，操作简便、快速。在有大量配位剂存在的体系中，仍然可以测得待测离子的总浓度。适用于组成比较复杂的试样的测定，但其准确度比标准曲线法低。

3-5 电位滴定法

电位滴定法是根据工作电池电动势在滴定过程中的变化来确定滴定终点的一种滴定分析

方法。进行电位滴定时，在待测溶液中插入指示电极和参比电极组成工作电池。随着滴定剂的加入，由于发生滴定反应，待测离子的浓度不断变化，指示电极的电极电位也相应地发生变化，在化学计量点附近产生滴定突跃，指示电极的电位也相应地发生突变。因此，测量电池电动势的变化就能确定滴定终点。

由此可见，电位滴定法不同于直接电位法，它是以测量电位的变化为基础的方法，而不是以某一确定的电位值为计量的依据；它也不同于一般的滴定分析法，不必使用指示剂，而是用指示电极的电位突变代替指示剂颜色的突变来指示终点的。因此，电位滴定法测定的精密度、准确度均比直接电位法高，而且不受溶液颜色、浑浊等限制，特别是在无合适指示剂的情况下，可以很方便地采用电位滴定法。缺点是分析时间较长。如能使用自动电位滴定仪，由计算机处理数据，则分析能简便、快速地进行。

一、电位滴定操作方法及终点的确定方法

电位滴定所用的基本仪器装置如图 3-11 所示。溶液用电磁搅拌器搅拌。通常每加入一定量体积的滴定剂后就测量一次电池电动势。在滴定过程中，可逐渐减少滴定剂的增加量，使测定数据点逐渐增密。在化学计量点附近，每次加入滴定剂的量应减少至 0.10 mL，使测定点比较密集，以便更准确地确定终点。这样就得到一系列滴定剂用量 V(mL) 和相应的电池电动势 E(mV) 的数据，得到滴定曲线。

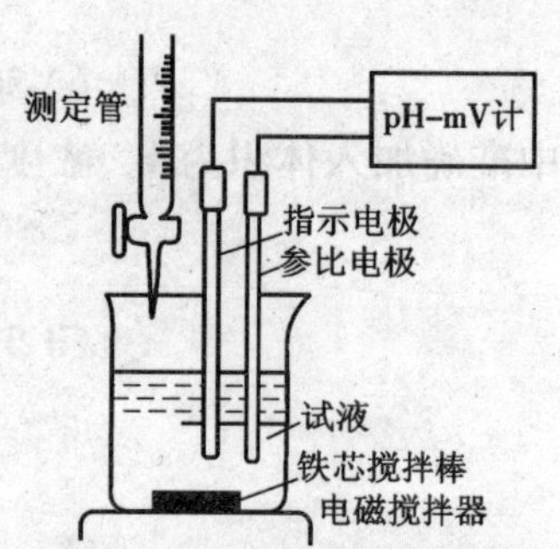

图 3-11　电位滴定基本仪器装置

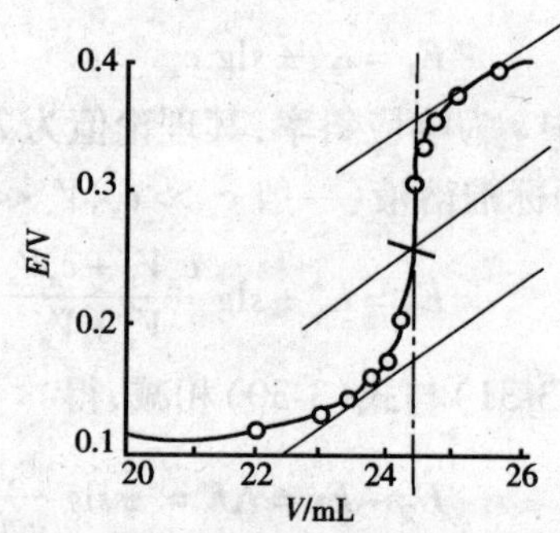

图 3-12　$E-V$ 曲线

以滴定剂体积 V 为横坐标，电池电动势 E 为纵坐标，绘制 $E—V$ 曲线（如图 3-12 所示），即为滴定曲线。曲线斜率变化最大处即为滴定的终点。如终点难以确定，可绘制成一级微商曲线，即 $\Delta E/\Delta V—V$ 曲线，如图 3-13 所示。曲线最高点所对应的体积即为滴定至终点所需的体积。也可通过绘制二级微商曲线图（见图 3-14），$\Delta^2 E/\Delta V^2=0$ 的点即为滴定终点。终点可用计算的方法求得，但比较麻烦，可用计算机进行数据处理。

二、电位滴定法的应用

1. 适用于各类化学滴定法

一般的化学滴定分析法（包括非水溶液滴定）都可以采用电位滴定法确定终点，关键是选择合适的电极来构成工作电极。在酸碱滴定中常用玻璃电极或锑电极作指示电极，配位滴定中常用汞电极或铂电极作指示电极，氧化还原滴定中一般以铂电极作指示电极，沉淀滴定中最广泛使用的指示电极是银电极。

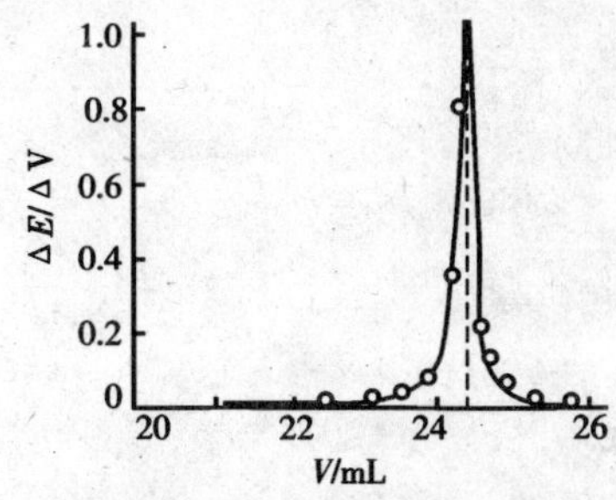

图 3-13 $\Delta E/\Delta V$—V 曲线

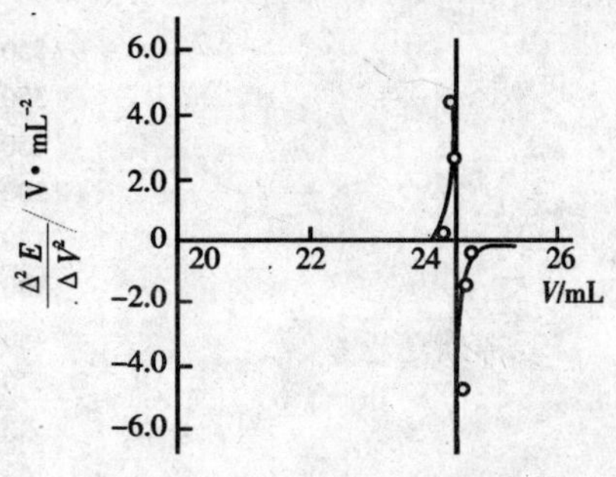

图 3-14 $\Delta^2 E/\Delta V^2$—V 曲线

2. 测定某些化学常数

应用电位滴定法还可以测定某些酸碱的解离常数、电对的条件电极电位、配合物的稳定常数以及难溶电解质的溶度积等。例如，用电位滴定法测定一元弱酸 HOAc 的解离常数。

用 NaOH 标准溶液滴定 HOAc 时，反应方程式为

$$HOAc + OH^- \longrightarrow OAc^- + H_2O$$

HOAc 在水溶液中的解离常数为

$$K_a = \frac{[H^+][OAc^-]}{[HOAc]}$$

当 HOAc 被滴定 50% 时，溶液中 $[OAc^-] = [HOAc]$，则 $pH = pK_a$。该值可由二级微商法求出滴定终点体积 V_e，再用拉格朗日插值法算出 $\frac{1}{2}V_e$ 时所对应的溶液 pH 值，即为 pK_a 值。

3. 连续电位滴定混合溶液

当滴定剂与溶液中多种离子生成难溶化合物的溶度积相差足够大时，可以采用电位滴定法连续测定而不需预先分离。例如，用 $AgNO_3$ 溶液滴定含有 Cl^-、Br^-、I^- 的混合溶液时，以银电极作指示电极，玻璃电极作参比电极。由于 AgI 的溶度积最小，I^- 首先被滴定；Br^- 次之，最后为 Cl^-。在 E—V 曲线上明显出现三个电位突跃，如图 3-15 所示。可以分别计算出三种离子的浓度。

思 考 题

1. 简述直接电位法测定的基本原理。
2. 参比电极和指示电极有哪些类型？它们的主要作用是什么？
3. 简述甘汞电极的构造。它为什么可以作参比电极？
4. 金属基电极的共同特点是什么？
5. 简述 pH 玻璃电极的构造及其响应机理。
6. pH 实用定义的含意是什么？
7. 离子选择性电极的电位选择系数是如何测得的？如何估量干扰离子对测定产生的误差？
8. 简述 F^- 电极的结构及其作用原理。
9. 测 F^- 含量时，为什么要在溶液中加入 TISAB？TISAB 各组分的作用是什么？

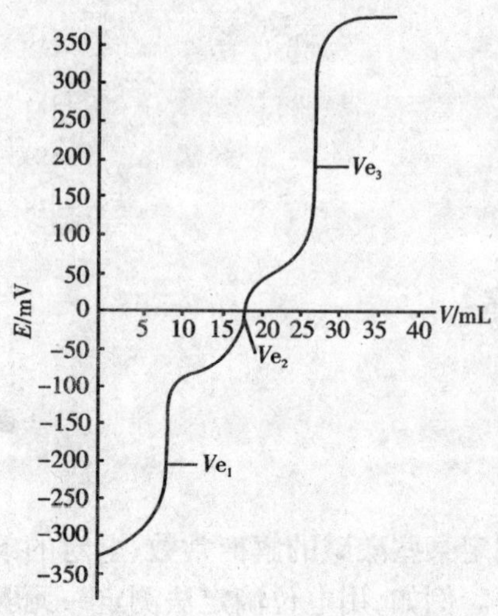

图 3-15　0.1 mol·L^{-1} $AgNO_3$ 溶液滴定含 Cl^-、Br^-、I^- 的混合溶液

10. 简述用直接电位法测定离子浓度的两种定量分析方法。

11. 电位滴定法的基本原理是什么？有哪些确定终点的方法？

习　题

1. 已知电池：玻璃电极 | H^+($a = x$ mol·L^{-1}) ‖ SCE。当电池中的溶液是 pH = 4.00 的缓冲溶液时，在 25 ℃测得电池电动势为 0.209 V；当缓冲溶液由未知溶液代替时，测得电池电动势分别为：(1) 0.301 V；(2) 0.254 V；(3) 0.102 V。试计算每种未知溶液的 pH 值。

2. 以 SCE 作负极，氟离子选择性电极作正极，放入 1.00×10^{-3} mol·L^{-1} 的 F^- 溶液中，测得电池电动势为 0.158 V。换用含 F^- 试液，测得电池电动势为 0.217 V。两份溶液的离子强度一致，计算未知试液中 F^- 浓度。

3. 已知某 F^- 电极的电位选择性系数 $K_{F^-,OH^-} = 0.01$，如用这个电极测定 $c_{F^-} = 1.0 \times 10^{-4}$ mol·L^{-1} 的溶液，并要求测定误差小于 4%，求测定该试液所允许的 pH 值。

4. 某溶液中 pBr = 3，pCl = 1。如用 $K_{Br^-,Cl^-} = 6 \times 10^{-3}$ 的溴离子选择性电极测定该溶液中 Br^- 活度，将产生多大误差？

5. 已知 Ca^{2+} 电极对 Ba^{2+} 的选择系数 $K_{Ca^{2+},Ba^{2+}} = 10^{-2}$，若在实际测量体系中，$Ca^{2+}$ 的活度为 10^{-1} mol·L^{-1}，Ba^{2+} 的活度为 10^{-2} mol·L^{-1}，计算可能引起的测定误差为多少？

6. 已知电池：镁离子选择性电极 | Mg^{2+}($c = 1.15 \times 10^{-2}$ mol·L^{-1}) ‖ SCE，测得该电池的电动势为 0.275 V。将已知浓度的 Mg^{2+} 溶液换成未知溶液时，测得电池电动势为 0.412 V，求此溶液的 Mg^{2+} 浓度。

7. 已知电池：硫离子选择性电极 | S^{2-}($c = 1.2 \times 10^{-3}$ mol·L^{-1}) ‖ SCE，测得该电池的电动势为 0.325 V。将已知浓度的 S^{2-} 溶液换成未知溶液时，测得电池电动势为 0.228 V，试计算未知溶液的 pS 值。

8. 25 ℃时用标准加入法测定 Cu^{2+} 浓度，于 100.0 mL 铜盐溶液中添加 0.100 mol · L^{-1} $Cu(NO_3)_2$ 溶液 1.00 mL 后，电动势增加 23 mV。求原溶液的 Cu^{2+} 浓度。

9. 将钙离子选择性电极和 SCE 置于 100.0 mL 含 Ca^{2+} 试液中，测得电池电动势为 0.415 V，准确加入 2.00 mL 浓度为 0.218 mol · L^{-1} 的 Ca^{2+} 标准溶液后，测得电池电动势为 0.430 V。计算原试液中 Ca^{2+} 的浓度。

10. 将氟离子选择性电极和 SCE 置于 50 mL 含 F^- 试液中，测得其电动势为 86.5 mV，加入 5.00×10^{-2} mol · $L^{-1}F^{-1}$ 标准溶液后，又测得电动势为 68.0 mV。已知该电极的实际斜率为 59 mV/pF，试求原试液中 F^- 的浓度。

11. 用氟离子选择性电极作正极，SCE 作负极，取不同体积的含 F^- 标准溶液（10.00 μg · mL^{-1}）分别置于 100 mL 容量瓶中，各加入同样量的 TISAB，稀释至刻度，摇匀，配成含 F^- 标准系列，分别测定标准溶液的工作电池的电动势，测得数据如下：

F^- 标准溶液体积 V/mL	1.00	4.00	7.00	10.00	13.00
测得电池电动势 E/mV	184	149	134	124	118

（1）根据表中数据，绘制 E—lg c_{F^-} 工作曲线。

（2）取水样 50.00 mL 于 100 mL 容量瓶中，加入同样量的 TISAB，稀释至刻度，摇匀。测得该电池的电动势为 165 mV，试用标准曲线法求出未知水样中的 F^- 含量（μg · mL^{-1}）。

第4章 电解和库仑分析法

电位分析法是在化学电池无电流流过时所建立的分析方法。本章讨论的是化学电池中有较大电流流过,以电解反应为基础建立起来的电化学分析法:电解分析法和库仑分析法。

电解分析法(electrolytic analysis)是一种较古老的方法,又称为电重量分析法(electrogravimetry),是应用外加电源电解试液,通过电极反应将试液中的待测组分转变为固相析出,然后对析出物质进行称量以求得待测组分的含量。它适用于常量组分的测定,也可作为一种分离手段,方便地除去某些杂质。

库仑分析法(coulometry)是以测量电解过程中待测物质在电极上发生电解反应所消耗的电量来求出待测组分的含量。它和电解分析不同,其被测物不一定在电极上沉积,但要求电流效率必须为100%,适用于微量组分的测定。

由于电量的测量和重量的测得均可以达到较高的准确度,所以这些方法通常具有高准确度和高精密度。

4-1 电解分析法

一、电解分析法的基本原理

1. 电解过程

电解是借外部电源的作用使电化学反应向着非自发方向进行的过程。电解时,在电解池的两个电极上加一直流电压,使电池中有电流通过。改变电极电位,使电解质溶液在电极上发生氧化还原反应。电解池的阴极为负极,与外电源的负极相连;阳极为正极,与外电源的正极相连。

例如,在0.5 mol · L^{-1}的H_2SO_4介质中,电解1 mol · L^{-1} $CuSO_4$溶液,电解装置如图4-1所示。当两电极间施加足够大的电压时,可观察到有电流通过电流计A,在两电极上有电极反应发生。在电场力的作用下,Cu^{2+}移向阴极,从阴极上获得电子而被还原为金属铜,即

$$Cu^{2+} + 2e^- \longrightarrow Cu \downarrow$$

OH^-移向阳极并在阳极上放出电子而被氧化为氧气:

$$2H_2O \longrightarrow 4H^+ + O_2 \uparrow + 4e^-$$

电池总反应为

$$2Cu^{2+} + 2H_2O \longrightarrow 2Cu \downarrow + O_2 \uparrow + 4H^+$$

因此,在阴极上析出金属铜,而在阳极上放出氧气。通过称量铂网阴极上析出金属铜的质量来进行分析,这就是电重量分析法;也可借助这一方法将铜与试液中其他组分分离,这就是电解分离法。

2. 分解电压与析出电位

图 4-1 的装置中，当向两电极间施加很小的电压时，电极上几乎没有电极反应发生，电解池中仅有微小电流流过，称为残余电流。随着电压的增加，电流略有增加，当电压增加到某一数值以后，电流显著增大，同时发生了电极反应。以外加电压 V 为横坐标，电解电流 i 为纵坐标，可绘制出图 4-2 所示曲线。曲线的转折点对应的电压 V_d，即为能引起电解所需的最小外加电压，称为分解电压。

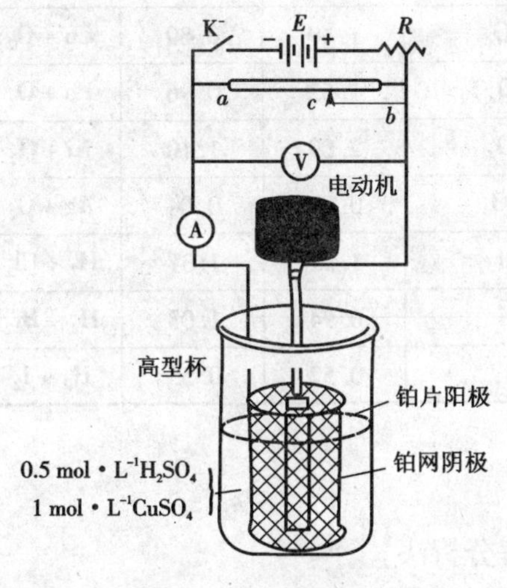

图 4-1　电解装置

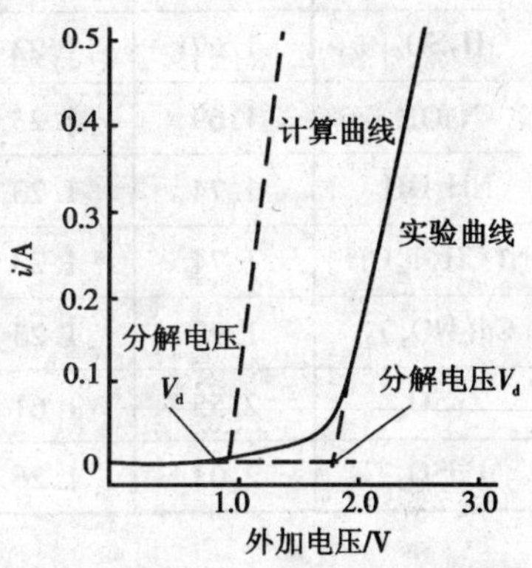

图 4-2　电解 Cu^{2+} 的电流电压曲线

不同电解质溶液的分解电压各不相同。对于电化学的可逆过程来说，分解电压在数值上等于该电解池的反电动势。反电动势与分解电压数值相等，符号相反。只有外加电压达到能克服此最小反电动势时，电解才能进行。

析出电位是指物质在阴极上发生电极反应而被还原析出时的最正的阴极电位 φ_c；或在阳极上被氧化析出时所需的最负的阳极电位 φ_a。对于电化学的可逆电极过程来说，某一被电解组分的析出电位就等于该电极的平衡电位。

由于分解电压等于电解池的反电动势，而电解池的反电动势则等于阳极的析出电位与阴极的析出电位之差。对电化学可逆电极过程，分解电压与析出电位有下列关系：

$$V_d = \varphi_a - \varphi_c \tag{4-1}$$

对于不可逆的电极过程，由于电极上发生极化现象，产生了超电位。因此电解时的实际分解电压大于理论计算值（见图 4-2）。于是对不可逆的电极过程，式(4-1)应作如下修正：

$$V_d = (\varphi_a + \eta_a) - (\varphi_c + \eta_c) \tag{4-2}$$

式中 η_a 和 η_c 分别为阳极和阴极的超电位。电解池的超电压是阴、阳两个电极的超电位绝对值之和。

电解时所施加的外加电压除用于克服反电动势和超电压以外，还需克服回路中（主要是溶液的电阻引起）的电位降。由于克服电池内阻而产生的电位降，其数值等于电解电流(i)和电解池内阻(R)的乘积，故也称 iR 降。因此，在电解过程中，外加电压(V)、实际分解电压(V_d)、电解电流(i)及电解池内阻(R)之间的关系可表示如下：

$$V = V_d + iR$$
$$= [(\varphi_a + \eta_a) - (\varphi_c + \eta_c)] + iR \tag{4-3}$$

式(4-3)称为电解方程式。它表明电解时外加电压值等于阳、阴两极实际电位的差值与电解电

路中 iR 降之和。当电解电流 i 很小时，iR 降可忽略不计。表 4-1 列出几种电解质溶液（1 mol·L^{-1}）的分解电压。

表 4-1 几种电解质溶液的分解电压

电解质溶液	$V_{d,实}$	$V_{d,理}$	电解产物	电解质溶液	$V_{d,实}$	$V_{d,理}$	电解产物
HNO_3	1.69	1.23	H_2+O_2	$CoSO_4$	1.92	1.14	$Co+O_2$
H_2SO_4	1.67	1.23	H_2+O_2	$CuSO_4$	1.49	0.89	$Cu+O_2$
$NaOH$	1.69	1.23	H_2+O_2	$Pb(NO_3)_2$	1.52	0.96	$Pb+O_2$
NH_4OH	1.74	1.23	H_2+O_2	$NiSO_4$	2.09	1.10	$Ni+O_2$
$N(CH_3)_4OH$	1.74	1.23	H_2+O_2	$AgNO_3$	0.70	0.04	$Ag+O_2$
$Cd(NO_3)_2$	1.98	1.25	$Cd+O_2$	HCl	1.31	1.37	H_2+Cl_2
$ZnSO_4$	2.55	1.61	$Zn+O_2$	HBr	0.94	1.08	H_2+Br_2
$CdSO_4$	2.03	1.26	$Cd+O_2$	HI	0.52	0.55	H_2+I_2

二、电解分析方法

电解分析法分控制电流电解分析法和控制电位电解分析法。

1. 控制电流电解分析法（controlled-current electrolysis）

图 4-1 是控制电流电解法的基本装置。用直流电源作为电解电源，加于电解池的电压用变阻器 R 调节，并用电压表 V 指示，通过电解池的电流由电流表 A 显示。电解池中移入待测电解液，通常以铂丝网（表面积较大，便于金属在阴极上均匀析出）作阴极，较粗的螺旋铂丝作阳极，并兼作搅拌棒，电解时阳极由电动机带动不断进行转动，使待测液得到充分搅拌，提高电解效率。

电解时，通过电解池的电流是恒定的。在实际工作中，一般控制电流为 0.5 ~ 2 A，可通过调节可变电阻 R 来实现。随着电解的进行被电解的测定组分不断析出，在电解液中该物质的浓度逐渐减小，电解电流也随之降低，此时可增大外加电压以保持电流恒定，最终稳定在 H_2 的析出电位。

该法的特点是反应速度快，选择性差。当溶液中含有两种或两种以上的金属离子时，首先是容易在阴极上起反应的物质（即还原电位较正者）在电极上还原。这一组分还原到一定程度后，该组分的浓度下降，使阴极电位变负，另一组分就接着同时起反应。如果两组分的还原电位相差不大，就可能产生干扰。因此，控制电流电解法的最大缺点是选择性差，一般只适用于溶液中只含一种金属离子的情况。但这种方法可以分离电动序排列中氢以前与氢以后的金属。电解时氢以后的金属先在阴极上析出，待完全析出后再继续电解就析出氢气。所以在酸性溶液中电动序在氢以前的金属不能析出，从而达到分离的目的。

用控制电流电解法可测定的金属元素有：Zn、Cd、Co、Ni、Cu、Pb、Fe、Sn 和 Ag 等，其中有的元素要在碱性条件下才能测定。

2. 控制电位电解分析法（controlled potential electrolysis）

在电解分析中，大部分金属是在阴极上析出，因此，控制阴极电位为某一恒定值，就可使某金属离子在此电位下还原析出。如果被电解的只有一种组分，由于电解开始时该物质的浓度较高，所以电解电流较大，电解速度较快，随着电解的进行，该组分在电解液中的浓度逐渐减小，因此电解电流也越来越小。当该组分被电解完全后，电流就趋近于零，表示电解完成。控制阴极电位电解装置如图4-3所示。电解过程中，阴极电位可用电位计或电子毫伏计准确测量，并且通过变阻器 R 来调节加于电解池的电压，使阴极电位保持在特定数值或一定范围内。

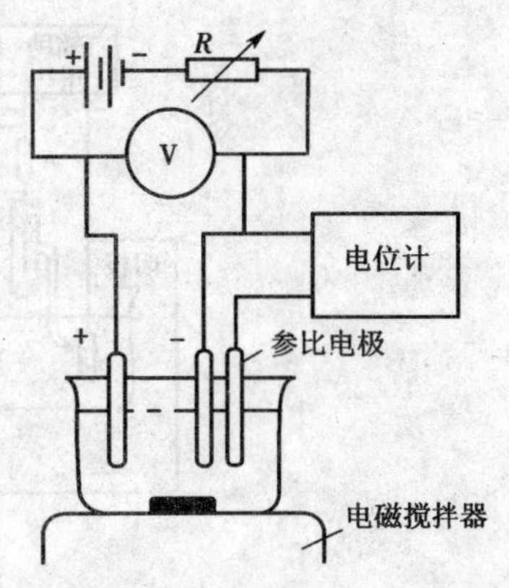

图4-3　控制电位电解法的装置示意

如果欲测定两种或两种以上的混合离子溶液时，则需根据共存组分析出电位的差别选定恒定电位。例如，在 0.01 $mol \cdot L^{-1}$ Ag^+ 与 1.0 $mol \cdot L^{-1}$ Cu^{2+} 的混合溶液中，Ag 的析出电位为

$$\begin{aligned}\varphi &= \varphi^{\ominus}_{Ag^+/Ag} + 0.059\lg[Ag^+] \\ &= 0.799 + 0.059\lg[0.01] = 0.681\ V\end{aligned}$$

Cu 的析出电位为

$$\begin{aligned}\varphi &= \varphi^{\ominus}_{Cu^{2+}/Cu} + \frac{0.059}{2}\lg[Cu^{2+}] \\ &= 0.337 + \frac{0.059}{2}\lg[1.0] = 0.337\ V\end{aligned}$$

由于 Ag 的析出电位较 Cu 的析出电位更正，所以 Ag^+ 先在阴极上析出。当其浓度降至 10^{-6} $mol \cdot L^{-1}$ 时，可以认为 Ag^+ 已电解完全，此时 Ag 的电极电位为

$$\begin{aligned}\varphi &= \varphi^{\ominus}_{Ag^+/Ag} + 0.059\lg[Ag^+] \\ &= 0.799 + 0.059\lg 10^{-6} \\ &= 0.445\ V(vs.\ NHE)\end{aligned}$$

由计算可知，当 Ag^+ 浓度降至 10^{-6} $mol \cdot L^{-1}$ 时，Ag 的析出电位还比 Cu 的析出电位为正，因此只要将电位控制在 0.445 ~ 0.337 V(vs. NHE) 之间，Ag 和 Cu 可电解分离完全。由此可见，该法的选择性较高。

图4-3的手控装置需要随时测试阴极电位并随时调整外加电压，测定既费时又不准确。目前已多采用如图4-4所示的自动控制阴极电位电解装置，在电解池插入甘汞电极作参比电极，通过运算放大器的输出能自动控制阴极电位和参比电极电位差为恒定值。

4-2　库仑分析法

一、库仑分析法的基本原理

库仑分析法是在电解分析法的基础上发展起来的。它是根据待测物质在电解过程中所消耗的电量来求得该物质含量的方法。由于是基于测量电解过程所消耗的电量，而不是析出物的质量，因此可不受称量产物状态的限制，既可用于物理性质很差的沉积体系，也可用于不形成固体产物的反应。

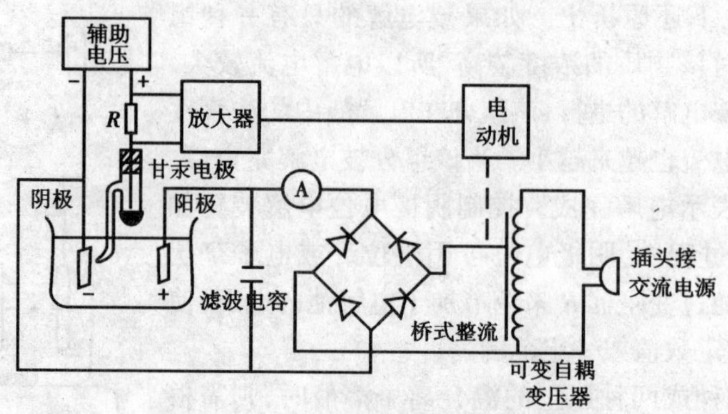

图 4-4 自动控制阴极电位电解的装置

库仑分析法的定量依据是法拉第（Faraday）电解定律。根据法拉第定律，电解时参与电极反应的物质的质量与通过电解池的电量成正比，其数学表达式为

$$m = \frac{M}{nF}Q \tag{4-4}$$

式中：m 为电解时参与电极反应的物质的质量（g）；Q 为通过电解池的电量（C）；M 为电解析出物质的摩尔质量（$g \cdot mol^{-1}$）；n 为电极反应中的电子转移数；F 为法拉第常数（$96\ 485\ C \cdot mol^{-1}$）。

电解消耗的电量 Q 可按下式计算：

$$Q = it \tag{4-5}$$

式中：i 为通过电解池的电流强度（A）；t 为电解进行的时间（s）。当电解电流随时间改变时，则

$$m = \frac{M}{nF}\int_0^t i\mathrm{d}t \tag{4-6}$$

进行库仑分析时，都要求在工作电极上除待测物质外没有其他任何电极反应发生，电流效率必须是 100%。这是库仑分析法的先决条件。也只有在此条件下，才能保证所测得的电量全部消耗在被测物质上，这样就可以通过测量电解过程所消耗的电量，计算出电极上起反应的物质的量。所谓 100% 的电流效率，指电解时电极上只发生主反应，不发生副反应。但是，要使电解过程中所消耗的电量全部用于使待测物质发生电极反应，保证电流效率为 100% 是很难达到的。主要有以下几方面的因素影响了电流效率。

(1) 溶剂的电极反应。常用的溶剂为水，其电极反应主要是 H^+ 的还原和 OH^- 的氧化。通过控制工作电极电位的方法，能够防止氢和氧在电极上析出。

(2) 电解质中杂质的电极反应。电解质溶液中常含有易氧化或易还原的电活性杂质，它们的电极反应会降低电流效率，可以通过提纯或作空白校正的方法消除。

(3) 溶液中可溶性气体的电极反应。主要是指水溶液中溶解的微量氧在电极上的反应，可以采用通入惰性气体（如 N_2）的方法除氧。

(4) 电极自身的反应。有些电极物质自身能参与电极反应，可更换电极、采用惰性电极或其他材料制成的电极。

(5) 电解产物的副反应。在一定条件下，电解产物可能发生副反应。常见的是在一支电

极上电解的产物往往又会与另一支电极上的电解产物相互反应,从而干扰测定,所以在选择电解溶液的组成时应考虑到这些情况。

法拉第定律是自然科学中最严格的定律之一,它不受温度、压力、电解质浓度、电极材料和形状及溶剂性质等因素的影响,所以建立在法拉第电解定律基础上的库仑分析法是一种准确度和灵敏度均较高的绝对定量分析法。它不需要基准物质,所需试样量少,易于实现自动化。

二、控制电位库仑分析法

控制电位库仑分析法(controlled-potential coulometry)是将工作电极的电位控制在某一范围内,使待测物质以 100% 的电流效率进行电解,并用库仑计或电子积分仪测量电解时所消耗的电量,由此计算出电极上起反应的待测物质的量。

控制电位库仑分析法与控制电位电解法的基本装置和方法类似,只是在电解电路中需要多串联一个能精确测量电量的库仑计,如图 4-5 所示。为了保证电解过程的电流效率,测定时首先不接通库仑计,控制阴极电位比待测物质的分解电压低 0.3 ~ 0.4 V 进行预电解,以消除电解液中的电活性杂质。同时通入 N_2 赶除溶解的氧。当预电解达到背景电流后,将一定体积的试样溶液加入到电解池中,接通库仑计,即可进行电解。当电解电流下降至背景电流时终止电解,即可由库仑计上测量出所消耗的电量,由法拉第定律计算出待测物质的含量。

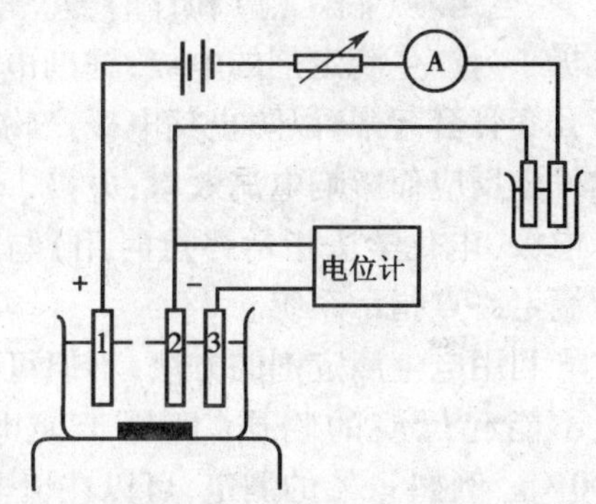

图 4-5　控制电位库仑分析的装置示意

1—辅助电极;2—工作电极;3—参比电极

常用的测量电量的库仑计有化学库仑计和电子积分仪。

1. 化学库仑计

化学库仑计也是一种电解池,其电解反应的电流效率为 100%。由于库仑计串联在电路中,测量电量时,其内部也同时发生电解反应,根据其电解产物的量可计算出通过的电量。根据电解反应的种类不同,化学库仑计又可分为质量库仑计、气体库仑计和滴定库仑计等。质量库仑计是根据阴极上沉积金属的质量来计算通过电解池的电量,如银库仑计等。气体库仑计是根据测量电解过程中析出的气体体积来计算电量的,如氢氧库仑计。滴定库仑计是根据滴定剂滴定电解过程中库仑计内电解产物的量来确定电量的。

2. 电子积分仪

根据电解通过的电流,采用积分电路可求出总电量,其值可由显示装置读出。积分仪的输出读数可以直接用库仑数、微法拉第数或被测物的质量表示。用电子积分仪测量的准确度高、精密度好、使用方便,可用于自动控制分析。

控制电位库仑分析法有着较高的选择性和准确度。除了可以测定许多种金属离子外,还可以测定一些阴离子(如 Cl^-、Br^-、I^-、AsO_3^{3-} 等)和有机化合物(如苦味酸、三氯乙酸等)。它特别适用于混合物质的分析或一种物质的几种氧化态的混合物的测定。例如,Ni 和 Co 共存时测定 Ni,以及 Ag、Tl、Cd、Ni、Zn 的连续测定等。它还能测定电极反应的电子转移数,进行电极过程、反应机理等方面的研究。

三、控制电流库仑分析法

控制电流库仑分析法(controlled-current coulometry)又称为库仑滴定法(coulometric titrimetry),它是建立在控制电流电解过程上的库仑分析法。库仑滴定法是在试液中加入适当的辅助剂后,以一定强度的恒定电流进行电解,将电极反应的产物作为滴定剂与待测物质发生定量反应。当待测物质作用完后,用适当的方法指示终点并立即停止电解。根据到达终点时产生滴定剂所消耗的电量,计算待测物质的量。

由此可见,库仑滴定法不同于一般的化学滴定分析,所用的滴定剂无需预先配制,是由电极反应产生的,因此计量的不是滴定剂的体积,而是恒电流产生滴定剂的时间(即电解进行的时间),可以借助指示剂或电化学方法来指示滴定终点。

库仑滴定的仪器装置如图 4-6 所示,主要包括电解系统和指示系统两部分。电解系统包括恒电流源、电解池(滴定池)和计时器。电解池中,工作电极 4 为产生滴定剂的电极;辅助电极 3 则需要用多孔套管套起来,以防止其电极产物与工作电极产物发生反应而影响电流效率;电极 1 和 2 为终点指示电极(电化学法指示终点时用)与电位计一起组成滴定终点指示系统。

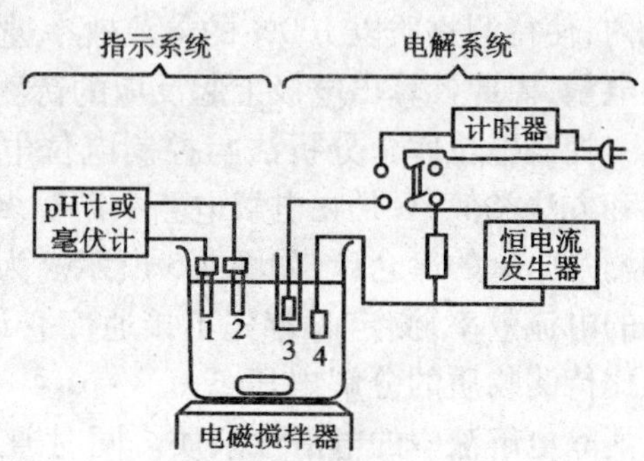

图 4-6 库仑滴定装置简图

1、2—指示电极;3—辅助电极;4—工作电极

利用电生滴定剂的方法,不但可以测定在电极上不能起反应的物质,且易于使电流效率达到 100% 。例如 Fe^{2+} 的测定,可以在恒电流下电解,使 Fe^{2+} 在阳极上氧化为 Fe^{3+},并以 100% 电流效率进行电解。随着电解的进行,阳极表面上 Fe^{3+} 浓度不断增大,Fe^{2+} 浓度则相应地降低。为了保证电解电流恒定不变,就需要不断增大外加电压,使得阳极电位逐渐向正的方向移动。最后,溶液中的 Fe^{2+} 还没有全部氧化为 Fe^{3+} 而阳极电位已经达到了水的分解电压。此时,阳极上将同时发生下列反应:

$$2H_2O \rightleftharpoons O_2 + 4H^+ + 4e^-$$

由于氧的析出,使 Fe^{2+} 氧化反应的电流效率低于 100% 。如果在电解溶液中加入大量的 Ce^{3+} 作为辅助体系,则可避免水的氧化副反应。由于阳极电位尚未达到氧的析出电位时,Ce^{3+} 已开始在阳极上氧化为 Ce^{4+} 。新生成的 Ce^{4+} 则立即氧化溶液中的 Fe^{2+}:

$$Ce^{4+} + Fe^{2+} \rightleftharpoons Fe^{3+} + Ce^{3+}$$

因此,阳极上虽然发生了 Ce^{3+} 的氧化反应,但所生成的 Ce^{4+} 同时又将 Fe^{2+} 氧化为 Fe^{3+} 。最终所消耗的电量与单纯 Fe^{2+} 直接在阳极上全部氧化所消耗的电量相同。该法类似于 Ce^{4+} 滴定 Fe^{3+} 的滴定法,其滴定剂由电解产生,所以恒电流库仑分析法又称为库仑滴定法。

库仑滴定常用的指示终点方法有以下几种。

1. 指示剂法

滴定分析中所用的化学指示剂均可用于库仑滴定法。例如 S^{2-} 的测定,测定时加入大量的辅助电解质 KBr,用恒电流电解 KBr 溶液产生滴定剂 Br_2 来测定 S^{2-} 。化学计量点后,过量的 Br_2 使甲基橙褪色而指示终点,立即停止电解。又如,用恒电流电解 KI 溶液产生滴定剂 I_2 来测定 As(Ⅲ)时,可用淀粉作指示剂来指示终点。

2. 电位法

该法与电位滴定确定终点的方法相似。选用合适的指示电极来指示滴定终点前后电位的突跃。例如,测定溶液中酸的浓度时,用恒电流电解 Na_2SO_4 溶液产生的滴定剂 OH^- 测定酸,以

pH 玻璃电极和甘汞电极组成的指示电极对，从 pH 计上 pH 的突跃来指示终点。

3. 电流法

用该法指示终点又称永停终点法。在电解池中插入一对铂电极作指示电极，在其上施加一个小的恒定电压（一般为 20 ～ 50 mV）。当达到滴定终点时，由于试液中存在一可逆电对或原来可逆电对中的一种组分消失，此时电路上就有电流流过或电流中止。上例恒电流电解 KI 溶液产生的 I_2 测定 As(Ⅲ)的反应：

$$I_2 + AsO_2^- + 2H_2O \rightleftharpoons 2I^- + AsO_4^{3-} + 4H^+$$

在滴定终点前，AsO_2^- 未被完全氧化，试液中只有 I^- 而无 I_2 存在，故指示系统电路中无电流流过，检流计死停在零位。当电解产生的 I_2 将 AsO_2^- 氧化完全并微有过量后，溶液中出现了 $I_2/2I^-$ 可逆电对，在很小的外加电压下，I^- 在阳极上氧化，I_2 在阴极上还原，外电路有电流流过，检流计指针发生偏转，指示电解终点已经到达。根据氧化 AsO_2^- 消耗的电量可计算出试液中 As 的含量。

一般滴定分析中的酸碱滴定、沉淀滴定、配位滴定和氧化还原滴定都可以进行库仑滴定。各种滴定类型的典型应用见表 4-2。

表 4-2　恒电流库仑滴定法典型应用

滴定剂	电生滴定剂的电极反应	待测物质
H^+	$H_2O \rightleftharpoons \frac{1}{2}O_2 + 2H^+ + 2e^-$	各种碱
OH^-	$2H_2O + 2e^- \rightleftharpoons H_2 + 2OH^-$	各种碱
Ag^+	$Ag \rightleftharpoons Ag^+ + e^-$	Cl^-、Br^-、I^-、硫醇类
EDTA	$HgNH_3Y^{2-} + NH_4^+ + 2e^- \rightleftharpoons Hg + 2NH_3 + HY^{3-}$	Ca^{2+}、Cu^{2+}、Zn^{2+}、Pb^{2+}
Br_2	$2Br^- \rightleftharpoons Br_2 + 2e^-$	AsO_2^-、Sb^{3+}、U^{4+}、H^+、酚、8－羟基喹啉
I_2	$2I^- \rightleftharpoons I_2 + 2e^-$	AsO_2^-、$S_2O_3^{2-}$、H_2S
Mn^{3+}	$Mn^{2+} \rightleftharpoons Mn^{3+} + e^-$	Fe^{2+}、AsO_2^-、$C_2O_4^{2-}$
Ag^{2+}	$Ag^+ \rightleftharpoons Ag^{2+} + e^-$	Ce^{3+}、V^{5+}、$C_2O_4^{2-}$
Fe^{2+}	$Fe^{3+} + e^- \rightleftharpoons Fe^{2+}$	CrO_4^{2-}、MnO_4^-、VO_3^-、Ce^{4+}
Ti^{3+}	$TiO^{2+} + 2H^+ + e^- \rightleftharpoons Ti^{3+} + H_2O$	Fe^{3+}、V^{5+}、Ce^{4+}、U^{4+}

从表 4-2 可见，一些不稳定的滴定剂如 Br_2、Ag^+、Mn^{3+}、Ti^{3+} 等，在一般滴定分析中应用是很困难的，但在恒电流库仑滴定中却可以采用，既可测定微量及痕量组分，又可测定高纯度物质，例如测定钢铁样中微量的碳、硫和氧及测定纯度在 99.99% 以上的 $K_2Cr_2O_7$。库仑滴定法还能方便地测定有机样品中的 C、H、O、S、卤素等。

思　考　题

1. 何谓电解？何谓分解电压和析出电位？
2. 电解分析（电重量法）和库仑分析的共同点是什么？不同点是什么？
3. 库仑分析的基本原理是什么？为什么说电流效率是库仑分析法的关键问题？在库仑分

析中用什么方法保证电流效率达到100%?

4. 控制电位库仑分析法和库仑滴定法有什么异同点?

5. 为什么控制电流库仑分析法又称为库仑滴定法?

习 题

1. 电解中阳极析出电位为 +1.513 V,阴极析出电位为 +0.281 V,电池内阻为 1.5 Ω,欲使500 mA 的电流通过电解池,外加电压应多大?

2. 如果要用电解法从组成为0.01 mol·L^{-1} Ag^+,2 mol·L^{-1} Cu^{2+} 的溶液中,使 Ag^+ 完全析出与 Cu^{2+} 分离,铂阴极的电位应控制在什么数值上(vs. SCE,不考虑超电位)。

3. 在0.5 mol·L^{-1} H_2SO_4介质中,电解1 mol·L^{-1} $ZnSO_4$与1 mol·L^{-1} $CdSO_4$混合溶液,试问:

(1)电解时,Zn 与 Cd 哪个先析出?

(2)能否用电解法使 Zn^{2+} 和 Cd^{2+} 完全分离?

4. 用控制电位库仑分析法测定 CCl_4 和 $CHCl_3$ 的含量,当电位为 -1.0V(vs. SCE)时,甲醇溶液中的四氯化碳在汞阴极上还原成氯仿:

$$2CCl_4 + 2H^+ + 2e^- + 2Hg \rightarrow 2CHCl_3 + Hg_2Cl_2$$

在 -1.8 V 处氯仿还原成甲烷:

$$2CHCl_3 + 6H^+ + 6e^- + 6Hg \rightarrow 2CH_4 + 3Hg_2Cl_2$$

将0.750 g 含有 CCl_4、$CHCl_3$和惰性杂质的样品溶解在甲醇中,在 -1.0 V 下电解,直至电流趋于零,从库仑计上测得的库仑数为 11.63 C;然后在 -1.8 V 处电解,完成电解需要的库仑数为44.24 C。试计算样品中 CCl_4和 $CHCl_3$的含量。

5. 用库仑滴定法测定某一样品中 As_2O_3,称取样品 6.39 g,然后用 H_2SO_4 和 HNO_3溶解,并将 As(Ⅴ)还原为 As(Ⅲ),在 KI 的碱性溶液中用电解产生 I_2滴定 As(Ⅲ):

$$HAsO_3{}^{2-} + I_2 + 2HCO_3{}^- \rightarrow HAsO_4^{2-} + 2I^- + 2CO_2 + H_2O$$

若通入的电流为98.3 mA,到达终点需要 13 min 12 s。试计算样品中 As_2O_3的含量。

6. 用库仑滴定法测定 Cr^{3+},将沉积在10.0 cm^2的试验板上的 Cr^{3+} 用酸和氧化剂处理,氧化至 $Cr_2O_7{}^{2-}$:

$$3S_2O_8^{2-} + 2Cr^{3+} + 7H_2O \rightarrow Cr_2O_7^{2-} + 14H^+ + 6SO_4^{2-}$$

溶液煮沸去掉过量的 $S_2O_8^{2-}$,冷却,然后在 50 mL 含有 0.10 mol·L^{-1} Cu^{2+} 溶液中电解产生 Cu(Ⅰ)来滴定 $Cr_2O_7{}^{2-}$。若通入的电流为 32.5 mA,到终点时需要的时间为 7 min 33 s,计算试验板上每平方厘米所沉积的 Cr^{3+} 量。

7. 用库仑滴定法测定 MnO_4^- 时,以电解产生的 Fe^{2+} 滴定 MnO_4^-。滴定时,恒定电流为 2.50 mA,将25.00 mL MnO_4^- 溶液全部还原成 Mn^{2+},所需时间为 10.37 min。计算该试液中 $KMnO_4$ 的浓度。

8. 乳酸可以用电解产生的 OH^- 进行库仑滴定。在 15.00 mA 恒定电流下,20.00 mL 含乳酸的试液,需要 185.6 s 完成滴定。已知 $M_{乳酸}$ = 80.08 g·mol^{-1},计算20.00 mL 试液中乳酸的质量。

9. 将 9.14 mg 纯苦味酸样品溶解在 0.1 $mol \cdot L^{-1}$ HCl 中，用控制电位库仑法[−0.65 V (vs. SCE)]测定。与电解池串联的库仑计的电量为 65.7 C。计算在此还原反应中电子得失数 n。已知：$M_{苦味酸} = 229.1\ g \cdot mol^{-1}$。

10. 库仑滴定乙基硫醇(C_2H_5SH)，在银阳极上形成 C_2H_5SAg。滴定 10.00 mg 的乙基硫醇，通过的电流为 25 mA，所需时间为多少？已知 $M_{C_2H_5SH} = 62.13\ g \cdot mol^{-1}$。

第5章 极谱分析法

极谱分析法(polarography)和伏安分析法(voltammetry)是以测定电解过程中的电流—电压曲线为基础的一类电化学分析法。极谱法和伏安法的不同则在于工作电极的差别。凡使用滴汞电极或电极表面能周期性更新的叫极谱法,而使用表面不能更新的液体或固体电极的叫伏安法。

自1922年海洛夫斯基(Heyrovsky)开创了极谱学以来,已形成了一系列极谱分析方法和技术,极谱分析已成为电化学分析的重要组成部分。极谱分析法和电解分析法类似,也可分为控制电位极谱法和控制电流极谱法两大类。控制电位极谱法又可分为直流极谱法(即经典极谱)、单扫描极谱法、交流极谱法、方波极谱法和脉冲极谱法等;控制电流极谱法也可分为计时电位法(依据电位—时间曲线)、交流示波极谱法等。

本章主要介绍经典极谱法,它是一切伏安法的基础。然后,简单介绍某些近代极谱分析法和伏安分析法。

5-1 经典极谱法概述

一、极谱分析的基本装置

极谱分析是一种在特殊条件下进行的电解过程。极谱分析的基本装置如图5-1所示。极谱分析的实验装置与一般电解装置大体相似,所不同的是两个电极。其中一个是面积很大的饱和甘汞电极,作为参比电极;另一个是面积很小的滴汞电极(Dropping Mercury Electrode, DME),作为工作电极。后者是将贮汞瓶中的汞通过厚壁软塑料管与一支长约10 cm,内径约0.05 mm的玻璃厚壁毛细管相连接。当把毛细管伸进电解池的溶液中时,由于重力的作用,汞从毛细管下口滴落,而构成滴汞电极。图5-1中*AD*为滑线电阻,通过改变接触点*C*的位置,可以改变加在两个电极上的电压。外加电压的大小和流经电解池的电流可分别由电压表V和检流计G指示。

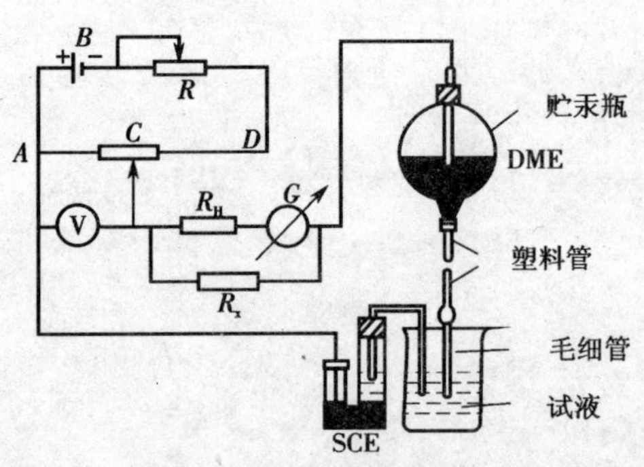

图5-1 极谱分析基本装置

二、极谱波的形成

以电解$PbCl_2$溶液为例说明极谱波的形成过程。

将浓度为5×10^{-4} mol·L^{-1} $PbCl_2$溶液加入电解池中,加入大量KCl溶液作为支持电解质

(supporting electrolyte),使其浓度为 0.1 mol · L^{-1},再加几滴 0.01%动物胶,然后通入氮气数分钟以驱除溶液中的溶解氧。测定时,调节贮汞瓶的高度,使汞滴以每滴 3 ~ 6 s 的速度滴出;以滴汞电极为阴极,饱和甘汞电极为阳极,在溶液保持静止的情况下进行电解。移动接触点 *C* 使两电极上的外加电压自零逐渐增加。每改变一次电压记录一次相应的电流值。然后以电流为纵坐标,外加电压为横坐标,绘制出电解 Pb^{2+} 的电流—电压曲线,如图 5-2 所示,称为极谱图(polarogram)。

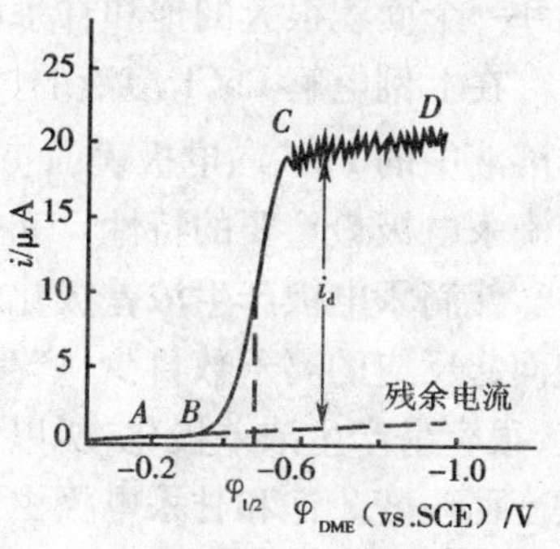

图 5-2　Pb^{2+} 的极谱图

从图中可见,Pb^{2+} 在滴汞电极上还原所产生的极谱波可分为以下几个部分。

1. 残余电流部分

当外加电压尚未达到 Pb^{2+} 的分解电压时,电极表面没有 Pb^{2+} 还原,此时应该没有电流流过,但实际上仍有微小的电流通过电解池,这种电流称为残余电流(residual current, i_r),即极谱图上的 *AB* 部分。

2. 电流随外加电压增加而上升部分

当外加电压增加到 Pb^{2+} 的分解电压时,滴汞电极电位变负到等于 Pb^{2+} 的析出电位,滴汞电极表面的 Pb^{2+} 开始还原成为金属铅并与汞结合成铅汞齐:

$$Pb^{2+} + 2e^- + Hg \longrightarrow Pb(Hg)$$

在甘汞电极上,汞被氧化成甘汞:

$$2Hg + 2Cl^- \longrightarrow Hg_2Cl_2 + 2e^-$$

此时电解池中开始有 Pb^{2+} 的电解电流流过,这就是图中的 *B* 点。由于滴汞电极表面 Pb^{2+} 的浓度小于主体溶液中 Pb^{2+} 的浓度,产生了浓差极化。继续增加外加电压,使滴汞电极的电位变得更负,电极表面 Pb^{2+} 被还原也就越多,电解电流就越大,于是极谱波上升,即图中的 *BC* 部分。

3. 极限电流部分

继续增加外加电压,使滴汞电极的电位负到一定数值后,电流不再增加而达到一个极限值,此时的电流称为极限电流(limiting current, i_l),即图中的 *CD* 部分。这时 Pb^{2+} 在滴汞电极表面的浓度趋向于零,电流不随外加电压的增加而增加,而受 Pb^{2+} 从溶液主体扩散到电极表面的速度所控制。

极限电流与残余电流之差称为极限扩散电流,简称扩散电流(diffusion current, i_d)。极限扩散电流与电解液中 Pb^{2+} 的浓度成正比,这是极谱定量分析的基础。电流等于极限扩散电流一半时所对应的滴汞电极电位称为半波电位(half-wave potential),用 $\varphi_{1/2}$ 表示。不同物质具有不同的半波电位,这是极谱定性分析的依据。

三、极谱分析过程的特殊性

极谱分析是一种在特殊电极上和特殊条件下进行的电解过程。

1. 电极的特殊性

一般的电解分析都使用两个面积大的电极,而极谱分析却是使用一个面积很小的滴汞电极和一个面积很大的饱和甘汞电极。

在上例电解 $PbCl_2$ 溶液的过程中，由于滴汞电极上的电极反应而产生浓差极化，从而使主体溶液中的 Pb^{2+} 向电极表面扩散而形成扩散电流。因此，滴汞电极在电解过程中完全极化，是滴汞电极最重要的特性。完全浓差极化是产生极限扩散电流的先决条件。

使滴汞电极产生浓差极化的主要因素是电流密度。由于滴汞电极的面积很小，虽然在它表面起反应的离子数目少，产生的电解电流小，但在极小的滴汞电极表面上的电流密度却很大，很容易产生浓差极化，所以滴汞电极也叫极化电极，其电位受外加电压控制，随外加电压的改变而改变。饱和甘汞电极由于其面积比滴汞电极大得多，电解时电流密度很小，在极小的电流密度下产生的浓差极化很小，电极表面 Cl^- 浓度改变甚微，因而饱和甘汞电极的电位实际上保持不变，称为去极化电极，在极谱分析中用作参比电极。

滴汞电极除了具有上述的特殊性，它还具有如下特点。

(1) 汞滴不断下滴，电极表面总是新鲜的，吸附的杂质少，测定的重现性好。

(2) 氢在汞上的超电位比较大，滴汞电极的电位降至 -1.2 V(vs. SCE) 时还不会有氢气析出，这样极谱测定可以在酸性溶液中进行。

(3) 汞能与许多金属生成汞齐，使这些金属的析出电位降低，所以在碱性溶液中也能对碱金属、碱土金属进行极谱分析。

(4) 汞容易提纯，能够得到高纯度的汞，为提高测定结果的重现性创造了有利条件。

滴汞电极也存在一些缺点。

(1) 汞易挥发且有毒，必须在通风良好的条件下进行实验。

(2) 汞能被氧化，所以滴汞电极不能在比 $+0.4$ V(vs. SCE) 更正的电位下使用，否则汞将被氧化为 Hg^{2+}，所产生的氧化电流将掩盖溶液中其他可氧化组分的极谱波。因此，使用滴汞电极为工作电极，只适用于分析具有还原性或很容易被氧化的物质。

(3) 使用中毛细管易堵塞。

2. 电解条件的特殊性

极谱分析采用了特殊的电解条件，主要表现在电解过程中不搅拌，保持溶液静止状态，并在溶液中加入了大量惰性电解质(也称支持电解质)。

电解过程中，电解电流的大小主要取决于离子到达电极表面的速率。离子由溶液主体到达电极表面主要有三种运动形式，即电迁移运动、对流运动和扩散运动。相应地产生三种电流，即迁移电流、对流电流和扩散电流。这三种电流只有扩散电流与待测物质的浓度有定量关系，因此，必须设法消除对流电流和迁移电流。在电解过程中，溶液保持静止即可消除对流运动；溶液中若加入大量支持电解质，则可消除离子的电迁移运动。于是溶液中仅有一种由于浓度差异而引起的扩散运动，而极谱法中测定的正是这种完全受扩散运动控制的电流。

四、极谱分析的特点

(1) 灵敏度高。通常能测定浓度为 $10^{-4} \sim 10^{-5}$ mol · L^{-1} 的物质，在特定条件下，可测定 $10^{-8} \sim 10^{-9}$ mol · L^{-1} 甚至更低浓度的物质，是一种重要的微量分析方法。

(2) 准确度高。测定的相对误差一般在 2% ~5%。

(3) 在合适的条件下，可进行多组分的同时测定，而不必预先分离。

(4) 可重复进行测定。由于在极谱测定时，通过电解池的电流很小，测定后溶液基本上没有什么变化，可重复进行测定。

(5)试样用量少，分析速度快。

(6)应用范围广。凡在滴汞电极上能够发生氧化还原的物质都可用极谱法直接测定；有些物质虽不能在电极上发生反应，也可以设法用间接法测定。既可以测定无机物，也可测定有机物，还可进行机理研究，如测定一些化学或物理化学常数等。极谱法是研究氧化还原过程和表面吸附过程以及电极过程动力学的重要工具。

5-2　极谱定量分析基础——扩散电流方程

一、极谱定量分析基础

极谱分析是以电解为基础的分析方法。因此，极谱电解过程中外加电压(V)、滴汞电极的电位(φ_{DME})、饱和甘汞电极的电位(φ_{SCE})和电流 i 等之间的关系，遵守电解方程式：

$$V = (\varphi_a - \varphi_c) + iR + \eta$$

由于金属的超电位很小，η 可忽略不计；通过电解池的极谱电流 i 很小(μA 数量级)，电解池的内阻 R 也很小，所以 iR 降也可忽略不计，于是电解方程式可简化为

$$V = \varphi_{SCE} - \varphi_{DME} \tag{5-1}$$

在电解过程中，饱和甘汞电极的电位 φ_{SCE} 保持恒定不变，式(5-1)可改写为

$$V = -\varphi_{DME}\ (\text{vs. SCE}) \tag{5-2}$$

式中“vs. SCE”表示以饱和甘汞电极为标准。式(5-2)表明，滴汞电极的电极电位 φ_{DME}(vs. SCE)的数值与外加电压完全相等，符号相反。如果横坐标取负值，则 $i-V$ 曲线与 $i-\varphi_{DME}$ 曲线是完全等同的。

前述电解 $PbCl_2$ 溶液的极谱分析中，当继续增大外加电压，使 φ_{DME} 变得更负时，电极表面有更多的 Pb^{2+} 被还原，由于浓差极化，使得主体溶液中的 Pb^{2+} 源源不断地向电极表面扩散，形成了持续不断的扩散电流。于是，在滴汞电极表面周围形成一层厚度约为 0.05 mm 的扩散层，如图 5-3(a)所示。在扩散层内，Pb^{2+} 的浓度 c_0 取决于电极电位；在扩散层外，Pb^{2+} 的浓度与主体溶液浓度 c 相同。在扩散层内、外之间 Pb^{2+} 浓度从小到大地变化，如图 5-3(b)所示，形成了浓度梯度 $\frac{\Delta c}{\Delta x}$。而电极表面 Pb^{2+} 的扩散速度取决于电极表面的浓度梯度。浓度梯度可近似地表示为

$$\frac{\Delta c}{\Delta x} = \frac{c - c_0}{\delta} \tag{5-3}$$

式中 δ 为扩散层厚度。

因此扩散电流 i 的大小与 Pb^{2+} 的扩散速度成正比，而扩散速度又与浓度梯度成正比。于是

$$i \propto \frac{c - c_0}{\delta}$$

滴汞电极表面扩散层的厚度 δ 是电位和时间的函数。所以在一定电位下，某一时刻的扩散电流为

$$i = K(c - c_0) \tag{5-4}$$

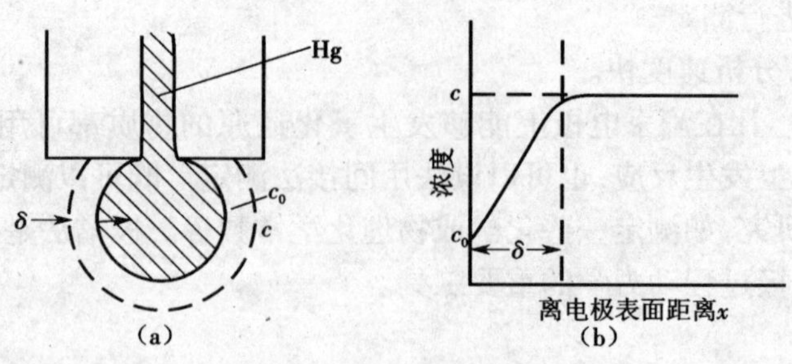

图 5-3 扩散层示意图

(a)扩散层示意 (b)被测物质在扩散层内浓度梯度的变化

式中 K 为比例常数。当外加电压继续增加,最后使 φ_{DME} 负到一定程度时,c_0 趋近于零,扩散电流达到最大值,即为极限扩散电流 i_d。

$$i_d = Kc \tag{5-5}$$

式中 c 为待测组分的浓度。式(5-5)表明极限扩散电流与被测组分的浓度成正比,是极谱定量分析的基础。

二、尤考维奇扩散电流方程式

式(5-5)中的比例常数 K,在滴汞电极上为

$$K = 706\ nD^{1/2}m^{2/3}t^{1/6}$$

则滴汞电极上的瞬时极限扩散电流公式为

$$i_d = 706\ nD^{1/2}m^{2/3}t^{1/6}c \tag{5-6}$$

式中:i_d 为滴汞电极上的瞬时极限扩散电流(μA);n 为电极反应中的电子转移数;D 为被测物质在溶液中的扩散系数($cm^2 \cdot s^{-1}$);m 为汞流出毛细管的质量流速($mg \cdot s^{-1}$);t 为汞滴生长时间(s);c 为溶液本体中被测物的浓度($mmol \cdot L^{-1}$)。

由式(5-6)可见,极限扩散电流 i_d 在每一滴汞的生长周期内,随汞滴生长时间 t 的 1/6 次方而增加。这是汞滴生长周期内电极面积的增加与扩散层厚度增大双重作用的结果,所以极限扩散电流随汞滴的周期性生长和滴下也呈现周期性变化,如图 5-4 所示。在汞滴生长的最初时刻 $t = 0, i_d = 0$;随着汞滴的生长,i_d 急剧增加,随后电流增加变得缓慢;当汞滴将要滴下的一瞬间,即 $t = \tau$(滴汞周期)时 i_d 达到最大值 $(i_d)_{max}$,汞滴一旦落下,电流迅速降为零,又开始新的周期。最大极限扩散电流为

$$(i_d)_{max} = 706\ nD^{1/2}m^{2/3}\tau^{1/6}c \tag{5-7}$$

由此可见,对于极谱分析,只有取各汞滴同一生长时间的电流进行比较才是有意义的。

在极谱分析中,通常使用长周期(4 ~ 8 s)检流计记录电流。由于检流计有一定的阻尼,所以只能记录下在平均扩散电流值附近的较小的摆动,使极谱曲线呈锯齿状。摆动的中心点即为平均扩散电流 $\bar{i}_d$。平均扩散电流易于测量,再现性好,所以在极谱分析中用它来进行定量计算。

平均扩散电流为每一滴汞在整个生长过程中所流过的电荷量除以滴汞周期 τ,即

$$\bar{i}_d = \frac{1}{\tau}\int_0^{\tau} i_d \mathrm{d}t \tag{5-8}$$

将式(5-6)代入上式并积分,得

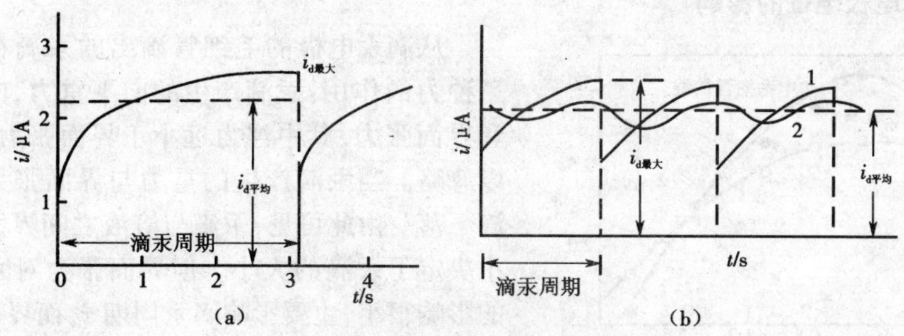

图 5-4　滴汞电极的电流—时间曲线

(a)一个汞滴的电流—时间曲线　(b)1——一个汞滴的电流—时间曲线；2—由检流计观察到的电流—时间曲线

$$\bar{i}_d = 607nD^{1/2}m^{2/3}\tau^{1/6}c \tag{5-9}$$

上式称为尤考维奇(Ilkovic)方程式，它是极谱定量分析的依据。为方便起见，用 $\bar{i}_d$ 表示平均极限扩散电流，i 表示任一电位下的扩散电流。

三、影响极限扩散电流的因素

由尤考维奇方程式可知，影响 i_d 的因素很多，可归纳为以下几点：

(1)影响 m 和 t(即毛细管特性)的因素，如毛细管直径、汞柱高度、电极电位等；

(2)影响扩散系数的因素，如温度、离子淌度、离子强度、溶液黏度、介电常数等。

只有温度、底液及毛细管特性不变时，i_d 与 c 的正比关系才成立，极谱分析法才能用于定量分析。

1. 滴汞电极汞柱高度的影响

(1)汞柱高度 h(贮汞瓶中汞面至滴汞电极毛细管末端的高度)与汞流速度 m 有关。当毛细管一定、外加电压及底液(被测溶液中除去被测离子以外的部分)组成一定时，汞流出毛细管的速度与汞柱形成的压力成正比，即 m 与 h 成正比：

$$m = K'h$$

(2)汞柱高度 h 与滴汞周期 τ 有关。滴汞周期 τ 与汞柱高度成反比，即

$$\tau = K''/h$$

所以　$m^{2/3}\tau^{1/6} = (K'h)^{2/3}(K''/h)^{1/6} = K'''h^{1/2}$

m 和 τ 均为毛细管特性，所以 $m^{2/3}\tau^{1/6}$ 称为毛细管常数，它与汞柱高度 h 的平方根成正比。当待测物质及其浓度一定时，i_d 与汞柱高度 h 的平方根成正比，即

$$i_d = K'm^{2/3}\tau^{1/6} = K\,h^{1/2}$$

因此，在极谱定量分析中，不仅应使用同一支毛细管、相同的底液，而且还应该保持汞柱高度一致。

(3)m 和 τ 受毛细管倾斜度的影响。实验时要求毛细管垂直，倾斜度不应超过 5°，否则将使汞滴下落不规则，导致数据的再现性差和扩散电流减小。

(4)汞滴滴落的时间间隔不能太短，即 τ 不能太小，否则由于汞滴滴下速度快而搅动溶液，使电流增大。一般滴汞周期 τ 应大于 2 s，最合适的滴汞周期为 3 ~6 s。

2. 滴汞电极电位的影响

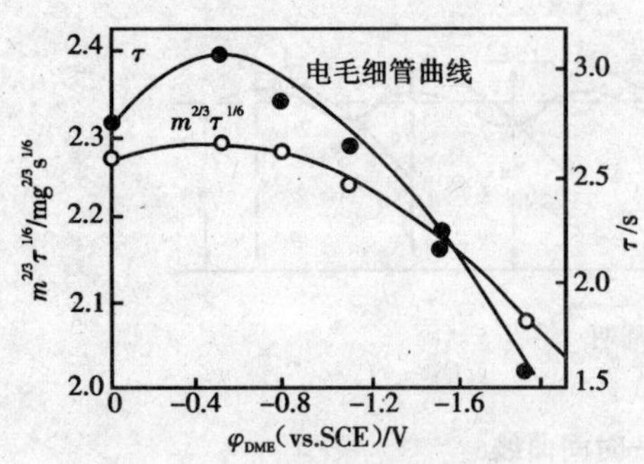

图 5-5　滴汞电极电位对 τ 和 $m^{2/3}\tau^{1/6}$ 的影响

从滴汞电极的毛细管滴出的汞滴在溶液中受三种力的作用：汞滴产生的向下重力、向上的浮力和界面张力，其中浮力远小于界面张力和重力，可以忽略。当汞滴产生的重力与界面张力相等时汞滴下落。由此可见，汞滴与溶液之间界面张力的大小决定了汞滴的大小。但界面张力对汞流速度 m 的影响很小，主要影响滴汞周期 τ，而界面张力又受滴汞电极电位的影响。由于 i_d 与 $m^{2/3}\tau^{1/6}$ 成正比，所以电极电位对 i_d 产生一定的影响。

电极电位对滴汞周期 τ 及 $m^{2/3}\tau^{1/6}$ 的影响见图 5-5。由图可见，$m^{2/3}\tau^{1/6}$ 也随电极电位的变化有所改变，但 $m^{2/3}\tau^{1/6}$ 的值随电极电位的变化程度比 τ 小得多，这是因为它只与 τ 的 1/6 次方有关，在实际测定时，电位在 0 至 -1.0 V 的范围内可以认为 $m^{2/3}\tau^{1/6}$ 基本不变；但在更负的电位下，$m^{2/3}\tau^{1/6}$—φ_{DME} 曲线的下降较为显著，对 i_d 产生的影响必须考虑。

3. 溶液组成的影响

溶液的组成不同时，对被测组分的扩散系数 D 有影响，由于 i_d 与 $D^{1/2}$ 成正比，所以也影响极限扩散电流的大小。溶液的组成不同，黏度有差别，黏度越大，各种组分的扩散系数就越小。被测组分的状态不同时，如被测金属离子形成配合物后，通常都比其水合离子的半径大，扩散系数要减小，极限扩散电流也要相应变小。所以在极谱分析中应尽量保持标准溶液和试样溶液的组成基本一致。

4. 温度

在尤考维奇方程式 $i_d = 607nD^{1/2}m^{2/3}\tau^{1/6}c$ 中，除 n 之外其余各项都是温度的函数，尤其对 D 的影响较大些。因此，在极谱分析中需尽可能地使温度保持不变。若温度变化控制在 ±5 ℃的范围内，可以保证因温度变化而产生的误差 < ±1%。

其他实验条件，如离子强度、介电常数等都影响 i_d 的大小，因此，在实验过程中应尽量保持实验条件一致。

5-3　极谱定量分析方法

由式(5-5)可知，只要测得极限扩散电流就可以确定待测物质的浓度。极限扩散电流为极限电流与残余电流之差。在极谱图上通常以波高来表示极限扩散电流的相对大小，而不必测量其绝对值，于是有

$$h = K'c \tag{5-10}$$

根据上式就可以进行定量分析。常用的定量方法有以下几种。

一、直接比较法

分别测出浓度为 c_s 的标准溶液和浓度为 c_x 的未知液的极谱图，并测量它们的波高 h(mm)。由式(5-10)有 $h_s = K'c_s$，$h_x = K'c_x$，两式相比可得

$$c_x = h_x / h_s \cdot c_s \tag{5-11}$$

从上式可求出未知液的浓度。测定应在相同的条件下进行，即应使两个溶液的底液组成、温度、毛细管、汞柱高度等保持一致。该方法简单，但准确度低，并要求标准溶液与未知液的组成相近。

二、标准曲线法

首先配制一系列标准溶液，在相同条件下测得一系列标准溶液和未知液的极谱图并分别测量其波高，然后用作图或回归的方法绘制波高对浓度的标准曲线，得一过原点的直线。根据未知液的波高，从标准曲线上求得未知液的浓度。该方法较准确，当未知样数量较多时，可减少实验次数，适用于例行分析。

三、标准加入法

首先测出体积为 V_0(mL)的未知液的极谱图，并测量其波高 h_x(mm)；然后在电解池中加入体积为 V_s(mL)、浓度为 c_s 的该被测物质的标准溶液，在同样的实验条件下再测出其极谱图，测得波高为 H(mm)。由波高的增加可以计算出未知液的浓度。由式(5-10)可得

$$h_x = K' c_x$$

$$H = K' \frac{V_0 c_x + V_s c_s}{V_0 + V_s}$$

整理得

$$c_x = \frac{c_s V_s h_x}{H(V_0 + V_s) - h_x V_0} \tag{5-12}$$

根据式(5-12)可以计算出未知液的浓度。

在以上的测量中，用极谱波的波高代替极限扩散电流，从而简化了测量方法。在测量波高时，对于波形良好的极谱图，可以通过极谱波上残余电流部分和极限电流部分作两条平行的直线，两条直线间的垂直距离 h 为所得的波高，如图 5-6(a)所示。由于极谱波呈锯齿状，所以在作直线时应取锯齿的中值。

若极谱图不规范，则采用三切线法，作残余电流和极限电流的延长线，并与波的切线相交于两点，通过这两点作相互平行的直线，二平行线间的垂直距离 h 为波高，如图 5-6(b)所示。

若极谱图上有几个波，同样可以用作图的方法求出各个极谱波的波高，如图 5-6(c)和(d)所示。

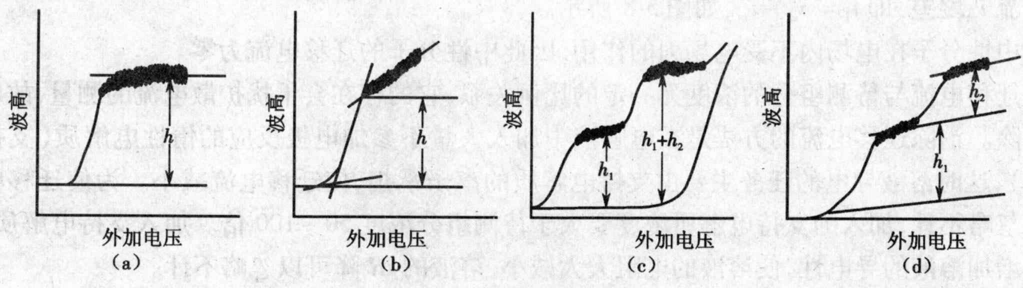

图 5-6　测量波高的方法

5-4 干扰电流及其消除方法

在极谱电解过程中，除扩散电流外，还有其他原因产生的电流。这些电流与被测物质的浓度无关，但它们干扰测定，故统称为干扰电流。应根据它们产生的原因设法加以消除。

一、残余电流

残余电流(图5-2中 *AB* 段)是由电解电流和电容电流(capacitive current)两部分组成。

电解电流是由于待测电解液中混入易在滴汞电极上还原的杂质造成的。如溶液中溶解的微量氧、蒸馏水和试剂中微量重金属离子 Cu^{2+}、Fe^{3+} 和 Pb^{2+} 等。电解电流在残余电流中所占的比例极小。

电容电流是残余电流的主要部分。电容电流来源于滴汞电极同待测液界面上双电层的充电过程，所以也叫充电电流(charging current)。电容电流产生的原因在于滴汞电极表面附近有一个双电层，相当于一个电容器。当电极上的外加电压变化时就要向电容器充电，就会引起充电电流；电极表面积的变化同样也会引起双电层电容的变化，产生充电电流。由于在极谱电解过程中外加电压和电极面积一直在变化，因此，充电电流在整个极谱过程中始终存在。

电容电流的大小为 μA 数量级，相当于 10^{-5} mol · L^{-1}一价金属离子产生的极限扩散电流。因此，待测组分的浓度小于 10^{-5} mol · L^{-1}时，受电容电流的干扰严重，所以电容电流的存在限制了经典极谱法的灵敏度。

在极谱分析中，残余电流一般采用作图法予以扣除，或利用仪器的残余电流补偿装置予以抵消。

二、迁移电流

在电场力的作用下，电解液中的阴、阳离子向(或背向)电极表面运动，产生电迁移。这样，电解液中的离子到达电极表面就有两种途径，从而产生两种电流。一种是浓差扩散电流；另一种是电迁移引起的电解电流，称为迁移电流(migration current, i_m)。如果离子的迁移方向与扩散方向一致，则产生正的迁移电流 i_m(如阳离子在滴汞电极上还原)，所得极限电流 i_l 等于扩散电流 i_d 与迁移电流 i_m 之和，即 $i_l = i_d + i_m$，如图5-7所示。如果两者方向相反，则产生负的迁移电流(如阴离子 IO_3^-、BrO_3^- 等在滴汞电极上还原)，所得极限电流 i_l 等于扩散电流 i_d 与迁移电流 i_m 之差，即 $i_l = i_d - i_m$，如图5-8所示。

中性分子在电场内不受电场力的作用，因此中性分子的迁移电流为零。

迁移电流与待测组分的浓度无一定的比例关系，它的存在会干扰扩散电流的测量，故应设法消除。消除迁移电流的方法是在电解液中加入大量不参加电极反应的惰性电解质(支持电解质)，这时溶液导电的任务主要由支持电解质的离子承担，使迁移电流减小。为使迁移电流可以忽略不计，加入的支持电解质浓度要大于待测组分浓度50~100倍。加入支持电解质后，还能增加溶液的导电性，使溶液的电阻大大减小，溶液的 *iR* 降可以忽略不计。

常用的支持电解质有 HCl、H_2SO_4、HOAc-NaOAc、$NH_3 \cdot H_2O$-NH_4Cl、NaOH、KCl、Na_2SO_4 等。在实际工作中，由于制备试液或为控制待测液的酸度所加的一些电解质物质也同时起支持电解质的作用，此时可不必再加支持电解质。

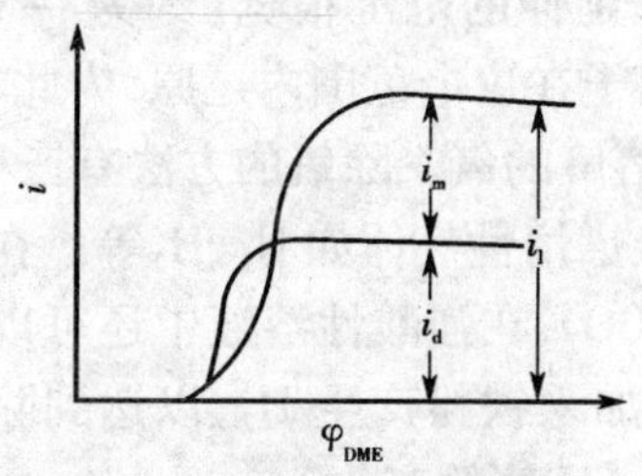

图 5-7　阳离子在阴极还原时的扩散电流和极限电流

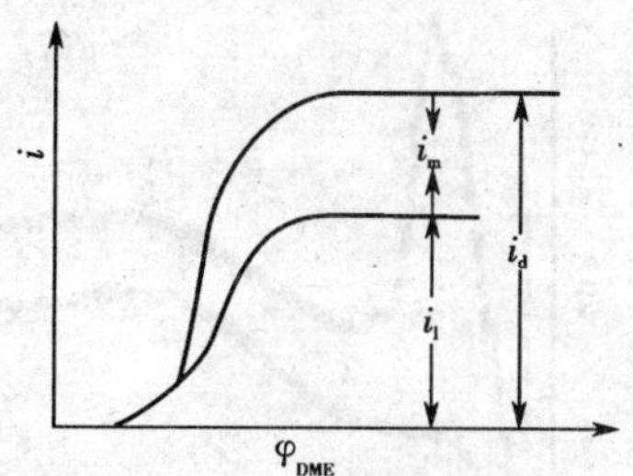

图 5-8　阴离子在阴极还原时的扩散电流和极限电流

三、极谱极大

在极谱分析中，当外加电压达到待测物质的析出电位后，电流往往随外加电压的增加而迅速达到一个超过极限扩散电流的极大值，随后又下降回到极限扩散电流的正常值。极谱图上出现的这种极大电流的畸峰称为极谱极大（polarographic maxima），如图 5-9 所示。

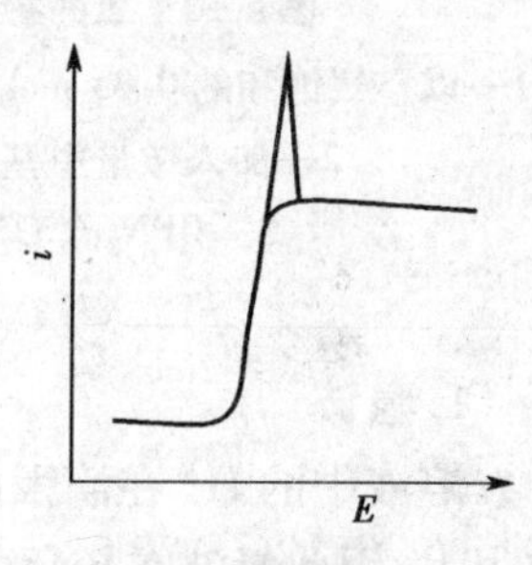

图 5-9　极谱极大

极谱极大产生的原因是由于汞滴在生长过程中，表面产生了切向运动，致使表面附近的溶液被搅动，使待测组分急速地到达电极表面而被还原，从而引起电流急剧增加，形成极谱极大。当电流上升至极大值后，由于电极表面待测物质迅速消耗，达到完全浓差极化，电流也就下降到正常的扩散电流值。

极谱极大的出现，影响了扩散电流和半波电位的准确测量，故应设法消除。

引起汞滴表面产生切向运动的原因主要是由于毛细管的屏蔽作用使汞滴表面各部位的表面张力不均匀。如果在溶液中加入少量表面活性剂，由于表面活性剂能吸附在汞滴表面上，使汞滴表面各部分的表面张力减小并趋于均匀，避免了切向运动，从而消除了极谱极大。这种表面活性剂称为极大抑制剂（maxima suppressor）。一般常用的有动物胶、甲基红、聚乙烯醇等。在使用极大抑制剂时，应当注意掌握加入量。加入量太少，不能消除或不能完全消除极谱极大；加入量过多，会降低扩散系数使极限电流减小，甚至使极谱波变形。

四、氧波

溶解在溶液中的氧能在滴汞电极上发生电极反应而产生极谱波，称为氧波。室温时，氧在水或水溶液中的溶解度约为 8 mg · L^{-1}，浓度约为 2.5×10^{-4} mol · L^{-1}，当进行电解时，氧很容易在滴汞电极上还原，产生两个极谱波，如图 5-10 所示。

第一个波

$$O_2 + 2H^+ + 2e^- \rightleftharpoons H_2O_2 \text{（酸性溶液）}$$

$$O_2 + 2H_2O + 2e^- \rightleftharpoons H_2O_2 + 2OH^- \text{（碱性或中性溶液）}$$

第二个波

$$H_2O_2 + 2H^+ + 2e^- \rightleftharpoons 2H_2O \text{（酸性溶液）}$$

$$H_2O_2 + 2e^- \rightleftharpoons 2OH^- \text{（碱性或中性溶液）}$$

氧的两个极谱波的半波电位分别为 −0.1 V 和 −0.9 V（vs. SCE）。这两步反应的速度较慢，

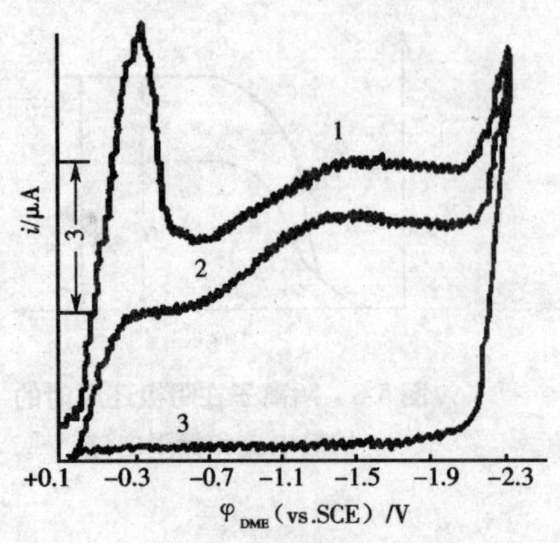

图 5-10 氧的极谱波

1—以空气饱和的 0.05 mol · L^{-1} KCl 溶液；
2—加入微量甲基红后；
3—用 N_2 除 O_2 后

因此极谱波比较倾斜，延伸的范围很宽（约为 -1.2 ~0 V），大多数金属离子在这个范围内还原，为此，实验前应该除掉溶液中溶解的氧。除氧的方法有三种。

（1）通入适当的极谱惰性气体如 N_2、H_2 等。在酸性溶液中还可以通入 CO_2；在强酸性溶液中还可以加入 Na_2CO_3 产生 CO_2 或加入铁粉产生 H_2，以达到除氧的目的，但应注意溶液 pH 值的变化。

（2）在中性或碱性溶液中加入 Na_2SO_3。由于 SO_3^{2-} 被氧化为 SO_4^{2-}，消耗溶解氧，从而达到除氧的目的。此方法简单方便，但在酸性溶液中不能使用，因为此时生成的 H_2SO_3 可分解产生 SO_2，SO_2 可以在电极上还原产生极谱波。

（3）在微酸性溶液中加入抗坏血酸。抗坏血酸与溶解氧反应，达到除氧的目的。

五、氢波、叠波和前波

1. 氢波

溶液中的 H^+ 在滴汞电极上还原而产生的极谱波称为氢波。由于氢在滴汞电极上的超电位很大，因此氢波在较负的电位才出现。氢波出现的电位视溶液的酸度而异。在酸性溶液中，氢波一般在 -1.2 ~ -1.4 V(vs. SCE)出现，因此半波电位比 -1.2 V 更负的物质就不能在酸性溶液中测定。在中性或碱性溶液中，H^+ 浓度很小，氢波在更负的电位下才出现，因此不致影响对半波电位较负物质的测定。

2. 叠波

当两种物质的极谱波的半波电位相差小于 0.2 V，两个极谱波就会重叠起来，形成叠波，不易分辨，以至无法测量。将两个叠波分开的方法有以下两种。

（1）在溶液中加入适当的配位剂，使其中一种物质生成配合物或者使两种物质同时生成配合物但稳定性相差很大，以增大两者半波电位之差，使两个极谱波分开。例如，在 pH =5 时由 2 mol · L^{-1} HOAc-NH_4OAc 和 0.01% 明胶组成的溶液中，Tl^{3+} 和 Pb^{2+} 的半波电位分别为 -0.47 V 和 -0.5 V(vs. SCE)，极谱波重叠。若加入适量的 EDTA，由于 Pb^{2+} 与 EDTA 形成稳定的配合物，其半波电位向负方向移动约 -0.7 V；而 Tl^{3+} 不与 EDTA 配位，其半波电位不变，这样原来重叠的两个极谱波就被分开了。

（2）采用分离方法，在实验前先将产生重叠波的两种物质分离，然后再进行极谱分析。此方法操作复杂。

3. 前波

如果欲测物质的半波电位较负，而待测试液中同时存在大量半波电位较正的其他物质，由于共存物质先于欲测物质在滴汞电极上还原，产生一个较大的极谱波——前波，就会对欲测物质的极谱波产生干扰。

在极谱分析中，最常遇到的前波是 Cu^{2+} 和 Fe^{3+} 的极谱波。消除前波的方法是设法将产生前波的物质掩蔽或分离。Cu^{2+} 波的消除一般是在酸性溶液中加入适量铁粉，Cu^{2+} 则被还原为金属 Cu 析出；Fe^{3+} 波的消除一般是在酸性溶液中加入抗坏血酸或羟胺，Fe^{3+} 被还原为 Fe^{2+}，或在碱性溶液中使 Fe^{3+} 生成 $Fe(OH)_3$ 沉淀析出。

六、底液及其选择

以上的干扰电流中，除了残余电流可以通过作图的方法扣除外，其他的干扰电流只能通过改变被分析溶液的组成才能消除。另外，为改善波形和控制溶液的酸度等也需加入适当的试剂。这种由加入适当试剂所调配成的溶液称为极谱分析的底液。

1. 底液的组成

底液一般是由下列几种类型的物质组成。

(1) 支持电解质，作用是消除迁移电流。

(2) 极大抑制剂，作用是消除极谱极大。

(3) 除氧剂，作用是消除氧波。若采用通 N_2 除氧的方法，则底液中不再加除氧剂。

(4) 其他有关试剂，如加入适当的配位剂以改变各种离子的半波电位，消除叠波的干扰；加入适当的缓冲剂以控制溶液的酸度改变波形，防止水解等副作用。

2. 底液的选择原则

(1) 能得到波形好的极谱波，最好是可逆的极谱波。

(2) 干扰要少，即在选定的底液中分析时，最好不受氢波、叠波和前波等的干扰。

(3) 有利于简化操作。如果试液中含有多种待测物质，最好能在所选定的底液中同时测定。

(4) 试剂易得，成本低，配制简便。

底液的选择是一项复杂而又重要的工作。在选择底液时，除了要利用各种物质在不同底液中的半波电位与波形的资料外，还必须选择适当的试样分解方法和必要的分离方法。为使选择的底液可靠，最好通过实验加以验证。

5-5　极谱波方程及半波电位

一、可逆波与不可逆波

极谱波有许多种类，若按电极反应的可逆性可分为可逆波与不可逆波；按电极反应是还原或是氧化过程可分为还原波与氧化波；按进行电极反应的物质类型可分为简单金属离子的极谱波、配离子的极谱波和有机化合物的极谱波。下面主要讨论可逆波与不可逆波。

1. 可逆波

当电极反应的速度比扩散速度大得多时，整个电极过程的速度取决于扩散速度，极谱波上任一点的电流均受扩散速度的控制。电流仅受扩散速度控制的极谱波称为可逆波。对于可逆波，在任一电位下电极表面电活性物质的氧化态和还原态随时都处于平衡状态，并且电位与其活度的关系符合能斯特方程。可逆极谱波的波形很好，有利于极限扩散电流的测量，如图5-11所示。

2. 不可逆波

当电极反应的速度比扩散速度小时，整个电极过程既受扩散速度控制，又受电极反应速度控制，这时产生的极谱波称为不可逆波。不可逆波与可逆波相比波形较差，延伸较长，如图

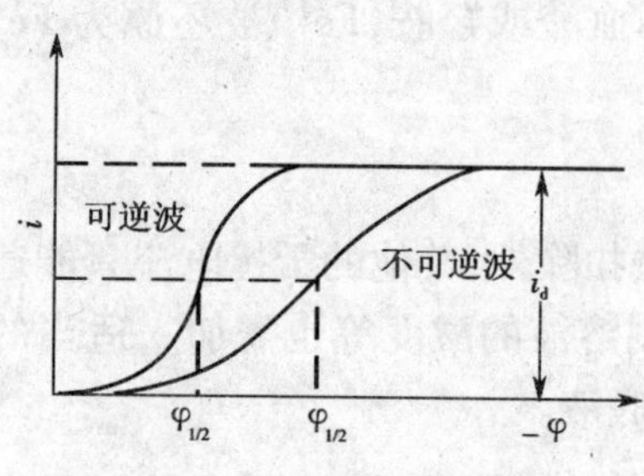

图 5-11 可逆波与不可逆波

5-11 所示。

对于不可逆波，由于存在超电位，当电极电位不够负时，电极反应速度很慢，没有明显的电流通过，此时电流完全受电极反应速度所控制；当电极电位变得较负时，超电位逐渐被克服，电极反应速度增加，电流亦随之增加，此时电流既受电极反应速度控制，又受扩散速度控制；当电极电位足够负时，超电位完全被克服，反应速度很快，形成完全的浓差极化，此时电流实际上已完全为扩散速度所控制，达到极限电流。

二、极谱波方程式

极谱波有多种，对应每一种极谱波就有一个极谱波方程。极谱波方程是描述滴汞电极电位和电流之间关系的数学表达式。扩散电流方程表达了电流与待测物质浓度之间的关系，而能斯特方程则体现了电位与浓度之间的关系，因此，将扩散电流方程和能斯特方程结合就可以建立可逆波的极谱方程。下面以简单金属离子的可逆极谱波为例，介绍建立极谱波方程的方法。

当简单金属离子被还原为金属并溶于汞生成汞齐时，电极反应为

$$M^{n+} + ne^- + Hg \rightleftharpoons M(Hg)$$

对于可逆电极反应，滴汞电极的电位和电极表面有关物质的浓度之间的关系，可由能斯特方程表示，即

$$\varphi_{DME} = \varphi^{\ominus}_{M^{n+}/M(Hg)} + \frac{RT}{nF}\ln\frac{\gamma_s c^0_{M^{n+}}}{\gamma_a c^0_{M(Hg)}} \tag{5-13}$$

式中 $c^0_{M^{n+}}$ 和 γ_s 分别为滴汞电极表面溶液中金属离子的浓度及其活度系数；$c^0_{M(Hg)}$ 和 γ_a 分别为滴汞电极表面金属汞齐的浓度及其活度系数；$\varphi^{\ominus}_{M^{n+}/M(Hg)}$ 为汞齐电极的标准电位。

作为可逆电极反应，电解电流完全受扩散所控制。则根据式(5-4)，得

$$i = K_s(c_{M^{n+}} - c^0_{M^{n+}})$$

式中 $c_{M^{n+}}$ 为溶液主体中 M^{n+} 的浓度。当电极电位达到极限电流相应值时，$c^0_{M^{n+}} = 0$，根据式(5-5)得

$$i_d = K_s c_{M^{n+}}$$

由于金属汞齐的生成是电极反应的结果，因此，滴汞电极表面形成金属汞齐的浓度也与电解电流有关，即

$$i = K_a c^0_{M(Hg)}$$

将以上这些关系式代入式(5-13)，得

$$\varphi_{DME} = \varphi^{\ominus}_{M^{n+}/M(Hg)} + \frac{RT}{nF}\ln\frac{\gamma_s\frac{i_d - i}{K_s}}{\gamma_a\frac{i}{K_a}}$$

$$= \varphi^{\ominus}_{M^{n+}/M(Hg)} + \frac{RT}{nF}\ln\frac{\gamma_s K_a}{\gamma_a K_s} + \frac{RT}{nF}\ln\frac{i_d - i}{i} \tag{5-14}$$

当 $i = (1/2)i_d$ 时，$\varphi_{DME} = \varphi_{1/2}$，称为半波电位。半波电位是极谱波的电流为极限电流一半

时所对应的电位。

$$\varphi_{1/2}=\varphi^{\ominus}_{M^{n+}/M(Hg)}+\frac{RT}{nF}\ln\frac{\gamma_s K_a}{\gamma_a K_s} \tag{5-15}$$

半波电位受被还原物质的种类和实验条件影响。实验条件不同,即使对同一电对,其半波电位也不同,但它与被还原物质的浓度无关。图 5-12 为不同浓度 Cd^{2+} 的半波电位。由图可见,Cd^{2+} 的半波电位与其浓度无关。因此可以作为定性分析的依据。

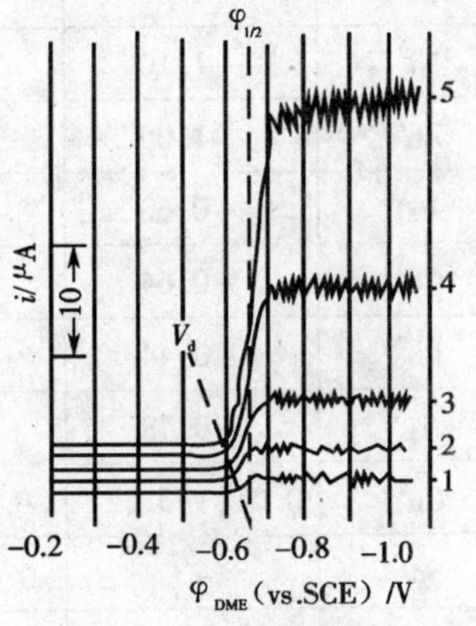

图 5-12　不同浓度的 Cd^{2+} 在 1 mol · L^{-1} KCl 溶液中的极谱波

于是滴汞电极的电极电位可表示为

$$\varphi_{DME}=\varphi_{1/2}+\frac{RT}{nF}\ln\frac{i_d-i}{i} \tag{5-16}$$

式(5-16)为简单金属离子的极谱波方程。对于简单金属离子可逆波,无论是还原波(阴极波)还是氧化波(阳极波)都可以表达为电流函数的对数项与半波电位之加和。

对于金属配离子的极谱波方程式也可以用类似方法推导。配离子的 $\varphi_{1/2}$ 要比简单金属离子的 $\varphi_{1/2}$ 更负。利用两者 $\varphi_{1/2}$ 的不同,可以求得配合物的组成及其稳定常数。

三、半波电位及其影响因素

1. 半波电位的特性

(1)对于一定的电极反应,当支持电解质的种类、浓度和温度一定时,$\varphi_{1/2}$ 为恒定值,与在电极上进行反应的离子浓度无关。

(2)$\varphi_{1/2}$ 的数值与所用仪器(如毛细管、记录仪等)的性能无关。

(3) $\varphi_{1/2}$ 与共存的其他反应离子无关。

一定的物质在特定的底液中有一定的半波电位值(见表 5-1)。从理论上说,半波电位可以作为极谱定性分析的依据。但是从表 5-1 中可见,许多物质的半波电位值都集中在一个很窄的电位范围内,加之叠波、前波等的困扰,所以在实际工作中很少用半波电位作为定性的依据。然而,半波电位在设计实验方案、确定实验条件、预测干扰以及消除干扰等方面,是非常有用的。

表 5-1　某些金属离子在中性、酸性、微酸性、氨性底液中的半波电位(V)

金属离子	1 mol · L^{-1} HCl	1 mol · L^{-1} KCl	1 mol · L^{-1} KOH(NaOH)	2 mol · L^{-1} HOAc + 2 mol · L^{-1} NH_4OAc	1 mol · L^{-1} $NH_3 \cdot H_2O$ +1 mol · L^{-1} NH_4Cl
Al^{3+}	-1.75	–	–	–	–
Fe^{3+}	>0	>0	–	>0	–
Fe^{2+}	-1.30	–	-1.46(-0.9)	–	-1.49(-0.34)
Cr^{3+}	-0.85(-1.47)	-0.99(-1.26)	-0.92	-1.2	-1.43(-1.71)
Mn^{2+}	-1.51	–	-1.70	–	-1.66

续表

金属离子	1 mol·L⁻¹ HCl	1 mol·L⁻¹ KCl	1 mol·L⁻¹ KOH(NaOH)	2 mol·L⁻¹ HOAc + 2 mol·L⁻¹ NH_4OAc	1 mol·L⁻¹ $NH_3·H_2O$ +1 mol·L⁻¹ NH_4Cl
Co^{2+}	-1.30	–	-1.43	-1.14	-1.29
Ni^{2+}	-1.10	–	–	-1.10	-1.10
Zn^{2+}	-1.00	–	-1.48	-1.10	-1.35
In^{3+}	-0.60	-0.60	-1.09	-0.71	–
Cd^{2+}	-0.64	-0.64	-0.76	-0.65	-0.81
Pb^{2+}	-0.44	-0.44	-0.76	-0.50	–
Ti^{+}	-0.48	-0.48	-0.46	-0.47	-0.48
Cu^{2+}	0.04(-0.22)	+0.04(-0.22)	-0.41	-0.07	-0.24(-0.51)
Sn^{2+}	–①	-0.47(-0.1②)	-1.22(-0.73)	-0.62(-0.16)	–
Sb^{3+}	–	-0.15	-1.15(-0.45)	-0.40	–
Bi^{3+}	–	-0.09	-0.6	-0.25	–

①表示在氢波后或发生水解、沉淀现象;②括号为氧化波。

2. 影响半波电位的因素

1)支持电解质的种类和浓度

同一物质在不同的支持电解质溶液中,其半波电位常不相同。例如,Pb^{2+}在1 mol·L⁻¹的HCl中其$\varphi_{1/2}$为 -0.44 V(vs. SCE),在1 mol·L⁻¹的NaOH中为 -0.76 V(vs. SCE)。当支持电解质的种类相同而浓度不同时,同一物质的半波电位往往不同。例如Pb^{2+}在12 mol·L⁻¹的HCl中其$\varphi_{1/2}$为 -0.90 V(vs. SCE),与在1 mol·L⁻¹的HCl的$\varphi_{1/2}$相比差别较大。原因是支持电解质的浓度改变时,溶液的离子强度也改变,被测离子的活度系数发生变化,从而影响其半波电位;或者是由于电解质浓度较高时,发生了明显的配位反应等。因此,在提到某物质的半波电位时,必须注明底液。

2)温度

$\varphi_{1/2}$随温度而变化。一般温度升高1 K,$\varphi_{1/2}$向负方向移动1 mV,可见温度对半波电位的影响不大。但是,在温度变化较大时,应对半波电位进行校正。

3)形成配合物

简单金属离子形成配合物后,由于离子的性质发生了改变,其半波电位向负方向移动。配合物越稳定,则$\varphi_{1/2}$越负。可以利用配位效应将原来重叠的两个波分开。

4)溶液的酸度

酸度影响许多物质的半波电位,当有H^+参加电极反应时,对半波电位的影响更大。例如电极反应

$$BrO_3^- + 6H^+ + 6e^- \rightleftharpoons Br^- + 3H_2O$$

在pH=2.0时,BrO_3^-还原时的半波电位为 -0.60 V,而在pH=4.7时,则为 -1.16 V,相差很大。

5-6 改进极谱分析的途径和方法

尽管经典极谱法具有许多优点,但也存在以下主要缺点。

(1)检测下限较高,对极微量的物质不适用。

(2)分辨率低,只有两种物质的半波电位相差 200 mV 以上时才能将两个波分开,否则不能准确测量波高。

(3)速度慢,一般要得到一个极谱波大约需 30 min 左右。

(4)当试样中含有的大量组分比被测组分更易还原时,该组分产生一个很大的极谱波,称为前波,使被测组分的测量发生困难。

为解决以上问题,发展了许多新方法,如溶出伏安法、极谱催化波、示波极谱、方波极谱、脉冲极谱、半微分或半积分极谱等。

为提高极谱分析法的分辨率和消除前波的干扰,可以将极谱波转换成峰形曲线。很多新方法都利用了该原理,如交流极谱、方波极谱、示差脉冲极谱和单扫描极谱等。将极谱波变成峰形的方法有两种。一种是将极谱波通过电子线路求一阶、二阶导数;另一种是通过改变加在电极上的电压来得到峰形曲线。将极谱波转换成峰形后,如交流极谱、方波极谱和示差脉冲极谱,对于半波电位相差 40 mV 的两种物质的极谱峰就能很好地分开;对于单扫描极谱,由于峰形不对称,需要两种物质的半波电位相差 100 mV 才能分开。

要提高分析速度就要提高电压扫描速度,如单扫描极谱法是在一滴汞上于 7 s 内得到极谱图的。但提高电压扫描速度后,使充电电流增大。

降低检测下限有两条途径:一是提高被测物在电极表面的浓度,增大电解电流,如溶出伏安法和催化波;另一个途径是降低充电电流,可以利用外加电压突变时,充电电流比电解电流变化快这一规律,在电压突变过后一段时间再测量电流,以达到降低充电电流的目的。另外当汞滴生长到后期,电极面积的变化率减小,这时的充电电流也小,因此,可以测量此时的电解电流。方波极谱和脉冲极谱就是充分利用了这一特点。由于采用了这些技术,检测下限可降到 10^{-10} mol · L^{-1}或更低。

下面介绍溶出伏安法、催化波、方波极谱、脉冲极谱和单扫描极谱等新方法。

一、溶出伏安法

溶出伏安法(stripping voltammetry)是将电化学富集与溶出测定结合在一起的伏安法。是在恒定的电位下,经过一定时间富集后,静置一定时间,再逐渐改变电极电位,使被富集的物质重新电解溶出,根据溶出过程中所得的伏安曲线对所富集组分进行定量分析的方法。所以其操作分为两步:第一步是预富集,第二步是溶出。

根据预富集方式的不同,溶出伏安法可分为一般溶出伏安法和吸附溶出伏安法。前者的预富集过程是采用电解方式进行的,通过电解使溶液中的被测离子以金属或汞齐的形态沉积在电极上,或者与电解过程中溶解下来的电极材料的金属离子(如 Hg^{2+}、Hg_2^{2+} 或 Ag^+ 等)形成难溶化合物沉积在电极表面。后者的预富集过程是通过吸附作用来实现的,它的预富集过程与一般的溶出伏安法不同,是利用了某些物质于特定电位下在电极上发生特性吸附来实现富集的,一般都是有机物或配离子。

通过预富集,把待测离子从较大体积的溶液中沉积到小体积的电极中或表面上,使电极中被测物质的浓度大大增加，因而溶出过程中能产生较大的电流，所以溶出伏安法具有较高的灵敏度，其检测限可达 10^{-12} mol · L^{-1}。所用的极谱法既可以是经典极谱法，也可以是交流极谱法、方波极谱法或脉冲极谱法等。

根据溶出时工作电极发生的是氧化反应还是还原反应，溶出伏安法又可以分为阳极溶出或阴极溶出。如果富集在电极上的电活性物质在溶出过程中发生的是氧化反应，则为阳极溶出伏安法（anodic stripping voltammetry）。例如，欲测量溶液中的 Zn^{2+} 浓度，先在汞膜电极或悬汞电极上进行预富集，此时工作电极为阴极：Zn^{2+} 还原成 Zn 溶于汞，生成汞齐。预富集的电位比此条件下锌的半波电位负约 0.2 ~0.4 V。富集一段时间后，停止电解；静置一段时间使汞电极内 Zn（Hg）的浓度达到均匀，然后溶出。溶出过程是 Zn（Hg）的氧化过程。预富集的时间视被测离子浓度和极谱方法的检测下限而定，若被测离子浓度高，极谱方法的检测下限低，预富集时间就短；否则就长。在预富集过程中应进行搅拌，且搅拌的速度应该恒定。在进行定量分析时，标准溶液和试液的预富集条件和极谱分析条件应该完全相同，否则准确度差。绝大多数金属离子都能用阳极溶出伏安法测定。阴极溶出伏安法（cathodic stripping voltammetry）则是富集在电极上的电活性物质在溶出过程中发生了还原反应。一般能用阴极溶出伏安法测定的离子都是阴离子，有些是金属的含氧酸根，如 WO_4^{2-} 等。

溶出伏安法作为一种增大电活性物质在电极表面上的浓度的技术，可以和任意一种极谱法联合使用。

二、极谱催化波

通过增大被测物在电极表面的浓度来提高电解电流的方法，除溶出伏安法中的预富集外还可利用溶液中的化学反应产生的催化效应。当一种电活性物质 A 发生电极反应被还原为物质 B 时，若溶液中同时存在另一种物质 Z，它具有较强的氧化性，可与 B 发生化学反应，将 B 重新氧化为 A，再生出来的 A 又在电极上还原。由于电极反应和化学反应平行进行，形成了电极反应和化学反应的多次循环：

$$A + ne^- \longrightarrow B（电极反应）$$

$$B + Z \longrightarrow A + Y（化学反应）$$

上述反应的结果，物质 A 的浓度并没有变化，但却消耗了物质 Z。物质 A 在反应中起催化剂的作用，它催化了物质 Z 还原。由于这种催化作用的存在，使极谱电流比单纯扩散电流大得多，其增大的部分称为催化电流。催化电流的大小取决于 B 与 Z 的化学反应速度，反应越快，催化电流越大。当物质 Z 的浓度一定时，在一定范围内催化电流与催化剂 A 的浓度成正比。在有催化电流存在下得到的极谱波称为极谱催化波（polarographic catalytic wave），简称催化波。

由于化学反应和电极反应相平行，所以催化电流实际上是叠加在物质 A 的扩散电流上的。在形成催化循环时测得的电流必须扣除残余电流和物质 A 的扩散电流，才能得到真正的催化电流。当催化电流很大，而相应的扩散电流很小时，后者可以忽略不计，但也应扣除残余电流，这样催化电流才与物质 A 的浓度在一定范围内成线性关系。当电极上或电极过程中不存在吸附现象时，催化波的波形与普通极谱波之波形相同。

物质 Z 应具有相当强的氧化性，能迅速地将物质 B 氧化为物质 A；同时还应具有很高的过电位，以免物质 A 在电极上还原时 Z 也被还原。符合上述条件且常用作被催化还原的物质（即物质 Z）有过氧化氢、氯酸盐、高氯酸及其盐、硝酸盐、亚硝酸盐、盐酸羟胺、硫酸羟胺以及四价钒等。能用催化波测定的金属离子大多数是具有变价性质的高价离子，如 Mo(Ⅵ)、W(Ⅵ)、V(Ⅴ)、U(Ⅵ)、Co^{2+}、Ni^{2+}、Ti(Ⅳ)和 Te(Ⅳ)等。

极谱催化波具有比经典极谱法低得多的检测下限，一般比经典极谱法低 2 ~ 4 个数量级。使用经典极谱仪，检测下限可低至 10^{-7} ~ 10^{-9} mol · L^{-1}，最低可达 10^{-9} ~ 10^{-11} mol · L^{-1}；同时具有选择性好、方法简便、快速等特点。因此，在痕量元素的分析方面受到人们的重视，日益得到广泛的应用。

三、交流极谱法、方波极谱法和脉冲极谱法

交流极谱法、方波极谱法和脉冲极谱法，是在经典极谱的基础上另外叠加一个交流、方波或脉冲电压并记录由交变电压引起的交流成分而建立起来的新极谱方法。这种过程相当于对经典极谱的极谱波取导数，因此也可以将它们视为经典极谱的导数极谱法。

1. 交流极谱法

交流极谱法（alternating current polarography）是在线性扫描的直流电压上叠加一小振幅（15 ~ 30 mV）、低频率（5 ~ 20 Hz）的正弦交流电压，记录电解电流的交流成分对电位的变化曲线进行定量分析，所得曲线呈峰形。所加电压及得到的极谱图如图 5-13 所示。交流极谱图中峰电流大小与被测物浓度成正比，而峰电位值与经典极谱的半波电位值相同。

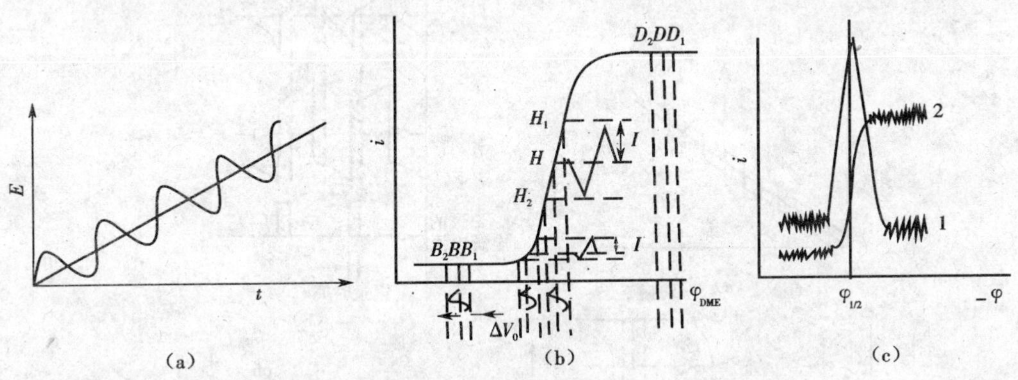

图 5-13 交流极谱原理示意图

（a）正弦交流极谱中电压与时间的关系 （b）交流极谱电流的产生

（c）交流极谱波与直流极谱波的比较

1—交流极谱波；2—直流极谱波

交流极谱有以下特点。

（1）由于叠加了变化很快的交流电压，使滴汞电极表面上的双电层迅速充电和放电，所以交流极谱的充电电流就比较大，一般比直流极谱大 10 ~ 20 倍，并不能提高信噪比，因此检测下限和经典极谱相比并没有提高。对于可逆体系一般为 10^{-5} ~ 10^{-6} mol · L^{-1}，和经典极谱相似；对于不可逆体系，则低于经典极谱。

（2）交流极谱法中由于氧的电极反应可逆性差，产生的峰电流很小，干扰不大，当被测物的浓度大于 10^{-4} mol · L^{-1}时可不用除氧。

（3）极谱波呈峰形，分辨能力较强，可分辨电位相差 40 mV 的两个极谱波。

2. 方波极谱法

方波极谱法(square-wave polarography)是在线性扫描的直流电压上叠加一振幅为 10 ~ 30 mV,频率为 225 ~ 250 Hz 的方波电压,记录方波电压后期的电解电流。所加电压和各种电流变化规律及方波极谱图见图 5-14。方波极谱图中峰电流大小与被测物浓度成正比。

在方波的后期进行测量,可以有效地消除充电电流的影响。这是因为在一个方波周期内,电解电流和充电电流的衰减速率不一样,充电电流衰减快,电解电流衰减慢,所以在方波的后期所测量的电流是充电电流几乎完全衰减后的电解电流(如图 5-14(b)所示),提高了测定的信噪比,使方波极谱的检测下限比交流极谱和经典极谱更低。

方波极谱波呈峰形,分辨率高,能分辨相差仅 25 mV 的两个波,前波的影响很小,在有 5×10^4 倍的能产生前波的物质存在时,还可以测量微量组分。

方波极谱在方波的后期测量电解电流,提高了测定的灵敏度。但灵敏度的进一步提高却受到毛细管噪声的影响,即汞滴下落时,毛细管中的汞向上回缩,溶液被吸入到毛细管尖端内壁,形成液膜。由于液膜厚度和汞回缩高度对每一滴汞来说是不规则的,因此使体系的电流发生变化,形成噪声电流。

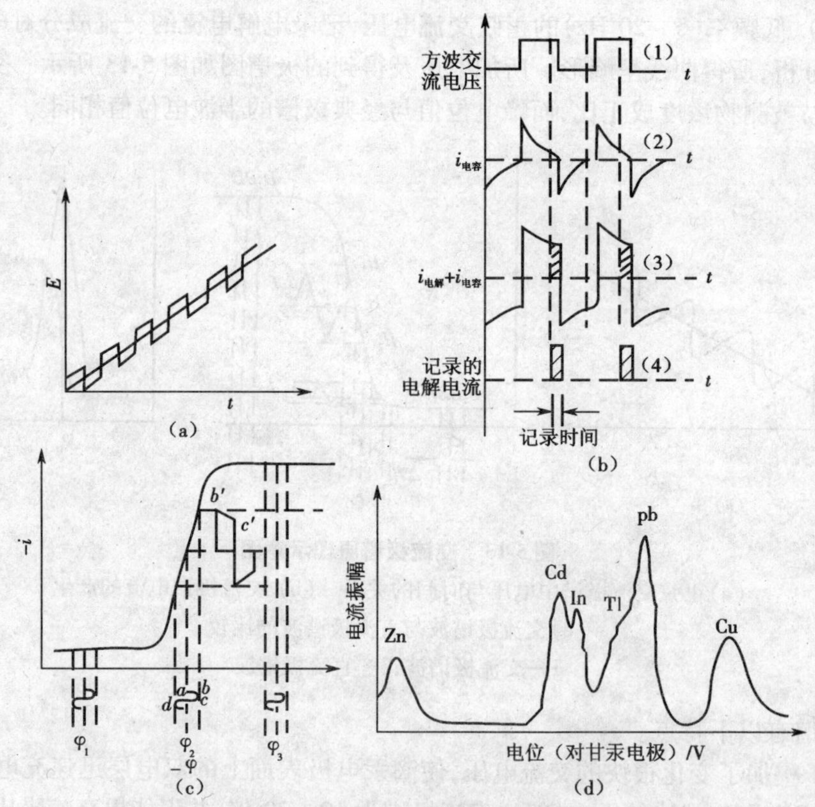

图 5-14 方波极谱原理示意图

(a)方波极谱中外加电压与时间的关系 (b)方波极谱法消除电容电流的原理

(c)方波电压叠加于直流电压时电解电流的变化情况

(d)1 $mol\cdot L^{-1}$ KCl 中含有 2.5×10^{-5} $mol\cdot L^{-1}$ Cu^{2+}、Pb^{2+}、Tl^{+}、Cd^{2+}、Zn^{2+}和 4×10^{-6} $mol\cdot L^{-1}$ In^{3+} 的方波极谱图

3. 脉冲极谱法

脉冲极谱(pulse polarography)是在方波极谱的基础上发展起来的,它是在汞滴生长的后期加一个频率较低的脉冲电压,并在脉冲电压的后期测量电流,记录极谱图。由于所加电压是一个频率较低的脉冲电压,因此脉冲延续的时间较长(比方波极谱的延续时间长 10 倍以上),在脉冲电压后期记录电流时,不仅充电电流衰减至可以忽略不计,而且毛细管电流也衰减至可以忽略不计。降低脉冲电压的频率还有一个好处,是提高了不可逆体系测定的灵敏度。脉冲数谱法是目前最灵敏的极谱分析法之一。脉冲极谱所加电压及各种电流的变化规律见图 5-15。脉冲极谱图中峰电流大小与被测物浓度成正比。

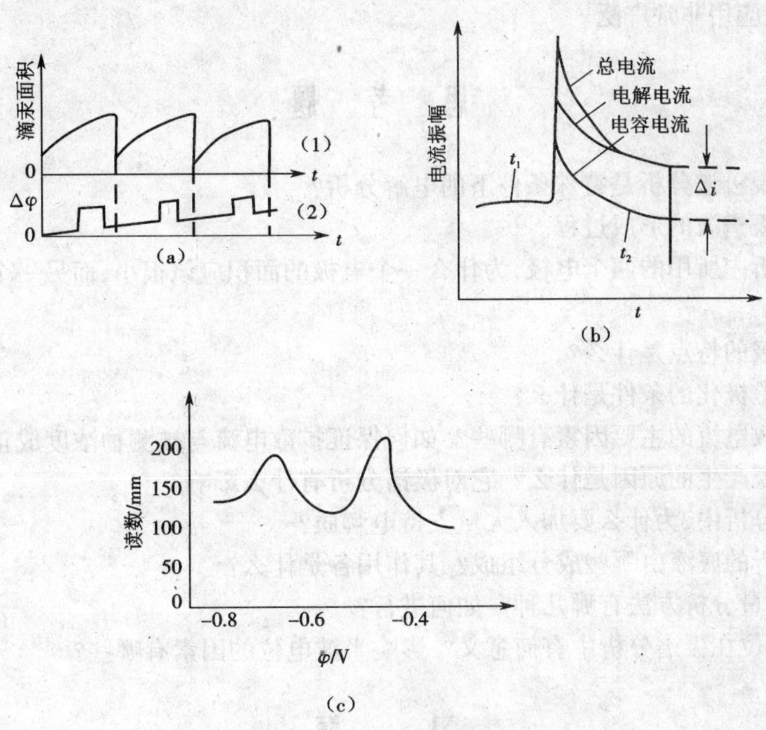

图 5-15 脉冲极谱原理示意图

(a)脉冲极谱的极化电压:(1)滴汞面积随时间的变化;(2)示差脉冲极谱所加极化电压

(b)脉冲极谱的电流—时间曲线 (c) Cd^{2+}、Pb^{2+} 的示差脉冲极谱示意图

四、单扫描示波极谱法

单扫描示波极谱法(single sweep polarography)是最快的极谱法,只要 7 s 就可以得到一个极谱波。它是在一滴汞上加一个 250 mV·s^{-1} 的快速线性扫描。为消除滴汞电极面积变化产生充电电流,扫描电压加在汞滴生长的后期。一般汞滴的寿命大于 10 s,从汞滴生长到第 5 s 开始扫描,到第 7 秒停止,然后将汞滴击落。以后又重复以上的过程。因此,每隔 7 s 就可以得到一个完整的极谱图。由于电压扫描速度很快,用一般的记录仪很难记录,所以用示波器来记录。

在单扫描极谱法中电压扫描很快,瞬间就达到了被测物质的分解电压,被测物质在电极表面上迅速还原,产生很大的电流,电极附近被测物质的浓度随之降低,导致电解电流又迅速下降，使极谱图为峰形。峰电流与被测物的浓度成正比，因而可作为定量分析的依据。峰电位在一定的实验条件（温度、底液的组成和浓度固定）下，仅与被测物质的性质有关，因而可作为定性分析的依据。单扫描示波极谱图如图 5-16 所示。

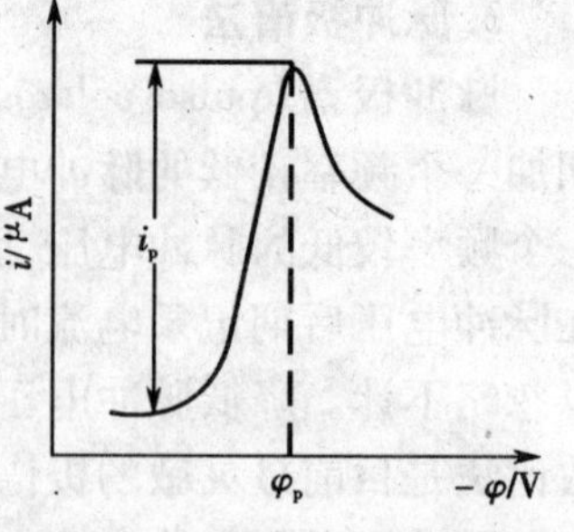

图 5-16 单扫描示波曲线

单扫描极谱法的电压变化快，充电电流比经典极谱大，但由于峰电流为瞬时电流，很大，又由于没有汞滴面积变化造成的锯齿波，其检测下限还是比经典极谱法低。一般检测下限可达到 10^{-7} mol · L^{-1}，与溶出法或催化波联用可达 10^{-9} mol · L^{-1}，因此应用非常广泛。

思考题

1. 为什么说极谱分析是特殊条件下的电解分析？

2. 试说明极谱波的形成过程。

3. 极谱分析中所用的两个电极，为什么一个电极的面积应该很小，而另一个电极则应具有大面积？

4. 滴汞电极的特点是什么？

5. 产生浓差极化的条件是什么？

6. 影响扩散电流的主要因素有哪些？如何保证扩散电流与被测物浓度成正比？

7. 残余电流产生的原因是什么？它对极谱分析有什么影响？

8. 在极谱分析中，为什么要加入大量支持电解质？

9. 极谱分析的底液由哪些成分组成？其作用各是什么？

10. 极谱定量分析方法有哪几种？如何进行？

11. 半波电位在极谱分析中有何意义？影响半波电位的因素有哪些？

习题

1. 将被测离子浓度为 2.3×10^{-3} mol · L^{-1} 的 15 mL 电解液进行电解。设电解过程中扩散电流强度不变，汞流速为 1.20 mg · s^{-1}，滴汞周期为 3.00 s，扩散系数为 1.31×10^{-5} cm^2 · s^{-1}，电极反应电子转移数为 1。试根据尤考维奇方程式计算，说明电解 1 h 后被测离子浓度降低的质量分数。

2. Cd^{2+} 对 Pb^{2+} 的扩散系数比为 0.924。分别在未知浓度的 Pb^{2+} 溶液和 Cd^{2+} 浓度为 0.001 4 mol · L^{-1} 的溶液中，在相同的条件下作极谱图。测得 Pb^{2+} 的扩散电流为 4.40 μA，Cd^{2+} 的扩散电流为 6.20 μA。计算未知溶液中 Pb^{2+} 的浓度。

3. 有一含 Ni^{2+} 的未知液，测得其扩散电流为 3.75 μA，取 20 mL 此未知溶液加入 1 mL 0.01 mol · L^{-1} Ni^{2+} 标准溶液后，测量其扩散电流为 6.80 μA，求未知溶液中 Ni^{2+} 的浓度。

4. 某一物质在滴汞电极上还原的极谱波为一可逆波。当汞柱高度为 64.7 cm 时，测得平均扩散电流为 1.71 μA。如果汞柱高度为 83.1 cm，那么平均扩散电流为多少？

5. 在稀的水溶液中，氧的扩散系数为 2.6×10^{-5} cm^2 · s^{-1}。一个 0.01 mol · L^{-1} 的 KNO_3

溶液中氧的浓度为 2.5×10^{-4} mol·L^{-1}，在 $\varphi_{DME}=-1.50$ V(vs. SCE)处所得的扩散电流为 5.80 μA，m 及 τ 分别为 1.85 mg·s^{-1}和 4.09 s，问在此条件下氧还原成什么状态？

6. Pb^{2+}在滴汞电极上还原成金属 Pb，并生成 Pb(Hg)。0.1 mol·L^{-1} KCl 溶液中 Pb^{2+}浓度为 1.50×10^{-3} mol·L^{-1}。进行极谱分析时，测得平均扩散电流为 21.80 μA，所用毛细管常数($m^{2/3}t^{1/6}$)为 2.62 $mg^{2/3}s^{1/6}$。计算 Pb^{2+}在 0.1 mol·L^{-1} KCl 溶液中的扩散系数。

7. 在 25 ℃时，Cd^{2+}在滴汞电极上的反应为

$$Cd^{2+}+2e^{-}+Hg\longrightarrow Cd(Hg)$$

若测得平均扩散电流 $\bar{i}_d$ 为 5.80 μA，当滴汞电极电位(vs. SCE)为 -0.602 V 时，电流为 1.20 μA。试计算 Cd^{2+}的半波电位。

8. 极谱法测定铅，在 -0.65 V 电压下，以标准加入法获得如下数据：

溶　液	i / μA
1. 25.0 mL　0.40 mol·L^{-1} KNO_3稀释至 50.0 mL	10.2
2. 25.0 mL　0.40 mol·L^{-1} KNO_3及 10.0 mL 试液，稀释到 50.0 mL	46.8
3. 25.0 mL　0.40 mol·L^{-1} KNO_3，加 10.0 mL 试液及 5.0 mL 1.0×10^{-3} mol·L^{-1}铅溶液，稀释至 50.0 mL	86.9

试计算试样中铅的浓度，以 mg·L^{-1}表示。

第6章 光学分析法导论

光学分析法是根据物质发射的电磁辐射或电磁辐射与物质相互作用而建立起来的一类分析化学方法。这些电磁辐射包括从γ射线到无线电波的所有电磁波谱范围。电磁辐射与物质相互作用的方式有发射、吸收、反射、折射、散射、干涉、衍射、偏振等。

光学分析法可以分为光谱法与非光谱法两大类。

当辐射能与物质作用时，物质内部能级之间发生量子化的跃迁，测量由此而产生的发射、吸收或散射辐射的波长和强度进行分析的方法称为光谱法。

如果辐射能与物质相互作用时，不发生能级之间的跃迁，电磁辐射只改变了传播方向、速度或某些物理性质等，这类分析方法称为非光谱法，如折射法、偏振法、光散射法、旋光法等。

6-1 电磁波谱

一、电磁辐射的性质

电磁辐射(clectromagnetic radiation)是一种以极大的速度通过空间传播的光量子流，它具有波动性和微粒性。波动性主要用于解释折射、衍射、干涉和散射等波动现象，可以用波长、频率和速度等参数来描述。辐射的速度、频率和波长之间的关系为

$$c = \lambda\nu \tag{6-1}$$

式中λ为波长，不同的电磁波谱区可采用不同的波长单位，可以是m、cm、μm或nm等，换算关系为$1\ \text{m} = 10^2\ \text{cm} = 10^6\ \mu\text{m} = 10^9\ \text{nm}$。$\nu$为频率，单位时间内电磁场振动的次数，单位为赫兹，用Hz表示，c为辐射在真空中的传播速度($2.997\,9\times10^8\ \text{m}\cdot\text{s}^{-1}$)。

有时用波数来描述电磁辐射，波数σ定义为每厘米长度内通过波的数目，单位为cm^{-1}。波数和波长的关系为

$$\sigma(\text{cm}^{-1}) = 1/\lambda(\text{cm}) = 10^4/\lambda(\mu\text{m})$$

电磁辐射的微粒性表明电磁辐射是由大量以光速运动的粒子流组成的，这种粒子称为光子。光子是具有能量的，每个光子的能量为

$$E = h\nu = hc/\lambda \tag{6-2}$$

式中h为普朗克(Planck)常数，其值为$6.626\times10^{-34}\ \text{J}\cdot\text{s}$。上式表明，光子的能量与它的频率成正比，或与波长成反比。波长越长(或频率越低)，光子所具有的能量就越低。

光子的能量也可用电子伏特(eV)表示，常用于表示高能量光子的能量单位，即1个电子通过电位差为1 V的电场时所获得的能量。$1\ \text{eV} = 1.602\times10^{-19}\text{J}$。

此外，在光学分析法中常用电磁辐射强度I的概念。它定义为电磁辐射在单位时间内穿过垂直于辐射方向上单位面积的能量，单位为$\text{J}\cdot\text{s}^{-1}\cdot\text{m}^{-2}$。

二、电磁波谱的产生

当一束光或电磁波照射到物质上时，光子就与物质的分子、原子或离子等微粒相互作用而交换能量。在通常状态下，物质中这些微粒处于基态，受光子激发后要吸收一定频率的辐射，由基态跃迁到激发态：

$$\text{M(基态)} + h\nu \xrightleftharpoons[\text{发射}]{\text{吸收}} \text{M}^*\text{(激发态)}$$

这个过程称为辐射的吸收。

处于激发态的微粒是十分不稳定的，大约经过 10^{-8} s ~ 10^{-9} s，便以辐射的形式释放出多余的能量，重新回到基态。这个过程称为辐射的发射。

必须指出，只有当激发光子的能量等于受激微粒由基态跃迁至激发态两个能级的能量差时，才能发生辐射的吸收现象。同样，物质发射光子的能量也只能等于相应的两个能级的能量差。辐射的吸收或发射与电磁辐射频率(或波长)的关系如下：

$$\Delta E = E_2 - E_1 = h\nu = hc/\lambda \tag{6-3}$$

式中 E_2 和 E_1 分别为激发态和基态的能量。

如果把测得的发射或吸收强度对电磁辐射的能量(或与能量有关的参数如频率、波长或波数)作图，所得的关系曲线就是光谱。由特征光谱可以对物质进行定性分析和结构分析。根据发射或吸收强度与待测物质浓度的关系，可进行定量分析。

三、电磁波谱

将电磁辐射按照波长或频率的大小顺序排列，便得到电磁波谱，如图 6-1 所示。图的上部是微波和无线电波区，波长较长，能量很低，常与电子和原子核的自旋运动状态相关联。其次是红外光区，其中波长 2.5 ~ 50 μm 的区域称为中红外区，主要涉及分子的振动、转动能级变化，在有机化合物的结构分析中极为重要。可见光区的波长为 400 ~ 800 nm，常用于有色物质的分析。紫外光区的波长为 10 ~ 400 nm（200 nm 以下称为真空紫外区），其中 200 ~ 400 nm 的近紫外部分是进行紫外光谱分析的常用区域。可见与紫外光区的光与原子及分子的价电子或成键电子的跃迁相关联。最底部是 X 射线和 γ 射线区，这两种射线的波长都很短，因此具有很高能量，与原子或分子的内层电子跃迁及核能级的变化有关，在近代分析化学中占有重要地位。

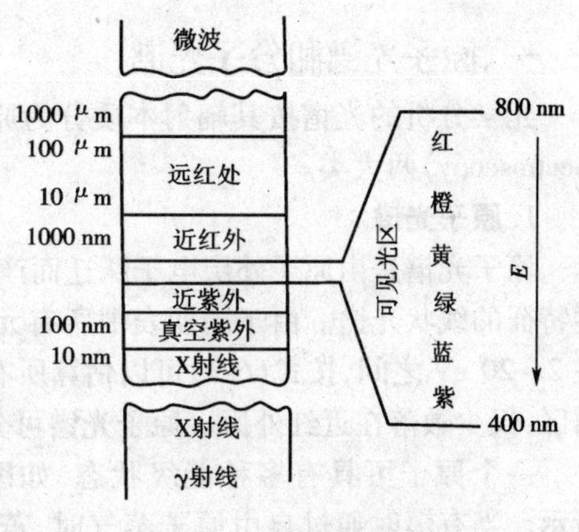

图 6-1　电磁波谱图

表 6-1 列出了用于分析目的的电磁波的有关参数。由式(6-2)可以计算出在各电磁辐射区产生各种类型跃迁所需的能量，反之亦然。例如，使分子或原子的价电子激发产生跃迁所需的能量约为 20 ~ 1 eV，则所吸收的电磁辐射的波长范围约为 62 ~ 1 240 nm。

$$\lambda = \frac{hc}{E} = \frac{6.626 \times 10^{-34} \times 3.0 \times 10^{10}}{20 \times 1.602 \times 10^{-19}} = 6.2 \times 10^{-6}\ \text{cm} = 62\ \text{nm}$$

$$\lambda = \frac{6.626 \times 10^{-34} \times 3.0 \times 10^{10}}{1 \times 1.602 \times 10^{-19}} = 1.24 \times 10^{-4}\ \text{cm} = 1\ 240\ \text{nm}$$

表 6-1　电磁波谱的有关参数

E/eV	ν/Hz	λ	电磁波	跃迁类型
$>2.5\times10^{5}$	$>6.0\times10^{19}$	<0.005 nm	γ 射线区	核能级
$2.5\times10^{5}\sim1.2\times10^{2}$	$6.0\times10^{19}\sim3.0\times10^{16}$	0.005 ~ 10 nm	X 射线区	K,L 层电子能级
$1.2\times10^{2}\sim6.2$	$3.0\times10^{16}\sim1.5\times10^{15}$	10 ~ 200 nm	真空紫外光区	
$6.2\sim3.1$	$1.5\times10^{15}\sim7.5\times10^{14}$	200 ~ 400 nm	近紫外光区	外层电子能级
$3.1\sim1.6$	$7.5\times10^{14}\sim3.8\times10^{14}$	400 ~ 800 nm	可见光区	
$1.6\sim0.50$	$3.8\times10^{14}\sim1.2\times10^{14}$	0.8 ~ 2.5 μm	近红外光区	分子振动能级
$0.50\sim2.5\times10^{-2}$	$1.2\times10^{14}\sim6.0\times10^{12}$	2.5 ~ 50 μm	中红外光区	
$2.5\times10^{-2}\sim1.2\times10^{-3}$	$6.0\times10^{12}\sim3.0\times10^{11}$	50 ~ 1 000 μm	远红外光区	分子转动能级
$1.2\times10^{-3}\sim4.1\times10^{-6}$	$3.0\times10^{11}\sim1.0\times10^{9}$	1 ~ 300 mm	微波区	
$<4.1\times10^{-6}$	$<1.0\times10^{9}$	>300 mm	无线电波区	电子和核的自旋

6-2　光学分析法的分类

一、原子光谱和分子光谱

光学分析的光谱按其辐射本质分为原子光谱(atomic spectroscopy)和分子光谱(molecular spectroscopy)两大类。

1. 原子光谱

原子光谱是由原子外层电子跃迁而产生的光谱。处于气相状态下的原子经过激发可以产生特征的线状光谱。由于周期表中所有元素的原子,其价电子跃迁所引起的能量变化 ΔE 约在 2 ~ 20 eV 之间,按式(6-3)可以估算所有元素的原子光谱的波长主要分布在紫外及可见光谱区,仅少数落在近红外区。原子光谱可分为原子发射光谱和原子吸收光谱两类。

一个原子可具有多种能级状态,如图 6-2 所示。当有辐射通过自由原子蒸气时,若辐射的频率等于原子中的电子从基态跃迁到激发态或由激发态跃回基态时吸收或发射的电磁辐射称为共振线;而从基态跃迁至能量最低的激发态(第一激发态),或由第一激发态跃回基态时产生的共振线称为第一共振线。

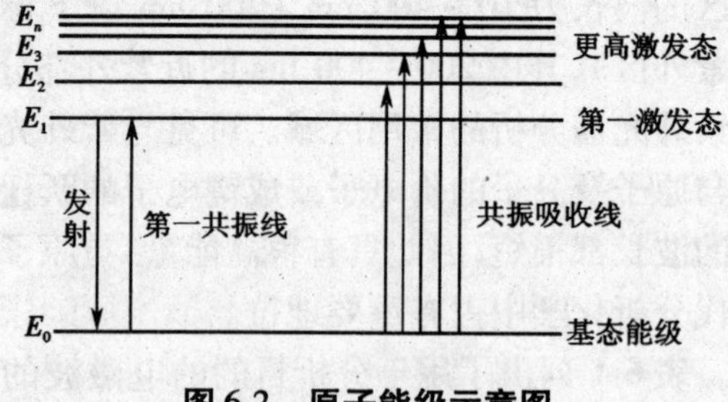

图 6-2　原子能级示意图

各种元素的原子结构和外层电子的排布不同。不同元素的原子从基态激发至激发态(或由激发态跃回基态)时,吸收(或发射)的能量不同,因此各种元素的共振线不同,各有其特征性,这种共振线称为元素的特征谱线。由于第一共振线是最容易产生的谱线,灵敏度最高,又称为最灵敏线。在原子光谱分析中,大多数情况下是利用元素最灵敏的共振线来进行测定的,因此这些谱线又称分析线。

原子光谱各能级都有确定的能量，两能级的能量差必然具有确定的数值，不同能级之间跃迁产生的原子光谱是波长确定、相互分隔的谱线，所以原子光谱都是线状光谱。

属于这类分析方法的有原子发射光谱法（AES）、原子吸收光谱法（AAS），原子荧光光谱法（AFS）以及 X 射线荧光光谱法（XFS）等。

2. 分子光谱

分子光谱形成的机理与原子光谱相似，也是由于能级之间的跃迁引起的。由于分子内部的运动比原子复杂，既有价电子的运动，又有分子内原子相对于平衡位置的振动和分子绕其质心的转动。价电子运动、振动和转动分别具有相应的能级，即电子能级 E_e、振动能级 E_v 和转动能级 E_r。图 6-3 是双原子分子的能级示意图，图中 E_A 和 E_B 表示不同能量的电子能级，在每个电子能级中因振动能量不同而分为若干个 $\nu = 0,1,2,3,\cdots$ 的振动能级，在同一电子能级和同一振动能级中，还因转动能量不同而分为若干个 $J = 0,1,2,3,\cdots$ 的转动能级，所以，一个分子的总内能变化可以看作是上述三个能量变化的总和，即

$$\Delta E_{分子} = \Delta E_e + \Delta E_v + \Delta E_r \qquad (6\text{-}4)$$

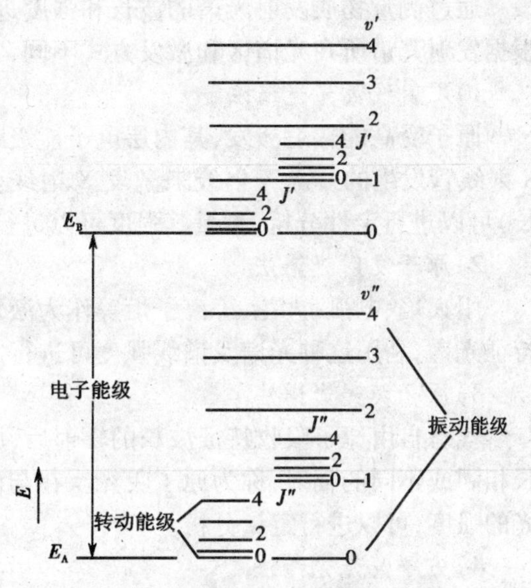

图 6-3　分子中电子能级、振动能级和转动能级示意图

对于多数分子，电子能级跃迁所需能量最大，ΔE_e 约为 1 ~ 20 eV，所吸收的电磁辐射波长约为 1.25 ~ 0.06 μm，主要在紫外及可见光区，产生的光谱称为电子光谱或紫外 − 可见光谱。振动能级跃迁所需能量次之，ΔE_v 为 0.05 ~ 1 eV，需吸收波长为 25 ~ 1.25 μm 的电磁辐射。在分子振动的同时还有转动运动，因此振动能级跃迁的同时常伴有转动能级跃迁，二者合称振动 − 转动光谱（简称振 − 转光谱）。由于它所吸收的能量处于红外光区，故又称为红外光谱。分子转动能级跃迁所需能量最小，ΔE_r 为 0.005 ~ 0.05 eV，需吸收波长为 250 ~ 25 μm 的远红外光。它所产生的吸收光谱称为转动光谱或远红外光谱。

由此可知，当用能量较低的红外光照射物质，得到分子的振 − 转光谱；用较高能量的紫外及可见光照射物质，得到分子的电子光谱。由于在电子能级跃迁的同时，总是伴随着振动能级和转动能级的跃迁，并且振转能级间距很小，对应的谱线很接近，因此产生的分子光谱不是某个波长下的谱线，而是由无数条谱线组成的光谱带，故分子光谱是带状光谱。

属于这类分析方法的有紫外 − 可见吸收光谱法（UV-VIS），红外光谱法（IR），分子荧光光谱法（MFS）和分子磷光光谱法（MPS）等。利用分子光谱可以对有机化合物进行定性和定量分析。

二、发射光谱和吸收光谱

光谱法按照电磁辐射的传递方式可分为发射光谱、吸收光谱和散射光谱三种基本类型。下面主要介绍发射光谱和吸收光谱的分类。

1. 发射光谱法

物质通过电致激发、热致激发或光致激发等激发过程获得能量,变为激发态原子或分子 M^*,当从激发态过渡到低能态或基态时产生发射光谱。

$$M^* \longrightarrow M + h\nu$$

通过测量物质发射光谱的波长和强度进行定性和定量分析的方法叫做发射光谱分析法。根据发射光谱所在光谱区和激发方式不同,常用的发射光谱法有以下几种。

1)X 射线荧光光谱法

原子受高能辐射激发,其内层电子能级跃迁,即发射出特征 X 射线,称为 X 射线荧光。用 X 射线管发生的一次 X 射线来激发 X 射线荧光是最常用的方法。测量 X 射线的能量(或波长)可以进行定性分析,测量其强度可以进行定量分析。

2)原子发射光谱法

用火焰、电弧、火花、等离子炬等作为激发源,使气态原子或离子的外层电子受激发并发射特征光谱,利用这种光谱及谱线强度可进行定性和定量分析。

3)原子荧光光谱法

气态自由原子吸收特征波长的辐射后,原子的外层电子受到激发同时发射出与原激发波长相同或不同的辐射,称为原子荧光。在与激发光源成一定角度(通常为 90°)的方向测量荧光的强度,可以进行定量分析。

4)分子荧光光谱法

某些物质被紫外光照射后,物质分子吸收辐射而成为激发态分子,再回到基态的过程中发射出比入射光波长更长的荧光,测量荧光的强度可进行定量分析。

5)化学发光分析法

由化学反应提供足够的能量,使其中一种反应产物分子被激发,形成激发态分子。激发态分子跃迁回基态时,发出一定波长的光。其发光强度随时间变化。在合适的条件下,峰值与被分析物浓度成线性关系,可用于定量分析。

2. 吸收光谱法

当物质所吸收的电磁辐射能与该物质的原子核、原子或分子的两个能级间跃迁所需的能量满足 $\Delta E = h\nu$ 的关系时,将产生吸收光谱。

$$M + h\nu \longrightarrow M^*$$

吸收光谱法可分为以下几种。

1)原子吸收光谱法

利用待测元素气态原子对共振发射线的吸收,使原子的外层电子发生能级跃迁所形成的吸收光谱,主要用于元素的定量测定。

2)紫外-可见吸收光谱法

利用待测物质溶液中的分子或基团在紫外和可见光区产生分子外层电子能级跃迁所形成的吸收光谱,可用于定性和定量测定。

3)红外吸收光谱法

利用分子在红外光区的振动-转动吸收光谱来测定物质的成分和结构的光谱法。

4)核磁共振波谱法

在强磁场作用下,核自旋磁矩与外磁场相互作用分裂为能量不同的核磁能级,核磁能级之间的跃迁需要吸收射频区的电磁波。利用这种吸收光谱可进行有机化合物结构的鉴定。

3. Raman 散射

频率为ν_0的单色光照射透明物质，物质分子会发生散射现象。如果这种散射是光子与物质分子发生能量交换引起的，即不仅光子的运动方向发生变化，它的能量也发生变化，则称为 Raman 散射。这种散射光的频率(ν_m)与入射光的频率不同，称为 Raman 位移。Raman 位移的大小与分子的振动和转动的能级有关，利用 Raman 位移研究物质结构的方法称为 Raman 光谱法。

6-3 光谱法所用仪器

用来研究发射或吸收的电磁辐射强度和波长(或频率)关系的仪器叫做光谱仪或分光光度计。光谱仪一般都由五部分组成：光源、单色器、样品池、检测器和读出装置。

一、光源

光谱分析中，光源(source)必须具有足够的输出功率和稳定性。由于光源辐射功率的波动与电源功率的变化成指数关系，因此往往需用稳压电源以保证稳定或者用参比光束的方法来减少光源输出对测定所产生的影响。

光源分为连续光源(continuum source)和线光源(line source)等。

一般连续光源主要用于分子吸收光谱法，线光源用于荧光、原子吸收和 Raman 光谱法。

1. 连续光源

连续光源是指在波长范围内主要发射强度平稳的具有连续光谱的光源。

1) 紫外光源

紫外连续光源主要采用氢灯或氘灯。在低压(约 1.3×10^3 Pa)下以电激发的方式产生的连续光谱，光谱范围为 160 ~ 375 nm。高压氢灯以 2 000 ~ 6 000 V 的高压使两个铝电极之间发生放电。低压氢灯是在有氧化物涂层的灯丝和金属电极间形成电弧，启动电压约为 400 V 直流电压，而维持直流电弧的电压为 40 V。

氘灯的工作方式与氢灯相同，光谱强度比氢灯大 3 ~ 5 倍，寿命也比氢灯长。

2) 可见光源

可见光区最常见的光源是钨丝灯。在大多数仪器中，钨丝的工作温度约为 2 870 K，光谱波长范围为 320 ~ 2 500 nm。氙灯也可用作可见光源，当电流通过氙灯时，产生强辐射，发射的连续光谱分布在 250 ~ 700 nm。

3) 红外光源

常用的红外光源是一种用电加热到温度在 1 500 ~ 2 000 K 之间的惰性固体，光强最大的区域在 6 000 ~ 5 000 cm^{-1}。在长波侧 667 cm^{-1} 和短波侧 10 000 cm^{-1} 的强度已降到峰值的 1% 左右。常用的有能斯特灯和硅碳棒。

2. 线光源

1) 金属蒸气灯

在透明封套内含有低压气体元素，常见的是汞灯和钠蒸气灯。把电压加到固定在封套上的一对电极上，会激发出元素的特征线光谱。汞灯产生的线光谱的波长范围为 254 ~ 734 nm，钠灯主要是589.0 nm和589.6 nm处的一对谱线。

2)空心阴极灯

主要用于原子吸收光谱,能提供许多元素的特征光谱。

3)激光

激光的强度高,方向性和单色性好,作为一种新型光源应用于Raman光谱、荧光光谱、发射光谱、傅里叶(Fourier)变换红外光谱等领域。

二、单色器

单色器(monochromator)的主要作用是将复合光分解成单色光或有一定宽度的谱带。单色器由入射狭缝和出射狭缝、准直镜以及色散元件,如棱镜或光栅等组成。

1. 棱镜

棱镜(prism)的作用是把复合光分解为单色光。由于不同波长的光在同一介质中具有不同的折射率,波长短的光折射率大,波长长的光折射率小。因此,平行光经色散后按波长顺序分解为不同波长的光,经聚焦后在焦面的不同位置成像,得到按波长展开的光谱。

当包含有不同波长的复合光通过棱镜时,不同波长的光就会因折射率不同而分开。这种作用称为棱镜的色散作用。色散能力常以色散率和分辨率表示。

2. 光栅

光栅(grating)分为透射光栅和反射光栅,常用的是反射光栅。反射光栅又可分为平面反射光栅(或称闪耀光栅)和凹面反射光栅。

光栅由玻璃片或金属片制成,其上准确地刻有大量宽度和距离都相等的平行线条(刻痕),可近似地将它看成一系列等宽度和等距离的透光狭缝。

光栅是一种多狭缝部件,光栅光谱的产生是多狭缝干涉和单狭缝衍射两者联合作用的结果。

3. 狭缝

狭缝(slit)由两片经过精密加工、且具有锐利边缘的金属片组成,其两边必须保持互相平行,并且处于同一平面上。

狭缝宽度对分析有重要意义。单色器的分辨能力表示能分开最小波长间隔的能力。波长间隔大小决定于分辨率、狭缝宽度和光学材料性质等,用有效带宽表示。仪器的色散率固定时,狭缝的有效带宽将随狭缝宽度而变化。

对于原子发射光谱,在定性分析时一般用较窄的狭缝,这样可以提高分辨率,使邻近的谱线清晰地分开。在定量分析时则采用较宽的狭缝,以得到较高的谱线强度。

对于原子吸收光谱分析,由于吸收线的数目比发射线少得多,谱线重叠的几率小,因此常采用较宽的狭缝,以得到较大的光强。当然,如果背景发射太强,则要适当减小狭缝宽度。

三、吸收池

吸收池(sample container)一般由光透明的材料制成。在紫外光区,采用石英材料;可见光区,则用硅酸盐玻璃;红外光区,则可根据不同的波长范围选用不同材料的晶体制成吸收池的窗口。

四、检测器

检测器(detector)可分为两类,一类为对光子有响应的光检测器,另一类为对热产生响应的热检测器。光检测器有硒光电池、光电管、光电倍增管、半导体等。热检测器能吸收辐射并根据吸收引起的热效应来测量入射辐射的强度,包括真空热电偶、热释电检测器等。

五、读出装置

由检测器将光信号转换成电信号后,可用检流计、数字显示器、计算机等显示和记录结果。

思 考 题

1. 请分别按能量递增和波长递增的顺序排列下面电磁辐射区:红外,无线电波,可见光,紫外, X 射线,微波。

2. 简述下列术语的含义:

(1)电磁辐射;(2)电磁波谱;(3)发射光谱;(4)吸收光谱;(5)原子光谱;(6)分子光谱。

习 题

1. 计算下列电磁辐射的频率(Hz)和波数(cm^{-1})。

(1)波长为 0.9 nm 的单色 X 射线;

(2)12.6 μm 的红外吸收峰;

(3)589.0 nm 的钠 D 线;

(4)波长为 200 mm 的微波辐射。

2. 已知 1 电子伏特(eV) $=1.602\times10^{-19}$ 焦耳(J),以焦耳和电子伏特为单位,计算题 1 中各种光子的能量。

第7章 原子吸收光谱法

7-1 概述

原子吸收光谱法又称原子吸收分光光度法(Atomic Absorption Spectroscopy, AAS)。

原子吸收光谱法是基于测定物质所产生的原子蒸气中基态原子对待测元素的特征谱线的吸收作用来进行定量分析的一种方法。如图7-1所示,欲测定试液中铜离子的含量时,先将试液喷射成雾状进入燃烧火焰中,含铜盐的雾滴在火焰温度下挥发并解离成铜原子蒸气。用铜空心阴极灯作光源,辐射出波长为324.7 nm的铜的特征谱线。通过一定厚度的铜原子蒸气时,部分特征谱线被蒸气中基态铜原子吸收而减弱;透过光通过单色器分光后,由检测器测得铜特征谱线光被减弱的程度,即可求得试样中铜的含量。

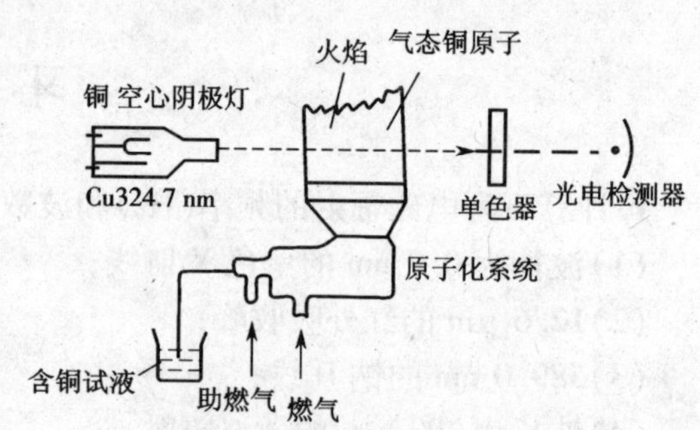

图7-1 原子吸收分析示意图

原子吸收现象早在19世纪就被发现,但长期以来仅局限于天体物理的研究和应用。作为一种分析方法,是1955年由澳大利亚科学家瓦尔什(Walsh)正式提出。近几十年来,原子吸收光谱法得到了迅速发展,趋于成熟,已被广泛应用于测定70多种元素。

由于原子吸收分光光度计中所用光源空心阴极灯发射的是待测元素的特征谱线,一般不会发射与待测金属元素相近的谱线,所以,原子吸收光谱法的选择性高,干扰较少且易消除。而且在一定的实验条件下,原子蒸气中的基态原子数比激发态原子数多得多,故能测定到大部分的基态原子,所以该法测定的灵敏度较高。因此,原子吸收光谱法是选择性、准确度和灵敏度都很高的一种元素定量分析方法。

7-2 原子吸收光谱法的基本原理

一、共振线与吸收线

原子光谱是由于其价电子在不同能级间发生跃迁而产生的。当原子受到外界能量的激发时,根据能量的不同,其价电子会跃迁到不同的能级上。根据 $\Delta E = h\nu$ 可知,各种元素的原子结构及其外层电子排布不同,则核外电子从基态受激发而跃迁到其激发态所需要的能量也不同,同样,再跃迁回基态时所发射的光波频率即元素的共振线也就不同,所以,这种共振线就是元素的特征谱线。从基态跃迁到第一激发态的直接跃迁最易发生,因此,对于大多数的元素来说，第一共振线就是元素的灵敏线。

在原子吸收分析中，就是利用处于基态的待测原子蒸气对从光源辐射的共振线的吸收来进行的。

二、吸收定律与谱线轮廓

当强度为 $I_{0\nu}$ 的不同频率的光通过厚度为 b 的基态原子蒸气时（见图 7-2），一部分光被吸收，其透射光强度 I_ν（即吸收共振线后光的强度）与原子蒸气厚度的关系，服从朗伯定律，即

$$I_\nu = I_{0\nu} e^{-K_\nu b} \tag{7-1}$$

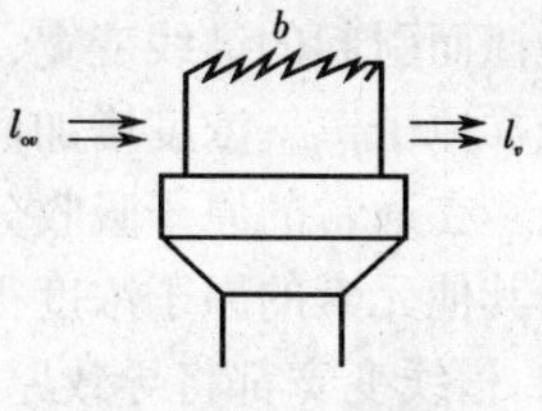

图 7-2　原子吸收示意图

式中 K_ν 是原子蒸气对入射频率为 ν 的光的吸收系数。

物质的原子对光的吸收是具有选择性的，对不同频率的光吸收程度不同，故透射光的强度 I_ν 和吸收系数 K_ν 随入射光的频率而变化。将 I_ν 和 K_ν 随频率 ν 变化的关系作图，可得如图 7-3 所示的关系曲线。由图可知：在频率 ν_0 处透过光的强度最小，亦即吸收最大；吸收系数 K_ν 在频率 ν_0 处为一极大值 K_0，称为峰值吸收系数。与峰值吸收系数 K_0 相对应的频率 ν_0 称为中心频率。原子谱线（或称线光谱）虽然很窄，但并不是一条单色的几何线，而是具有一定的宽度。因此，通常将 $I_\nu - \nu$ 和 $K_\nu - \nu$ 关系曲线统称为吸收线轮廓（line profile）。$K_0/2$ 处吸收线轮廓上两点间的距离称为吸收线半宽度（half width），以 $\Delta\nu$ 表示，其宽度约为 $10^{-3} \sim 10^{-2}$ nm。

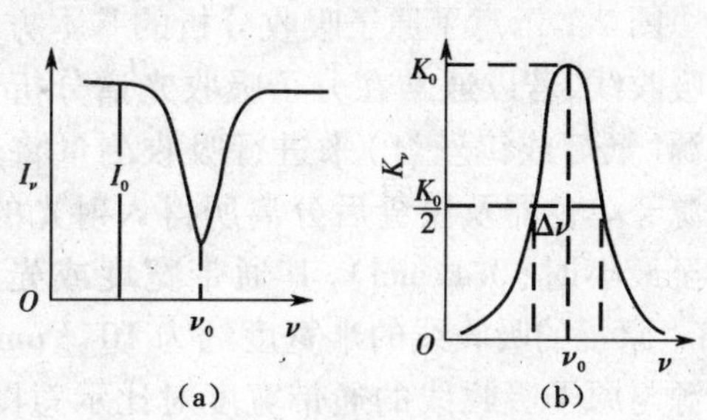

图 7-3　吸收线的轮廓

(a) 透射光强度与频率的关系

(b) 吸收系数与频率的关系

表示吸收线轮廓特征的值是吸收线的中心频率 ν_0 和吸收线的半宽度 $\Delta\nu$。前者是由原子的能级分布特征决定的，后者受到诸多因素的影响。

谱线具有一定的宽度，主要有两方面的因素：一类是由原子性质所决定的，例如，自然宽度；另一类是外界影响所引起的，例如，热变宽、碰撞变宽等。

1. 自然宽度

无外界条件影响时谱线仍有一定的宽度，这种宽度为自然宽度（natural linewidth），以 $\Delta\nu_N$ 表示。自然宽度大小是和产生跃迁的激发态原子的有限寿命有关。激发态原子寿命越长，吸收线自然宽度越窄。在多数情况下，$\Delta\nu_N$ 约为 10^{-5} nm 数量级。自然宽度与其他因素引起的宽度相比要小得多，一般情况下可以忽略。

2. 多普勒变宽（Doppler broadening）

由于辐射原子处于无规则的热运动状态，这一不规则的热运动与检测器两者间形成相对位移运动，从而发生多普勒效应，使谱线变宽。这种谱线的变宽是由于热运动产生的，所以又称为热变宽，以 $\Delta\nu_D$ 表示。对大多数元素来说，$\Delta\nu_D$ 可达 10^{-3} nm 数量级，是谱线变宽的主要原因。

3. 碰撞变宽

吸光原子与蒸气中原子或分子的相互碰撞而产生的谱线变宽，统称为碰撞变宽（collisional broadening)，又称为压力变宽(pressure broadening)。被测元素原子与其他元素的原子或分子(异种粒子)相互碰撞引起的谱线变宽，称为劳伦兹(Lorentz)变宽，以 $\Delta\nu_L$ 表示。劳伦兹变宽效应随异种粒子蒸气压力增大而增大。被测元素激发态原子与基态原子(同种粒子)相互碰撞而引起的谱线变宽，称为赫尔兹马克(Holtzmark)变宽，又称共振变宽，以 $\Delta\nu_H$ 表示。它随试样原子蒸气浓度增加而增加。

在通常的原子吸收分析实验条件下，吸收线变宽主要受多普勒效应与劳伦兹效应的影响；当其他元素的原子浓度很小时，吸收线变宽主要受多普勒效应控制。不论是哪一种因素的影响，谱线变宽都将导致原子吸收分析灵敏度的下降。

三、积分吸收与峰值吸收

图 7-1 示意了原子吸收分析的基本方法。但是对于原子吸收线，若以通常在分子吸收光谱分析中所使用的连续光源(氘灯或钨丝灯)来进行吸收测量将产生困难。连续光源经单色器及狭缝后分离所得入射光的谱带，当将狭缝调至最小时(0.1 mm)，其通带宽度或光谱通带约为 0.2 nm。原子的吸收线的半宽度约为 10^{-3} nm。图 7-4 为连续光源与原子吸收线的通带宽度对比示意图。从图可见，若以具有宽通带的光源来对窄的吸收线进行测量时，由待测原子吸收线引起的吸收值，仅相当于总入射光强度 I_0 的 0.5%，即吸收前后在通带宽度范围内，原子吸收只占其中很小部分，使测定灵敏度极差。

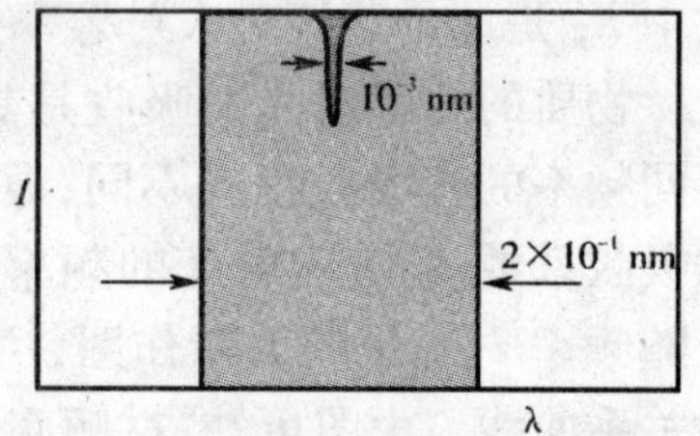

图 7-4 连续光源与原子吸收线的通带宽度对比示意图

在原子吸收分析中，常将原子蒸气所吸收的全部能量称为积分吸收(integrated absorption)，即吸收线下所包括的整个面积。依据经典色散理论，积分吸收与原子蒸气中基态原子的密度有如下关系：

$$\int K_\nu d\nu = N_0 f \pi e^2 / mc \tag{7-2}$$

式中：e 为电子电荷；m 为电子质量；c 为光速；N_0 为单位体积原子蒸气中吸收辐射的基态原子数，即基态原子浓度；f 为振子强度，代表每个原子中能被光源辐射激发的平均电子数，在一定条件下对于确定元素，f 为一定值。

上式表明，谱线的积分吸收与单位体积原子蒸气中吸收辐射的基态原子数成线性关系，是原子吸收分析的重要理论基础。若能测得积分吸收值，即可计算出待测元素的原子数，使之成为一种不需与标准比较的绝对测量方法。但是由于原子吸收线很窄，半宽度仅 10^{-3} nm 数量级，要准确测定积分吸收值，就要准确地对吸收线轮廓进行扫描，为此就需要使用高分辨率的单色仪。它的分辨率高达 150 万，是一般仪器所不能达到的。直到 1955 年，瓦尔什提出采用锐线光源，以测量峰值吸收(peak absorption)的方法代替积分吸收，才解决了上述困难。测量峰值吸收，只要使用锐线光源，不必使用高分辨率的单色仪就能做到。

所谓锐线光源(sharp line source)，即能发射出谱线半宽度很窄的发射线的光源。低压密闭的空心阴极灯便是一种锐线光源。由于灯内是低压，压力变宽基本消除。灯电流仅几毫安，温度很低，所以热变宽也很小。这样，由空心阴极灯所发射的谱线相对于原子吸收线来说，是一种频率范围很窄的锐线光源。为实现峰值吸收的测量，除要求光源的发射线半宽度远小于吸收线的半宽度($\Delta\nu_e \ll \Delta\nu_a$)外，还必须使发射线的中心频率($\nu_0$)恰好与吸收线的中心频率

(ν_0)相重合。由于光源的发光元素与待测元素是同一物质,可认为发射线的轮廓处于吸收线的中心位置或峰值部分,此时可用测量峰值吸收来代替积分吸收,如图 7-5 所示。

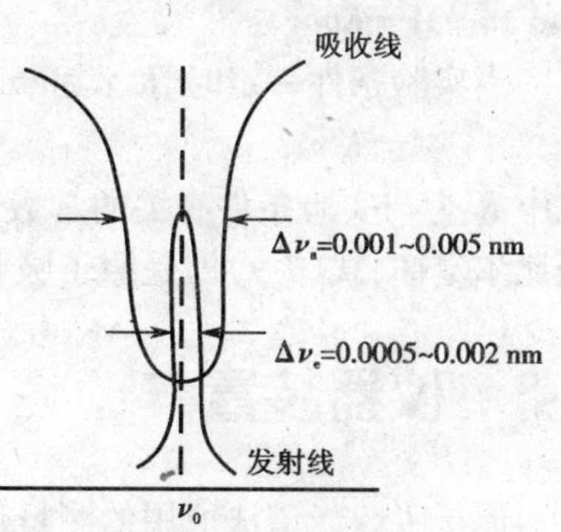

图 7-5　峰值吸收测量示意图

根据光源发射线半宽度 $\Delta\nu_e$ 小于吸收线的半宽度 $\Delta\nu_a$ 的条件,经过数学上的处理与推导,可得到吸光度与原子蒸气中待测元素的基态原子数存在线性关系,即

$$A = KN_0b \tag{7-3}$$

上式表明,当使用锐线光源时,测得的吸光度与原子蒸气中待测元素的基态原子浓度 N_0 和原子蒸气的厚度 b 的乘积成线性关系。

四、基态原子与激发态原子的分配

上面讨论了吸光度和蒸气中基态原子数之间的线性关系,那么蒸气中基态原子数和待测元素原子总数之间有什么关系？是否可以用基态原子数代表吸收辐射的原子总数？

一般的火焰原子化方法,常用温度低于 3 000 K,此时大多数化合物解离成基态原子,其中可能有部分原子被激发,即火焰中兼有基态原子和激发态原子,二者的数量比决定于温度。在一定温度下,当处于热力学平衡时,激发态原子数与基态原子数之比服从玻尔兹曼(Boltzmann)分布定律:

$$\frac{N_j}{N_0} = \frac{P_j}{P_0}\mathrm{e}^{-(E_j-E_0)/kT} \tag{7-4}$$

式中:N_j 和 N_0 分别为单位体积内激发态和基态的原子数; P_j 和 P_0 分别为激发态和基态能级的统计权重,表示能级的简并度;k 为玻尔兹曼常数;T 为热力学温度。

对共振线来说,电子是从基态($E_0=0$)跃迁到第一激发态,上式可写成

$$\frac{N_j}{N_0} = \frac{P_j}{P_0}\mathrm{e}^{-E_j/kT} \tag{7-5}$$

原子光谱中,对一定波长的谱线,P_j/P_0 和 E_j 都是已知值,因此只要火焰温度 T 确定,就可求得 N_j/N_0 值。常用原子化温度一般低于 3 000 K,大多数元素的共振线波长都小于 600 nm,因此对大多数元素来说,N_j/N_0 值都小于 1%,即蒸气中激发态原子数远小于基态原子数,两者相比,N_j 可以忽略不计。因此,可以用蒸气中的原子总数 N 代替基态原子数 N_0,于是式(7-3)可以写成

$$A = KNb \tag{7-6}$$

上式表示吸光度与原子蒸气中待测元素的原子总数成正比。

五、原子吸收光谱法的定量关系式

在实际工作中,要求测定的并不是蒸气中的原子浓度,而是试样中某元素的含量。在给定的实验条件下,试液中被测元素的含量 c 与蒸气中待测元素原子浓度 N 保持一定的比例关系时

$$N = ac \tag{7-7}$$

因此式(7-6)可写作

$$A = Kabc \tag{7-8}$$

当实验条件一定时，K、a 和 b 均为常数。式(7-8)可简化为

$$A = K'c \tag{7-9}$$

式中 K' 为与实验条件有关的常数。上式表明，在一定的实验条件下，吸光度与浓度的关系遵循比尔定律，式(7-9)即是原子吸收光谱法的定量关系式。

7-3 仪器装置

原子吸收光谱法所用的测量仪器称为原子吸收分光光度计。虽然测定原子吸收的仪器型式多种多样，但它们都是由光源、原子化系统、分光系统和检测系统等四个基本部件组成的，如图 7-6 所示。

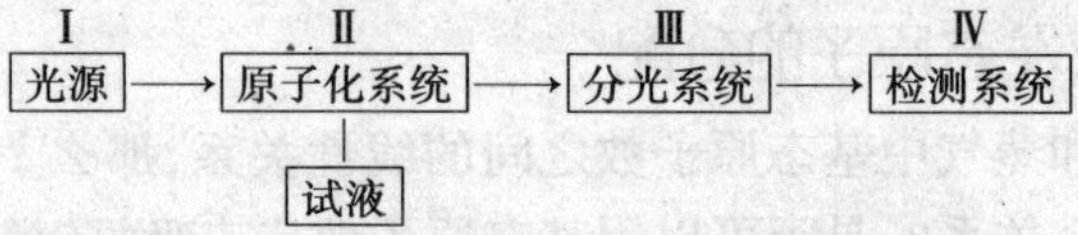

I 光源 → II 原子化系统 → III 分光系统 → IV 检测系统

试液 → II 原子化系统

图 7-6 原子吸收分析仪器的主要部件示意

一、光源

光源的作用是发射待测元素基态原子所吸收的特征共振线。对光源的基本要求是：发射线的半宽度要明显小于吸收线的半宽度；辐射强度足够大；背景低，低于特征共振线强度的 1%；稳定性好，30 min 内漂移不超过 1%，噪声小于 0.1%；使用寿命长。空心阴极灯、蒸气放电灯和无极放电灯都能符合上述要求。下面仅介绍应用最广的空心阴极灯(hollow cathode lamp HCL)，其结构如图 7-7 所示。

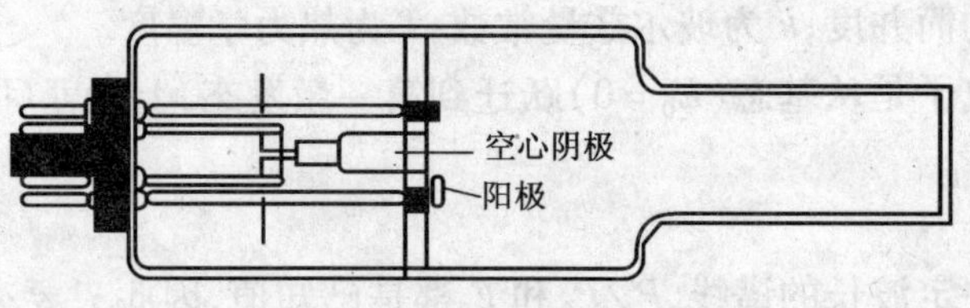

图 7-7 空心阴极灯结构示意

空心阴极灯有一个由被测元素材料制成的空心圆筒形阴极和一个由钨、钛或其他材料制成的阳极。阴极和阳极密封在带有光学窗口的硬质玻璃壳内，内充低压惰性气体氖或氩，其作用是载带电流、溅射阴极以及激发原子发射锐线光谱。壳内还装有云母屏蔽片，其作用是使放电限在阴极腔内。光学窗口在 370 nm 以下用石英，370 nm 以上用光学玻璃制成。

空心阴极灯的放电是一种特殊形式的低压辉光放电，放电主要集中在阴极空腔内。当在两极间施加 300 ~ 500 V 电压时，便产生辉光放电。在电场作用下，电子在离开阴极飞向阳极的途中，与惰性气体原子碰撞并使之电离。荷正电的惰性气体离子从电场获得动能，如果正离子的动能高于金属表面的晶格能，当其撞击在阴极表面时，就可以将原子从晶格中溅射出来。溅射出来的阴极元素的原子在空腔内再与电子、惰性气体原子、离子等发生碰撞而受到激发，发射出被测元素的特征谱线(其中也杂有内充气体及阴极中杂质的谱线)。因此用不同的待测元素作阴极材料，可以制成各相应待测元素的空心阴极灯。

为了避免发生光谱干扰，在制灯时，必须用纯度较高的阴极材料(高纯金属或合金)，以使阴极元素的共振线附近没有杂质元素的强谱线。

空心阴极灯的发光强度与工作电流有关。使用的灯电流过小，放电不稳定；灯电流过大，溅射作用增强，蒸气原子密度增大，谱线变宽甚至产生自吸，导致测定灵敏度降低，缩短灯寿命。因此，在实际工作中应选择合适的工作电流。

二、原子化系统

原子化系统的作用是将试样中的待测元素转化成吸收光源辐射的基态原子。待测元素由试样中转入气相并解离为基态原子的过程称为原子化过程。试样中待测元素的原子化过程是利用原子化系统提供的能量使试样干燥、蒸发和原子化，其过程可示意如下：

$$
\begin{array}{ccccc}
 & & & & M^{*}\text{(激发态原子)} \\
 & & & & \updownarrow \\
MX\text{(试样)} & \Longleftrightarrow & MX\text{(气态)} & \Longleftrightarrow & M\text{(基态原子)} + X\text{(气态)} \\
 & & & & \updownarrow \\
 & & & & M^{+}\text{(离子)} + e^{-}
\end{array}
$$

原子化是整个原子吸收光谱法中的关键，应设法将试样中待测元素尽可能多地转化成基态原子。试样原子化的方法大体上分为两大类：火焰原子化法和非火焰原子化法。

1. 火焰原子化法

火焰原子化(flame atomization)的优点是操作简便、快速、稳定，是目前应用较广的一种原子化方法。缺点是原子化效率不高，在原子化过程中常伴随着一系列化学反应(如离子化、分子化等)的发生，使待测元素的原子化受到干扰。

火焰原子化的装置有两种类型：预混合型和全消耗型。目前商品仪器大多采用预混合型原子化器。

火焰原子化器实际上是一个喷雾燃烧器。图7-8为预混合型火焰原子化器示意图。

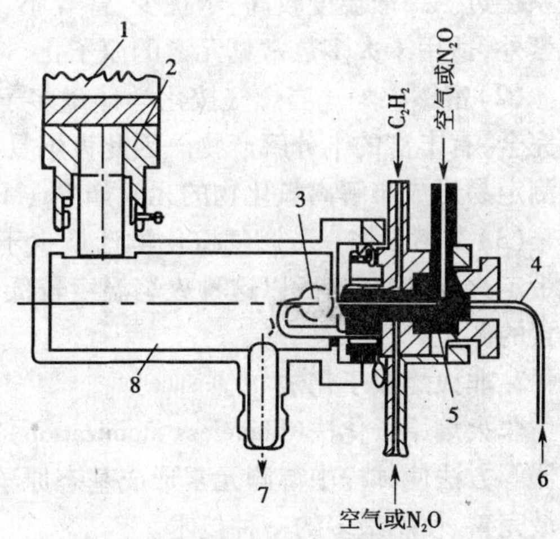

图7-8 预混合型火焰原子化器

1—火焰；2—燃烧器；3—撞击球；4—毛细管；5—雾化器；6—试液；7—废液；8—预混合室

预混合型火焰原子化器由雾化器、混合室和燃烧器三部分组成。

1)雾化器

雾化器(也称喷雾器)的作用是将试样溶液雾化，使之成为微米级的气溶胶。雾化器喷雾不但要求稳定，而且要求喷出的雾滴细小、均匀和雾化效率高。目前普遍采用的是同心型气动雾化器。它的外管接高压助燃气(空气、氧化亚氮等)，当高压助燃气由外管高速喷出时，根据伯努利原理，在内管管口形成负压，试液经毛细管吸入并被高速气流分散成气溶胶(雾滴)。喷出的雾滴经节流管碰撞在雾化球(又称撞击球)上，进一步分散成细雾。雾化器通常由不锈钢、聚四氟乙烯或玻璃等材料制成。中心毛细管多由铂-铱(或铑)合金制成，以增加抗腐蚀性。

2)混合室

混合室(也称雾化室)的作用是使未被细微化的较大雾滴在混合室内凝结为液珠,沿室壁流入废液管排走;同时使燃气与助燃气及气溶胶在混合室内充分混合均匀,以减小它们进入火焰时对火焰的扰动,并让气溶胶在室内部分蒸发脱溶。

3)燃烧器

燃烧器的作用是形成火焰,使进入火焰的气溶胶蒸发和原子化,常用的燃烧器是单缝燃烧器,缝长有 5 cm 和 10 cm 两种。缝长 5 cm 者适用于空气 - 乙炔火焰;缝长 10 cm 者适用于氧化亚氮 - 乙炔火焰。

4)火焰

火焰是由燃气和助燃气混合后经点火燃烧而形成的,其作用是使待测物质分解为基态原子。样品金属盐的水溶液经喷雾和分散后成为微小的雾粒喷入高温火焰中。在火焰中,化合物经历了干燥、蒸发、熔化、解离、激发和化合等复杂的物理化学过程。在此过程中生成了大量的基态原子,同时还产生不吸收辐射的激发态原子、离子和分子等。为使产生更多的基态原子,必须正确选择和使用火焰。

选择适宜的火焰条件是一项很重要的工作,可根据试样的具体情况,通过实验或查阅有关的文献资料来确定。一般来说,选用火焰的温度应使待测元素恰能分解成基态自由原子,避免原子的激发和电离,以获得较高的原子化效率;同时也要求火焰的稳定性好,具有较低的发射背景和较小的噪声。

火焰的温度主要取决于燃气和助燃气的种类和比例。根据燃气和助燃气的比例不同,可将火焰分为三类。

(1)化学计量火焰。化学计量火焰(又称中性火焰)的燃气和助燃气的比与化学反应计量关系接近。一般温度较高、干扰少、背景小、稳定性好。除碱金属和易形成难解离单氧化物的元素外,适用于大多数常见元素的原子化。

(2)富燃火焰。当燃气按化学计量多于助燃气时,就形成富燃火焰。这种火焰由于燃烧不完全,有丰富的半分解产物。因此火焰具有较强的还原性,其温度略低于化学计量火焰,适于测定易形成难解离氧化物的元素如 Ba、Mo、Al 等。

(3)贫燃火焰。若燃气按化学计量少于助燃气时,则形成贫燃火焰。由于大量冷的助燃气带走火焰的热量,所以这种火焰温度较低、半分解产物少、氧化性较强,适于易解离的碱金属元素的测定。

2. 非火焰原子化法

非火焰原子化法(flameless atomization)是利用电热、阴极溅射、等离子体、激光或冷原子发生器等方法使试样中待测元素形成基态原子。其中高温石墨炉原子化法是目前发展最快、结构最完善、使用最多的一种技术。

高温石墨炉原子化器(graphite furnace atomizer)本质上是一个电加热器。它是利用电能的高温(约 3 200 K)加热盛放试样(液体或固体)的石墨管,使试样蒸发与原子化。商品仪器多是管式石墨炉原子化器,其结构如图 7-9 所示。

管式石墨炉原子化器由加热电源、保护气控制系统和管状石墨炉组成。加热电源供给原子化器能量,一般采用低电压(10 ~ 15 V)、大电流(300 ~ 450 A)的交流电。为了防止试样及石墨管氧化,要在不断地通入保护性气体的情况下进行测定。常用的保护性气体为 Ar 气,它可以保护石墨管不被烧蚀,保护已原子化的原子不再被氧化,以及能有效地除去在干燥和灰化过程中所产生的基体蒸气。石墨炉是内径约 8 mm、长约 28 mm 的石墨管。管中央开一小孔为进样孔,管两端用铜电极夹住,样品用微量注射器直接由进样孔注入石墨管中。

石墨管作为高阻值发热体,通过铜电极向石墨管通电,可产生高热高温,最高温度达到 3270 K。石墨炉原子化时经过干燥、灰化、原子化和高温净化等四个程序升温过程,以蒸发试样和使试样原子化。

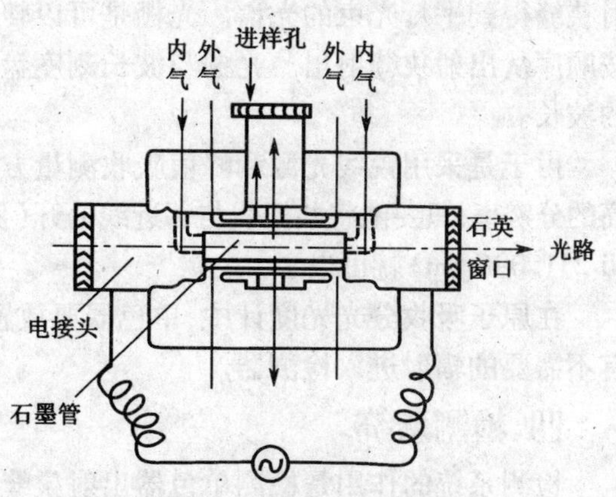

图 7-9 高温管式石墨炉原子化器示意图

高温石墨炉的主要优点是:具有较高且可控制的温度;原子化效率高;试样利用率几乎达 100%;气态原子在吸收区停留时间长达 0.1 ~ 1 s 数量级;试样耗量小,液体试样为 5 ~ 100 μL,固体试样 0.1 ~ 1 mg 数量级;绝对灵敏度比火焰法高出 100 ~ 1 000 倍,可达 10^{-8} ~ 10^{-11} g,尤其适合于难挥发、难原子化元素和微量试样的分析。非火焰原子化法弥补了火焰法的不足和缺陷。其缺点是:基体影响较大,干扰较复杂,测量的精密度比火焰法差;操作也不及火焰法快速和简便,仪器价格较昂贵。

非火焰原子化法中,除上述石墨炉法应用较多外,氢化物原子化法(hydride atomization)在测定诸如 As、Sb、Bi、Ge、Sn、Pb、Se、Te 等元素时具有较高的灵敏度,可达 10^{-9} g 数量级,能满足痕量分析的要求。该法主要利用这些元素在盐酸溶液中能被强还原剂 $NaBH_4$ 或 KBH_4 还原成极易挥发的氢化物的特性,然后将其导入石英吸收管中进行原子化,并测量其吸光度。这种化学原子化的一个优点是,形成氢化物蒸气的过程也是一个分离过程,因此基体干扰和化学干扰较小,且操作简便、快速。但精密度比火焰法差。

三、分光系统

分光系统的作用是将待测元素所需的共振吸收线与邻近谱线分开。分光系统主要由色散元件(光栅)、反射镜和狭缝等组成,又称为单色器。在单色器的光入射口及出射口分别装有入射狭缝及出射狭缝。原子吸收分光光度计的分光系统有多种形式,图 7-10 是一种分光系统示意图。

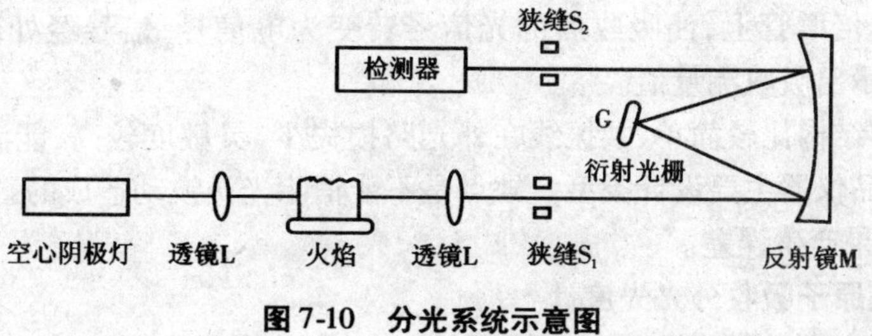

图 7-10 分光系统示意图

从光源辐射的光经火焰中基态原子吸收后,由透镜 L 聚焦到入射光狭缝 S_1 射入。被凹面镜 M 反射聚焦后射到光栅 G 上,经光栅衍射分光后再被凹面镜 M 反射在出射狭缝 S_2 处,经出射狭缝得到平行光束的光谱。光栅是可以转动的，通过转动光栅，可以使光谱中各种波长的光按顺序从出射狭缝射出。光栅与波长刻度盘相联结，转动光栅时即可从刻度盘上读出出射光的波长。

由于是采用锐线光源和峰值吸收测量方法，而且吸收光谱本身也比较简单，因此不要求过高的分辨率，只要能将共振线与邻近线分开（例如能分开镍三线 Ni 230.003 nm、Ni 231.603 nm、Ni 231.096 nm）就可以了。

在原子吸收分光光度计中，单色器要放置在原子化系统之后，以阻止来自原子吸收池内所有不需要的辐射进入检测器。

四、检测系统

检测系统的作用是检测单色器出射狭缝的光信号，并将检测到的光信号进行运算处理，以吸光度显示其检测结果。检测系统主要由检测器、交流放大器、对数变换器、显示仪表组成。

原子吸收光谱法中用光电倍增管作光电转换元件，作用是将经过原子蒸气吸收和单色器分光后的微弱光信号转换为电信号。为了提高测量的灵敏度、消除火焰发射的干扰，需要使用交流放大器将光电倍增管转换的电信号放大，再通过对数变换器，就可在指示仪表上利用量程扩展进行浓度直读，或用记录器记录测定结果，也可用数字显示仪表配合数字打印机直接打印出测定结果。

现代一些高级原子吸收分光光度计中还设有自动调零、自动校准、积分读数、曲线校正等装置。目前国内外厂家生产的高级原子吸收光谱仪已普遍应用微处理机（微型电子计算机），它是根据原子吸收分析程序设计计算机程序，可用来设置测定参数，控制仪器操作，绘制、校准工作曲线，高速处理大量测定数据及计算、报出分析结果等。这就大大简化了操作，加快了分析速度和提高了测量精度。

五、原子吸收分光光度计

原子吸收分光光度计型号繁多，各型号仪器的设计、功能、质量、价格各异，但它们的基本结构原理是相似的。使用最普遍的是单道单光束和单道双光束原子吸收分光光度计。

1. 单道单光束原子吸收分光光度计

所谓单道是指仪器只有一个单色器和一个检测器，只能同时测定一种元素。单道单光束型仪器的光学系统结构原理如图 7-10 所示。空心阴极灯用电源调制脉冲供电，所发出的待测元素的特征辐射经聚光透镜聚焦在原子化器（火焰）的基态原子富集区中心，经基态原子吸收后的辐射再由聚光透镜聚焦于单色器入射狭缝上，经光栅分光后，选出的特征辐射经单色器出射狭缝投射到光电倍增管上，使吸收后的光信号转变为电信号，信号经处理（解调、放大等）后，由显示仪表显示出吸收测量值。

单光束型仪器结构比较简单，共振线在外光路损失少，灵敏度较高，能满足日常分析工作的要求，是目前商品仪器主要设计类型。缺点是不能消除光源波动造成的影响，导致基线漂移（零漂），使测定结果产生误差。

2. 单道双光束原子吸收分光光度计

双光束型仪器在光学系统设计上进行了改进，以克服单光束型仪器因光源波动而引起的基线漂移。图 7-11 是其光学系统原理示意图。

光源空心阴极灯辐射的共振线光束落在半透明半反射的旋转切光器 1 上，被分解为两个

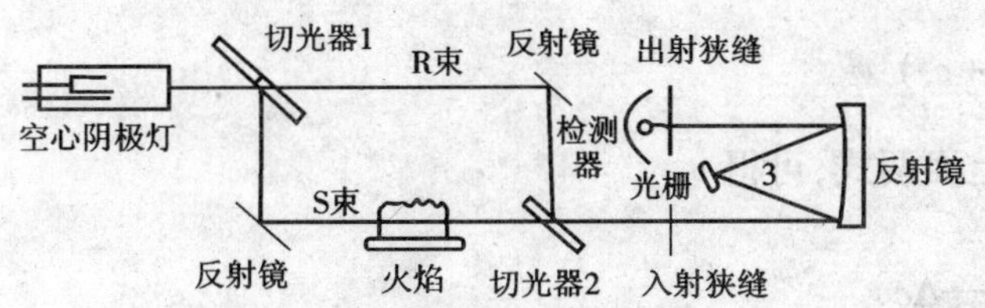

图7-11 双光束型仪器光学系统示意图

均匀的光束:一束光为反射的试样光束S,通过火焰产生共振吸收;另一束光为透射的参比光束R,绕过火焰。两光束在切光器2处相会,并分别交替进入单色器3,于是就得到与切光器同步的一定频率的S脉冲和R脉冲。检测器系统将接收到的两束脉冲信号进行同步检波放大,并经运算、转换,最后由测量仪器显示出来。由于两束光均由同一光源辐射,检测器的信号是对两个脉冲进行比较的结果,因此,光源的任何波动都可由参比光束的作用而得到补偿,给出一个稳定的输出信号,使仪器具有较高的信噪比。

7-4 定量分析方法

原子吸收光谱法的定量依据是 $A = K'c$,在实际工作中并不需要确定 K' 值,而是通过与标准相比较的方法进行定量分析的。常用的定量分析方法有标准曲线法和标准加入法。

一、标准曲线法

配制一系列合适的、含有不同浓度的待测元素的标准溶液,用试剂空白溶液作参比。在选定的条件下,由低浓度到高浓度依次喷入火焰,分别测定其吸光度 A。以 A 为纵坐标,对应的标准溶液浓度 c 为横坐标,绘制 $A-c$ 标准曲线(亦称工作曲线)。在相同条件下喷入待测试样,测定其吸光度 A_x,即可从标准曲线上求出试样中待测元素的浓度 c_x。标准曲线法简单、快速,适于大批量组成简单和相似试样的分析。为确保分析准确,应注意以下几点。

(1)在待测元素浓度较高时,有时会出现标准曲线向浓度坐标弯曲的现象,因此,所配制的标准溶液的浓度范围应服从比尔定律,即浓度与吸光度应成线性关系。

(2)标准溶液与试样应具有相似的组成。在配制标准溶液时,应加入与试样相同的基体。

(3)用与试样有相同基体而不含待测元素的空白溶液将仪器调零,或从试样吸光度中扣除空白值。

(4)在整个分析过程中,应使所有的操作条件保持不变。

二、标准加入法

一般来说,待测试样的组成是不可能完全确知的,这就为配制与待测试液具有相似组成的标准溶液带来困难。对于较为复杂的试样,基体影响较大但又得不到纯净的基体空白时,往往采用标准加入法分析。

取相同体积的试样溶液两份,分别移入两个等容积(V)的容量瓶中,于其中一个加入一定量的标准溶液,然后将两份溶液稀释至刻度,分别测定它们的吸光度。设试样溶液中待测元素的浓度为 c_x,测得的吸光度为 A_x。加浓度为 c_0,体积为 V_0 的标准溶液,测得其吸光度为 A_0,根据比尔定律,可得

$$A_x = K'c_x$$
$$A_0 = K'(\Delta c + c_x)$$

其中 $\Delta c = \frac{C_0 V_0}{V}$ 比较上面两式，可得

$$c_x = \frac{A_x}{(A_0 - A_x)}\Delta c \tag{7-10}$$

实际应用中不用计算法，而用下述作图法，即将若干份（通常为四份）体积相同的试样溶液分别加入等容积的容量瓶中，从第二份开始按比例加入不同量含有待测元素的标准溶液，均稀释至刻度后分别测定其吸光度。设试样中待测元素的浓度为 c_x，加入标准溶液后浓度分别为 $c_X + c_0$、$c_X + 2c_0$、$c_X + 4c_0$，四份溶液相应的吸光度分别为 A_x、A_1、A_2、A_3，以 A 对加入的标准量作图，得到如图 7-12 所示的 A-c 工作曲线。此工作曲线不通过原点，说明试样中含有被测元素，截距所对应的吸光度正是试样中待测元素所引起的效应。外延曲线与横坐标相交，交点至原点距离所相应的浓度 c_x 即为所求试样中待测元素的含量。

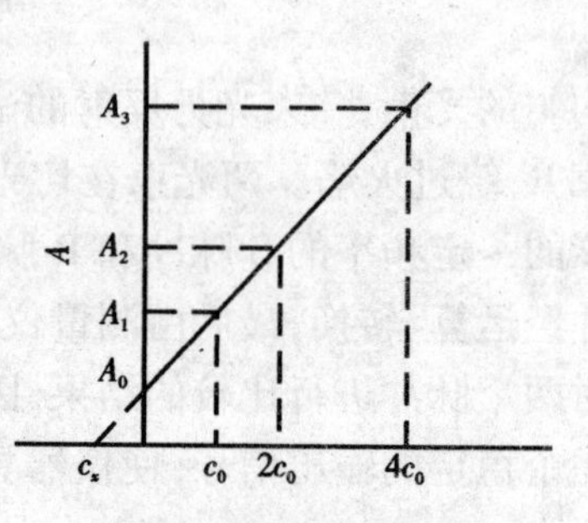

图 7-12 标准加入法

这种方法亦称“直线外推法”。此法常被用于消除基体干扰效应，因为它不存在由于标准和试样基体组成不同而带来的干扰。使用标准加入法应注意以下三点。

(1)本法只适用于浓度与其对应吸光度成线性关系的范围。被测元素的浓度应在此范围内。

(2)为了得到较准确的外推结果，最少应采用 4 个点（包括样液本身）来作外推曲线，并且第二份加入的标准溶液浓度最好和试液浓度大致相当，这可通过试喷试样溶液和标准溶液，比较两者的吸光度来判断。然后按 $2c_0$、$4c_0$ 再配制第三、四份溶液。

(3)本法只能消除基体效应带来的干扰，不能消除背景吸收的干扰。如存在背景吸收，必须予以扣除，否则将得到偏高的结果。对于曲线斜率太小的测定，易引进较大的误差。

7-5 干扰及其抑制方法

相对地说，原子吸收分析法的选择性好、干扰较少，但实际上干扰不仅存在，在某些情况下还很严重。因此，应当了解可能产生干扰的原因及消除或抑制干扰的方法。

原子吸收法中的干扰效应大致分为光谱干扰、化学干扰和物理干扰。

一、光谱干扰

光谱干扰（spectral interference）主要指谱线干扰和背景干扰。光谱干扰主要来源于光源和原子化器，也与共存元素有关。

1. 谱线干扰

谱线干扰是指单色器的光谱能带内存在与待测元素的分析线相邻的其他谱线。相邻谱线可能是待测元素的非吸收线，也可能是非待测元素的谱线。当这些不被待测元素吸收的邻近线不能被单色器分开时，则会造成干扰。例如镍的分析线为 232.00 nm，在其两侧还有 231.98 nm 和 232.14 nm 两条谱线。又如测定大量钒中的铝时，若选用 Al 308.215 nm 吸收线为分析

线，由于 V 308.211 nm 吸收线与之邻近，会产生谱线重叠。此时，可采用减小狭缝宽度，降低灯电流，或选用其他分析线以及采用交流调制等办法来消除干扰。

2. 背景干扰

背景干扰包括分子吸收和光散射，统称为背景吸收干扰，是来自原子化器的一种光谱干扰。它使吸收值增加，导致测量结果偏高。

1）分子吸收

分子吸收干扰是指在原子化过程中生成的气态分子或氧化物及盐类分子对光源辐射的吸收而引起的干扰，是一种宽频带吸收。例如，碱金属的卤化物在紫外区的大部分波段均有吸收；无机酸如 H_2SO_4 和 H_3PO_4，在波长 250.0 nm 以下有很强的分子吸收；此外，火焰气体如空气－乙炔焰，在波长小于 250.0 nm 时有明显的吸收。

2）光散射

光散射是指在原子化过程中产生的固体微粒对光产生散射，使被散射的光偏离光路而未被检测器检测，导致吸光度值偏高。

有多种扣除背景吸收的办法。例如，设法测出背景吸收值，再从总吸收值中扣除背景值，便可校正背景吸收的影响。现在很多商品仪器都附有氘灯自动背景校正器，适用于氘灯辐射较强的波段 190.0～350.0 nm 区间的背景扣除。近年来又发展了校正背景效果极佳的塞曼效应和自吸校正背景技术。

二、化学干扰

化学干扰（chemical interference）是指待测元素在溶液或气态中与干扰元素发生化学反应，生成了更稳定的化合物，从而降低了待测元素的原子化效率。化学干扰一般都使测定结果偏低。

典型的化学干扰是待测元素与干扰组分作用生成难解离的化合物，使参与吸收的基态原子数减少。例如，在空气－乙炔火焰中容易生成难挥发或难解离氧化物的元素有硅、铝、硼和钛等。硫酸盐、磷酸盐、氧化铝等对钙、镁测定的干扰，是由于它们与钙、镁生成难挥发的化合物，如 $MgO \cdot Al_2O_3$、$3CaO \cdot 5Al_2O_3$、$Ca_3(PO_4)_2$ 及 $CaSO_4$ 等。化学干扰是一种选择性干扰。

消除化学干扰的方法有：使用高温火焰，加入释放剂、保护剂及缓冲剂，使用基体改进剂等。例如，采用氧化亚氮－乙炔高温火焰可以增加化合物的解离度，减少干扰。加入氯化镧（或氯化锶）作释放剂，镧离子与铝离子或磷酸根能生成更稳定的化合物而释放出钙，从而消除了铝或磷酸根对钙测定的干扰。也可加入 EDTA 作保护剂，使 Ca 转化为 Ca-EDTA 配合物，避免 Ca 生成 $Ca_3(PO_4)_2$。Ca-EDTA 在火焰中易于原子化，从而消除了磷酸根的干扰。

化学干扰的另一种形式是电离干扰。某些易电离元素（如碱金属和碱土金属）的电离电位较低，在火焰中易于电离，使参与原子吸收的基态原子数减少，致使测得的吸光度减小。为了抑制和消除电离干扰，可加入消电离剂。

消电离剂是在火焰中能够提供大量电子而又不会在所用波长发生吸收的易电离的物质。由于它们在火焰中强烈电离，从而抑制了待测元素基态原子的电离作用，使测定结果得到改善。例如，测定钾时可加入钠盐或铯盐作消电离剂，测定钙时可加入钾盐作消电离剂，均能有效地消除电离干扰。常用的消电离剂有 CsCl、NaCl、KCl 等。

三、物理干扰

物理干扰（physical interference）是指试样在转移、蒸发和原子化过程中，由于任何物理性质（如黏度、表面张力、相对密度及温度等）的变化而使原子吸收的强度发生变化。试液黏度的改变影响试液喷入火焰的速度；表面张力不同影响形成雾滴的大小及分布；溶剂的蒸气压不同影响溶剂的挥发率；雾化气体的压力影响喷入量的多少；试液中所含的盐类在火焰中蒸发、解离时要消耗热量，影响火焰的温度等等。这些因素最终都将影响进入原子化器中的待测元素的原子数量，因而影响吸光度的测定。物理干扰是非选择性干扰，对试样中各元素的影响基本上是相似的。配制与待测试样具有相似组成的标准溶液、尽可能保持试液与标准溶液的物理性质一致、测定条件恒定等是消除物理干扰最常用的方法。使用标准加入法也是消除这种干扰的有效方法。

在实际工作中，应正确选择分析条件，严格控制测定条件恒定一致，采取有效措施排除可能存在的各种干扰因素，就能使测定结果准确、可靠。

7-6 灵敏度与检出限

一、灵敏度

灵敏度（sensitivity）S 是指在一定浓度时，待测元素浓度 c 改变一个单位所引起的测量值（如吸光度 A）的变化量，即

$$S = \mathrm{d}A/\mathrm{d}c \tag{7-11}$$

显然，灵敏度就是分析工作曲线的斜率。斜率大，则灵敏度高；当工作曲线为直线时，$\mathrm{d}A/\mathrm{d}c$ 为一常数，与浓度无关；当工作曲线呈非线性时，灵敏度是浓度的函数。因此在报告灵敏度时，应指出该灵敏度的浓度范围。

在原子吸收分析中，采用低浓度下工作曲线斜率的倒数来评定元素的灵敏度。1975 年国际纯粹和应用化学协会（IUPAC）规定：把能产生 1% 吸收或能产生 0.004 4 吸光度所需要的被测元素的浓度或质量定义为特征浓度（characteristic concentration）或特征质量（characteristic mass）。通常以 $\mu g \cdot mL^{-1}/1\%$ 或 ng/1% 来表示。

在火焰原子吸收法中常用特征浓度 c_c 来表征灵敏度。计算式为

$$c_c = c \times 0.0044/A \ (\mu g \cdot mL^{-1}/1\%) \tag{7-12}$$

式中：c 为试液浓度（$\mu g \cdot mL^{-1}$）；A 为试液的吸光度。

在非火焰（石墨炉）原子吸收法中，常用特征质量 m_c 来表征灵敏度。计算式为

$$m_c = m \times 0.0044/A \ (ng/1\%) \tag{7-13}$$

式中：m 为待测元素质量（ng）；A 为试样的吸光度。

显然，S 越大，c_c（或 m_c）就越小，则斜率越大，灵敏度越高。

二、检出限

检出限（detection imit）的定义为：以特定的分析方法，以适当的置信水平检出的最低浓度或最小量。般指待测元素所产生的信号强度等于其噪声强度标准偏差的 3 倍时所相应的质量浓度或质量分数，其表达式为

$$D_c = \frac{c}{A}3\sigma \tag{7-14}$$

$$D_m = \frac{m}{A}3\sigma \tag{7-15}$$

式中：c 为被测溶液的浓度（$\mu g \cdot mL^{-1}$）；m 为被测物质的质量（ng）；A 为待测试液吸光度的平

均值;σ 为对空白溶液连续测定至少10次所得的吸光度值求算的标准偏差。

检出限比灵敏度有更明确的意义。这一数值不仅表示各元素的测定特性,也表示仪器噪声大小。由此可见,降低噪声、提高测定精密度是改善检出限的有效途径。对于一定的仪器,合理地选择分析条件,诸如选择合适的灯电流、仪器的充分预热,调节合适的检测系统的增益,保证供气的稳定等等,都可以降低噪声水平。因此检出限是说明仪器性能的主要实用指标。

思　考　题

1. 简述原子吸收光谱法的基本原理,说明原子吸收法定量分析基本关系式的应用条件。

2. 表示吸收线特征的值是什么?影响吸收线宽度的主要外界因素是什么?吸收线变宽后对分析结果产生什么影响?

3. 什么是积分吸收?什么是峰值吸收?为什么原子吸收分析法采用峰值吸收而不应用积分吸收?

4. 原子吸收分析对光源的基本要求是什么?空心阴极灯光源的主要特点是什么?

5. 火焰原子化对火焰的基本要求是什么?火焰的性质取决于什么?根据燃助比的不同可将火焰划分为几种类别?其适用情况如何?

6. 简述原子吸收分析法的干扰及其抑制方法。

习　题

1. 用标准加入法测定一无机试样溶液中镉的浓度,各试液在加入镉标准溶液后,用水稀释至50 mL,测得吸光度如下,求试样中镉的浓度。

序号	试液(mL)	加入镉标准溶液($10\mu g\cdot mL^{-1}$)的毫升数	吸光度
1	20	0	0.042
2	20	1	0.080
3	20	2	0.116
4	20	4	0.190

2. 用原子吸收分光光度法测定自来水中镁的含量。取一系列镁标准溶液($1\mu g\cdot mL^{-1}$)及自来水样于50 mL容量瓶中,分别加入5%锶盐溶液2 mL后,用蒸馏水稀释至刻度。然后与蒸馏水交替喷雾测定其吸光度。其数据如下所示,计算自来水中镁的含量($mg\cdot L^{-1}$)。

	1	2	3	4	5	6	7
镁标准溶液(mL)	0.00	1.00	2.00	3.00	4.00	5.00	自来水样20 mL
吸光度	0.043	0.092	0.140	0.187	0.234	0.234	0.135

3. 原子吸收分光光度法测定镁灵敏度时,若配制浓度为 $2\ \mu g\cdot mL^{-1}$ 的水溶液,测得其透光度为50%,试计算镁的灵敏度。

第8章 原子发射光谱法

8-1 概述

原子发射光谱法(Atomic Emission Spectroscopy,AES)是利用试样中原子受外能激发后发射的特征光谱来检测元素的存在和含量的分析方法,一般简称为发射光谱分析。

发射光谱分析包括两个主要的过程:光谱的获得和光谱的分析。发射光谱分析一般必须经历下列步骤:

(1)把被测物转变为气态并使其原子化(或离子化),再激发使其发射谱线,该蒸发、原子化及激发过程是借助于激发光源来实现的;

(2)把所有发射的各种波长的辐射分散成为光谱,这一步骤称为分光,是借助于光谱仪的分光装置来实现的;

(3)对分光后得到的不同波长的辐射进行检测,这一步骤是借助于光谱仪的检测器来实现的。

不同的元素发射不同的特征谱线,根据光谱中是否存在某一元素的特征谱线可进行物质的定性分析;谱线的强弱与元素的含量有关,根据谱线的强度可进行物质的定量分析。

发射光谱分析早在19世纪60年代就已提出,在20世纪30年代得到迅速发展,曾经在发现新元素、推进原子结构理论的建立和各种无机材料的分析等方面发挥了重要的作用。近几十年来,由于各种新光源、新元件、新技术的采用,给发射光谱分析注入了新的活力,使其仍被广泛采用。

与原子吸收光谱法比较,发射光法有如下优点:①根据发射光谱的特征谱线可以确定某元素的存在,是进行元素定性分析的最简便方法;②在一个激发条件下,可以同时获得和记录几十种元素的发射光谱,这对试样少而元素种类多的试样显得尤为重要;③能量较高的等离子体光源还特别适于测定浓度低、难熔的元素,如硼、磷、钨、铀、锆和镍等的氧化物,还能用于测定氯、溴、碘和硫等非金属元素。

8-2 原子发射光谱法的基本原理

一、原子发射光谱的产生

处于基态的原子受到外界能量(如热能、电能等)的作用时被激发,原子中外层电子从基态跃迁到激发态。原子中某一外层电子从基态被激发至激发态所需的能量称为激发电位,通常以电子伏特(eV)表示。当外加的能量足够大时,可以把原子中的电子从基态激发至无限远处,即脱离原子核的束缚而逸出,使原子成为带正电荷的离子,这种过程称为电离。原子失去一个外层电子成为离子时所需的能量称为一级电离电位；当外加的能量更大时，离子还可以进一步电离成二级离子（即失去 2 个外层电子）或三级离子（失去 3 个外层电子）等，并具有相应的二级或三级电离电位。电离电位也用电子伏特表示。碱金属容易电离，其电离电位较低，如 Na 的一级电离电位为 5.13 eV；非金属不容易电离，其电离电位较高，如 Cl 的一级电离电位为 12.95 eV。这些离子中的外层电子也能被激发，其所需要的能量即为相应离子的激发电位。

处于激发态的原子（或离子）很不稳定，在极短时间内（约 10^{-8} s）便跃迁回到基态或其他较低的能级。当原子或离子从较高能级跃迁到基态或其他较低能级的过程中，将以辐射的形式释放出多余的能量而产生发射光谱。

由于每一条发射谱线的波长取决于跃迁前后两个能级之差，而原子的能级很多，原子在被激发后，其外层电子可以有不同的跃迁，因此对特定元素的原子可产生一系列不同波长的特征谱线（或谱线组）。这些谱线按一定的波长顺序排列，并保持一定的强度比例。

光谱定性分析就是通过查找某元素的特征谱线是否出现来鉴别该元素是否存在；光谱定量分析则是通过测量某元素谱线的强度来确定该元素的含量。

二、谱线强度与元素浓度的关系

光谱定量分析主要是根据谱线强度与被测元素浓度的关系来进行的。当温度一定时，谱线强度 I 与被测元素浓度 c 的关系可用罗马金（Lomakin）-赛伯（Scheibe）经验公式表达，即

$$I = ac \tag{8-1}$$

考虑到谱线自吸时，有如下关系式：

$$I = ac^b \tag{8-2}$$

此式为光谱定量分析的基本关系式。式中 a、b 在一定条件下为常数。b 与谱线自吸收有关，称为自吸系数。自吸（self-absorption）现象是指试样浓度较高时，电弧间隙中原浓度增加，发射出来的谱线被蒸气之外缘温度较低的同类原子所吸收，谱线强度下降。严重的自吸作用会使谱线从中央一分为二，这种现象称为谱线的自蚀（self-reversal），如图 8-1 所示。当谱线强度不大没有自吸时，$b = 1$；有自吸时，$b < 1$。自吸越大，b 值越小。

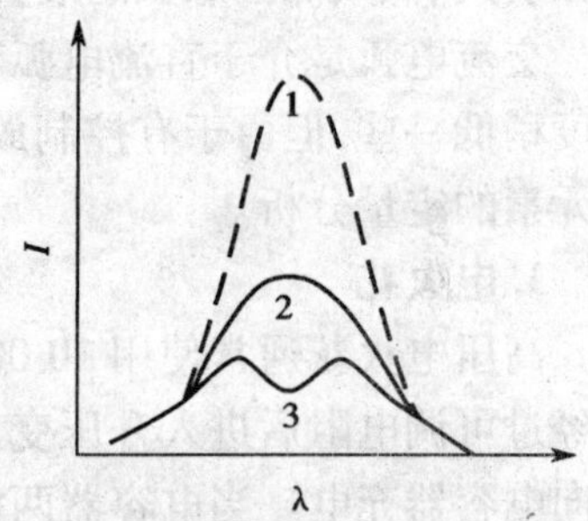

图 8-1　自吸及自蚀现象

1—无自吸；2—自吸；3—自蚀

a 与试样蒸发、激发过程及试样组成有关，称为浓度系数。a 值受试样组成和形态以及放电条件等的影响。

当工作条件发生变化时，如试样蒸发速度、弧焰温度、激发电位及试样相对组成发生变化时，均会使 a 和 b 值发生变化。因此，必须使选定的工作条件保持恒定不变。

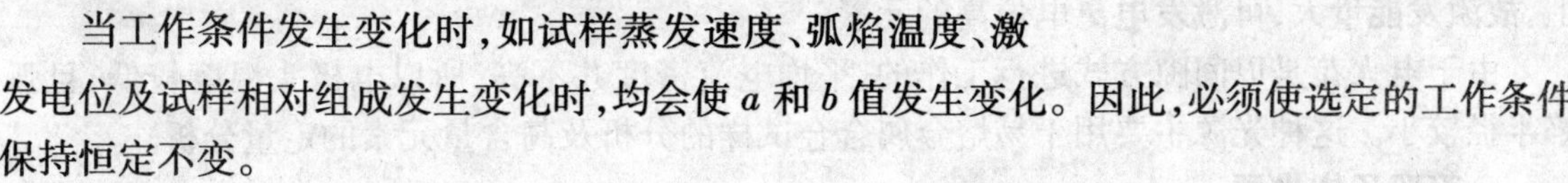

8-3　原子发射光谱法的仪器

原子发射光谱法的仪器主要由激发光源和光谱仪两部分组成。

一、激发光源

激发光源的主要作用是提供试样蒸发和激发所需的能量，即利用光源提供的能量使试样

中被测元素蒸发、解离,变成原子蒸气并使原子激发发光。蒸发和激发都直接影响谱线的强度,因此,激发光源本身的特性对光谱分析的灵敏度和准确度都有很大的影响。对激发光源的要求是:必须具有足够的蒸发、原子化和激发能力,灵敏度高、稳定性好、光谱背景,和结构简单、操作方便、使用安全。目前常用的光源有直流电弧、交流电弧、电火花和电感耦合高频等离子炬(ICP)等。

1. 直流电弧

电源一般为可控硅整流器。常用高频电压引燃直流电弧。

直流电弧工作时,一般以两个碳电极作为阴、阳两极。阴极释放出来的电子不断轰击阳极,使其表面上出现一个炽热的斑点。这个斑点称为阳极斑。阳极斑的温度较高,有利于试样的蒸发。因此,一般均将试样置于阳极碳棒凹孔中。在直流电弧中,弧焰温度取决于弧隙中气体的电离电位,一般约为4 000 ~7 000 K,尚难以激发电离电位高的元素。电极头的温度较弧焰的温度低,且与电流大小有关,一般阳极可达3 800 ℃,阴极则在3 000 ℃以下。

直流电弧的最大优点是电极头温度高(与其他光源比较),蒸发能力强;缺点是放电不稳定,且弧层较厚,自吸现象严重,故不适宜用于高含量定量分析,但可很好地应用于矿石等的定性、半定量及痕量元素的定量分析。

2. 交流电弧

将普通的220 V交流电直接连接在两个电极间是不可能形成弧焰的。这是因为电极间没有导电的电子和离子,所以需要采用高频高压引火装置。借助高频高压电流,电极间的气体不断被"击穿",造成电离,维持导电。低频低压交流电不断地流过,维持电弧的燃烧。这种高频高压引火、低频低压燃弧的装置就是普通的交流电弧。

交流电弧是介于直流电弧和电火花之间的一种光源,与直流电弧相比,交流电弧的电极头温度稍低一些,但由于有控制放电的装置,故电弧较稳定。这种电源常用于金属、合金中低含量元素的定量分析。

3. 电火花

高压电火花通常使用10 000 V以上的高压交流电,通过间隙放电,产生电火花。电源电压经过可调电阻后进入升压变压器的初级线圈,使初级线圈上产生10 000 V以上的高电压,并向电容器充电。当电容器两极间的电压升高到分析间隙的击穿电压时储存在电容器中的电能立即向分析间隙放电,产生电火花。由于高压火花放电时间极短,故在这一瞬间内通过分析间隙的电流密度很大(高达10 000 ~50 000 A/cm^2),因此弧焰瞬间温度很高,可达10 000 K以上,故激发能量大,可激发电离电位高的元素。

由于电火花是以间隙方式进行工作的,平均电流密度并不高,所以电极头温度较低,且弧焰半径较小。这种光源主要用于易熔金属合金试样的分析及高含量元素的定量分析。

4. 等离子体光源

电感耦合高频等离子炬(Inductively Coupled Plasma Torch,简称ICP)是在20世纪60年代出现的一种新型激发光源。等离子体是一种由自由电子、离子、中性原子与分子所组成的电离度大于0.1%而总体上呈中性的气体。

1)ICP的结构

ICP装置原理如图8-2所示。它是由高频发生器和感应线圈、炬管和供气系统、试样引入系统组成。高频发生器的作用是产生高频磁场,供给等离子体能量,频率多用27.12 MHz,最大输出功率通常是 2 ~ 4 kW。感应线圈一般以圆形或方形铜管绕成的 2 ~ 5 匝水冷线圈，里面安装三个同心石英管组合的等离子炬管（简称炬管）。在最外层的石英管通冷却气流（Ar 气），目的是使等离子体离开外层石英管内壁，以避免烧毁石英管。采用切向进气，目的是利用离心作用在炬管中心产生低气压通道，以利进样。中层石英管出口做成喇叭形，通入的 Ar 气起维持等离子体的作用，有时也可以不通气。内层石英管内径约 1 ~ 2 mm。内管中通入的 Ar 气（载气）载带着试样气溶胶从内管注入等离子体内。试样气溶胶由气动雾化器或超声雾化器产生。

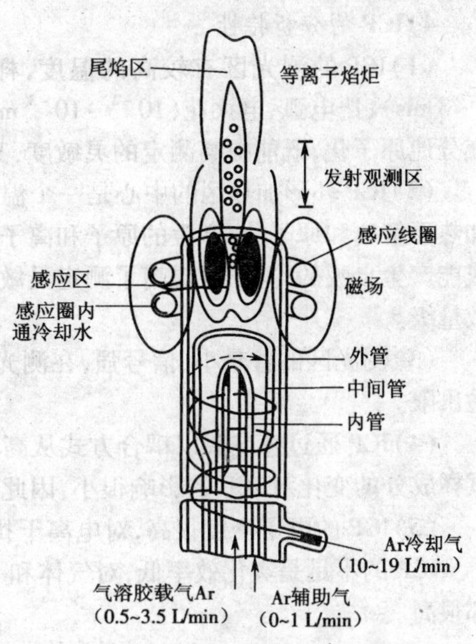

图 8-2 ICP 装置示意

2）ICP 的形成

形成稳定的 ICP 焰炬应有三个条件：高频电磁场、工作气体及能维持气体稳定放电的石英炬管。ICP 的三层同心炬管放在感应圈内，当有高频电流通过线圈时，产生一个轴向磁场。这时若用高频点火装置产生火花，产生的载流子（离子与电子）在电磁场作用下与原子碰撞并使之电离，形成更多的载流子。当载流子多到足以使气体有足够的导电率时，在垂直磁场方向的截面上就会感生出流经闭合圆形路径的涡流，强大的电流产生的高热将气体加热，这个涡流瞬间使气体形成最高温度可达 10 000 K 的稳定等离子炬。整个系统就像一个变压器，感应线圈是初级绕组，等离子体相当于单匝的闭合次级绕组，高频电能不断通过感应线圈耦合到等离子炬中以使放电维持不灭。当载气载带试样气溶胶通过等离子炬时，会被加热至 6 000 ~ 7 000 K，并被原子化和激发，从而发射光谱。

3）ICP 的环状结构

ICP 的外观与火焰相似，但它的结构与火焰不同。由于等离子气和辅助气都从切线方向引入，因此高温气体形成旋转的环流。同时，由于高频感应电流的趋肤效应，涡流在圆形回路的外周流动。ICP 就必然具有环状的结构。这种环状的结构造成一个电学屏蔽的中心通道，通道具有较低的气压、较低的温度、较小的阻力，使试样容易进入炬焰，并有利于蒸发、解离、激发、电离以及观测。

ICP 的环状结构可以分为若干区，各区的温度不同，性状不同，辐射也不同。

（1）焰心区。感应线圈区域内，白色不透明的焰心，高频电流形成的涡流区，温度最高达 10 000 K，电子密度高。它发射很强的连续光谱，光谱分析应避开这个区域。试样气溶胶在此区域被预热、蒸发，又叫预热区。

（2）内焰区。在感应圈上 10 ~ 20 mm 左右处，淡蓝色半透明的炬焰，温度约为 6 000 ~ 8 000 K。试样在此原子化、激发，然后发射很强的原子线和离子线。这是光谱分析所利用的区域，称为测光区。测光时在感应线圈上的高度称为观测高度。

（3）尾焰区。在内焰区上方，无色透明，温度低于 6 000 K，只能发射激发电位较低的谱线。

4)ICP 的分析特性

(1)ICP 的测光区有较高的温度,样品气溶胶在此测光区有较长的平均停留时间(约 2 ~ 3 ms),比电弧、电火花(10^{-2} ~ 10^{-3} ms)长得多。高的温度与长的平均停留时间,能使样品充分地原子化,既能提高测定的灵敏度,又能有效地消除化学干扰。

(2)ICP 环形加热区的中心是一个温度较低的中心通道。经中心通道进入的气溶胶受到加热而解离和原子化,产生的原子和离子限制在中心通道内而不扩散到 ICP 的周围,避免了形成能产生自吸的冷蒸气,提高了测定灵敏度,并使工作曲线具有很宽的动态范围,可达 4 ~ 6 个数量级。

(3)测光区的背景小、信号强,在测光区进行分析可以得到很高的信噪比,能获得很好的检出限。

(4)ICP 通过感应圈以耦合方式从高频发生器获得能量,不需用电极,避免了电极的沾污,试样成分的变化对 ICP 的影响很小,因此 ICP 具有良好的稳定性。

(5)ICP 的电子密度很高,对电离干扰一般可以不予考虑。

ICP 的不足是雾化效率低,对气体和一些非金属测定的灵敏度还不够高,成本和运转费用都很高。

二、光谱仪

光谱仪是用来观察试样发射光谱的仪器。它的作用是将激发试样后所辐射的电磁波分解成按波长顺序排列的光谱,然后记录或测量。

光谱仪由照明系统、色散系统和记录测量系统三部分组成。根据使用的色散元件不同,分为棱镜光谱仪和光栅光谱仪。根据光谱记录和测量方法不同,分为照相式摄谱仪和光电直读光谱仪。前者为摄谱法,用感光板接受光谱辐射;后者为光电法,用光电倍增管接受光谱辐射。

1. 摄谱仪

摄谱法是将色散后的辐射用感光板记录下来供分析用。若按使用的色散元件可将摄谱仪分为棱镜摄谱仪和光栅摄谱仪。为了用照相法同时检测和记录被色散后的辐射强度,可在单色仪的出射狭缝处沿仪器焦面放置一块照相干板。干板上的感光乳剂经曝光和暗室处理之后,光源的各条光谱线就以入射狭缝的一系列黑色像的形式沿干板的长度方向分布。用映谱仪放大确定谱线的波长位置,以提供试样的定性信息,可用测微光度计测定谱线的黑度以提供试样的定量数据。

光栅摄谱仪与棱镜摄谱仪相比,光栅摄谱仪具有适用波长范围广泛、线色散率和分辨率较高、不受光栅材料性质的限制、色散与波长几乎无关等优点,因而现在的摄谱仪多为光栅摄谱仪,如图 8-3 所示。

2. 光电直读光谱仪

光电直读光谱仪是利用光电测量方法直接测量谱线强度的光谱仪器。与摄谱仪不同之处在于,它的谱线接收器是由出射狭缝与光电倍增管等组成以代替感光板来检测谱线。光电倍增管将光信号转换成电信号,通过测量由它转换的电信号即确知谱线的强度。

光电直读光谱仪的类型很多,按照出射狭缝的工作方式,可分为顺序扫描式和多通道式两种类型。按照工作光谱区的不同,可分为非真空型和真空型两类。

顺序扫描式光电光谱仪一般用两个接收器来接收光谱辐射,一个接收器接收内标线的光谱辐射,另一个接收器采用扫描方式接收分析线的光谱辐射。顺序扫描式光电光谱仪属于间

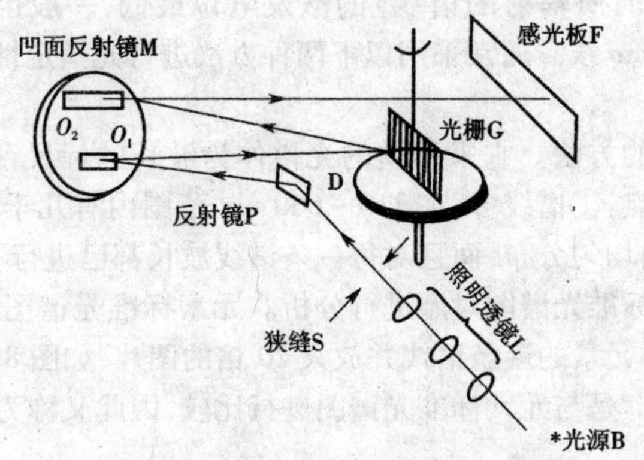

图 8-3 WSP-1 型平面光栅光路示意

歇式测量。其程序是从一个元素的谱线移到另一个元素的谱线时,中间间歇几秒钟,以获得每一谱线满意的信噪比。

多通道光电光谱仪其出射狭缝是固定的。一般情况下出射通道不易变动,每一个通道都有一个接收器接收该通道对应的光谱线的辐射强度。也就是说,一个通道可以测定一条谱线,故可能分析的元素也随之而定。多通道光电光谱仪的通道数可多达 60 个,即可以同时测定 60 条谱线。多通道光电光谱仪的接收方式有两种:一种是用一系列的光电倍增管作为检测器;另一种是用二维的电荷注入器件或电荷耦合器件作为检测器。

非真空型光电光谱仪是指分光计和激发光源均处在大气气氛中,其工作光谱波长范围为 200~800 nm。

真空型光电光谱仪的激发光源和整个光路都处于氩气气氛中,工作的波长范围可扩展到 150~170 nm,因此它能够分析碳、磷、硫等灵敏线位于远紫外光区的元素。

光电光谱法主要应用于定量分析。由于现代电子技术的发展,由光电元件转换引入的误差非常小,光电光谱法产生的误差主要来源于激发光源,因此对激发光源有一定的要求。常与光电光谱仪中结合使用的激发光源有低压火花和 ICP 等现代光源。

8-4 原子发射光谱分析方法

一、光谱定性分析

光谱定性分析是一种比化学定性分析更灵敏、简便、快速和可靠的方法,对大多数元素有很高的灵敏度,除某些难激发的非金属元素外,一般元素的灵敏度可达 $10^{-6}\%$ ~ $10^{-2}\%$,可以对 70 多种元素进行定性测定。

每一种元素的原子被激发后,都可以产生一系列特征谱线。因此,根据试样光谱中元素特征谱线是否出现就可以确定试样中是否存在被检元素。依据元素原子结构的复杂程度,元素的光谱有简有繁。原子结构简单的元素的光谱比较简单,如氢、碱金属元素等;过渡元素特别是稀土元素的光谱比较复杂,谱线数目多达数千条。为了确定某元素的存在,没有必要检出该元素所有可能出现的谱线,只要能检出该元素的 2~3 条灵敏线,就可以确证该元素存在。

所谓灵敏线,是指元素谱线中最容易激发或激发电位较低的谱线。第一共振线(由第一激发态直接跃迁至基态时所辐射的谱线)的激发电位最低,一般也是元素最灵敏线,如 Na 589.0 nm 线、Mg 285.2 nm 线。通常采用以下两种方法进行光谱定性分析。

1. 铁光谱比较法

此法是目前最通用的方法。它采用铁的光谱作为波长的标尺,来判断其他元素的谱线。铁光谱作标尺有如下特点:①谱线多,在 210 ~ 660 nm 范围内有几千条谱线;②谱线间距离都很近,在上述波长范围内均匀分布,而且对每一条谱线波长都已进行了精确的测量。

在实验室中有元素标准光谱图对照进行分析。元素标准光谱图是在相同条件下,在铁光谱上方准确地绘出 68 种元素的逐条谱线并放大 20 倍的图片,如图 8-4 所示。

铁光谱比较法实际上是与元素标准光谱图进行比较,因此又称为标准光谱图比较法。

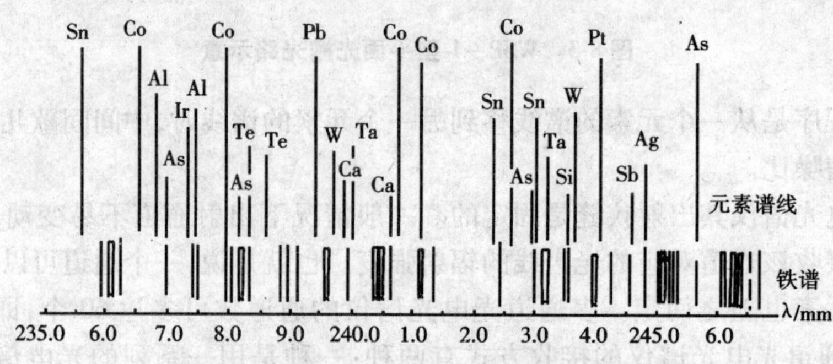

图 8-4 某一波长范围内的元素标准光谱图

在进行分析工作时将试样与纯铁在完全相同条件下并列并且紧挨着摄谱,摄得的谱片置于映谱仪(放大仪)上;谱片也放大 20 倍,再与元素标准光谱图进行比较。比较时首先须将谱片上的铁谱与元素标准光谱图上的铁谱对准,然后检查试样中的元素谱线。若试样中的元素谱线与标准图谱中标明的某一元素谱线出现的波长位置相同,即为该元素的谱线。

判断某一元素是否存在,必须由其灵敏线决定。铁谱线比较法可同时进行多元素定性鉴定。

2. 标准试样光谱比较法

将要检出元素的纯物质或纯化合物与试样并列摄谱于同一感光板上,在映谱仪上检查试样光谱与纯物质光谱。若两者谱线出现在同一波长位置上,即可说明某一元素的某条谱线存在,表明试样中存在该元素。

二、光谱半定量分析

光谱半定量分析可以给出试样中某元素的大致含量。若分析任务对准确度要求不高,多采用光谱半定量分析。例如钢材与合金的分类、矿产品位的大致估计等等,特别是分析大批样品时,采用光谱半定量分析,尤为简单而快速。

光谱半定量分析常采用摄谱法中比较黑度法。这个方法须配制一个基体与试样组成近似的被测元素的标准系列。在相同条件下,在同一块感光板上标准系列与试样并列摄谱,然后在映谱仪上用目视法直接比较试样与标准系列中被测元素分析线的黑度。黑度若相同,则可做出试样中被测元素的含量与标准样品中某一个被测元素含量近似相等的判断。

例如,分析矿石中的铅,即找出试样中灵敏线 283.3 nm,再与标准系列中的铅 283.3 nm 线相比较,如果试样中的铅线的黑度介于 0.01% ~0.001% 之间,并接近于 0.01%,则试样中铅含量可表示为0.01%~0.001%。

三、光谱定量分析

1. 标准曲线法

在选定的分析条件下，测定待测元素3个或3个以上的含有不同浓度的标准系列溶液(标准溶液的介质和酸度应与试样溶液一致)，以分析线的响应值为纵坐标，浓度为横坐标，绘制标准曲线，计算回归方程，相关系数应不低于0.99。在同样的分析条件下，同时测定试样溶液和试剂空白，扣除试剂空白，从标准曲线或回归方程中查得相应的浓度，计算样品中各待测元素的含量。

2. 标准加入法

取同体积的待测样品溶液4份，分别置于4个同体积的容量瓶中，除第1个容量瓶外，在其他3个容量瓶中分别精确加入不同浓度的待测元素标准溶液，分别稀释至刻度，摇匀，制成系列待测溶液。在选定的分析条件下分别测定，以分析线的响应值为纵坐标，待测元素加入量为横坐标，绘制标准曲线，将标准曲线延长交于横坐标，交点与原点的距离所对应的含量，即为待测样品取用量中待测元素的含量，再以此计算待测样品中待测元素的含量。此法仅适用于第1法中标准曲线呈线性并通过原点的情况。

3. 内标法

谱线强度是试样中元素含量的函数。但如前所述，试样的蒸发、激发条件以及试样组成的任何变化均会使参数发生变化，会直接影响谱线强度。这种变化，特别是激发温度的变化是很难控制的。因此，通常不测量谱线绝对强度，而采用测量谱线相对强度的方法进行光谱定量分析，这就是内标法。

内标法具体做法：在分析元素的谱线中选一根谱线，称为分析线；再在基体元素(或加入定量的其他元素)的谱线中选一根谱线，作为内标线。这两条线组成分析线对。然后根据分析线对的相对强度与被分析元素含量的关系式进行定量分析。

此法可在很大程度上消除光源放电不稳定等因素带来的影响，因为尽管光源变化对分析线的绝对强度有较大的影响，但对分析线和内标线的影响基本是一致的，所以对其相对影响不大。这就是内标法的优点。

设分析线强度为 I，内标线强度为 I_0，被测元素浓度与内标元素浓度分别为 c 和 c_0，b 和 b_0 分别为分析线和内标线的自吸系数。

$$I = ac^b$$

$$I_0 = a_0 c_0^{b_0} \tag{8-3}$$

分析线与内标线强度之比 R 称为相对强度

$$R = I/I_0 = ac^b / a_0 c_0^{b_0} \tag{8-4}$$

式中内标元素 c_0 为常数，实验条件一定时，$A = a/a_0 c_0^{b_0}$ 为常数，则

$$R = I/I_0 = Ac^b \tag{8-5}$$

取对数，得

$$\lg R = b\lg c + \lg A \tag{8-6}$$

此式为内标法光谱定量分析的基本关系式。

内标元素与分析线对的选择：金属光谱分析中的内标元素，一般采用基体元素。如钢铁分

析中，内标元素是铁。但在矿石光谱分析中，由于组分变化很大，又因基体元素的蒸发行为与待测元素也多不相同，故一般都不用基体元素作内标，而是加入定量的其他元素。加入的内标元素应符合下列几个条件：

(1)内标元素与被测元素在光源作用下应有相近的蒸发性质；

(2)内标元素若是外加的，必须是试样中不含或含量极少可以忽略的元素；

(3)分析线对选择需匹配；

(4)分析线对的激发电位相近，这样的分析线对称为“匀称线对”；

(5)分析线对波长应尽可能接近；

(6)内标元素含量是一定的。

思考题

1. 简述原子发射光谱是怎样产生的？它与原子结构、原子能级有什么关系？

2. 原子发射光谱法中光源的作用是什么？常用光源有哪些？请比较它们的特性及适应范围。

3. 简述ICP光源的优缺点。

4. 原子发射光谱法定性分析的依据是什么？有几种定性分析方法？

5. 简述光谱定量分析的内标法原理。如何选择内标元素和分析线对？

第9章 紫外-可见吸收光谱

紫外-可见吸收光谱(Ultraviolet-visible Absorption Spectrometry, UV-VIS)是利用某些物质的分子吸收200~800 nm光谱区的辐射进行分析测定的方法。它广泛应用于无机和有机化合物的定性和定量分析,具有灵敏度和选择性较好、仪器价格便宜、操作快速简便等特点。

9-1 紫外-可见吸收光谱的产生

紫外-可见吸收光谱属于分子光谱。分子和原子一样,它具有特征的分子能级,分子的总能量$E_{总}$主要由以下几部分组成

$$E_{总} = E_{电子} + E_{振动} + E_{转动} \tag{9-1}$$

式中:$E_{电子}$是分子中电子相对于原子核运动所具有的能量;$E_{振动}$是分子内原子在平衡位置附近振动的能量;$E_{转动}$是分子绕质心转动的能量。

对于分子中电子运动的能量,各原子在平衡位置附近的振动和分子转动的能量,其能量的变化是不连续的,它们是量子化的。当分子吸收外界辐射能以后,总能量变化$\Delta E_{总}$是电子运动能量变化$\Delta E_{电子}$,振动能量变化$\Delta E_{振动}$和转动能量变化$\Delta E_{转动}$的总和

$$\Delta E_{总} = \Delta E_{电子} + \Delta E_{振动} + \Delta E_{转动} \tag{9-2}$$

根据量子理论,若分子从外界吸收的辐射能等于该分子的较高能级与较低能级的能量之差时,分子将从较低能级跃迁到较高能级。

$$\Delta E = h\nu = h\frac{c}{\lambda} \tag{9-3}$$

由于发生三种能级跃迁所需要的能量$\Delta E_{电子}$、$\Delta E_{振动}$和$\Delta E_{转动}$能级不同,所以分别在紫外-可见光谱区、红外光谱区和远红外光谱区产生吸收带。

各种物质分子内部的结构不同,分子的能级大小也有差异,各种能级之间的间隔也互不相同,这就决定了物质分子对不同波长光线的选择吸收。由于$\Delta E_{电子} > \Delta E_{振动} > \Delta E_{转动}$,因此当分子吸收外界辐射能引起电子能级跃迁时,必然伴有振动和转动能级的跃迁;发生振动能级跃迁时,也一定伴有转动能级的跃迁。所以分子光谱远比原子光谱复杂,呈现带状,称为带状光谱(band spectrum),而原子光谱是线光谱(line spectrum)。

9-2 有机化合物分子电子跃迁的类型

有机化合物的紫外-可见吸收光谱决定于化合物分子的结构及分子轨道上电子的性质。根据分子轨道理论,有机化合物分子中价电子包括形成单键的σ电子、形成双键的π电子以及未成键的n电子(孤对电子)。这些价电子具有的能量不同,分子在基态时各自处于成键轨

道上。当分子吸收一定能量后，其价电子将从能量较低的成键轨道跃迁到能量较高的反键轨道，并产生相应的紫外-可见吸收光谱。这些反键轨道包括反键 σ^* 轨道和反键 π^* 轨道，分子内各电子能级高低的顺序为：$\sigma^* > \pi^* > n > \pi > \sigma$。

受到外来辐射的激发时，处在较低能级的电子就跃迁到较高的能级。各个分子轨道之间的能量差不同，要实现各种不同的跃迁所需要吸收的外来辐射的能量也是各不相同的。常见的跃迁类型有 $\sigma\to\sigma^*$、$n\to\sigma^*$、$\pi\to\pi^*$ 和 $n\to\pi^*$ 跃迁。其中 $\sigma\to\sigma^*$ 跃迁需要的能量最大，而 $n\to\pi^*$ 跃迁需要的能量最小。这些跃迁与能量的关系见图 9-1。

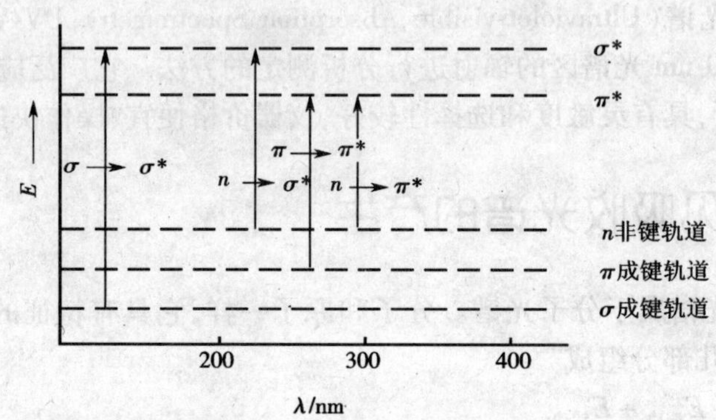

图 9-1 电子轨道跃迁示意

一、饱和有机化合物

饱和烃分子中有 C—C 键和 C—H 键，只能产生 $\sigma\to\sigma^*$ 跃迁，其跃迁需要的能量最大，因而所吸收的辐射波长最短，处于小于 200 nm 的真空紫外区（远紫外区）。它们在近紫外区无吸收，在紫外-可见吸收光谱分析中，常用作溶剂，如己烷、环己烷等。

如果饱和烃中的氢原子被氧、氮、硫、卤素等杂原子或基团取代，这些原子中含有 n 电子，可以发生 $n\to\sigma^*$ 跃迁，所需能量比 $\sigma\to\sigma^*$ 跃迁小，相应的吸收峰波长在 200 nm 附近，一般称为末端吸收。除硫和碘原子取代以外，其余的化合物不会在近紫外区产生明显吸收，在紫外－可见吸收光谱分析中，可用作溶剂，如水、醇和醚等。

二、不饱和脂肪族化合物

有机化合物中的 $\pi\to\pi^*$ 跃迁和 $n\to\pi^*$ 跃迁产生的吸收带最有用，它们的吸收峰在近紫外区或可见光区。由吸收带波长可以预测有机化合物的某些官能团或由有机化合物的结构推算其最大吸收波长 λ_{max}。

1. $\pi\to\pi^*$ 跃迁

如含有 C═C、C═O 或 C═N 键的分子能发生这一类电子跃迁，其特征是摩尔吸收系数 ε 较大，一般在 $5\times10^3 \sim 10^5 L\cdot mol^{-1}\cdot cm^{-1}$。孤立的 $\pi\to\pi^*$ 跃迁一般在 200 nm 左右，但具有共轭双键的化合物，随着共轭体系的延长，$\pi\to\pi^*$ 跃迁的吸收带将明显向长波方向移动，吸收强度也随之增强。

2. $n\to\pi^*$ 跃迁

如含有—OH、—NH_2、—X、—S 等基团的不饱和有机化合物，除了进行 $\pi\to\pi^*$ 跃迁以外，其杂原子中的孤对电子还可以发生 $n\to\pi^*$ 跃迁，一般发生在近紫外区，吸收强度较弱，ε 为 10

~100 L·mol^{-1}·cm^{-1}。

在简单不饱和有机化合物分子中，若含有几个双键，但它们被两个以上的 σ 单键隔开，这种有机化合物的吸收带位置不变，而吸收带强度略有增加。如果是具有共轭体系的化合物，则原吸收带消失而产生新的吸收带。根据分子轨道理论，共轭效应使 π 电子进一步离域，在整个共轭体系内流动。这种离域效应使轨道具有更大的成键性，从而降低了能量，使 π 电子更易激发，吸收带最大吸收波长向长波方向移动，颜色加深，吸收强度增大。

三、芳香族化合物

芳香族化合物一般都有 E_1 带、E_2 带和 B 带三个吸收峰。苯蒸气的 E_1 带 $\lambda_{max}=184$ nm($\varepsilon=4.70\times10^4$ L·mol^{-1}·cm^{-1})、E_2 带 $\lambda_{max}=204$ nm($\varepsilon=6.90\times10^3$ L·mol^{-1}·cm^{-1})，B 带 $\lambda_{max}=255$ nm($\varepsilon=2.30\times10^2$ L·mol^{-1}·cm^{-1})。在气态或非极性溶剂中，苯及其同系物的 B 带有许多精细结构，这是由于振动跃迁在基态电子跃迁上的叠加。这种精细结构特征可用于鉴别芳香族化合物。

对于稠环芳烃，随着苯环数目的增多，E_1 带、E_2 带和 B 带三个吸收带均向长波方向移动。

四、无机化合物的紫外-可见吸收光谱

1. 电荷转移光谱

某些分子同时具有电子给予体和电子接受体，它们在外来辐射激发下会强烈吸收紫外光或可见光，使电子从给予体外层轨道向接受体跃迁，这样产生的光谱称为电荷转移光谱(charge-transfer spectrum)。许多无机配合物能产生这种光谱。如以 M 和 L 分别表示配合物的中心离子和配位体，当一个电子由配位体的轨道跃迁到与中心离子相关的轨道上时，可用下式表示：

$$M^{n+}L^{b-}\xrightarrow{h_\nu}M^{(n-1)+}L^{(b-1)-}$$

例如：　$Fe^{3+}SCN^-\xrightarrow{h_\nu}Fe^{2+}SCN$

一般来说，在配合物的电荷转移过程中，金属离子是电子接受体，配位体是电子给予体。此外，一些具有 d^{10} 电子结构的过渡元素形成的卤化物及硫化物，如 AgBr、PbI_2、HgS 等，也是由于这类电荷转移而产生颜色。

电荷转移光谱谱带的最大特点是摩尔吸光系数大，一般 $\varepsilon_{max}>10^4$ L·mol^{-1}·cm^{-1}。因此用这类谱带进行定量分析可获得较高的灵敏度。

2. 配位体场吸收光谱

配位体场吸收光谱(ligand field absorption spectrum)是指过渡金属离子与配位体(通常是有机化合物)所形成的配合物在外来辐射作用下，吸收紫外或可见光而得到相应的吸收光谱。元素周期表中第 4、第 5 周期的过渡元素分别含有 3d 和 4d 轨道，镧系和锕系元素分别含有 4f 和 5f 轨道。这些轨道的能量通常是相等的(简并的)，而当配位体按一定的几何方向配位在金属离子的周围时，使得原来简并的 5 个 d 轨道或 7 个 f 轨道分别分裂成几组能量不等的 d 轨道和 f 轨道。如果轨道是未充满的，当它们的离子吸收光能后，低能态的 d 电子或 f 电子可以分别跃迁到高能态的 d 或 f 轨道上去。这两类跃迁分别称为 d—d 跃迁或 f—f 跃迁。这两类跃迁必须在配位体的配位场作用下才有可能产生，因此又称为配位场跃迁。这类光谱一般位于可见光区。由于选择规则的限制，配位场跃迁吸收谱带的摩尔吸光系数较小，一般 $\varepsilon_{max}<$

10^2 L · mol^{-1} · cm^{-1}。相对来说,配位体场吸收光谱较少用于定量分析,但它可用于研究配合物的结构及无机配合物键合理论等方面。

五、紫外-可见吸收光谱中常用术语及吸收带类型

1. 吸收光谱

吸收光谱(absorption spectrum)又称吸收曲线,是以波长 λ 为横坐标,以吸光度值(absorbance, A)或透光度(transmittance, T)为纵坐标所绘制的曲线。

2. 吸收峰

吸收峰(absorption peak)是吸收曲线上吸光度值最大的地方,它所对应的波长称为最大吸收波长(λ_{max})。

3. 生色团

生色团(chromophore)是指能引起紫外光谱特征吸收,具有共价键的不饱和基团,一般含有 π 电子。例如 C ═C、C ═O、N ═N 等。

4. 助色团

助色团(autochrome)是含有 n 电子的杂原子饱和基团,当它们与生色团或饱和烃相连时,能使生色团或饱和烃的吸收峰向长波方向移动,并且强度增加。例如—OH、—NH_2、—Cl、—SH等。

5. 红移

红移(red shift)是指由于化合物的结构改变,如引入助色团、发生共轭作用及改变溶剂极性等因素,使吸收峰向长波方向移动。

6. 蓝(紫)移

蓝移(blue shift)是指吸收峰向短波方向移动。

7. 增色效应和减色效应

增色效应(hyperchromic effect)是指使吸收强度增加,减色效应(hypochromic effect)是指使吸收强度减弱。几种术语示意如图 9-2 所示。

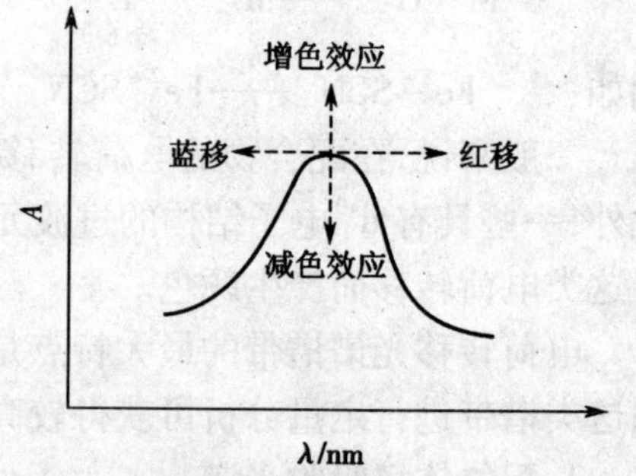

图 9-2 有关术语示意

8. 吸收带类型

在紫外吸收光谱中,根据分子的价电子及分子轨道种类,将吸收带分为四种类型。

1)R 吸收带

分子中含有杂原子的双键化合物,如 C ═O、C ═N 等,杂原子上含有 n 电子,由 $n \to \pi^*$ 跃迁而产生的吸收带称为 R 吸收带。其特点是吸收峰位于 270 nm 以上,强度较弱($\varepsilon < 100$ L · mol^{-1} · cm^{-1})。原因是这种 n 电子向 π^* 反键轨道的跃迁是属于禁阻跃迁,跃迁几率很小。如丙酮的 279 nm 谱带即为 R 带($\varepsilon = 15$ L · mol^{-1} · cm^{-1})。在测定过程中,若使用了极性溶剂,随溶剂极性增加,R 带发生紫移。

2)K 吸收带

发生在共轭烯炔分子中,由 $\pi \to \pi^*$ 跃迁而产生的吸收带。其特点是吸收很强,$\varepsilon > 10^4$ L · mol^{-1} · cm^{-1},波长位置小于 R 吸收带。例如苯乙酮的紫外吸收光谱(图 9-3)。由于羰基与苯

环共轭，可以看到很强的 $\pi \rightarrow \pi^*$ 跃迁，K 带位于 240 nm($\varepsilon > 10^4$ L · mol^{-1} · cm^{-1})；此外，由于羰基中的 $n \rightarrow \pi^*$ 跃迁引起的 R 带位于 319 nm 左右($\varepsilon \approx 50$ L · mol^{-1} · cm^{-1})，分子中存在着共轭效应，R 带产生红移，其产生过程表示如下：

CH_3
C : : O :　　$\pi \rightarrow \pi^*$　产生K带
　　　　　　$n \rightarrow \pi^*$　产生R带

在上例中还可以看出极性溶剂(甲醇)对光谱的影响。

3)B 吸收带

在上例中，位于 278 nm($\varepsilon = 1\ 100$ L · mol^{-1} · cm^{-1})的吸收带称为 B 带，是由苯的 $\pi \rightarrow \pi^*$ 跃迁引起的。在非极性溶剂中测定时有精细结构，常用来识别芳香族化合物，而在极性溶剂中精细结构消失。当芳环与发色团直接相连时，会同时出现 K、B 两带(B 带波长较长)，而且 B 带产生红移。若分子中同时含 n 电子，还会有 R 带出现，上例就是这种情况。

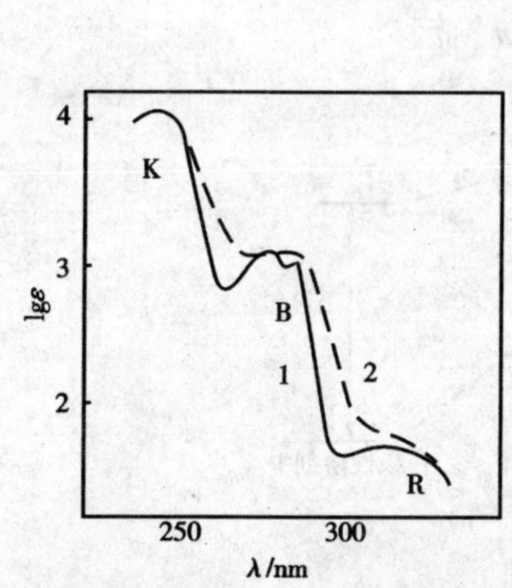

图 9-3　苯乙酮的紫外吸收光谱

1—正庚烷溶液；2—甲醇溶液

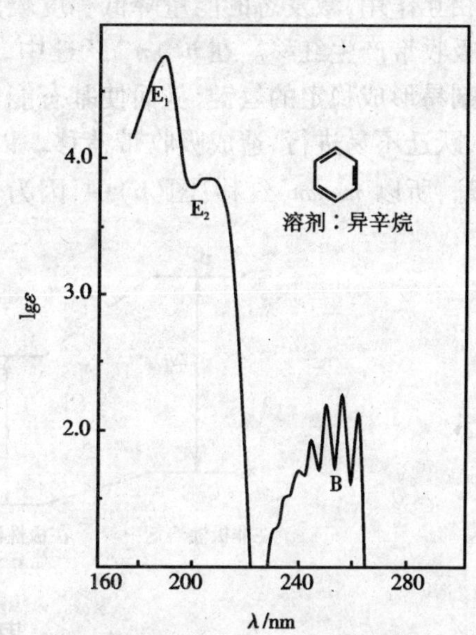

图 9-4　苯的紫外吸收光谱

4)E 吸收带

在一定意义上，苯环又可以看作是三个共轭的乙烯组成，而苯环中的这种乙烯键和共轭乙烯键引起的紫外吸收带分别称为 E_1 带和 E_2 带，如图 9-4 所示。苯的 E_1 带在 180 nm 左右，E_2 带位于 200 nm 附近，吸收强度均很强($\varepsilon > 10^4$ L · mol^{-1} · cm^{-1})。当有助色团取代时，E_2 带红移；苯环上引入发色团时(或二者共轭)，由于 E_2 带显著红移，与 K 带合并称为 K 带(如图 9-3 苯乙酮的情况)。

上面介绍的四种吸收带按能量高低排列，一般为 $E_1 > E_2 \geqslant K > B > R$ 的顺序。此外，还要注意由于共轭效应和溶剂效应的存在，相应的吸收带会产生红移且强度增加。

9-3 影响紫外-可见吸收光谱的因素

分子结构、溶剂的极性和温度等多种因素都会影响紫外-可见吸收光谱,使吸收带红移或者蓝移,并且强度增加或减弱,其本质是对分子中共轭结构的影响。

一、溶剂效应

溶剂效应(solvent effect)是指由于溶剂的极性不同,对化合物的紫外光谱产生影响。有机化合物的紫外光谱一般是在溶剂中测定。同一种化合物在极性不同的溶剂中,紫外光谱就会不同,主要表现在吸收峰产生位移、形状改变,有时还会影响其吸收强度。一般说来,极性溶剂的影响大于非极性溶剂,而在非极性溶剂中测得的光谱较接近于气体状态的光谱。

造成这种影响的原因是溶剂和溶质间形成氢键,也可能是由于溶剂的偶极作用使溶质的极性增强。在 $\pi\rightarrow\pi^*$ 跃迁中,激发态的极性大于基态,当使用极性大的溶剂时,由于溶剂与溶质相互作用,激发态的能量降低程度较大,故 $\pi\rightarrow\pi^*$ 跃迁变得容易进行,即极性溶剂使其相应的吸收带产生红移。在 $n\rightarrow\pi^*$ 跃迁中,基态的极性比激发态大,共用电子对在基态时与极性溶剂易形成稳定的氢键,从而使基态能量降低程度较大,激发态受其影响较小,二者能级差增大,跃迁不易进行,造成吸收带蓝移。以上两种情况可用图 9-5 说明。图(a)中,因为 $\Delta E_{非} > \Delta E_{极}$,所以 $\pi\rightarrow\pi^*$ 红移;图(b)中,因为 $\Delta E_{非} < \Delta E_{极}$,所以 $n\rightarrow\pi^*$ 蓝移。

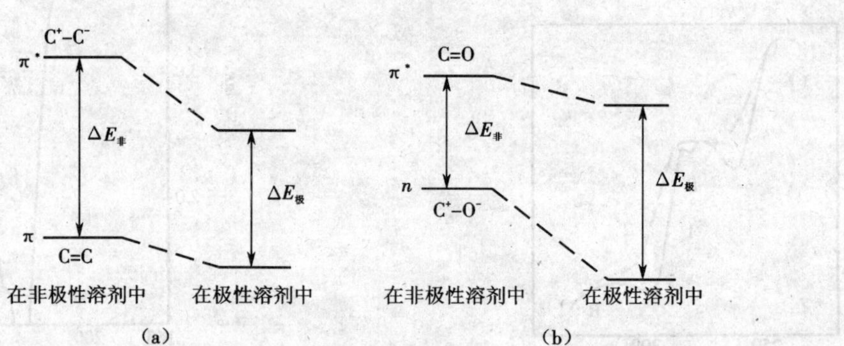

图 9-5 溶剂极性效应

例如实验中发现不同极性的溶剂对异丙叉丙酮 $CH_3-\underset{\underset{O}{\|}}{C}-CH=C(CH_3)_2$ 影响不同,如表 9-1 所示。

表 9-1 不同极性溶剂对异丙叉丙酮紫外光谱的影响

跃迁 \ 溶剂	极性由小→大			
	正己烷	氯仿	甲醇	水
$\pi\rightarrow\pi^*$	230 nm	238 nm	237 nm	243 nm
$n\rightarrow\pi^*$	329 nm	315 nm	309 nm	306 nm

综上所述，在紫外光谱的分析中应特别注意溶剂的选取。首先，所用的溶剂在测量波段内应是透明的，以免干扰被测物质的紫外光谱。常用溶剂及使用的有效范围见表 9-2。其次所用溶剂要对待测样品有足够的溶解度。芳香族化合物若在极性较大的溶液中测定，精细结构消失成为宽峰；若在环己烷中测定，就可以看到清晰的精细结构。第三，要注意溶剂中杂质的影响，必要时应纯化处理。最后，配制的浓度要适当，以 $10^{-5} \sim 10^{-2}$ mol · L^{-1} 为宜，光度测量范围应落在透光度 20% ~ 80%（$A = 0.15 \sim 1.0$）左右。

表 9-2　常用溶剂及有效使用范围

溶剂	最低波长极限/nm	溶剂	最低波长极限/nm
水	210	庚烷	210
甲醇	215	1,1 – 二氯乙烷	235
异丙醇	215	二氯甲烷	235
环已烷	210	甘油	230
乙醇	215	氯仿	245
正丁醇	210	四氯化碳	265
乙醚	210	苯	280
已烷	210	丙酮	330
十氢化萘	200		

二、体系 pH 的影响

体系的 pH 对化合物的紫外 – 可见吸收光谱能产生影响。如酚类化合物由于体系的 pH 不同，其解离情况不同，紫外光谱也会产生差异。

$$\text{C}_6\text{H}_5\text{–OH} \rightleftharpoons \text{C}_6\text{H}_5\text{–O}^-$$

$\lambda_{max} = 210.5, 270$ nm　　　　$\lambda_{max} = 235, 287$ nm

9-4　光吸收的基本定律

一、朗伯—比尔定律

早在 17 世纪，科学家就从实验中观察到这样一个事实：一种物质的溶液对光的吸收程度，取决于在光通过路程中能吸收光子的物质微粒（分子或离子等）数目和光程长短。显然，溶液的浓度越大，吸收的光就越多，光通过的液层厚度越大，吸收的光也越多。此外，不同物质的分子吸收光子而引起自身能级跃迁的几率也不同，具有高几率的物质分子在相同浓度下要比几率低的物质吸收的光子多。

为了进一步将上面的原理定量化，下面讨论一束具有某种波长的平行光通过一种物质溶液时的情形，见图 9-6。I_0 表示每秒入射到浓度为 c 的溶液上的光子数，即入射光强度；I 为透射光强度，即每秒从溶液中透过并被检测器接受到的光子数；光走过的距离（光程）用 b 表示。入射光强度 I_0 与透射光强度 I 比值的对数定义为吸光度，用 A 表示：

$$A = \lg(I_0/I) \tag{9-4}$$

各相关物理量间的关系可定量表示为

$$\lg(I_0/I) = A = a \cdot b \cdot c \tag{9-5}$$

式中：液层厚度 b 以 cm 为单位；c 为溶液中吸光物质的浓度，单位为 $g \cdot L^{-1}$；a 为吸光系数，单位为 $L \cdot g^{-1} \cdot cm^{-1}$。$a$ 随入射光波长变化而变化，换句话说，朗伯－比尔定律只适用于单色光，当浓度 c 取不同单位时，吸光系数值不同。当 c 以 $mol \cdot L^{-1}$ 为单位，此时的吸光系数称为摩尔吸光系数，以符号 ε 表示，单位为 $L \cdot mol^{-1} \cdot cm^{-1}$。

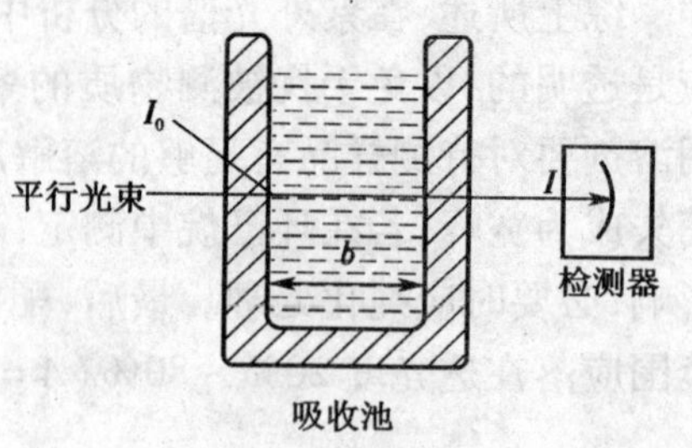

图 9-6　样品溶液吸收光示意图

式(9-5)是朗伯－比尔定律（简称比尔定律）的数学表达式，是光吸收的基本定律。它表明，当一束单色光通过含有吸光物质的溶液时，溶液的吸光度与吸光物质浓度和液层厚度的乘积成正比。式(9-5)可改写为

$$A = \varepsilon \cdot b \cdot c \tag{9-6}$$

式中 ε 是吸光物质在一定波长下对光吸收的特征常数，它表示 1 $mol \cdot L^{-1}$ 的吸光物质在液层厚度为 1 cm 时的吸光度。一般物质的 ε 在 $10^2 \sim 10^5\ L \cdot mol^{-1} \cdot cm^{-1}$ 的范围内。物质的这一特征常数对于选择分析条件是很有帮助的。

a 或 ε 反映吸光物质对光的吸收能力大小，也反映用吸光光度法测定该吸光物质的灵敏度。ε 值越大，该吸光物质对光的吸收能力越大，测定方法的灵敏度越高。ε 与 a 的关系为

$$\varepsilon = M \cdot a \tag{9-7}$$

式中 M 为物质的摩尔质量。

朗伯－比尔定律适用于单一均匀的、非散射光的物质溶液，也适用于其他均匀非散射的物质，如气体或固体。因此，比尔定律是各类吸光物质光度法测定的定量依据。

例 1　浓度为 $4.12 \times 10^{-5}\ mol \cdot L^{-1}$ 的 1,10－邻二氮菲亚铁离子溶液用 1.00 cm 的比色皿在 $\lambda = 508$ nm 下测得吸光度为 0.48。计算该溶液的摩尔吸光系数 ε 和吸光系数 a。

解：由式(9-6)得

$$\varepsilon = A/bc = \frac{0.48}{1.00 \times 4.12 \times 10^{-5}} = 1.17 \times 10^4\ L \cdot mol^{-1} cm^{-1}$$

又由式(9-7)得

$$a = \frac{\varepsilon}{M} = \frac{1.17 \times 10^4}{55.85} = 2.09 \times 10^2\ L \cdot g^{-1} \cdot cm^{-1}$$

在实际工作中，被测物体系中往往含有两种或两种以上的吸光物质，若各吸光物质间无化学作用，则体系的总吸光度等于各组分吸光度之和，即吸光度具有加和性。例如，对于含两种吸光物质的体系，可以得到如下关系：

$$A_{总} = A_1 + A_2 = \varepsilon_1 \cdot c_1 \cdot b + \varepsilon_2 \cdot c_2 \cdot b \tag{9-8}$$

利用上述性质，可对双组分或多组分体系不经化学分离而同时进行测定。

在吸光度的测量中，有时也用透光度或百分透光度表示物质对光的吸收程度和进行有关计算，用符号 T 表示。透光度是透射光强度 I 与入射光强度 I_0 之比值，即

$$T = I/I_0 \tag{9-9}$$

在分光光度计的刻度盘上同时标有 A 和 T,它们之间的关系为

$$A = -\lg(I/I_0) = -\lg T \tag{9-10}$$

二、偏离朗伯－比尔定律的原因

应用光度分析法进行定量分析时,通常依据 A 与 c 间存在线性关系而绘制 $A-c$ 曲线。从理论上讲,这条曲线通过原点,称为工作曲线。但在实际工作中,特别是当 c 较大时,工作曲线常常不是直线,也就是说偏离了朗伯－比尔定律。工作曲线偏向浓度轴的是负偏离,偏向吸光度轴的是正偏离。偏离朗伯－比尔定律的原因主要有以下几点。

1. 非单色光引起偏离

严格地讲,比尔定律只适用于入射光为单色光的情况。但在实际工作中难以得到纯单色光,通常得到的是波长范围很窄的复合光。由于物质对不同波长光的吸收程度不同,因而引起了对朗伯－比尔定律的偏离。

为了避免或减小偏离程度,在选择入射光波长时,应选择具有最大吸收的波长(λ_{max})。在此波长下测定,不但灵敏度较高,而且由于吸收曲线较平坦,ε_1 和 ε_2 的差别较小,从而引起的偏离也较小。在这个波长下若存在干扰,就需改变测定波长,但要考虑选择吸收较大、$\Delta\varepsilon$ 较小(即较平坦处)的波长,以减小对朗伯－比尔定律的偏离程度。

2. 被测溶液的化学因素引起偏离

被测溶液体系一般比较复杂,除吸光物质外还有干扰物质、显色剂及其他试剂等,在不同介质条件下它们的性质不同,往往处于动态平衡状态。这使吸光物质产生离解、缔合、互变异构等而形成另一种化合物,从而改变了吸光物质的浓度,使吸光度发生变化,造成工作曲线的偏离。典型的例子是 $K_2Cr_2O_7$溶液,存在以下平衡:

$$Cr_2O_7^{2-}(\text{橙}) + H_2O \rightleftharpoons 2H^+ + 2CrO_4^{2-}(\text{黄})$$

由上述平衡不难看出,溶液中的主要吸光物质 $Cr_2O_7^{2-}$ 和 CrO_4^{2-} 的相对浓度比例与溶液的稀释程度和酸度有密切关系,若条件改变,二者的相对比例也随之改变。因此,如果条件控制不当,按照此体系绘制的工作曲线将发生偏离。

9-5 紫外－可见分光光度计

各种类型的紫外－可见分光光度计的基本组成部件一般由五部分组成,即光源、单色器、吸收池、检测器和信号处理系统,可用下面的方框图表示。

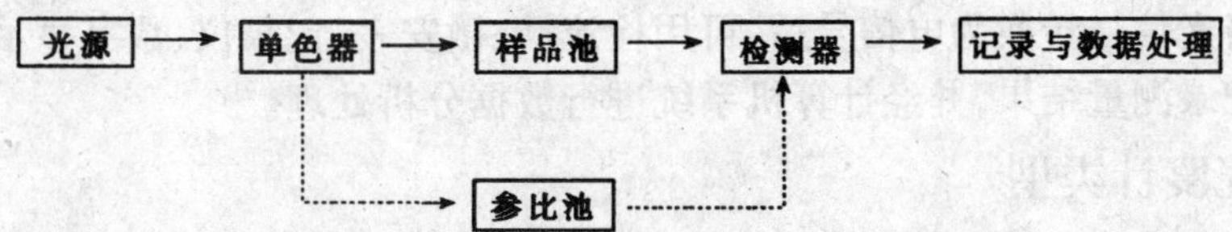

本节将简要介绍图中各部分的作用,以及常见的紫外－可见分光光度计的类型。

一、分光光度计的主要部件

1. 光源

钨丝灯是最常用的可见光区(包括近紫外区和近红外区)光源,加热到白炽状态的钨丝灯

可发出320~2 500 nm的连续光谱。这种光源的辐射能随波长不同变化较大，通常升高温度可以增加辐射能的输出，但这会减少灯的寿命，故一般工作温度为2 600~2 870 K。此外，光源的电压也必须十分稳定，使光源光强度保持不变。

在近紫外区(200~400 nm)常采用氢灯或氘灯作光源。这种光源是由玻璃制成密封管，窗口用能透过紫外光的石英代替玻璃。管内部封存一定气体(例如H_2或D_2)并装有两个电极。在一定电压下，两极间的气体电离，发出电磁辐射。当气体压力增大到一定值时，所发出的谱线增宽而相互交盖，成为连续辐射(约160~375 nm)，可作为紫外光源使用，所使用的放电电压一般较高。

2. 单色器

在紫外-可见吸收光谱法中，要求波长范围很窄的光(严格地说，应为单色光)通过样品。单色器是将光源发出的连续光谱分解为单色光的装置。从光源发出的一束光经入射狭缝照到单色器，再由一系列透镜准直或改变方向后照射到棱镜或光栅等单色器元件上，出来的光即为单色光，经聚集透镜和出口狭缝后通过样品，部分光被吸收。

单色器的种类很多，最简单的是滤光片，常用的是棱镜或光栅。棱镜或光栅结构较复杂，功能较强，更具选择性。棱镜和光栅仪器容易实现自动化扫描，因而更适于设计新的分析方法以及更精确的分析工作。

3. 吸收池

吸收池是用来盛装试液和参比溶液的装置，又称比色皿，它能透过所研究范围内的光线。在200~400 nm范围内的紫外光区测定，可以使用石英制成的吸收池；在可见光区，则用无色透明、耐腐蚀的光学玻璃制成的吸收池。

吸收池的形状一般为长方形，其光程有0.5 cm、1 cm、2 cm、3 cm和5 cm等多种尺寸供选用。

在精密测定中，应使用透光性能一致的吸收池，使用时要避免吸收池的透光面被指纹和油腻等沾污，否则将影响测定的准确度。

4. 检测器

测量吸光度是将透过吸收池的光强度转变为电信号后再进行测量的，这种光电转换装置叫检测器。分光光度 计中的检测器应具有灵敏度高，对透过光的响应时间短且呈线性关系，以及利于放大等特点。

常用的检测器多根据光化学转化、光电效应和热电效应原理制成。一般说来，光电检测器用于可见光区和紫外区，而基于热电效应的检测器在红外区内使用。

5. 信号处理系统

由检测器将光信号转换为电信号后，可用检流计、微安表、记录仪、数字显示器或阴极射线显示器显示和记录测量结果，并经计算机系统进行数据分析处理。

二、分光光度计类型

分光光度计种类很多，下面简单介绍单光束分光光度计和双光束分光光度计。

1. 单光束分光光度计

这类仪器一般有可见和紫外两种光源。单光束分光光度计光路示意图如图9-7所示。经单色器分光后的一束平行光，轮流通过参比溶液和样品溶液，进行吸光度的测定。这种简易型分光光度计结构简单，操作方便，维护容易，适用于常规分析。

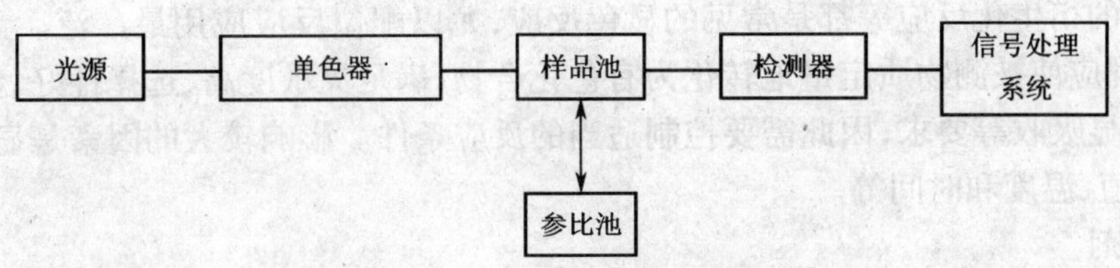

图 9-7　单光束分光光度计光路示意图

2. 双光束分光光度计

双光束分光光度计光学系统如图 9-8 所示。经单色器分光后经反射镜分解为强度相等的两束光,一束通过参比池,另外一束通过样品池。由于两束光同时分别通过参比池和样品池,能自动消除光源强度变化所引起的误差,因此,灵敏度较高。

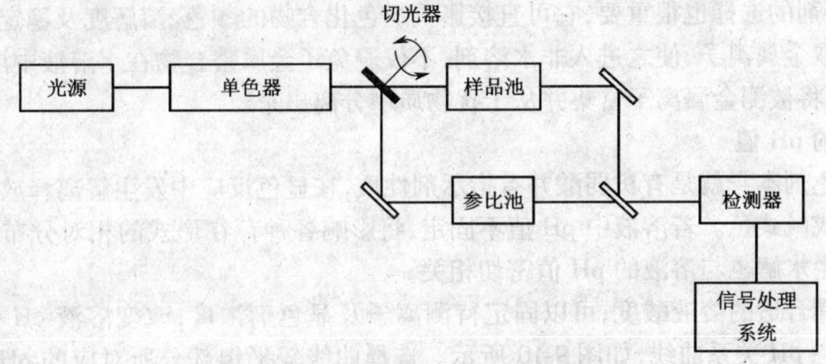

图 9-8　UV—200 紫外分光光度计光路示意图

3. 多通道分光光度计

多通道分光光度计与常规仪器主要不同之处在于使用了一个光二极管阵列检测器。由光源发出的辐射聚焦到样品池上,光通过吸收池到达光栅,经分光后照射到光二极管阵列检测器上,该检测器含有一个由几百个光二极管构成的线性阵列,能同时检测 190 ~ 900 nm 波长的范围,因此在极短的时间内给出整个光谱的全部信息。这种光度计特别适用于进行快速反应动力学研究和多组分混合物的分析,也用作高效液相色谱仪的检测器。

9-6　光度分析法的建立

要建立一个新的光度分析法,必须通过实验对被分析对象进行各种测定条件的研究,以期寻找测量的最佳条件,获得重现性好而准确度高的分析结果。

常见的测定步骤包括显色反应及显色条件的选择,测定温度、反应时间、介质酸碱度的确定,干扰的消除,工作曲线和线性范围的确立等。

一、显色反应及显色条件的选择

在无机分析中,由于金属离子的吸光系数都比较小,很少利用它们本身的颜色进行光度分析。一般都是选用适当的试剂,与待测离子反应生成对紫外或可见光有较大吸收的物质再进行测定。这种反应称为显色反应,所选用的试剂称为显色剂。配位反应、氧化还原反应以及增加生色基团的衍生化反应等都是常见的显色反应，尤以配位反应应用最广泛。无论采用哪种显色方法，都应使被测物质定量地转化为有色化合物，满足灵敏度高、选择性好、显色剂在测定波长处无明显吸收等要求，因此需要控制适当的反应条件。影响较大的因素是显色剂的用量、溶液的 pH 值、温度和时间等。

1. 显色剂

为了有利于显色化合物的形成，应选择稳定常数较大的显色反应(例如螯合反应)和加入过量的显色剂。然而显色剂过量太多，有时会引起副反应，生成多种不同组成的显色化合物。因此，实际工作中往往固定待测组分的浓度及其他条件，由小到大改变显色剂用量，测出吸光度并绘制吸光度 - 显色剂用量关系曲线，如图 9-9 所示。当显色剂浓度达到某一数值时，吸光度不再增大，在曲线上出现平坦部分。平坦部分所对应的显色剂用量，即为最佳显色剂用量，一般可保证显色化合物组成固定。

其次，溶剂的选择也很重要，它可直接影响显色化合物的颜色、溶解度及稳定性。例如，利用螯合剂萃取金属离子，使之进入非水溶剂，不仅避免了金属螯合物在水溶液中溶解度小的缺点，而且可以将被测金属离子富集并从干扰物质中分离出来。

2. 溶液的 pH 值

许多显色剂本身就是有机弱酸并有指示剂性质，在显色反应中发生解离释放出氢离子，本身显酸式色或碱式色。若溶液中 pH 值不固定，将影响各种存在形式的相对分布。此外，被测离子是否发生水解也与溶液的 pH 值密切相关。

为了选择合适的溶液酸度，可以固定待测离子及显色剂浓度，改变溶液 pH 值，测定其吸光度，作出 A - pH 关系曲线，如图 9-10 所示。选择曲线较平坦部分所对应的 pH 值即为最佳酸度，可用缓冲溶液来控制。

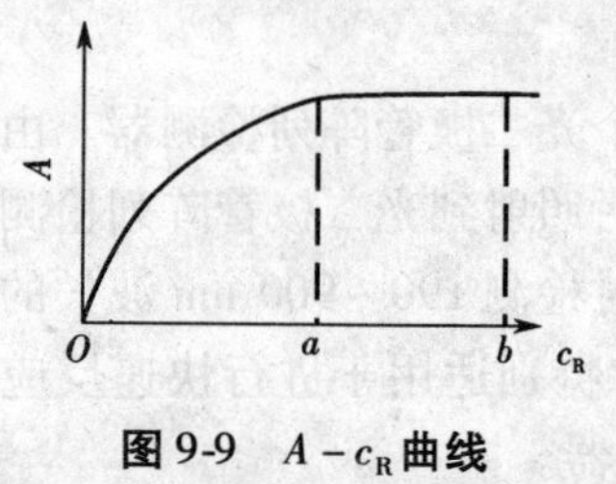

图 9-9　$A - c_R$ 曲线

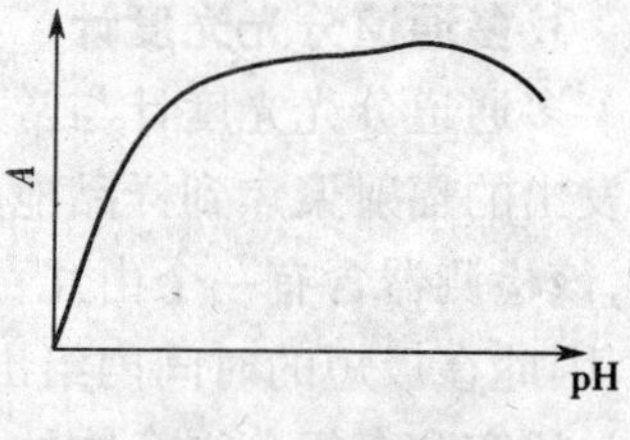

图 9-10　A - pH 曲线

3. 显色时间、温度及其他

要求所选的显色反应速度要快而且在室温下就能完成。但有时显色反应速度较慢，需经过一定时间后吸光度才能稳定，也有的显色化合物放置时间长会逐渐褪色，因此必须求出适宜的显色时间。

温度也是影响因素，它既可以促进显色反应进行，也能引起副反应的发生，同时还影响到溶解度等。以上两个条件可以通过实验来确定。

二、干扰的消除

光度分析中的干扰主要来自两个方面：①干扰物质本身有颜色或能与显色剂生成带颜色的物质，与待测的显色化合物颜色重叠，使吸光度增加，结果偏高；②干扰物质与显色剂或被测物虽然生成颜色不重叠的化合物，但由于影响了被测组分与显色剂的定量反应，致使测定结果

偏低。

消除干扰有如下一般原则。

(1)加入掩蔽剂使之与干扰组分生成稳定的无色化合物。常用的掩蔽方法较多,如配位掩蔽法、氧化还原掩蔽法、沉淀掩蔽法等,可根据具体情况选用。

(2)显色反应通常在一定条件下才能进行,因此通过控制适当的条件,使之利于被测物质的显色反应,不利于干扰组分与显色剂的作用。例如,用二苯硫腙法测定 Hg^{2+},通过控制适宜的酸度条件,可以消除共存的 Cu^{2+}、Co^{2+}、Ni^{2+}、Sn^{2+}、Zn^{2+}、Pb^{2+}、Bi^{3+} 等离子的干扰。

(3)选择适当的波长,避开干扰物的最大吸收,以及配制适当的参比溶液抵消干扰因素的影响。

(4)利用被测物质如金属离子能形成三元配合物的特点提高显色反应的选择性。形成三元配合物是近年来在光度分析中较普遍应用的一种新方法。一种配位体(显色剂)常可与多种金属离子发生类似的配位反应,使选择性降低;而当一种金属离子能和两种配位体形成三元配合物时专属性较强,可以提高显色反应的选择性。此外,也可在显色反应中加入某些长碳链的季铵盐、OP 乳化剂等表面活性剂,以形成胶束化合物。这不仅使吸收峰向长波方向移动(红移),而且能产生增色效应,提高灵敏度。这样也有可能避开与干扰物的吸收重叠,获得较好的选择性。

(5)分离干扰物质。当以上办法都不能奏效时,可考虑采用适当的分离方法预先除去干扰物质。但是预先分离不仅费事而且容易使准确度和精密度等指标下降。

三、吸光度测量条件的选择

以上是从化学角度寻求最佳实验条件以提高测定的灵敏度和准确度。下面将从吸光度测量角度来考虑。

1. 入射光波长的选择

为了使测定结果有较高灵敏度和准确度,应选最大吸收峰处所对应的波长(最大吸收原则),或选显色化合物有较强吸收而其他试剂吸收程度很小的波长(吸收较大、干扰最小原则)进行定量分析。除此之外,还要求在所选波长附近吸收峰变化比较平坦,以减小对朗伯-比尔定律的偏离。

2. 选择适当参比溶液

光度法定量分析的依据是吸光度 A 与被测物质浓度 c 成正比(比尔定律)。在吸光度的测量中,被测物质装在比色皿中,器皿的反射、溶液中其他质点对光产生的吸收以及折射与散射等,都会引起测量值偏离朗伯-比尔定律。因此,在实际工作中,常用几何尺寸及材料完全相同的比色皿,并以参比溶液调节仪器的零点,这样才能较真实地反映测得的吸光度与被测物质浓度间的线性关系。

配制的参比溶液除不含有显色化合物外,其余组分应尽量接近于被测试液,以此调节仪器,使通过参比液后的吸光度为零。选择参比溶液的方法是:

(1)当试液、试剂、显色剂均无色时,可用蒸馏水作参比溶液;

(2)试剂和显色剂均有色,可用空白溶液(不加试样溶液)作参比溶液;

(3)试剂和显色剂均无色,试液中其他组分有色时,应采用不加显色剂的试液作参比溶液;

(4)试剂和显色剂均有色,试液中其他组分也有色时,应在一份试液中加掩蔽剂,将被测组分掩蔽起来，再加入其他试剂和显色剂，以此溶液作参比，可以消除共存组分的干扰。

3. 吸光度读数范围的选择

在吸光度的测量中，任何光度计都有一定的测量误差，如读数误差就是具有代表性的一种。分光光度计上的读数标尺如图 9-11 所示。

由于 $A=-\lg T$，而 T 为等刻度，故 A 在标尺上是不均匀的。例如 A 的两端（∞ ~1.0 和 0.1~0）的读数误差较中间（0.1~1.0）要大得多。为了减小读数误差以提高测定的准确度，一般应控制标准溶液和待测试液的吸光度读数落在 0.1~1.0 的范围内，为此，可以从两方面考虑：①控制溶液的浓度，如改变试样的称量或改变溶液的稀释度；②选择不同厚度的比色皿。

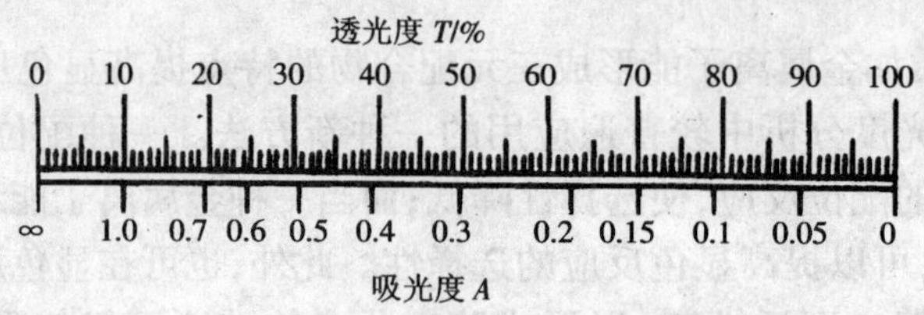

图 9-11 分光光度计的读数标尺

4. 标准曲线的绘制

在上述实验条件选定之后，就可以着手绘制标准曲线。先配制一系列已知浓度的标准系列（4~5 个），并使标准系列尽量接近于被测体系，以适当参比溶液调零后测出吸光度，绘制标准曲线。再于同样条件下测出未知样的吸光度 A_x，从标准曲线上找出对应的未知样品浓度，经换算后即可得出测定结果。

5. 小结

综上所述，在建立新的分光光度分析方法时，应通过实验对下列诸因素进行研究。

（1）研究被测物、试剂及显色配合物的吸收光谱，经综合比较后选择测量波长。

（2）研究 pH 值及试剂用量的影响。

（3）显色时间、颜色的稳定性及温度的影响。

（4）确定标准系列的范围及绘制标准曲线。

（5）寻找消除干扰的方法。

（6）估计方法的精密度和准确度。

9-7 紫外－可见吸收光谱法的应用

紫外－可见吸收光谱法可以用于定性和定量分析，也可以测定某些化合物的物理化学常数等。

一、定性分析

紫外－可见吸收光谱法较少用于无机元素的分析。在有机化合物的定性分析和结构分析中，由于紫外-可见光谱较简单，特征性不强，因此该方法的应用受到一定的限制。但对于不饱和有机化合物，尤其是共轭体系的鉴定，通常情况有如下应用：在 200~800 nm 范围内无吸收峰，该有机化合物可能是链状或环状的脂肪族化合物，或是它们的衍生物，如醇、胺及不含双键的共轭体系；在 210~250 nm 范围内有强吸收带（$\varepsilon=2\times10^4\sim1\times10^4\ \mathrm{L\cdot mol^{-1}\cdot cm^{-1}}$），可能含有两个共轭双键；在 210 ~ 300 nm 范围内有强吸收带，可能含有 3 ~ 5 个共轭双键；在 250 ~ 300 nm 有弱吸收峰，说明含有羰基；有中等强度吸收峰且有振动的精细结构时，说明含有苯环。

一般有两种定性分析方法，即比较吸收光谱曲线和用经验规则计算最大吸收波长 λ_{max}，然后与实测值进行比较。

1. 比较法

在相同的测试条件（溶剂、pH 等）下，测定未知物的吸收光谱与标准纯试样的吸收光谱进行比较。如果吸收峰形状，包括吸收光谱的 λ_{max}、λ_{min}，吸收峰的数目、位置、拐点以及 ε_{max} 等完全一致，则可以初步推断为同一化合物。

应该指出，分子或离子对紫外 - 可见光的吸收只是它们含有的生色基团和助色基团的特征，而不是整个分子或离子的特征。因此仅靠紫外 - 可见光谱来确定一个未知化合物的结构是不确定的，还要与红外光谱、核磁共振波谱法和质谱法等分析手段结合起来，以确定化合物的结构。

2. 计算最大吸收波长

人们在研究了大量共轭烯烃化合物的结构与紫外光谱的关系后，总结出伍德沃德（Woodward）经验规则。它用于估算这类化合物的最大吸收波长，很有实用价值。

这些经验规则的基本出发点是以 1,3 - 丁二烯为母体，其最大吸收波长基本值为 214 nm，再加上各取代基的类型、数目、位置以及溶剂等因素引起的修正值（见表 9-3）。

表 9-3　计算取代共轭双烯紫外 λ_{max} 值的伍德沃德规则（乙醇溶液）

1. 开链或异环未取代共轭双烯 λ_{max} 基本值	214 nm
如	
2. 同环未取代共轭双烯 λ_{max} 基本值	253 nm
若为五元环或七元环的 λ_{max} 基本值分别为	228 nm 及 241 nm
3. 处于共轭的额外双键（即每增加一个 C═C）	加 30 nm
4. 环外双键（指共轭体系中的双键位于一环外，且与该环直接相连）	加 5 nm
5. 取代基效应	
—R（烷基取代）	加 5 nm
—O—COR	0
—OR	加 6 nm
—SR	加 30 nm
—Cl，—Br	加 5 nm
—NR_2	加 60 nm
溶剂校正值	0

例 2　计算化合物 $CH_2{=}C(CH_3){-}C(CH_3){=}CH_2$ 的 λ_{max} 值。

解　查表 9-3 得

	基本值	214 nm
+)	烷基取代(2×5)	10 nm
		224 nm

所以 λ_{max} =224 nm,与实验值很接近(实验值为226 nm)。

例3 计算下面化合物的 λ_{max} 值。

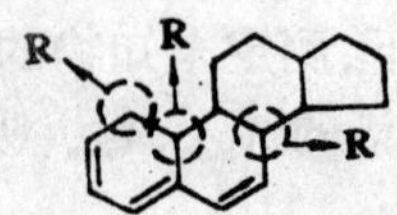

解

	同环双烯基本值		253 nm
	共轭双键		30 nm
	取代基R(图中虚线所示)	3×5	15 nm
+)	环外双键	1×5	5 nm
			303 nm

所以 λ_{max} =303 nm(实验值为304 nm)

在使用伍德沃德规则时,要注意共轭双键数应小于或等于4。

二、定量分析

紫外-可见吸收光谱法的定量分析依据是比尔定律,即在一定波长处,被测物质的吸光度与它的浓度呈线性关系。因此,可以通过测定特定波长下物质对光的吸收,计算出该物质的浓度或者含量。

1. 单组分定量分析——标准曲线法

这是实际工作中最常用的一种分析方法。具体做法是:配置一系列不同含量的标准溶液,以不含被测组分的空白溶液作为参比,在相同测试条件下测定标准溶液的吸光度,绘制吸光度-浓度曲线,即标准曲线。在相同条件下测定未知试样的吸光度,从标准曲线上就可以找到与之对应的未知试样的浓度。在建立一个方法时,要先确定符合比尔定律的浓度范围,定量分析要在此浓度范围内进行。

2. 多组分定量方法

根据吸光度具有加和性的特点,在同一试样中可以测定两个以上的组分。最简单的双组分的测定,分为以下两种情况。

1)吸收光谱不互相重叠

设被测组分X和Y的吸收光谱不互相重叠,如图9-12所示。在这种情况下,可分别在波长 λ_1 和 λ_2 处,按前述测单组分的方法分别测定X和Y。

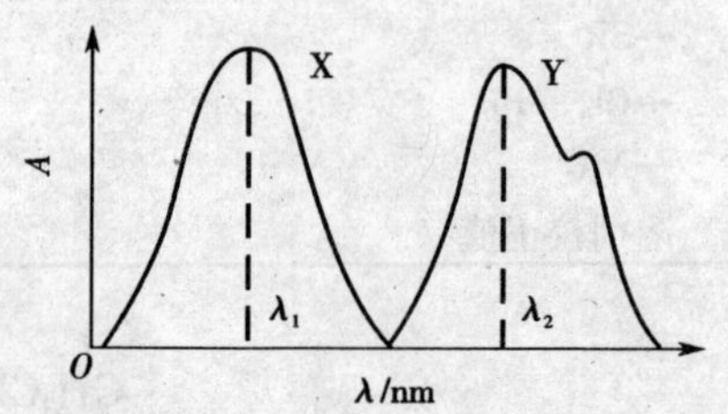

图9-12 X和Y的吸收光谱不重叠

2)吸收光谱双向重叠

在这种情况下,一般是找出两波长 λ_1 和 λ_2,在这两个波长下,两组分的吸光度差值 ΔA_1 和 ΔA_2 较大(如图9-3)。然后用X和Y的纯组分分别在 λ_1 和 λ_2 求出 ε_{X_1}、

ε_{X_2}和ε_{Y_1}、ε_{Y_2}值，再用混合物于λ_1和λ_2测定吸光度A_1和A_2，由吸光度值加和性，列出联立方程组：

$$\begin{cases}A_1=\varepsilon_{X_1}bc_X+\varepsilon_{Y_1}bc_Y\\A_2=\varepsilon_{X_2}bc_X+\varepsilon_{Y_2}bc_Y\end{cases}$$

式中c_X、c_Y分别为X和Y的浓度。解联立方程，即可求出c_X和c_Y值。

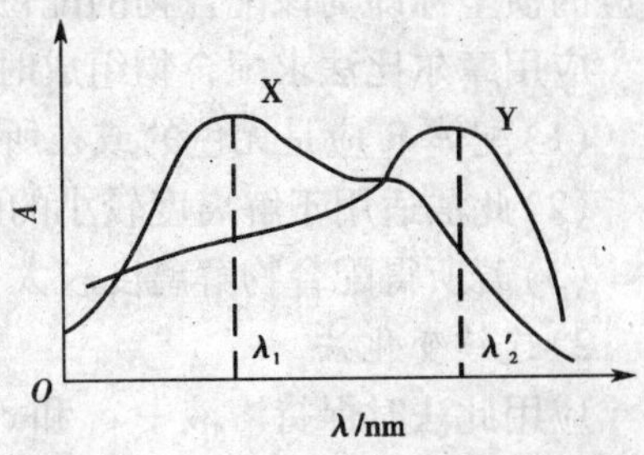

图 9-13　X 和 Y 的吸收光谱重叠

实际工作中求解上述方程组，特别是由多组分所得的多元方程组是比较麻烦的。若用计算机求解，则非常方便。

下面是利用等吸光点（isoabsorptive point）测定二组分的例子。一种吸光物质如果在溶液中有吸光性质不同的两种或两种以上组分存在，固定其总浓度不变时，它可能通过移动化学平衡使各组分的相对浓度发生变化，相应于各组分的吸收曲线相交于一点或数点。这些交点相应的波长称为等吸光点。

例如，利用1,10-邻二氮杂菲作显色剂测定试样中亚铁和铁含量。先给出两种铁离子与显色剂生成不同浓度的配合物吸收光谱，如图9-14所示。

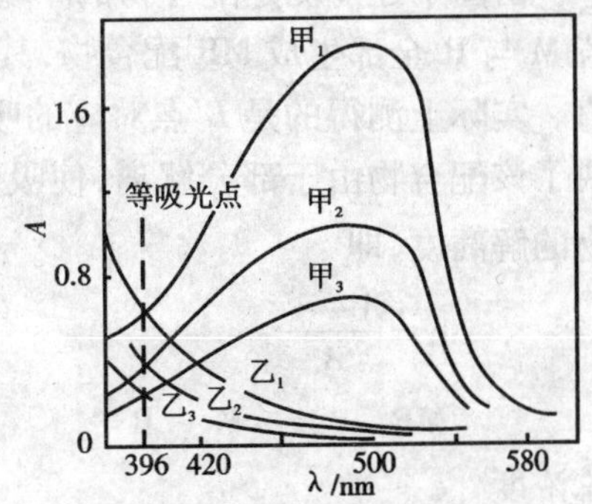

图 9-14　铁-邻二氮杂菲吸收光谱

甲—Fe(Ⅱ)配合物　乙—Fe(Ⅲ)配合物

1—浓度为 10 $\mu g\cdot mL^{-1}$；2—5 $\mu g\cdot mL^{-1}$；3—3 $\mu g\cdot mL^{-1}$

从图中可见，Fe(Ⅱ)配合物吸收峰在510 nm，而Fe(Ⅲ)配合物在此波长下无明显吸收；若在等吸光点396 nm处测量该溶液的吸光度，此处吸光度为两种配合物的吸收之和，根据吸光度值的加和性可求出二者总浓度，再由510 nm处可求出Fe(Ⅱ)的浓度，从总浓度与Fe(Ⅱ)浓度之差求出Fe(Ⅲ)浓度。

上例说明，在实际应用分光光度法测定时，首先要认真研究待测组分在各种条件下的吸收光谱及与其他干扰组分之间的异同，从而寻找最适宜的测定条件。这对建立新的分析方法或改进已有的分析方法都是非常必要的。

3. 配合物组成的确定

用分光光度法研究配合物的组成和测定配合物的稳定常数是十分有用的。吸收光谱用于确定配合物的组成，具有独特的优点。常用的方法有摩尔比法和连续变化法。

1）摩尔比法

设配位反应为$M+nR \rightleftharpoons MR_n$，固定金属离子M的浓度而逐渐增加配体R的浓度时，得到一系列[R]/[M]比值不同的溶液。在改变R浓度的过程中，M被逐渐配位为MR_n，溶液的吸光度不断增加。M被完全转化为配合物以后，虽然R的浓度还在增加，但溶液的吸光度已渐趋稳定，这种情况如图9-15所示。图中曲线的转折点（由外推法所得）

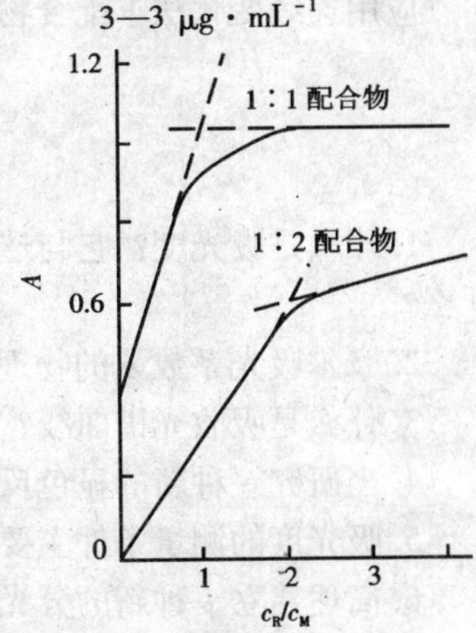

图 9-15　1:1和1:2配合物摩尔比法示意图

对应的横坐标即为该配合物的配位比。

应用摩尔比法求配合物组成时应注意以下几点:

(1)配体 R 应是无色的或在所选波长范围内无显著吸收;

(2)此法适用于解离度较小的配合物,特别是对配位比高的配合物组成的测定更为适用;

(3)若所得配合物解离度较大,则曲线转折点不明显,甚至难以确定。

2)连续变化法

应用此法时保持溶液中 c_M 和 c_R 的总浓度不变,即 $c_M + c_R =$ 常数,连续改变溶液中 c_M 和 c_R 的相对量,配制一系列溶液,在选定条件和波长下测定溶液的吸光度。显然,只有当溶液中金属离子与配体的物质的量之比恰为配合物应有的组成比例时,生成的配合物浓度最大,其吸光度也最大。以 A 对 $c_M/(c_M + c_R)$ 作图,绘制曲线,见图 9-16。曲线转折点所对应的横坐标值即为配合物的配位比值。

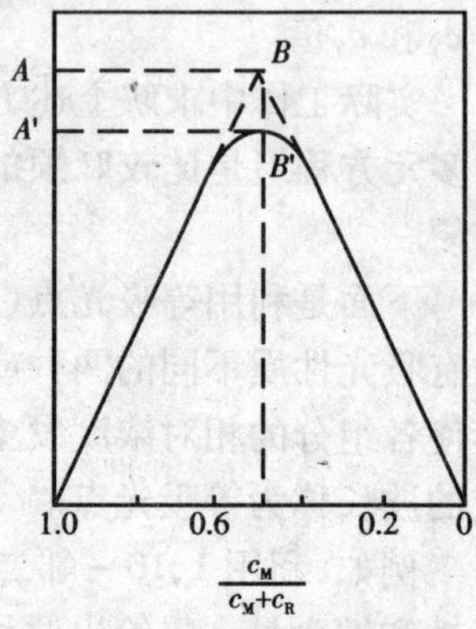

图 9-16 连续变化法示意图

由图中还能测定配合物的不稳定常数 $K_{不稳}$。例如上图中,若 M 与 R 全部生成 MR 配合物,其吸光度应是 B 点所对应的 A 值。实际上测得的是 B' 点对应的吸光度 A' 值,其差值 $A - A'$ 反映了该配合物由于部分解离,使吸光度减少。据此可求得配合物的解离度,即

$$\alpha = \frac{A - A'}{A}$$

$$MR \rightleftharpoons M + R$$

总浓度 c

平衡浓度 $c(1-\alpha)$ $c\alpha$ $c\alpha$

则 $$K_{不稳} = \frac{c\alpha^2}{1-\alpha} \tag{9-11}$$

应用连续变化法求配合物组成的注意事项和摩尔比法类似。

思考题

1. 什么是吸光度?它与透光度的关系是什么?朗伯 - 比尔定律的物理意义及适用条件是什么?
2. 摩尔吸光系数 ε 的物理意义是什么?其大小与哪些因素有关?
3. 什么是吸收光谱曲线?什么是标准曲线?它们有什么作用?
4. 当研究一种新的显色反应时,必须对哪些条件进行实验?
5. 吸光度的测量条件主要包括哪几个方面?应如何选择?
6. 简述建立一种新的分光光度分析法时,应进行哪些方面的实验?
7. 紫外 - 可见吸收光谱有什么特征?哪些特征和常数可以作为鉴定物质的定性指标?
8. 有机化合物价电子跃迁有哪几种类型?其中哪种跃迁能在紫外吸收光谱上反映出来?
9. 举例说明生色团和助色团的定义,什么叫红移、蓝移?

10. 有机化合物的紫外吸收光谱有哪几种类型的吸收带？并指明其大致位置。

11. 在紫外吸收光谱测定中，选择溶剂的原则是什么？

12. 某化合物在不同溶剂中紫外吸收光谱的 λ_{max} 分别为 $\lambda_{max}^{水}=265$ nm，$\lambda_{max}^{乙醇}=270$ nm，$\lambda_{max}^{己烷}=275$ nm，试问该吸收峰属于 $\pi\rightarrow\pi^*$ 跃迁还是 $n\rightarrow\pi^*$ 跃迁？

习 题

1. 有一遵守比尔定律的溶液，光程 b 不变，当浓度为 c 时，测得透光度为 T。试求当浓度分别为 0.5 c、1.5 c 和 3 c 时，对应的透光度各为多少？

2. 某试液用 2 cm 比色皿测量时，$T=60.0\%$，若改用 1 cm 或 5 cm 比色皿，它们各自的 T 和 A 为多少？

3. 浓度为 0.51 $\mu g\cdot mL^{-1}$ 的 Cu^{2+} 溶液，用双环己酮草酰二腙光度法于波长 600 nm 处用 2 cm 比色皿进行测量，$T=50.5\%$，求吸光系数 a 和摩尔吸光系数 ε。

4. 欲测特种钢中锰元素的含量，称取 0.450 g 钢样，用酸溶解后将其中的锰氧化为 MnO_4^-，并在 100 mL 的容量瓶中稀释定容。以 1 cm 比色皿于 520 nm 波长下测得 $T=28.8\%$。由文献查得 $\varepsilon=2\ 235\ L\cdot mol^{-1}\cdot cm^{-1}$(520 nm)，求试样中锰的含量。

5. 某有色金属配合物溶液，在 1.0 cm 比色皿中测得吸光度为 0.320；将该有色溶液稀释到原来浓度的 1/3，并放在 2.0 cm 比色皿中测定，计算在相同波长下的吸光度和透光度。

6. 有一化合物的摩尔质量是 125 $g\cdot mol^{-1}$，ε 为 $2.5\times10^5\ L\cdot mol^{-1}\cdot cm^{-1}$，今欲准确配制 1L 该化合物的溶液，使其在稀释 200 倍后放在 1.0 cm 厚的比色皿中，测得的吸光度为 0.60，应称取该化合物多少克？

7. 用硅钼蓝法比色测定硅的含量。

(1) 根据下列数据绘制标准曲线：

SiO_2 含量(mg/50 mL)	0.05	0.10	0.15	0.20	0.25
吸光度 A	0.210	0.421	0.630	0.839	1.01

(2) 试样的分析：称取试样 500 mg，溶解后转入 50 mL 容量瓶中，在与绘制上述标准曲线相同的条件下进行显色，测得吸光度为 0.522，求试样中硅的含量。

8. 利用生成二乙酰二肟镍显色配合物的方法测定试样中镍含量。已知该配合物的摩尔吸光系数 $\varepsilon=1.3\times10^4\ L\cdot mol^{-1}\cdot cm^{-1}$(470 nm)。用标准曲线法测定时(设 $b=1$ cm)，若仪器可以在 $A=0.1\sim1.0$ 范围内较准确地读取吸光度值，试估算应配的标准系列范围。

9. 计算下列化合物的 $\lambda_{max}^{己烷}$：

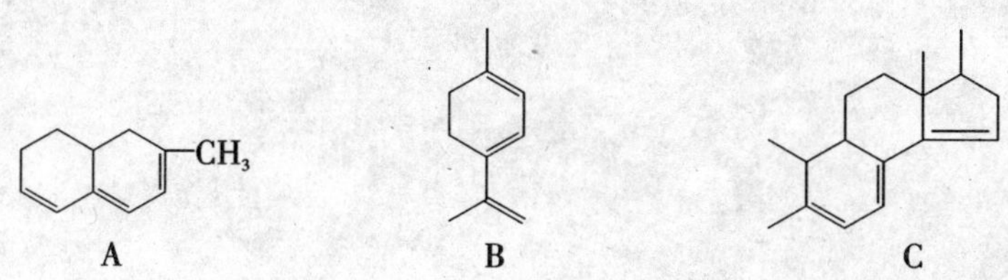

10. 某化合物经其他方法测得它的结构可能为 A 或 B，其紫外光谱 $\lambda_{max} = 242$ nm，试推断其结构。

11. 已知某化合物为下列二者之一，从实验中测得 $\lambda_{max}^{乙醇}$ 为 285 nm，判断该化合物是 A 还是 B？

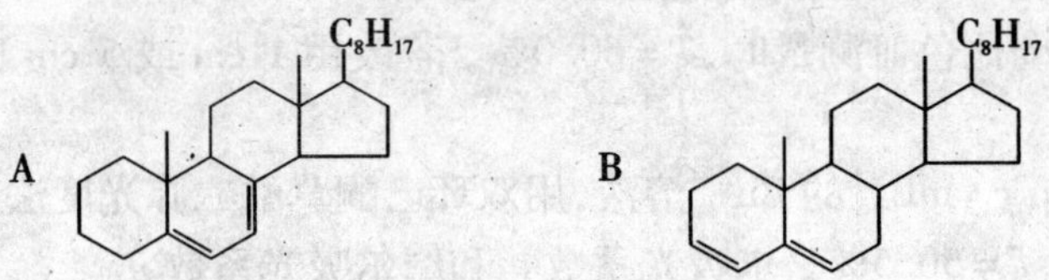

第 10 章 红外吸收光谱法

分子除了吸收紫外光引起价电子的跃迁以外,还可以吸收红外辐射能,引起振动能级和转动能级的跃迁,从而获得红外吸收光谱。此光谱又称振动 - 转动光谱,简称红外光谱(Infrared Spectrum,IR)。

在红外光谱中,研究和应用最多的是中红外区,就是波长在 2.5 ~ 50 μm 的区域。该区域对有机化合物的测定有着重要的实用价值。红外光谱主要研究在振动中伴随有偶极矩变化的化合物,因此除了单原子分子、同核分子,如 Ne、He、O_2 和 H_2 等之外,几乎所有的有机化合物在红外光区均有吸收。红外光谱具有特征性,谱带的波数位置、波峰的数目及其强度,反映了分子结构上的特点,可以用来鉴定未知物的分子结构组成或确定其化学基团;而吸收谱带的强度可以用作定量分析和纯度测定。

红外光谱对气体、液体和固体样品都可以测定,具有用量少、分析速度快、不破坏试样等特点,使红外光谱法成为现代分析化学和结构化学不可缺少的工具。但对于复杂化合物的结构测定,还需要配合紫外光谱(UV)、核磁共振波谱(NMR)以及质谱(MS)等其他方法使用才能得到较准确的结果。

标准的红外光谱图用波长或波数表示横坐标,即吸收峰的位置;纵坐标表示吸收强度,以百分透光度 $T\%$ 表示。

10-1 红外吸收光谱法的基本原理

一、分子振动模型、振动形式及红外活性

红外光谱是由于分子振动能级的跃迁(同时伴有转动能级跃迁)而产生,即分子中的原子以平衡位置为中心作周期性振动,其振幅非常小。这种分子的振动通常被想像为一根弹簧连接的两个小球体系,称为谐振子模型。这就是最简单的双原子分子情况,如图 10-1 所示。

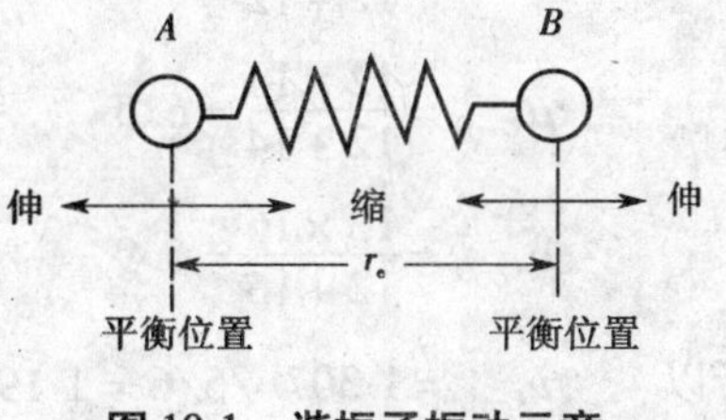

A B
伸 缩 伸
r_e
平衡位置 平衡位置

图 10-1 谐振子振动示意

量子力学证明,上述双原子分子体系振动的总能量为

$$E_{振} = (V + 1/2)h\nu \tag{10-1}$$

式中:V 是振动量子数,可以是 0,1,2……;ν 是基本振动频率,当用波数(σ)为单位时,其振动频率可以表示为

$$\nu(\text{cm}^{-1}) = 1\ 307\ \sqrt{K/\mu} \tag{10-2}$$

$$\mu=\frac{m_A \cdot m_B}{m_A+m_B}$$

式中:K 为键力常数,表示小球由平衡位置伸长 1 cm 后的恢复力,单位为 $N \cdot cm^{-1}$;μ 为折合质量;m_A 和 m_B 为两原子的质量。μ 应采用原子质量单位(u)为单位。

式(10-2)又称为振动方程式。由此式可以看出,折合质量与键力常数是影响基本振动频率的直接因素。K 越大,μ 越小,化学键的振动频率越高,吸收峰将出现在高波数区;反之,则出现在低波数区。在讨论影响基团红外吸收的因素时,就是以此式作为依据的,这也是振动方程的意义。

有机化合物由于分子结构不同,各基团在分子中所处化学环境各异,它们的键力常数和折合质量也有一定差异,因此它们就有不同的吸收频率,使红外光谱具有特征性。正是基于这一点,利用从红外光谱获得的大量信息来进行结构分析。

例 1 已知碳碳单、双、叁键的键力常数分别为 5 $N \cdot cm^{-1}$、10 $N \cdot cm^{-1}$、15 $N \cdot cm^{-1}$,碳原子质量按 12 u 计,分别计算三种键的基本振动频率。由此可得出何结论?

解 三种键的折合质量相同

$$\mu=\frac{12\times 12}{12+12}=6$$

所以 $\nu_{单}=1\ 307\sqrt{5/6}=1\ 193(cm^{-1})$

同理 $\nu_{双}=1\ 687(cm^{-1})$

$\nu_{叁}=2\ 066(cm^{-1})$

上面的结果表明,同类原子组成的化学键(折合质量相同),键力常数大的基本振动频率较高。

例 2 已知 C—C、C—N、C—O 键的键力常数相近(均按 5 $N \cdot cm^{-1}$ 计),计算三种键的基本振动频率,并解释所得结果。

解 因为

$$\mu_{C—C}=\frac{12\times 12}{12+12}=6$$

$$\mu_{C—N}=\frac{12\times 14}{12+14}=6.5$$

$$\mu_{C—O}=\frac{12\times 16}{12+16}=6.9$$

所以 $\nu_{C—C}=1\ 307\sqrt{5/6}=1\ 193(cm^{-1})$

同理 $\nu_{C—N}=1\ 146(cm^{-1})$,$\nu_{C—O}=1\ 112(cm^{-1})$

计算结果表明,当化学键的键力常数相近时,折合质量小的键振动频率较高。

需要指出的是,上面的处理过程是采用经典力学方法,用宏观小球模型来模拟一种微观现象,以便得到一个易于理解的宏观结果。真实的微观粒子运动必须用量子力学方法进行处理,远非上面的简单情况。例如在一个多原子分子中,不仅基团内外的化学键之间相互影响,而且由于内部结构因素及外部化学环境的不同,振动情况变得相当复杂。

尽管多原子分子的振动情况复杂,但总可以分解为若干简单的基本振动,使之分别对应一个基本振动频率。由 N 个原子组成的非线性分子的基本振动数为 $3N-6$,线性分子为 $3N-5$。

然而，并非每个基本振动形式（尽管它们都具有基本振动频率）都能在红外光谱图中出现一个红外吸收峰。由于只有发生偶极矩变化的振动才能引起可观察的红外谱带，所以，实际上吸收峰的数目远小于理论计算的振动数目。能引起偶极矩变化的振动称为红外活性振动，否则为非红外活性振动。

二、红外光谱产生的条件和振动形式

物质吸收红外辐射光必须具备下列条件：

（1）红外辐射能恰好相当于物质振动能级跃迁所需的能量；

（2）物质与红外辐射间应能相互作用，这种相互作用称为振动偶合，只有那些具有偶极矩变化的分子才有可能发生振动偶合，也才有可能吸收红外辐射。

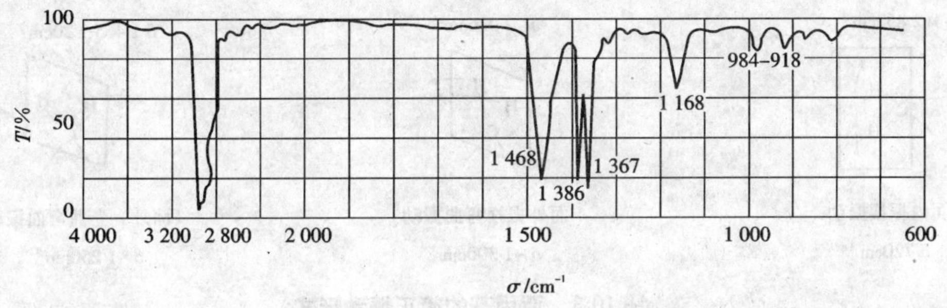

图 10-2 2,4 - 二甲基戊烷的红外光谱图

物质的分子是电中性的，由于各原子的价电子得失引起不同程度的电负性，从而使分子显示一定程度的极性。此外，各原子在平衡位置附近不停地振动，会使分子产生瞬间偶极矩变化。这种偶极矩变化具有与振动相同的频率，当这种频率与外界辐射能的频率相同时，分子就会与辐射间产生偶合作用而接受外界辐射能，使自身振动能增加，加剧振动，并可能引起分子从基态到激发态的跃迁，产生红外吸收峰。如果红外辐射的频率与分子偶极矩变化的频率不相同，这部分红外辐射就不会被吸收。因此，当用频率连续变化的红外光照射某样品时，由于上述原因使某些频率的红外光被吸收而强度减弱，而另一些频率范围的光不被吸收，强度无变化。把红外光通过样品后强度减弱或无变化的情况用红外分光光度计记录下来，就得到了该试样的红外吸收光谱图。图 10-2 为 2,4 - 二甲基戊烷的红外光谱图。

在图 10-2 中，各吸收峰的强度是不同的。一般 $T\%$ 为 10% 的峰为强吸收（记为 S），$T\%$ 在 40% ~60% 为中等吸收（M），T 为 60% ~80% 为弱吸收（W）。

吸收峰的强度受振动能级的跃迁几率和振动过程中偶极矩变化两个因素影响。例如，从基态到第一激发态的跃迁几率较大，产生的吸收一般较强，称为基频吸收；从基态向第二或更高的激发态的跃迁，尽管偶极矩变化较大，但能级的跃迁几率小，因此产生的吸收（称为倍频吸收）一般都是弱峰。

特别需要指出的是，同是基频吸收，其中偶极矩变化大的，相应的峰较强。一般情况下，化学键两端连接的原子电负性相差较大的，或分子的对称性较差、伸缩振动时的偶极矩变化较大的，产生的吸收峰较强。典型的例子是 C═O 和 C═C 基，显而易见，前者的吸收峰强度比后者强得多。

前面提到非线性分子共有 $3N-6$ 种基本振动形式（线性分子有 $3N-5$ 种），为方便起见，可将这些基本振动分为伸缩振动和弯曲振动两种类型。

当原子沿着价键方向来回运动，即键长变化而键角不变的振动称为伸缩振动，记为 ν。伸缩振动分成对称伸缩振动(ν_s)和反对称伸缩振动(ν_{as})。

弯曲振动指原子垂直于价键方向的振动，又称为变形振动，常用 δ 表示。弯曲振动又分为面内和面外两种。现以亚甲基为例，图示各种振动(图 10-3)。

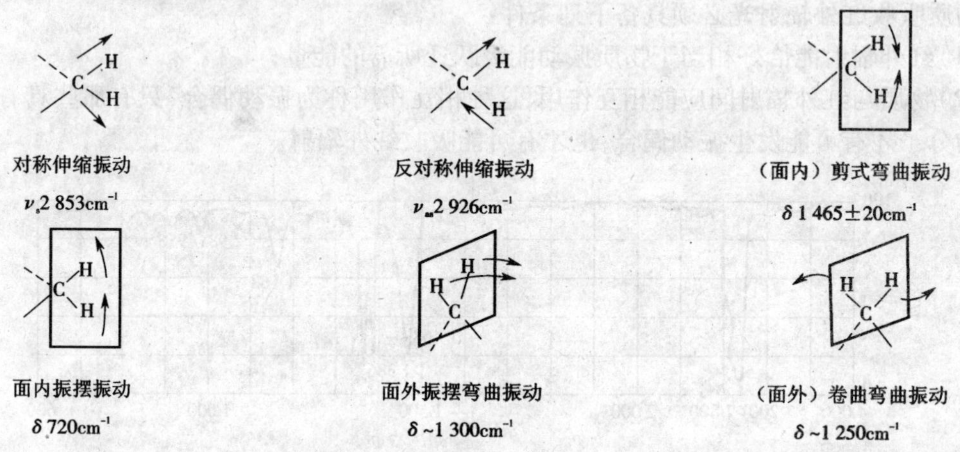

图 10-3　亚甲基的简正振动形式

例 3　推测 CO_2 分子的基本振动理论数和红外谱图中可能出现的吸收峰数目，并画出振动形式示意图。

解　CO_2 为线性分子，基本振动数为

$$3N-5=3\times3-5=4(\text{种})$$

振动形式为

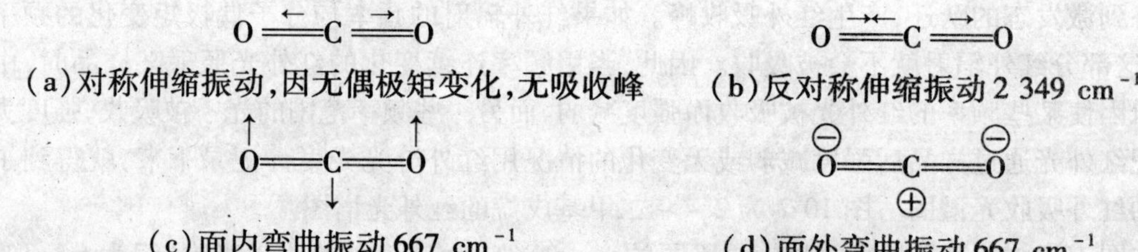

虽然有四种基本振动形式，但因为对称伸缩振动偶极矩变化为零，不产生红外吸收；而(c)和(d)吸收频率一样，发生简并。因此，红外谱图上只出现 667 cm^{-1} 和 2 349 cm^{-1} 两个基频吸收峰。

上例还可引伸出下面的结论：大多数化合物在红外光谱图中出现的峰数远小于理论计算出的振动数。原因是：

(1) 对称性强的分子偶极矩变化很小或为零，不产生红外吸收；

(2) 相同频率的振动吸收重叠，产生简并；

(3) 有些吸收峰落于仪器检测范围之外，某些振动频率之间非常接近或非常弱，以致于难以区分或检测不出来。

三、影响基团频率的因素

从理论上讲,尽管可以从振动方程计算各基团的基本振动频率,但在多原子分子中,由于内部结构的复杂性以及外部环境的微小变化,都会对折合质量和键力常数产生影响,因而无法一一计算。即使是对同一基团而言,基团频率在红外谱图中也只在其中心值附近的一定范围内出现。这无疑会对解析红外谱图带来困难。如果能把影响基团频率变化的因素搞清楚,将有助于了解基团邻近的分子结构。

在众多的基团中,较有代表性且研究得较成熟的是羰基的伸缩振动。下面简要介绍影响峰位变化的内部因素和外部因素。

1. 内部因素对基团频率的影响

1)电子效应

电子效应包括诱导效应(I)、共轭效应(M)和场效应(F)。它们对基团频率影响的共同点都是由于化学键的电子云分布不均匀,造成键力常数改变而引起的。

(1)诱导效应

例4　观察以下几个化合物中 C ═O 频率的升高现象,并分析原因。

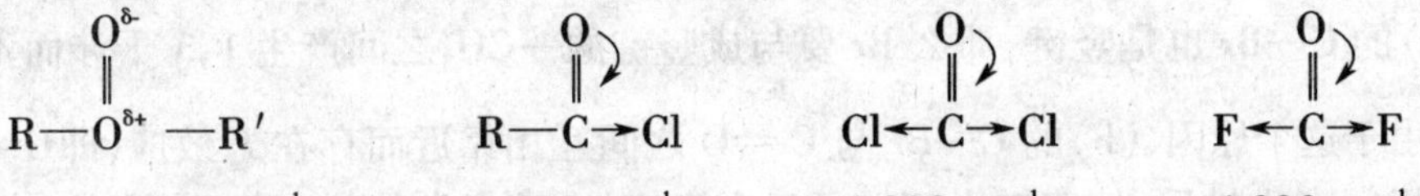

R—C(═$O^{\delta-}$)$^{\delta+}$—R′　　R—C(═O)→Cl　　Cl←C(═O)→Cl　　F←C(═O)→F

$\nu_{C=O}$　1 715 cm^{-1}　　1 800 cm^{-1}　　1 828 cm^{-1}　　1 928 cm^{-1}

解　从有机化学中知道,C ═O 电子云密度偏向于氧,$\nu_{C=O}$ = 1 715 cm^{-1},并以此为基准进行比较。

当 C ═O 上的烷基被卤素取代,从一个到两个,由氯变到氟,吸电子的诱导作用不断增强,使电子云由氧向双键中间偏移,相当于加强了双键性,从而增加了键力常数,所以振动频率逐渐升高。

(2)共轭效应

共轭体系具有平面性,从而使电子云密度平均化,使得中间的单键略有缩短而具有一定双键性,双键略有伸长(即电子云的密度降低),结果导致键力常数减小,使振动频率降低。

例如,下列各化合物由于双键或苯环与 C ═O 共轭,引起键力常数减小,频率降低。

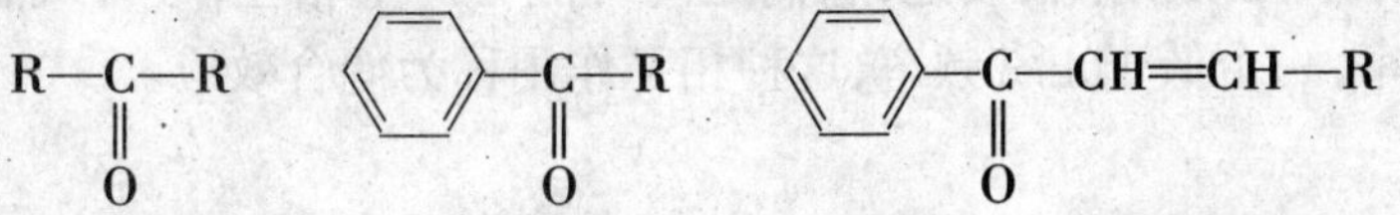

R—C(═O)—R　　C_6H_5—C(═O)—R　　C_6H_5—C(═O)—CH═CH—R

值得提出的是,有时在化合物中,I 效应与 M 效应同时存在。如果二者方向不一致,这时应考虑哪个效应起主导作用。例如,饱和酯的 $\nu_{C=O}$ 为 1 735 cm^{-1},比酮(1 715 cm^{-1})高,就是由于 I 效应大于 M 效应,二者的净效应使得电子云密度由氧移向双键中间,使键力常数增加。

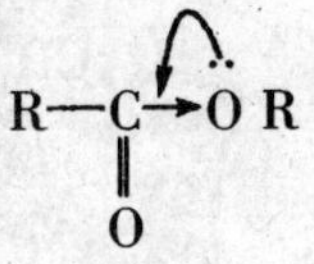

R—C(═O)←$\ddot{O}$ R　　$I>M$

1 735 cm^{-1}

而酰胺 R—C(=O)—NH₂ 却是 *M* 效应大于 *I* 效应的例子。

(3)场效应

I 效应与 *M* 效应都是通过化学键起作用的,场效应则通过分子内的空间来影响基团的吸收频率。分子内由于相互靠近的基团之间存在着空间静电作用而影响吸收频率的效应称为场效应。

例如下列两个化合物的 C═O 吸收频率不同:

(a) $\nu_{C=O}$ 1 716 cm^{-1}　　(b) $\nu_{C=O}$ 1 728 cm^{-1}

环已酮和4,4－二甲基环已酮的 $\nu_{C=O}$ 都是1 712 cm^{-1},但是前者的2－溴化物(a)$\nu_{C=O}$为1 716 cm^{-1},而后者的2－溴代物(b)是1 728 cm^{-1}。原因是(a)的 C—Br 是竖键,而(b)的是横键。若(b)的 C—Br 也是竖键,那么 Br 要与成竖键的—CH_3之间产生1,3 干涉而不稳定。

正是由于这个原因,(b)的 C—Br 与 C═O 之间互相靠近而存在 *F* 效应,即 $\overset{\delta^+}{C}=\overset{\delta^-}{O}$ 与 $\overset{\delta^+}{C}-\overset{\delta^-}{Br}$ 的两个偶极间产生排斥,使双键中间电子云密度增加,键力常数变大,$\nu_{C=O}$较高。

2)氢键

羰基和羟基之间易形成氢键,使 $\nu_{C=O}$降低。例如,游离的羧酸 $\nu_{C=O}$在 1 760 cm^{-1}左右,而在液态或固态时,由于氢键形成了二聚体,结果 $\nu_{C=O}$ 都在 1 700 cm^{-1}左右:

R—COOH (游离)　　R—C(=O···H—O)(—O—O···H)=O—R (二聚体)

$\nu_{C=O}$ 1 760 cm^{-1}　　$\nu_{C=O}$ 1 700 cm^{-1}

3)偶合效应

适当结合的两个基团,若原来振动频率很接近,它们之间可能会产生相互作用,从而使谱线裂分为二,一个高于正常频率,一个低于正常频率,这种相互作用称为偶合效应。

例如酸酐的两个羰基:

CH_3—C(=O)—O—C(=O)—CH_3 反对称偶合效应　　CH_3—C(=O)—O—C(=O)—CH_3 对称偶合效应

$\nu_{C=O}$ 1 828 cm^{-1}　　$\nu_{C=O}$ 1 750 cm^{-1}

4）费米共振

当一个振动的倍频与另一个振动的基频接近时，因发生相互作用而产生很强的吸收峰或者发生裂分，这种现象称为费米（Fermi）共振。例如 C_6H_5—COCl 的 $\nu_{C=O}$ 为 1 773 cm^{-1} 和 1 736 cm^{-1}，就是由于 $\nu_{C=O}$（1 774 cm^{-1}）和 C_6H_5—COCl 间的 C—C 弯曲振动（880 cm^{-1} ~ 860 cm^{-1}）的倍频发生费米共振，使 C ═O 峰裂分。

影响基团吸收频率的原因除上述各点外，还有空间阻碍及环张力等因素，需视具体情况分析。

2. 外部因素对基团频率的影响

外部因素主要指测定时物质的状态以及溶剂效应等因素。同一化合物的气态和液态光谱，或者液态和固态光谱，以及采用不同溶剂时，均会造成谱图的差异。尤其在查阅标准图谱时，更要注意这一点。

10-2 典型红外谱带吸收范围

物质的红外谱图是分子结构的反映，谱图中出现的吸收峰与分子中各基团的振动形式相对应。但是，多原子分子的红外光谱与其结构的对应关系相当复杂，难以由振动方程计算解决，只能从大量已知化合物的红外光谱中总结出各种基团吸收位置的规律。

本节按波数由高到低的顺序简明地叙述这些经验规律，并将常见基团的主要吸收峰频率汇总在图 10-4 上，以便于比较和记忆。

一、X—H 伸缩振动区（4 000 ~ 2 500 cm^{-1}）

X 可以是 O、N、C 或 S 原子。O—H 基的伸缩振动出现在 3 650 ~ 3 200 cm^{-1}范围内，它可以作为判断醇、酚和有机酸的重要依据。此处要注意 N—H 伸缩振动也被包含在内（3 500 ~ 3 100 cm^{-1}）。

对醇和酚而言，当它们溶于非极性溶剂（如 CCl_4）中，浓度小于 0. 01 mol · L^{-1}时，将出现游离 O—H 伸缩振动吸收（3 650 ~ 3 580 cm^{-1}），峰形较尖锐。当浓度增加时，由于缔合使峰形变得宽而强，且移向 3 400 ~ 3 200 cm^{-1}范围内。

C—H 键的伸缩振动以 3 000 cm^{-1}为界，饱和 C—H 出现在 2 960 cm^{-1}（ν_s）和 2 870 cm^{-1}（ν_{as}）附近；不饱和 C—H 键（如苯环 C—H 键，双、叁键上的 C—H 键）在 3 010 ~ 3 100 cm^{-1}附近，中等强度，端基炔 ≡C—H 的伸缩振动在 3 300 cm^{-1}附近。

二、叁键和累积双键区（2 500 ~ 1 900 cm^{-1}）

这一区域出现的吸收，主要包括 —C≡C 、—C≡N 等三键的伸缩振动及—C═C═C、—C ═C ═O 等累积双键的伸缩振动。对于炔类化合物，可分成 R—C≡CH 和 R′—C≡C—R 两种类型，前者的伸缩振动出现在 2 100 ~ 2 140 cm^{-1}附近，而后者出现在 2 190 ~ 2 260 cm^{-1}附近。如果 R′ = R，因为分子是对称的，则是非红外活性的。 —C≡N 基的伸缩振动在非共轭的情况下出现在 2 240 ~ 2 260 cm^{-1}附近，当与芳环或不饱和键共轭时，移至 2 220 ~ 2 230 cm^{-1}附近。

三、双键伸缩振动区(1 900 ~ 1 200 cm^{-1})

C ═C 键(链烯)的伸缩振动在 1 680 ~ 1 620 cm^{-1}附近,但强度一般较弱,若是对称结构,甚至为非红外活性。值得注意的是 $RCH═CH_2$ 型烯的 C—H 弯曲振动为 990 cm^{-1} 和 910 cm^{-1}的强吸收;而 $R_2C═CH_2$ 端基 C—H 弯曲振动为 890 cm^{-1}(S)。以上两种弯曲振动的倍频在 1 800 ~ 1 870 cm^{-1}附近(M),可为判定这类化合物的佐证。反式 RHC═CHR(R、H 分处双键两侧)在 960 cm^{-1}处的峰为 C—H 弯曲振动吸收。以上这些对判断烯烃的种类很有帮助。

单核芳烃的 C ═C 伸缩振动吸收常能观察到三个吸收带:1 600 cm^{-1}(M)、1 500 cm^{-1}(S)、1 580 cm^{-1}(W)。最后一个弱吸收带有时被掩盖或作为肩峰出现。这些峰对确定芳环很有价值。

对取代苯的指认常需借助于其指纹区的吸收情况,可以参考图 10-4 来确定取代类型。

此外,C ═O 基的伸缩振动吸收十分特征,一般为强吸收,在 1 850 ~ 1 600 cm^{-1}区域内。

酸酐的 C ═O 基由于费米共振分裂为二。

酯类的 C ═O 吸收出现在 1 750 ~ 1 725 cm^{-1}(S),但要注意其波数的变化。

脂肪族饱和醛羰基在 1 740 ~ 1 720 cm^{-1},而不饱和醛波数较低。此外,醛的 C—H 伸缩振动在 2 830 cm^{-1}和 2 720 cm^{-1}(尖,M)附近,极易识别。结合 $\nu_{C=O}$可作为是否有醛基存在的依据。

通常羧酸由于氢键作用,以二聚体形式存在,其 $\nu_{C=O}$在 1 725 ~ 1 700 cm^{-1}附近。

四、X—Y 伸缩振动和 X—H 弯曲振动区(<1 650 cm^{-1})

包括 C—H、N—H、C—O、C—X(卤素)的伸缩振动,以及 C—C 单键骨架振动。其中有关烯和取代苯的情况已于前面述及,其余介绍如下。

甲基的对称弯曲振动在 1 370 ~ 1 380 cm^{-1}附近,由于干扰少很易识别。此外,要注意异丙基(—$CH(CH_3)_2$)和偕二甲基(>$C(CH_3)_2$)在 1 380 cm^{-1}附近出现两个强度差不多的强吸收峰,很有特征性。在 1 170 cm^{-1},1 150 cm^{-1}(M)的吸收可以作为上述两基团存在的旁证,也很容易辨认。

C—O 的伸缩振动能与其他振动产生强烈的耦合,变动范围较大(1 300 ~ 1 000 cm^{-1}),常为谱图中的最强吸收,成为醇、酚、醚、酯的重要特征。但在这一区间的吸收峰较多,也给辨认造成一定困难。

其中对醇来说,可借此区分种类:1 050 cm^{-1}(S)附近为伯醇特征,1 100 cm^{-1}(S)附近为仲醇,1 150 cm^{-1}(S)附近为叔醇。酚多在 1 250 cm^{-1}(S)有吸收峰;而有 1 730 cm^{-1}(S)附近的羰基伸缩振动,又有 1 250 cm^{-1}(S)的吸收峰,则可能是酯类化合物。

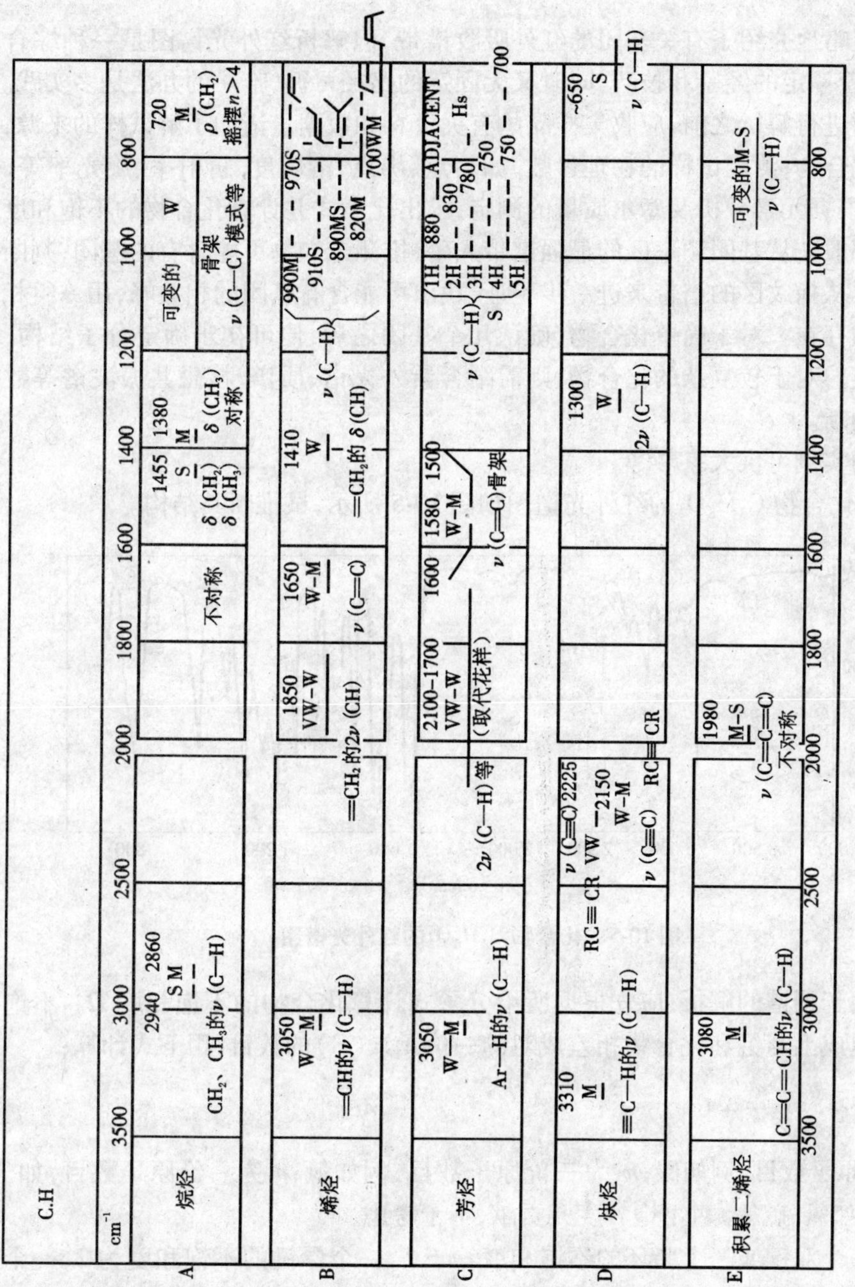

C.H

cm^{-1} 3500 3000 2500 2000 1800 1600 1400 1200 1000 800

A 烷烃
2940 2860 S M CH$_2$、CH$_3$的ν(C—H)
不对称
1455 S δ(CH$_2$) δ(CH$_3$)
1380 M δ(CH$_3$) 对称
可变的 W 骨架 ν(C—C) 模式等
720 M ρ(CH$_2$) 摇摆$n>4$

B 烯烃
3050 W—M ═CH的ν(C—H)
═CH$_2$的2ν(CH)
1850 VW-W
1650 W-M ν(C═C)
1410 W ═CH$_2$的δ(CH)
ν(C—H) 990M 970S 910S 890MS 820M 700WM

C 芳烃
3050 W—M Ar—H的ν(C—H)
2ν(C—H)等
2100–1700 VW-W (取代花样)
1600 1580 1500 W-M ν(C═C)骨架
ν(C—H) S 1H 2H 3H 4H 5H 880 830 780 750 750 ADJACENT Hs 700

D 炔烃
3310 M ≡C—H的ν(C—H)
RC≡CR VW ν(C≡C) 2225
2150 W-M ν(C≡C) RC≡CR
1300 W 2ν(C—H)
~650 S ν(C—H)

E 积累二烯烃
3080 M C═C═CH的ν(C—H)
1980 M-S ν(C═C═C) 不对称
可变的M-S ν(C—H)

3500 3000 2500 2000 1800 1600 1400 1200 1000 800

M—中；W—弱；S—强；V—可变

图10-4 典型有机化合物的红外吸收光谱范围

10-3 红外光谱解析实例

以上非常粗略地介绍了有关基团的红外吸收谱带,但解析红外光谱图是一种综合能力的体现,里面包含着一定的经验和技巧,同时又无固定的路径可循,唯一的办法是多实践。

在对光谱图进行解析之前,应收集样品的有关资料和数据。诸如了解试样的来源,以估计其可能是哪类化合物;测定试样的物理参数,如熔点、沸点、溶解度、折射率、旋光率等,作为定性分析的旁证;根据元素分析及摩尔质量的测定,求出化学式并计算化合物的不饱和度。

图谱解析一般先从基团频率区的最强谱带入手,推测未知物可能含有的基团,判断不可能含有的基团。再从指纹区的谱带来进一步验证,找出可能含有基团的相关峰,用一组相关峰来确认一个基团的存在。对于简单化合物,确认几个基团之后,便可初步确定分子结构,然后查对标准谱图核实。对于较复杂的化合物,则需结合紫外光谱、质谱、核磁共振波谱等数据才能得出较可靠的判断。

下面给出的实例可供大家参考。

例 5 有机化合物 $C_8H_8O_2$ 的红外光谱图如图 10-5 所示,试推断其结构。

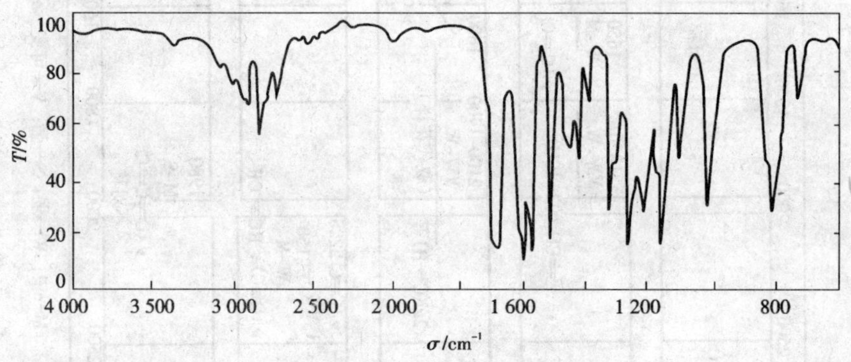

图 10-5 化合物 $C_8H_8O_2$ 的红外光谱图

解 为了便于图谱的解析,应先根据所给分子式计算化合物的不饱和度 Ω。不饱和度是指该化合物在组成上与饱和化合物相差成对的一价元素(H)的数目,用下式计算:

$$\Omega = n_4 + \frac{n_3 - n_1}{2} + 1 \tag{10-3}$$

式中:n_4 为四价原子数目,例如碳;n_3 为三价原子数目,例如氮;n_1 为一价原子数目,如氢、卤素等。二价原子(如氧、硫等)对不饱和度无贡献,不予考虑。

通常规定一个双键或一个脂环的不饱和度等于 1,一个叁键的不饱和度为 2,一个苯环的不饱和度为 4 等。根据不饱和度的计算结果,有助于判断化合物的结构,并可验证光谱解析结果是否合理。

对于本题,$\Omega = 8 + (0-8)/2 + 1 = 5$,不饱和度较大,提示可能含有苯环。

从谱图上看,3 000 cm^{-1} 左右有吸收,说明有 ═CH 或═C—H 基团;1 700 cm^{-1}(S),表明为 C ═O 基团,再结合 2 730 cm^{-1} 的特征吸收峰,说明为醛。

1 600 cm^{-1}(M)、1 520 cm^{-1}(S),1 460 cm^{-1}(M)说明有苯环存在;820 cm^{-1}(S),是对位

取代特征；1 390 cm^{-1}(W)是—CH_3存在特征峰。从分子式中扣除上述已知基团，得

$$C_8H_8O_2-(CHO+C_6H_4+CH_3)=O$$

因为该化合物无酯及羟基存在的特征峰，所以提出可能结构为

CH_3O—⟨苯环⟩—CHO

例 6　图 10-6 是某液体有机化合物 $C_4H_8O_2$ 的红外谱图，试推断其结构(已知 b. p. 为 77 ℃)

解　不饱和度 $\Omega=4+(0-8)/2+1=1$，估计含一个双键或环。结合图中 1 740 cm^{-1}(S)吸收，估计为 $\nu_{C=O}$ 吸收峰，故排除了存在脂环的可能性。

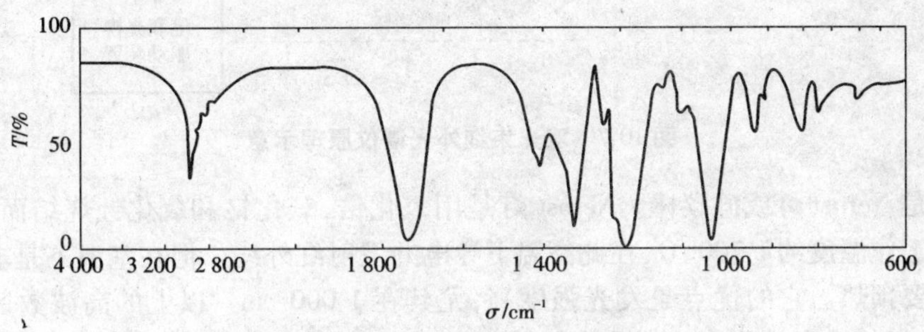

图 10-6　化合物 $C_4H_8O_2$ 的红外谱图

在 1 239 cm^{-1} 处有另一强吸收峰，该峰特宽，为 $\nu_{C=O}$ 吸收峰，很具特征。将这两个吸收峰结合起来，并根据 $n=1$，可初步判断该化合物为饱和酯类。

图中 3 000 cm^{-1} ~2 800 cm^{-1}(M)为饱和 C—H 伸缩振动吸收峰(注意不饱和化合物的 C—H 吸收峰大于 3 000 cm^{-1}，这是区别饱和与不饱和化合物的重要标志)，表明该化合物中可能含有—CH_3 和—CH_2—。1 375 cm^{-1}、1 460 cm^{-1} 处的两个吸收峰进一步证实了这一点。综上所述，可能的结构式有以下三种：

$$\mathrm{H{-}\overset{\overset{\displaystyle O}{\|}}{C}{-}OCH_2CH_2CH_3}\qquad \mathrm{CH_3{-}\overset{\overset{\displaystyle O}{\|}}{C}{-}OCH_2CH_3}\qquad \mathrm{CH_3CH_2{-}\overset{\overset{\displaystyle O}{\|}}{C}{-}OCH_3}$$

(a) b. p. 81. 3 ℃　　(b) b. p. 77. 1 ℃　　(c) b. p. 79. 7 ℃

在上述三种可能的结构中，(b)的沸点数据与已知条件最接近，因此(b)即为所求的结构式。从上例还可以看出，在一般情况下仅凭 IR 解析结构是不完全的，尚需参照其他实验数据。

10-4　红外光谱仪

目前主要有两类红外光谱仪，它们是色散型红外光谱仪和傅里叶(Fourier)变换红外光谱仪。色散型红外光谱仪的组成部件与紫外－可见分光光度计相似，但对每一个部件的结构、所用的材料及性能等与紫外－可见分光光度计不同。它们的排列顺序也略有不同，红外光谱仪的样品是放在光源和单色器之间；而紫外－可见分光光度计是放在单色器之后。

下图是色散型红外光谱仪原理的示意图。

1. 光源

红外光谱仪中所用的光源通常是一种惰性固体，用电加热使之发射高强度的连续红外辐

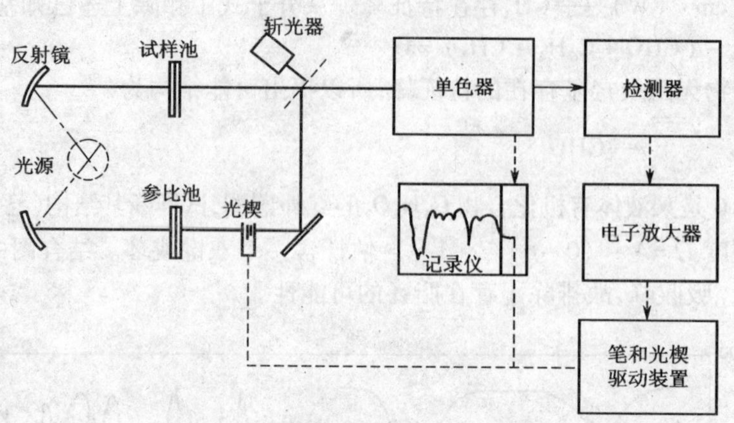

图 10-7 双光束红外光谱仪原理示意

射。常用的是 Nernst 灯或硅碳棒。Nernst 灯是用氧化锆、氧化钇和氧化钍烧结而成的中空棒或实心棒。工作温度约 1 700 ℃,在此高温下导电并发射红外线。但在室温下是非导体,因此在工作之前要预热。它的优点是发光强度高,尤其在 1 000 cm^{-1} 以上的高波数区,使用寿命长,稳定性较好。缺点是价格比硅碳棒贵,力学强度差,且操作不如硅碳棒方便。硅碳棒由碳化硅烧结而成,工作温度在 1 200 ~ 1 500 ℃。由于它在低波数区域发光较强,因此使用波数范围宽,可以低至 200 cm^{-1}。优点是坚固,发光面积大,寿命长。

2. 吸收池

因玻璃、石英等材料不能透过红外光,红外吸收池要用可透过红外光的 NaCl、KBr、CsI 等材料制成窗片。用 NaCl、KBr、CsI 等材料制成的窗片需注意防潮。固体试样常与纯 KBr 混匀压片,然后直接进行测定。

3. 单色器

单色器由色散元件、准直镜和狭缝构成。红外光谱仪常用几块光栅常数不同的光栅自动更换,使测定的波数范围更为扩展且能得到更高的分辨率。

4. 检测器

紫外 - 可见分光光度计中所用的光电管或光电倍增管不适用于红外区,因为红外光谱区的光子能量较弱,不足以引发光电子发射。现今常用的红外检测器是高真空热电偶、热释电检测器和碲镉汞检测器。

5. 记录系统

红外光谱仪一般都有记录仪自动记录谱图。现代的仪器都配有计算机,以控制仪器的操作、谱图中各种参数、谱图的检索等。

前面介绍的以光栅作为色散元件的红外光谱仪在许多方面已不能完全满足需要。由于采用了狭缝,光能受到限制,尤其在远红外区能量很弱;它的扫描速率太慢,使得一些动态的研究以及和其他仪器(如色谱)的联用发生困难;对一些吸收红外辐射很强的或者信号很弱的样品的测定及痕量组分的分析等,也受到一定的限制。随着光学、电子学,尤其是计算机技术的迅速发展,20 世纪 70 年代出现了新一代的红外光谱测量技术和仪器,它就是基于干涉调频分光的傅里叶变换红外光谱仪(Fourier transform infrared spectrometer, FTIR)。这种仪器不用狭缝,因而消除了狭缝对于通过它的光能的限制,可以同时获得光谱所有频率的全部信息。它具有许多优点：扫描速率快，测量时间短，适于对快速反应过程的追踪，也便于和色谱法联用；灵敏度高，检出限可达 $10^{-9}\sim10^{-12}$ g；分辨本领高，波数精度可达 0.01 cm^{-1}；光谱范围广，测定精度高，重复性好。

傅里叶变换红外光谱仪没有色散元件，主要由光源（硅碳棒、高压汞灯）、迈克尔逊干涉仪、检测器、计算机和记录仪等组成。核心部分是迈克尔逊干涉仪，它将光源来的信号以干涉图的形式送往计算机进行傅里叶变换的数学处理，最后将干涉图还原成光谱图。

10-5 试样的处理

能否获得一张满意的红外光谱图，除了仪器性能的因素外，试样的处理也十分重要。

红外光谱的试样可以是气体、液体或固体，一般应符合以下要求：

(1)试样应该是单一组分的纯物质，纯度应 >98% 或符合商业规格，这样才便于与纯物质的标准光谱进行对照。多组分试样应在测定前尽量预先用分馏、萃取、重结晶等方法进行分离提纯，再进行测试。

(2)试样中不应含有游离水。水本身有红外吸收，会严重干扰样品谱，而且会侵蚀盐窗。

(3)试样的浓度和测试厚度应选择适当，以使光谱图中的大多数吸收峰的百分透光度（$T\%$）在 10% ~80% 范围内。

1. 气体样品

对气体样品，可将它直接充入已抽成真空的样品池内。常用的样品池长度在 10 cm 以上。

2. 液体和溶液样品

纯液体样品可直接滴入两窗片之间形成薄膜后进行测定，这样可以消除由于加入溶剂而引起的干扰。

对于溶液，必须注意以下两点。

(1)制成池窗及样品池的材料必须与所测量的光谱范围相匹配。

(2)应正确选择溶剂。对溶剂的要求是：对样品要有良好的溶解度；溶剂的红外吸收不干扰测定。常用的溶剂为 CCl_4（测定范围 4 000 ~1 300 cm^{-1}）和 CS_2（测定范围 1 300 ~650 cm^{-1}），若样品不溶于 CCl_4 和 CS_2，可以采用 $CHCl_3$ 或 CH_2Cl_2。水不作为溶剂，因为它本身有吸收且会侵蚀池窗。配成的溶液一般较稀，约为 10%，便于测定。

3. 固体样品

常用以下方法。

1）压片法

将 1 ~2 mg 试样与 200 mg 纯 KBr 研细混匀，压成透明薄片，即可用于测定。试样和 KBr 都应经干燥处理，研磨到粒度小于 2 μm，以免散射光影响。KBr 在 4000 ~400 cm^{-1} 光区不产生吸收，因此可测绘全波段光谱图。

2）石蜡糊法

将干燥处理后的试样研细，与液体石蜡或全氟代烃混合，调成糊状，夹在盐片中测定。

3）薄膜法

主要用于高分子化合物的测定。可将它们直接加热熔融后涂制或压制成膜。也可将试样溶解在低沸点的易挥发溶剂中，涂在盐片上，待溶剂挥发后成膜来测定。

10-6 红外光谱法的应用

红外光谱法广泛用于有机化合物的定性鉴定和结构分析。

一、定性分析

1. 已知物的鉴定

将试样的谱图与标样的谱图进行对照,或者与文献上的标准谱图进行对照。如果两张谱图各吸收峰的位置和形状完全相同,峰的相对强度一样,就可以认为样品是该种标准物。如果两张谱图不一样,或峰位不对,则说明两者不为同一物,或样品中有杂质。如用计算机谱图检索,则采用相似度来判别。使用文献上的谱图,应当注意试样的物态、结晶状态、溶剂、测定条件以及所用仪器类型均应与标准谱图相同。

2. 未知物结构的测定

测定未知物的结构,是红外光谱法定性分析的一个重要用途。如果未知物不是新化合物,可以通过两种方式利用标准谱图来进行查对:一种是查阅标准谱图的谱带索引,寻找与试样光谱吸收带相同的标准谱图;另一种是进行光谱解析,判断试样的可能结构,然后再由化学分类索引查找标准谱图对照核实。

3. 几种标准图谱集

最常见的标准图谱集有 3 种:①Sadtler 标准红外光谱集;②Aldrich 红外图谱库;③Sigma Fourier 红外光谱图库。

二、定量分析

红外光谱定量分析是依据物质组分的吸收峰强度来进行的,它的理论基础是比尔定律。用红外光谱作定量分析的优点是有许多谱带可供选择,有利于排除干扰;对于物理和化学性质相近,而用气相色谱法进行定量分析又存在困难的试样(如沸点高,或气化时要分解的试样)往往可采用红外光谱法定量;而且气体、液体和固态物质均可用红外光谱法测定。

红外光谱定量分析时吸光度的测定常用基线法,见图 10-8。假定背景吸收在试样吸收峰两侧不变,T_0为 3 050 cm^{-1}处吸收峰基线的百分透光度,T 为峰顶的百分透光度,则吸光度为

$$A = \lg \frac{T_0}{T} = \lg \frac{93}{15} = 0.79$$

一般用校准曲线法或者与标样比较来定量。测量时由于试样池的窗片对辐射的反射和吸收,以及试样的散射会引起辐射损失,因此必须对这种损失进行补偿或校正。此外,试样的处理方法和制备的均匀性都必须严格控制,以使其一致。

10-7 激光拉曼光谱法简介

拉曼光谱(Raman spectrum)是建立在拉曼散射效应基础上的光谱分析方法。由于拉曼效应太弱等原因,使这种研究分子结构的手段的应用和发展受到严重的影响。直到 1960 年激光问世并将这种新型光源引入拉曼光谱后,使它克服了以前的缺点,在生物医学、半导体、药物、化工材料等领域得到广泛应用。

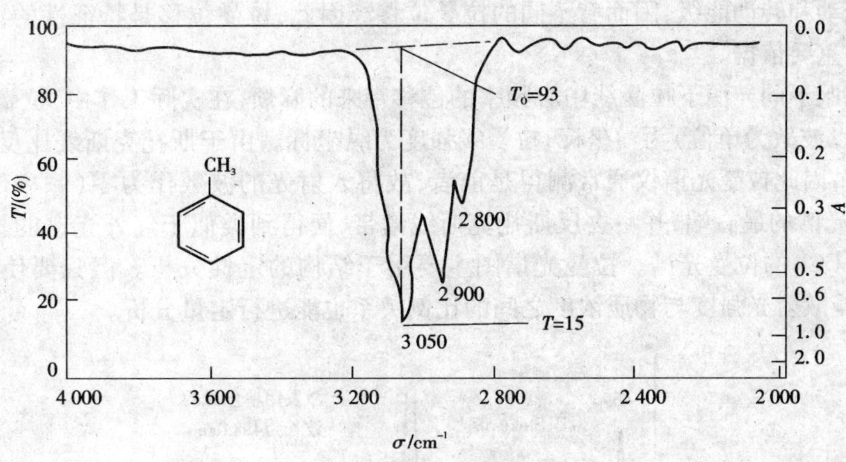

图 10-8　甲苯红外光谱图

一、基本原理

当频率为 ν_0 的单色光照射到样品上以后，仅有 0.1% 的入射光子与样品分子发生弹性碰撞后，光子的频率并未改变，即散射光频率与入射光频率相同，而只是向各个方向散射，这种散射称为瑞利(Rayleigh)散射。但是在入射光与样品分子之间发生的 10^6 次碰撞中，约有 1 次属于非弹性碰撞，即光子与分子间发生能量交换，使光子不但改变了方向，而且其能量有增加或减少，频率也不再是 ν_0。这种散射称为拉曼散射，相应的谱线称为拉曼散射线(拉曼线)。研究拉曼散射线的频率与分子结构之间关系的方法，称为拉曼光谱法。

从图 10-9 可以进一步理解拉曼散射和瑞利散射。发生拉曼散射时，光子与物质分子产生非弹性碰撞，它们之间产生能量交换。光子不但发生了方向的改变，而且能量会减少或增加。当入射光子($h\nu_0$)把处于 E_2 能级的分子激发到 $E_2+h\nu_0$ 能级，因这种能态不稳定而跃回 E_1 能级，其结果是分子获得了 E_1 与 E_2 的能量差，而光子就损失这部分能量，使散射光频率小于入射光频率，此即斯托克斯(Stokes)线。当入射光子($h\nu_0$)把处于 E_1 能级的分子激发 $E_1+h\nu_0$ 能级，因这种能级不稳定而很快跃回到 E_2 能级。这时分子损失 E_1 与 E_2 的能量差，光子获得了这部分能量。结果是散射光的频率比入射光的频率大，即为反斯托克斯线。斯托克斯线(或反斯托克斯线)的频率与入射光频率之差 $\Delta\nu$，称为拉曼位移。对应的斯托克斯线与反斯托克斯线的拉曼位移相等。按玻尔兹曼统计，室温时处于振动激发态的概率不足 1%，因此斯托克斯线的强度要比反斯托克斯线强得多。

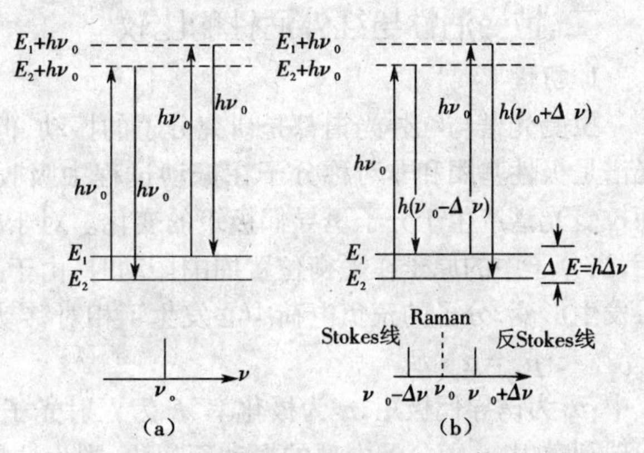

图 10-9　瑞利散射与拉曼散射的能级图
(a)瑞利散射　(b)拉曼散射

同一种物质分子，随着入射光频率的改变，拉曼线的频率也改变，但拉曼位移 $\Delta\nu$ 始终保持不变，因此拉曼位移与入射光频率无关，与物质分子的振动和转动能级有关。不同物质分子有不同的振动和转动能级，因而有不同的拉曼位移。因此，拉曼位移是特征性的，可作为研究分子结构的重要依据。

为了克服不同光源下拉曼线中心频率的位移带来的麻烦，在实际工作中，拉曼光谱图常以拉曼位移（以波数为单位）为横坐标，拉曼线强度为纵坐标。由于斯托克斯线比反斯托克斯线强度大很多，因此拉曼光谱仪通常测得是前者，故将入射光的波数作为零（频率位移的标准，即 ν_0）写在光谱的最右端，并略去反斯托克斯线谱带，便得到类似于红外光谱的拉曼光谱图，图 10-10 是 CCl_4的拉曼光谱。拉曼光谱图主要用于结构的定性分析。但只要使实验条件恒定，利用拉曼散射光强度与物质浓度之间的比例关系也能进行定量分析。

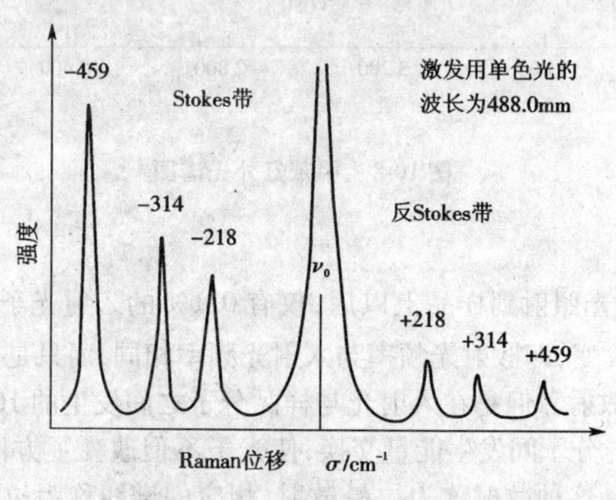

图 10-10　CCl_4的拉曼光谱

二、拉曼活性与红外活性的比较

1. 机理

拉曼光谱与红外光谱都是研究分子的振动，但它们产生的机理却截然不同。如前述，红外光谱是极性基团和非对称分子在振动过程中吸收红外辐射后，发生偶极矩的变化而形成的。而拉曼光谱产生于分子诱导偶极矩的变化。对于非极性基团或全对称分子，其本身没有偶极矩，当分子中的原子在平衡位置周围振动时，由于入射光子的外电场的作用，使分子的电子壳层发生形变，分子的正负电荷中心发生了相对移动，形成了诱导偶极矩，即产生了极化现象。

$$\mu_1 = \alpha \cdot E \tag{10-4}$$

式中：μ_1为诱导偶极矩，α 为极化率，E 为入射光子的电场强度。α 与分子内部的振动无关，则为瑞利散射；α 随分子内部的振动而变化，则为拉曼散射。

表 10-1 和表 10-2 是 CO_2和 H_2O 的基本振动模式。线性 CO_2分子有 4 种基本振动形式，简并后有 3 种。非线性的 H_2O 分子有 3 种基本振动形式。

表 10-1 CO_2 的振动模式

振动模式	O＝C＝O		极化率	Raman	偶极矩	红外
对称伸缩	O→C←O		变化	活性	不变	非活性
非对称伸缩	O→←C←O		不变	非活性	变化	活性
弯曲	简并	O ↑C O↓	不变	非活性	变化	活性
		O↑ C O↓（+ − +）	不变	非活性	变化	活性

表 10-2 H_2O 的振动模式

振动模式	H–O–H	极化率	Raman	偶极矩	红外
对称伸缩	H↙O↘H	变化	活性	变化	活性
非对称伸缩	H↗O↘H	变化	活性	变化	活性
弯曲	↖H O H↗	变化	活性	变化	活性

一般可用下面的规则来判别分子的拉曼或红外活性：①凡具有对称中心的分子，如 CS_2 和 CO_2 等线性分子，红外和拉曼活性是互相排斥的，若红外吸收是活性的则拉曼散射是非活性的，反之亦然；②不具有对称中心的分子，如 H_2O、SO_2 等，其红外和拉曼活性是并存的，当然，在两种谱图中各峰之间的强度比可能有所不同；③少数分子的振动，其红外和拉曼都是非活性的；例如平面对称分子乙烯的扭曲振动，既没有偶极矩变化，也不产生极化率的改变。

2. 红外光谱与拉曼光谱

大多数有机化合物具有不完全的对称性，因此它的振动方式对于红外和拉曼都是活性的，并在拉曼光谱中所观察到的拉曼位移与红外光谱中所看到的吸收峰的频率也大致相同。例如，图 10-11 是反式 1,2－二氯乙烯红外和拉曼光谱的一部分。它的 $\nu_{C=C}$ 是红外非活性的，在拉曼光谱中则很清楚（1 580 cm^{-1}）。同样，C—Cl 对称伸缩振动是红外非活性的，在拉曼光谱中也很清楚（840 cm^{-1}）。C—C1 不对称伸缩振动（895 cm^{-1}）是红外活性的，却是拉曼非活性的。两种 C—H 弯曲振动 δ(C—H) 分别出现在 1 200 cm^{-1}（红外）和 1 270 cm^{-1}（拉曼）。

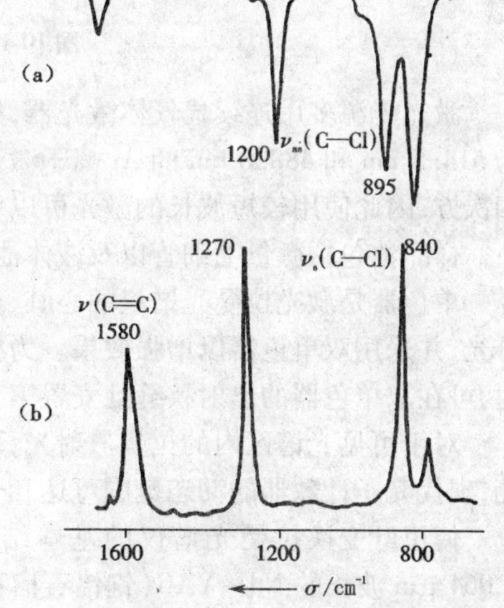

图 10-11 反式 1,2－二氯乙烯红外和拉曼光谱
(a)红外光谱 (b)拉曼光谱

N—H、C—H、C≡C 及 C ═C 等伸缩振动在拉曼与红外光谱上基本一致，只是对应峰的强弱有所不同。如果有一些振动只具红外活性，而另一些振动仅有拉曼活性，那么，为获得更完全的分子振动的信息，通常需要红外光谱和拉曼光谱的相互补充。如强极性键—OH、—C ═O、—C—X 等在红外光谱中有强烈的吸收带，但在拉曼光谱中却没有反映。对于非极性但易于极化的键，如—N ═C—、—S—S—、—N ═N—等在红外光谱中根本不能或不能明显反映，在拉曼光谱中则有明显的反映。

三、激光拉曼光谱仪

激光拉曼光谱仪的基本组成有激光光源、样品池、单色器和检测记录系统四部分，并配有微机控制仪器操作和处理数据，其框图如图 10-12 所示。

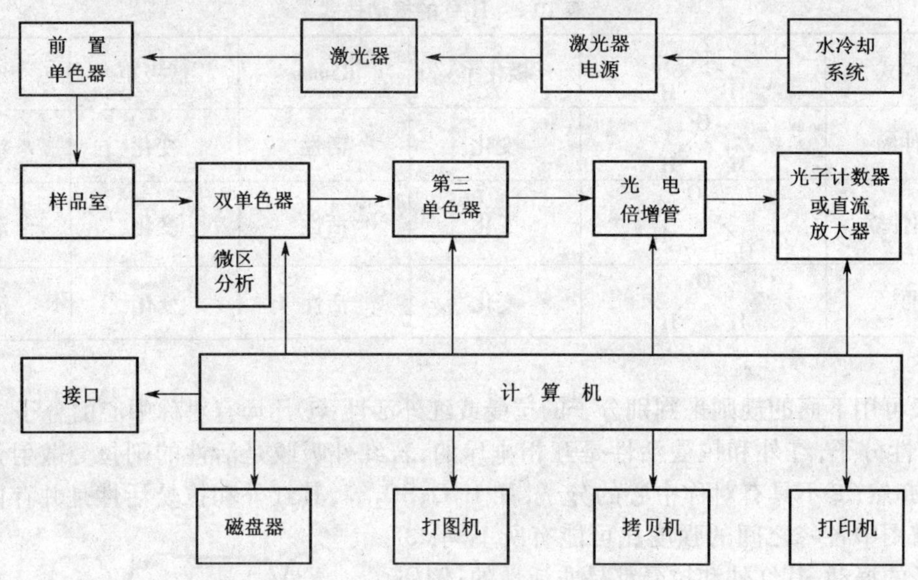

图 10-12 激光拉曼光谱仪框图

激光光源多用连续式气体激光器，如主要波长为 632.8 nm 的 He - Ne 激光器和主要波长为 514.5 nm 和 488.0 nm 的 Ar 离子激光器。和瑞利散射一样，拉曼散射的强度反比于波长的四次方，因此使用较短波长的激光可以获得较大的散射强度。

样品池包括微量毛细管以及液体池、气体池和压片样品架等。

单色器是激光拉曼光谱仪的心脏，要求最大限度地降低杂散光且色散性能好。常用光栅分光，并采用双单色器以增强效果。为检测拉曼位移为很低波数（离激光波数很近）的拉曼散射，可在双单色器的出射狭缝处安置第三单色器。

对于可见光谱区内的拉曼散射光，可用光电倍增管作为检测器。通常以光子计数进行检测，现代光子计数器的动态范围可达几个数量级。

傅里叶变换拉曼光谱仪的基本结构与普通可见光激光拉曼光谱仪相似，不同的是以 1.064 μm 波长的 Nd - YAG（钇铝石榴石）激光器代替了可见光激光器作光源，以及由干涉傅里叶系统代替分光扫描系统对散射光进行检测。检测器用高灵敏度的铟镓砷探头，并在液氮冷却下工作，从而大大降低了检测器的噪声；也可用电荷耦合器件进行多道检测。傅里叶拉曼光谱仪有以下新的特点：①避免荧光干扰，从而大大拓宽了拉曼光谱的应用范围；②提高光谱仪的测量精度；③消除瑞利谱线；④操作方便；⑤测量速度快；⑥能进行光谱数据处理。

四、拉曼光谱的应用

激光拉曼光谱已被广泛应用于许多领域，下面仅对化学领域中的某些应用进行简要介绍。

1. 有机物结构分析

红外光谱与拉曼光谱都反映了有关分子振动的信息，但由于它们产生的机理不同，红外活性与拉曼活性常常有很大的差异。两种方法互相配合互相补充可以更好地解决分子结构的测定问题。

—N ═N—、—C≡C— 、—C ═C—等基团，由于它们振动时偶极矩的变化均不大，因此红外吸收一般较弱，而它们的拉曼谱线则一般较强。因此可以用拉曼谱对这些基团的鉴定提供更为可靠的依据。对碳链或环的骨架振动，拉曼谱较红外谱具有较强的特征性。拉曼谱测定的是拉曼位移，即相对于入射光频率的变化值，在可见光区域，如使用第三单色器，拉曼位移可测到很低的波数，从而有助于结构的测定。另外，拉曼谱常较红外谱简单，且制样容易，固体、液体试样可直接测定。

2. 高分子聚合物的研究

激光拉曼光谱特别适合于高聚物碳链骨架或环的测定，并能很好地区分各种异构体，如单体异构、位置异构、几何异构、顺反异构等。对含有黏土、硅藻土等无机填料的高聚物，可不经分离而直接上机测量。

3. 生物大分子的研究

水的拉曼散射很弱，因此拉曼光谱对水溶液的生物化学研究具有突出的意义。激光光束可聚焦至很小的范围，测定样品的用量可低至几微克，并在接近于自然状态的极稀浓度下测定生物分子的组成、构象和分子间的相互作用等问题。拉曼技术已应用于测定如氨基酸、多糖、胰岛素、激素、核酸、DNA 等生化物质。

4. 定量分析

拉曼谱线的强度与入射光的强度和样品分子的浓度呈正比，当实验条件一定时，拉曼散射的强度与样品的浓度呈简单的线性关系。拉曼光谱的定量分析常用内标法来测定，检出限在 $\mu g \cdot mL^{-1}$ 数量级，可用于有机化合物和无机阴离子的分析。

思　考　题

1. 简述分子产生红外吸收的条件是什么？
2. 影响基团频率位移的主要因素有哪些？
3. CS_2是线性分子，试画出它的基本振动类型，并指出哪些振动是红外活性的。
4. 常用的红外光源有哪些？各有什么优缺点？
5. 简述傅里叶变换红外光谱仪与色散型红外光谱仪的最大区别是什么？前者具有哪些优点？
6. 试比较拉曼光谱和红外吸收光谱的异同点。

习 题

1. 某化合物分子式为 C_8H_7N，熔点为 29 ℃，其红外光谱如下图。试根据所标的主要吸收峰解析其结构。

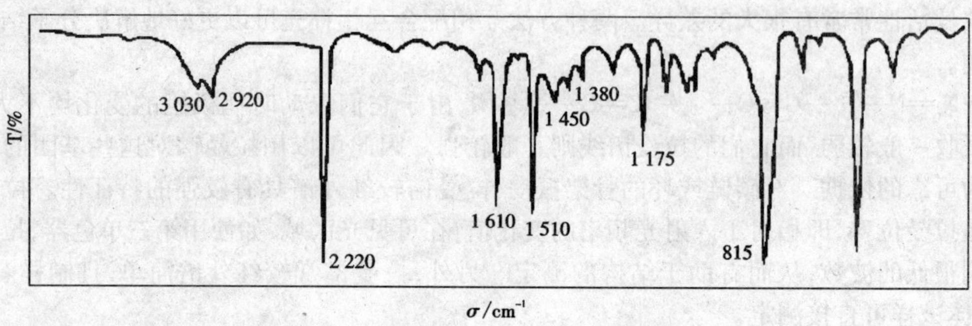

2. 分子式为 $C_9H_{10}O_2$ 的化合物红外光谱如下图，试推测其结构。

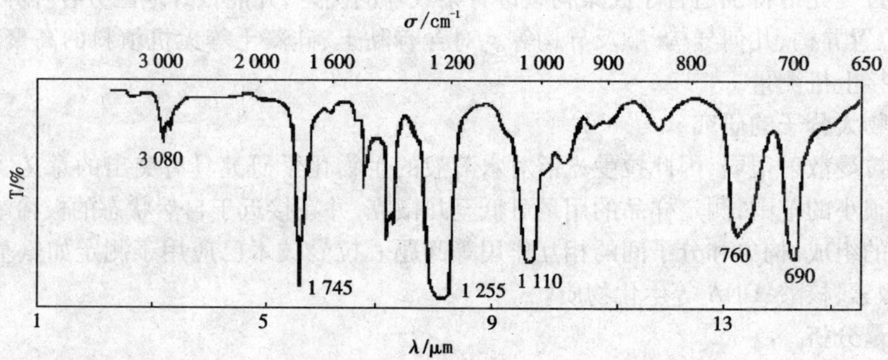

3. 试推断分子式为 $C_8H_{10}O$ 的结构式。

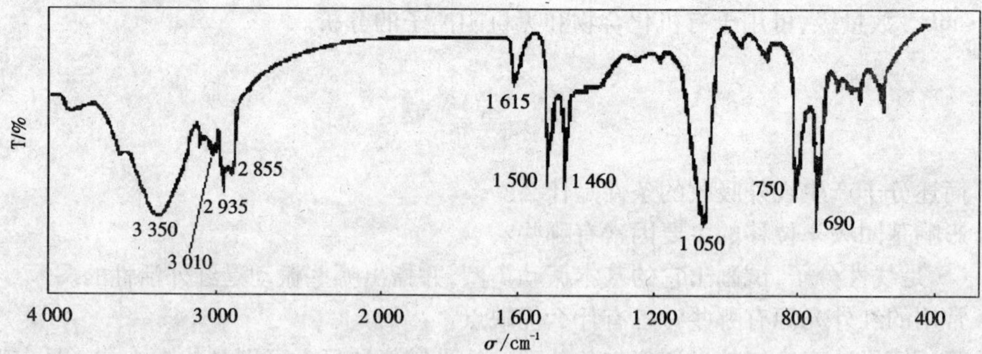

4. 根据下列红外光谱，推断分子式为 $C_4H_{10}O$ 的结构式。

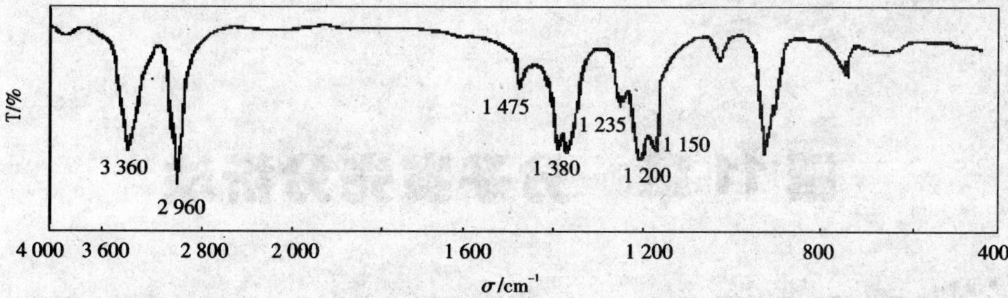
T/%
3 360
2 960
1 475
1 380
1 235
1 200
1 150
4 000
3 600
2 800
2 000
1 600
1 200
800
400
σ/cm⁻¹

第11章 分子发光分析法

基态分子吸收了一定能量后，跃迁至激发态，当激发态分子以辐射跃迁形式将其能量释放返回基态时，便产生分子发光(molecular luminescence)。依据激发的模式不同，分子发光分为光致发光、热致发光、场致发光和化学发光等。光致发光按激发态的类型又可分为荧光和磷光两种。本章只讨论分子荧光(molecular fluorescence)和化学发光(chemiluminescence)分析法。

11-1 分子荧光分析的基本原理

一、荧光的产生

处于分子基态单重态中的电子对，其自旋方向相反，当其中一个电子被激发时，通常跃迁至第一激发态单重态轨道上，也可能跃迁至能级更高的单重态上。这种跃迁是符合光谱选律的，如果跃迁至第一激发三重态轨道上，则属于禁阻跃迁。单重态与三重态的区别在于电子自旋方向不同，激发三重态具有较低能级。在激发单重态中，两个电子平行自旋，单重态分子具有抗磁性，其激发态的平均寿命大约为 10^{-8} s，而三重态分子具有顺磁性，其激发态的平均寿命为 10^{-4} ~ 1s(通常用S和T分别表示单重态和三重态)。处于激发态的电子，通常以辐射跃迁方式或无辐射跃迁方式再回到基态。辐射跃迁主要涉及到荧光、延迟荧光或磷光的发射；无辐射跃迁则是指以热的形式辐射其多余的能量，包括振动弛豫、内转换、系间窜跃及外转换等，各种跃迁方式发生的可能性及程度与荧光物质本身的结构及激发时的物理和化学环境等因素有关。

1)振动弛豫(vibrational relaxation)

它是指在同一电子能级中，激发态分子的电子由高振动能级失活至该电子能级的最低振动能级，而将多余的能量以热的形式发出。发生振动弛豫的时间为 10^{-12} s数量级。

2)内转换

当两个电子能级非常靠近以至其振动能级有重叠时，常发生电子由高能级以无辐射跃迁方式转换至低能级的现象。图11-1指出，处于高激发单重态的电子，通过内转移及振动弛豫，均跃回到第一激发单重态的最低振动能级。

3)荧光(fluorescence)发射

处于第一激发单重态中的电子跃回至基态各振动能级时，将得到最大波长为 λ_2' 的荧光。这一过程称为荧光发射。荧光的产生在 10^{-9} ~ 10^{-7} *s* 内完成。

4)系间窜跃(intersystem crossing)

指不同多重态间的无辐射跃迁，例如 $S_1 \rightarrow T_1$ 就是一种系间窜跃。通常，发生系间窜跃时，电子由 S_1 的较低振动能级转移至 T_1 的较高振动能级处。有时，通过热激发，有可能发生 $T_1 \rightarrow$

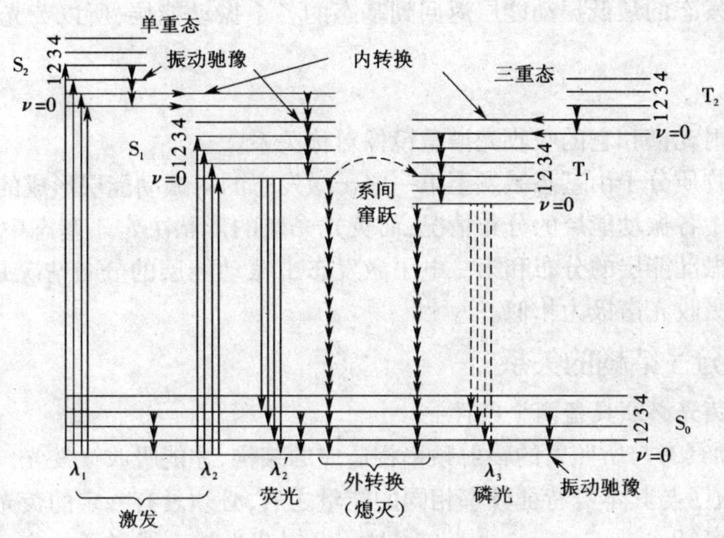

图 11-1　光致发光体系的部分能级图

S_1，然后由 S_1 发生荧光。这是产生延迟荧光的机理。

5）外转换（external canversion）

激发分子与溶剂分子或其他溶质分子的相互作用和能量转换而使荧光强度减弱甚至消失的过程称外转换。这一现象称为"熄灭"或"猝灭"（quenching）。

二、激发光谱和发射光谱

任何荧光化合物都具有两个特征光谱：激发光谱和发射光谱。它们是荧光定性和定量分析的基本参数和依据。

1. 激发光谱

荧光是光致发光，因此必须选择合适的激发光波长，可从它们的激发光谱曲线来确定。绘制激发光谱曲线时，选择荧光的最大发射波长为测量波长，改变激发光的波长，测量荧光强度的变化。以激发光波长为横坐标，荧光强度为纵坐标作图，即得到荧光化合物的激发光谱。激发光谱的形状与吸收光谱的形状极为相似，经校正后的真实激发光谱与吸收光谱不仅形状相同，而且波长位置也一样。这是因为物质分子吸收能量的过程就是激发过程。

2. 发射光谱

如果将激发光波长固定在最大激发光波长处，然后扫描发射波长，测定不同发射波长的荧光强度，即得到荧光发射光谱，简称荧光光谱。荧光发射光谱具有以下普遍特性。

1）Stokes 位移

在溶液中，分子荧光的发射峰相对于吸收峰位移到较长的波长，称为 *Stokes* 位移。这是由于受激分子通过振动弛豫而失去振动能，同时由于溶液中溶剂分子与受激分子的碰撞，也会有能量的损失。因此，在激发和发射之间产生了能量损失。

2）荧光发射光谱的形状与激发波长无关

因为分子吸收了不同能量的光子可以由基态激发到几个不同的电子激发态，从而具有几个吸收带。由于较高激发态通过内转换及振动弛豫回到第一电子激发态的几率较高，远大于由高能激发态直接发射光子的速度，故在荧光发射时，不论用哪一个波长的光辐射激发，电子都从第一电子激发态的最低振动能层返回到基态的各个振动能层，所以荧光发射光谱与激发波长无关。

3）镜像规则

通常荧光发射光谱和它的吸收光谱呈镜像对称关系。

吸收光谱是物质分子由基态激发至第一电子激发态的各振动能层形成的。其形状决定于第一电子激发态中各振动能层的分布情况，而荧光光谱的形状决定于基态中各振动能层的分布情况。基态中振动能层的分布和第一电子激发态中振动能层的分布情况是类似的，因此荧光光谱的形状和吸收光谱极为相似。

三、荧光和分子结构的关系

1. 分子产生荧光必须具备两个条件

（1）分子必须具有与所照射的辐射频率相适应的结构，才能吸收激发光。

（2）分子吸收了与其本身特征频率相同的能量之后，必须具有一定的荧光量子产率。

荧光量子产率（fluorescence quantum yield）φ 也叫荧光效率或量子效率，它表示物质发射荧光的能力，通常用下式表示

$$\varphi = \frac{\text{发射的光量子数}}{\text{吸收的光量子数}} = \frac{\text{荧光强度}(I_f)}{\text{吸收的光强}(I_a)} \tag{11-1}$$

在产生荧光的过程中，涉及许多辐射和无辐射跃迁过程，如荧光发射、内转换，系间窜跃和外转换等。很明显，荧光的量子产率，将与上述每一个过程的速率常数有关。

若用数学式来表达这些关系，得到

$$\varphi = \frac{K_f}{K_f + \sum K_i} \tag{11-2}$$

式中：K_f 为荧光发射过程的速率常数；$\sum K_i$ 为其他有关过程的速率常数的总和。凡是能使 K_f 值升高而使其他 $\sum K_i$ 值降低的因素，都可增强荧光。实际上，对于高荧光分子，例如荧光素，其量子产率在某些情况下接近 1，说明 $\sum K_i$ 很小，可以忽略不计。一般来说，K_f 主要取决于化学结构，而 $\sum K_i$ 则主要取决于化学环境，同时也与化学结构有关。

2. 荧光与有机化合物的结构

1）跃迁类型

实验表明，大多数荧光化合物都是由 $\pi \to \pi^*$ 或 $n \to \pi^*$ 跃迁激发，然后经过振动弛豫或其他无辐射跃迁，再发生 $\pi^* \to \pi$ 或 $\pi^* \to n$ 跃迁而产生荧光，其中 $\pi^* \to \pi$ 跃迁的荧光效率较高。

2）共轭效应

含有 $\pi \to \pi^*$ 跃迁能级的芳香族化合物的荧光最强。这种体系中的 π 电子共轭程度越大，则 π 电子非定域性越大，越易被激发，荧光也就越易发生，而且荧光光谱将向长波移动。所以绝大多数能发生荧光的物质含有芳香环或杂环；除少数高共轭体系外，能发生荧光的脂肪族和脂环族化合物极少。任何有利于提高 π 电子共轭程度的结构改变，都将提高荧光效率，并使荧光波长向长波方向移动。

3）刚性平面结构

多数具有刚性平面结构的有机分子具有强烈的荧光。因为这种结构可以减少分子的振动，使分子与溶剂或其他溶质分子的相互作用减少，也就减少了碰撞去活的可能性。

4)取代基效应

芳香族化合物苯环上的不同取代基对该化合物的荧光强度和荧光光谱有很大的影响。

给电子基团,如—OH、—OR、—CN、—NH_2、—NR_2等,使荧光增强。因为产生了 p-π 共轭作用,增强了电子共轭程度,使最低激发单重态与基态之间的跃迁几率增大。

吸电子基团,如—COOH、—NO、—C ═O、卤素等,会减弱甚至猝灭荧光。

卤素取代基随原子序数的增加而荧光降低。这可能是由所谓"重原子效应"使系间窜跃速率增加所致。在重原子中,能级之间的交叉现象比较严重,因此容易发生自旋轨道的相互作用,增加了由单重态转化为三重态的速率。

取代基的空间障碍对荧光也有影响。立体异构现象对荧光强度有显著的影响。

四、溶液的荧光强度

1. 荧光强度与溶液浓度的关系

荧光强度 I_f正比于吸收的光量 I_a与荧光量子产率 φ。

$$I_f = \varphi\, I_a \tag{11-3}$$

又根据比尔定律

$$I_a = I_0 - I_t = I_0(1 - e^{-2.3\varepsilon lc})$$

I_0和 I_t分别是入射光强度和透射光强度。将此式代入式(11-3)得

$$I_f = \varphi I_0(1 - e^{-2.3\varepsilon lc})$$

整理得

$$I_f = 2.3\, \varphi I_0\, \varepsilon lc \tag{11-4}$$

当入射光强度 I_0和 l 一定时,上式可简化为

$$I_f = Kc \tag{11-5}$$

即荧光强度与荧光物质的浓度成正比,但这种线性关系只有在极稀的溶液中,即 $\varepsilon lc \leqslant 0.05$ 时才成立。对于较浓溶液,由于猝灭现象和自吸收等原因,荧光强度和浓度不呈线性关系。

2. 影响荧光强度的因素

1)溶剂对荧光强度的影响

溶剂的影响可分为一般溶剂效应和特殊溶剂效应。

一般溶剂效应指的是溶剂的折射率和介电常数的影响。

特殊溶剂效应指的是荧光体和溶剂分子间的特殊化学作用,如氢键的生成和化合作用。

一般溶剂效应是普遍的,而特殊溶剂效应则决定于溶剂和荧光体的化学结构。特殊溶剂效应所引起荧光光谱的移动值,往往大于一般溶剂效应所引起的影响。由于溶质分子与溶剂分子间的作用,同一种荧光物质在不同的溶剂中的荧光光谱可能会有显著不同。有的情况下,增大溶剂的极性,将使 $n \to \pi^*$ 跃迁的能量增大,$\pi \to \pi^*$ 跃迁的能量减小,从而导致荧光增强,荧光峰红移。但也有相反的情况,例如,苯胺萘磺酸类化合物在戊醇、丁醇、丙醇、乙醇和甲醇中,随着醇的极性增大,荧光强度减小,荧光峰蓝移。因此荧光光谱的位置和强度与溶剂极性之间的关系,应根据荧光物质与溶剂的不同而异。

如果溶剂和荧光物质形成了化合物,或溶剂使荧光物质的电离状态改变,则荧光峰位置和强度都会发生较大的变化。

2)温度对荧光强度的影响

温度上升使荧光强度下降。一个原因是分子的内部能量转化作用。当激发分子接受额外

热能时,有可能使激发能转换为基态的振动能量,随后迅速振动弛豫而丧失振动能量。另一个原因是碰撞频率增加,使外转换的去活几率增加。

3)溶液 pH 值对荧光强度的影响

带有酸性或碱性官能团的大多数芳香族化合物的荧光与溶液的 pH 有关。不同的 pH 值,化合物所处状态不同,不同的化合物或化合物的分子与其离子在电子构型上有所不同,因此,它们的荧光强度和荧光光谱就有一定的差别。

对于金属离子与有机试剂形成的发光螯合物,一方面 pH 值会影响螯合物的形成,另一方面还会影响螯合物的组成,因而影响它们的荧光性质。

4)内滤光作用和自吸收现象

溶液中若存在能吸收激发或荧光物质所发射光能的物质,荧光就会减弱,这种现象称为内滤光作用。

内滤光作用的另一种情况是,荧光物质的荧光发射光谱的短波长的一端与该物质的吸收光谱的长波长一端有重叠。在溶液浓度较大时,一部分荧光发射被自身吸收,产生“自吸收”现象而降低了溶液的荧光强度。

5)散射光的影响

荧光分析中常出现 Reyleigh 散射光、容器表面的散射光、Tyndall 散射以及 Raman 散射,对荧光测定有干扰。尤其是波长比入射光波长更长的 Raman 光,其覆盖一定波长范围的、较宽的谱带。选择适当的激发光波长,可消除 Raman 光的干扰。

3. 溶液荧光的猝灭

荧光物质分子与溶剂分子或其他溶质分子的相互作用引起荧光强度降低的现象称为荧光猝灭(fluorescence quenching)。能引起荧光强度降低的物质称为猝灭剂。

导致荧光猝灭有以下主要类型。

1)碰撞猝灭

碰撞猝灭是指处于激发单重态的荧光分子与猝灭剂分子相碰撞,使激发单重态的荧光分子以无辐射跃迁的方式回到基态,产生猝灭作用。这是荧光猝灭的主要类型之一。

2)静态猝灭

由于部分荧光物质分子与猝灭剂分子生成非荧光的配合物而产生静态猝灭。此过程往往还会改变溶液的吸收光谱。

3)转入三重态的猝灭

分子发生系间窜跃,由单重态转入到三重态。转入三重态的分子在常温下不发光,它们在与其他分子的碰撞中消耗能量而使荧光猝灭。

4)发生电荷转移反应的猝灭

某些猝灭剂分子与荧光物质分子相互作用时,发生了电荷转移反应,因而引起荧光猝灭。

5)荧光物质的自猝灭

在浓度较高的荧光物质溶液中,单重激发态的分子在发射荧光之前和未激发的荧光物质分子碰撞而引起自猝灭。

11-2 荧光光谱仪

用于测量荧光的仪器由激发光源、激发和发射单色器、样品池及检测系统等组成,如图

11-2 所示。

1. 光源

为了便于选择激发光的波长，要求激发光源是能够在很宽的波长范围内发光的连续光源。在紫外－可见光区，荧光光谱仪的光源常用氙弧灯。高压汞灯是线状光源，可以发出 313 nm、365 nm、405 nm、436 nm 和 546 nm 的光，也是较常用的荧光光源。

激光器，特别是可调谐染料激光器，是发光分析理想的光源。染料激光器的应用波长范围在 330～1 020 nm，即从近紫外到近红外范围。

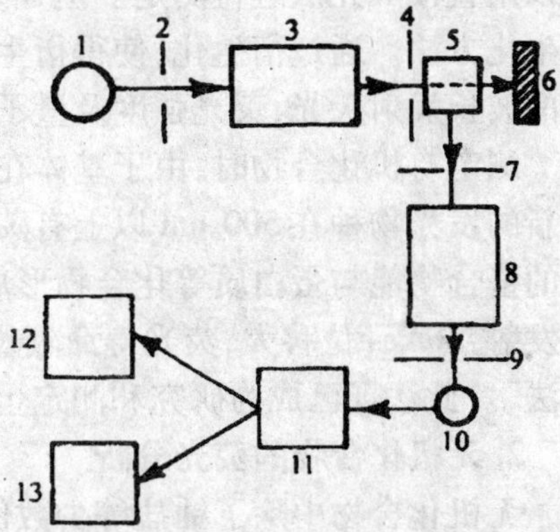

图 11-2　荧光分光光度计结构图

1—光源；2，4，7，9—狭缝；3—激发单色器；5—样品池；6—表面吸光物质；8—发射单色器；10—检测器；11—放大器；12—指示器；13—记录器

2. 样品池

荧光仪用的样品池材料要求无荧光发射，通常用熔融石英，样品池的四壁均光洁透明。对固体样品，通常将样品固定于样品夹的表面。

3. 单色器

单色器一般为光栅和干涉滤光片，需要有两个，一个用于选择激发光波长，另一个用于分离选择荧光发射波长。

4. 检测器

荧光的强度通常比较弱，因此要求检测器要有较高的灵敏度。一般为光电管或光电倍增管，二极管阵列检测器、电荷耦合装置（CCD）以及光子计数器等高功能检测器也已得到应用。

为了消除入射光和散射光的影响，荧光检测器与激发光方向呈直角。

11-3　分子荧光分析法的特点及其应用

一、荧光分析法的特点

（1）灵敏度高。与紫外－可见吸收光谱法比较，荧光从入射光的直角方向检测，即在黑背景下检测荧光的发射。所以一般来说，荧光分析的灵敏度要比紫外－可见吸收光谱法高 2～4 个数量级，它的检测下限在 0.1～0.001 $\mu g \cdot mL^{-1}$之间。

（2）选择性强。荧光法既能依据特征发射，又能依据特征吸收来鉴定物质。假如某几个物质的发射光谱相似，可以根据激发光谱的差异把它们区分开来；如果它们的吸收光谱相同，则可用发射光谱将其区分。

（3）试样用量少，方法简便。

（4）提供比较多的物理参数。荧光分析法能提供包括激光光谱和发射光谱以及荧光强度、荧光效率、荧光寿命等许多物理参数。这些参数反映了分子的各种特性，能从不同角度提供被研究分子的信息。

二、荧光分析法的应用

1. 有机化合物的荧光分析

有机化合物中脂肪族化合物能产生荧光的为数不多。芳香族及具有芳香结构的化合物因存在共轭体系,在紫外光照射下有的能发射荧光。对于这类天然具有荧光发射性质的化合物,可以用直接荧光法进行测定。但是,为提高荧光分析的灵敏度和选择性,大多还是要采用荧光衍生化方法。通过衍生化,使得衍生物具有比被分析物和衍生试剂更大的 π 键系统,能在较长的波长发射荧光,荧光强度及量子效率也同时增大。

测定有机化合物时,由于基体在 350 nm 以下发光较强而严重干扰测定。引入荧光探针能使新的发光物种在 500 nm 以上有荧光发射,从而避免基体的干扰。镧系元素螯合物,如铕和铽的螯合物能与蛋白质等化合物形成复合物(称为荧光标记),在较长波长具有特征的线状荧光发射,Stokes 位移大,荧光寿命较长。因此,发展了镧系螯合物标记的"时间分辨荧光免疫分析法"。此法现已成为研究和测定蛋白质等生物物质的有力工具。

2. 无机化合物的荧光分析

无机化合物中除了铀盐等少数例外,一般不显荧光。但一些反磁性的金属离子与荧光试剂形成配合物后进行荧光分析的元素已有 20 余种,例如铍、铝、硼、镓、硒、镁及某些稀土元素常用荧光法进行测定。所采用的荧光试剂,其分子中至少有 2 个官能团与金属离子形成刚性的环状结构、具有大 π 键的配合物。

3. 荧光检测在色谱分离中的应用

多年来,荧光法一直用于纸色谱或薄层色谱分离中斑点的定位。如果被分离的化合物在紫外 - 可见光区有荧光,则可以在紫外灯或日光照射下,观察到其色斑;如果是非荧光物质,则需要喷洒合适的试剂以生成荧光物质。

高效液相色谱常使用荧光检测器,其灵敏度比通用的紫外检测器要高 2 ~ 3 个数量级。主要采用衍生化方法。用于荧光光度法中的衍生化试剂原则上都能使用,分柱前衍生和柱后衍生。

4. 荧光免疫分析

用荧光物质作标记的免疫分析法称为荧光免疫分析法(FIA)。作为荧光标记物,应具有高的荧光强度,其发射的荧光与背景荧光有明显区别;它与抗原或抗体的结合不破坏其免疫活性,标记过程要简单、快速;水溶性好;所形成的免疫复合物耐储存。常用的荧光物质有荧光素、异硫氰酸荧光素、四乙基罗丹明、四甲基异硫氰基荧光素等。

11-4 化学发光分析法

某些物质在进行化学反应时,由于吸收了反应时产生的化学能,而使反应产物分子激发至激发态,受激分子由激发态回到基态时,便发出一定波长的光。这种吸收化学能使分子发光的过程称为化学发光。利用化学发光反应而建立起来的分析方法称为化学发光分析法(chemiluminescence andlycis)。化学发光也发生于生命体系,这种发光称为生物发光。

一、化学发光分析法的基本原理

化学发光是吸收化学反应过程产生的化学能而使反应产物分子激发所发射的光。任何一个化学发光反应都应包括化学激发和发光两个步骤,必须满足如下条件。

(1)化学反应必须提供足够的激发能,激发能主要来源于反应焓。

(2)要有有利的化学反应历程,使化学反应的能量至少能被一种物质所接受并生成激发态。

(3)激发态能释放光子或能够转移它的能量给另一个分子,而使该分子激发,然后以辐射光子的形式回到基态。

化学发光反应效率 φ_{cl},又称化学发光的总量子产率。它决定于生成激发态产物分子的化学激发效率 φ_{ce} 和激发态分子的发射效率 φ_{em}。定义为

$$\varphi_{cl} = \text{发射光子的分子数} / \text{参加反应的分子数} = \varphi_{ce}\varphi_{em} \tag{11-6}$$

化学反应的发光效率、光辐射的能量大小以及光谱范围,完全由参加反应物质的化学反应所决定。每个化学发光反应都有其特征的化学发光光谱及不同的化学发光效率。

化学发光反应的发光强度 I_{cl} 以单位时间内发射的光子数表示。它与化学发光反应的速率有关,而反应速率又与反应分子浓度有关。即

$$I_{cl}(t) = \varphi_{cl} \cdot \mathrm{d}c/\mathrm{d}t \tag{11-7}$$

式中:$I_{cl}(t)$ 表示 t 时刻的化学发光强度;φ_{cl} 是与分析物有关的化学发光反应效率,$\mathrm{d}c/\mathrm{d}t$ 是分析物参加反应的速率。

二、化学发光反应的类型

1. 直接化学发光和间接化学发光

直接化学发光是指被测物作为反应物直接参加化学发光反应,生成电子激发态产物分子,此初始激发态能辐射光子。

$$\mathrm{A + B \rightarrow C^* + D}$$

$$\mathrm{C^* \rightarrow C} + h\nu$$

式中 A 或 B 是被测物,通过反应生成电子激发态产物 C^*,当 C^* 跃迁回基态时,辐射光子。

间接化学发光是被测物 A 或 B,通过化学反应生成初始激发态产物 C^*,C^* 不直接发光,而是将其能量转移给 F,使 F 激发,再跃迁回基态,产生发光。表示如下

$$\mathrm{A + B \rightarrow C^* + D}$$

$$\mathrm{C^* + F \rightarrow F^* + E}$$

$$\mathrm{F^* \rightarrow F} + h\nu$$

式中 C^* 为能量给予体,而 F 为能量接受体。

2. 气相化学发光和液相化学发光

按反应体系的状态分类,如化学发光反应在气相中进行称为气相化学发光;在液相或固相中进行称为液相或固相化学发光;在两个不同相中进行则称为异相化学发光。

1)气相化学发光

主要有 O_3、NO、S 的化学发光反应,可用于监测空气中的 O_3、NO、SO_2、H_2S、CO、NO_2 等。例如臭氧与乙烯的化学发光反应,一氧化氮与臭氧的化学发光反应等。

2)液相化学发光

用于此类化学发光分析的发光物质有鲁米诺、光泽精、洛粉碱等。例如,利用发光物质鲁米诺,可测定痕量的 H_2O_2 以及 Cu、Mn、Co、V、Fe、Cr、Ce 等金属离子。

三、化学发光的测量装置

化学发光分析法的测量仪器主要包括样品室、光检测器、放大器和信号输出装置。

化学发光反应在样品室中进行,样品和试剂混合的方式有两种。一种是不连续取样体系,加样是间歇的。将试剂先加到光电倍增管前面的反应池内,然后用进样器加入分析物。另一

种方法是连续流动体系，反应试剂和分析物定时在样品池中汇合反应，且在载流推动下向前移动，被检测的光信号只是整个发光动力学曲线的一部分，而以峰高进行定量测量。

四、化学发光分析的应用

化学发光分析最大的特点是灵敏度高，对气体和痕量金属离子的检出限都可达 $ng \cdot mL^{-1}$ 级。大多数化学发光反应是氧化还原反应，因此具有氧化还原特性的物质都有可能用化学发光方法测定。化学发光分析法还可作为检测手段与流动注射技术、高效液相色谱、毛细管电泳等联用。

在环境监测中化学发光法比吸收光谱法和微库仑法具有更高的灵敏度，又能进行快速连续分析，因此气相化学发光反应已广泛用于空气中有害物质，如 O_3、氮氧化物、CO、SO_2、H_2S 等的监测。液相化学发光反应，如鲁米诺、过氧化草酸酯、光泽精、没食子酸等发光体系，可测定天然水和废水中的金属离子。在医学、生物学、生物化学和免疫学研究中，化学发光分析也是一种重要的手段。

思 考 题

1. 试从原理和仪器两方面比较分子荧光和化学发光的异同点。
2. 解释下列名词：
(1)系间窜跃；(2)振动弛豫；(3)内转换；(4)量子产率；(5)荧光猝灭。
3. 溶液中溶剂的极性、pH 值及温度是如何影响荧光强度的？
4. 荧光激发光谱与发射光谱之间有什么关系？
5. 试述化学发光法的基本原理。
6. 化学发光反应应满足的条件是什么？

第 12 章　旋光谱和圆二色光谱

手性是自然界的基本特征之一,构成生命体系的物质基元如碳水化合物、氨基酸等都是手性分子。手性化合物在医药、农药、香精香料、材料以及生命科学等领域有重要的应用。旋光谱(Optical Rotatory Dispersion, ORD)和圆二色光谱(Circular Dichroism, CD)是测定手性化合物光学纯度和手性诱导光学活性效应的重要方法,也是确定手性化合物的构型、构象和特征官能团的有力工具。因此,广泛应用于有机和无机化学、药物化学、生物化学以及分子生物学。

12-1　旋光仪和比旋光度

由基础物理知识可知,自然光是一种在各个方向上振动的射线,其振动矢量与光的传播方向垂直。当自然光照射单色器(特种晶体制成)时,只有振动面平行于晶轴的光透过。这种光叫做平面偏振光(又叫线偏振光),可以看成是以相同的传播速度前进的左、右两个圆偏振光成分叠加而成。

如果化合物分子是非对称的手性结构,当平面偏振光通过溶解有这类化合物的介质时,左、右圆偏振光的传播速度不同,偏振面发生旋转,这种现象称为“旋光现象”。呈现旋光现象的物质即具有“旋光性”,因此手性有机分子(化合物),又称“旋光性”或“光学活性”有机分子(化合物)。我们将偏振面所旋转的角度称之为“旋光度”,可用旋光检偏镜进行测定,根据这种原理制得的仪器称为“旋光仪”,如图 12-1 所示。

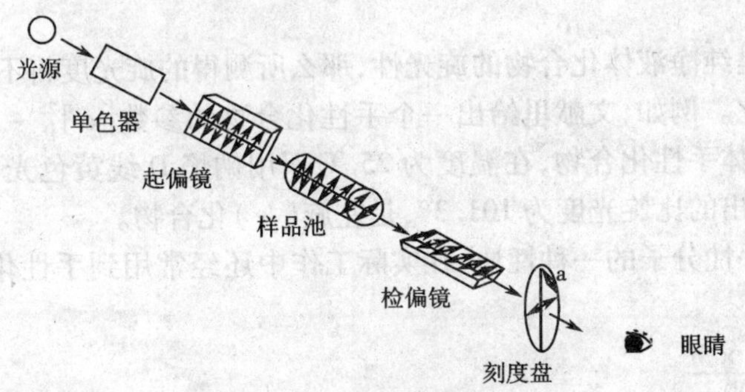

图 12-1　旋光仪示意图

普通旋光仪主要包括一个单色光源、两个 Nicol 棱镜(分别作为起偏镜和检偏镜)、样品池(又称旋光管)、光电记录器(数据显示器)。光源常用钠焰的 D 线黄色光($\lambda = 589$ nm),也有用汞灯的绿色光($\lambda = 546$ nm)。由于这两类光源波段单一,相对寿命短,成本高,因此,采用多波段、相对低廉的卤素灯($\lambda = 365$、405、436、546、589、633 nm)成为未来新趋势。旋光管最常用的有石英和不锈钢两种材质。图 12-2 所示为鲁道夫 Autopol-V 型全自动内控温旋光仪。

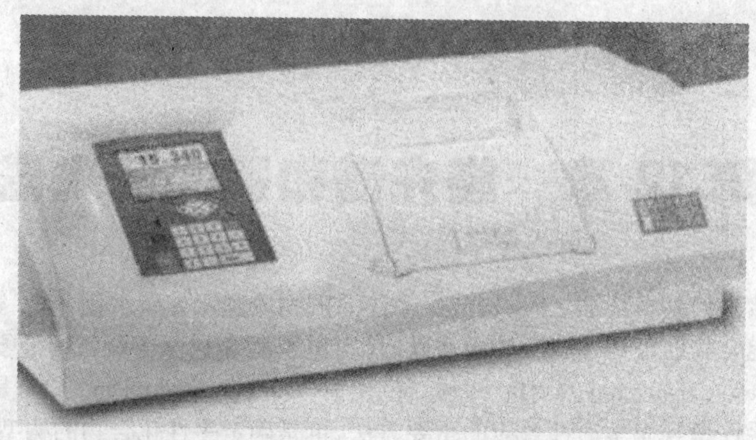

图 12-2 鲁道夫 Autopol-V 型全自动内控温旋光仪

从观测者角度看，当检偏镜顺时针方向旋转时样品称为右旋(+)物质；当逆时针方向旋转时称为左旋(-)物质。影响旋光度 α 的因素有：样品的本质、样品池的厚度(即旋光管长度)、样品浓度、所选溶剂、温度和波长。测得的旋光度 α 与旋光管的长度 l 和待测试液的浓度 c 成正比，所以：

$$\alpha = [\alpha]_{\lambda}^{T} \times lc$$

即

$$[\alpha]_{\lambda}^{T} = \frac{\alpha}{lc} \tag{12-1}$$

式中 $[\alpha]$ 被称为“比旋光度”或“旋光率”，即在单位厚度(分米，dm)和单位浓度($g \cdot mL^{-1}$)下的旋光度。注首和注脚分别代表温度和波长。例如，文献里给出一个手性化合物的参数 $[\alpha]_{D}^{20}$ +46.8°(c 1.2, CH_2Cl_2)，则表示：该手性化合物配得浓度为 1.2 g/100 mL 的二氯甲烷溶液，在温度为 20 ℃下用钠焰 D 线黄色光，测得其旋光度后，计算出的比旋光度为 46.8°，是右旋(+)化合物。

如果所测定的是纯净液体化合物的旋光性，那么所测得的旋光度将不包含浓度项，而只与旋光管的长度成正比。例如，文献里给出一个手性化合物的参数 $[\alpha]_{D}^{25}$ -101.3° (*neat*)，则表示：某一纯净有机液体手性化合物，在温度为 25 ℃下用钠焰 D 线黄色光，测得其旋光度除以旋光管的长度，计算出的比旋光度为 101.3°，是左旋(-)化合物。

由于旋光性是手性分子的一种性质，在实际工作中还经常用到手性化合物的摩尔旋光度 $[M]$：

$$[M] = \frac{[\alpha] \times M}{100} \tag{12-2}$$

式中：$[\alpha]$ 为比旋光度；M 为所测化合物的相对分子质量；分母 100 是人为指定的，目的是不致使摩尔旋光度值过大。

12-2 旋光光度计和旋光谱

如前面所述，旋光现象是由于平面偏振光通过旋光性物质时，组成平面偏振光的左、右圆偏振光在手性介质中的传播速度不同(表现为折射率的不同 $n_L \neq n_R$,其中 n_L、n_R分别代表左、右圆偏振光折射率),结果导致平面偏振光的偏振面旋转了一定角度。同时,又因为不同波长 λ 的光在同一介质中折射率不同,所引起的偏振面的旋转程度,即旋光度 α 也不等,则有

$$\alpha = \frac{\pi}{\lambda}(n_L - n_R) \tag{12-3}$$

式中:λ 为波长,α 为旋光度。所以手性化合物的旋光度与光的波长有关,即波长越短,n_L和 n_R差值越大,旋光度 α 的绝对值越大。

如果以不同波长的平面偏振光来测量手性化合物的比旋光度[α]或摩尔旋光度[M],以[α]或[M]为纵坐标,以波长为横坐标,得到的曲线图谱叫做旋光谱(ORD)曲线。

旋光光度计就是在旋光仪的基础上,发展的一种一边改变波长一边连续记录旋光度的仪器装置。图 12-3 是典型的旋光光度计示意图。一般采用零点法,使检偏镜作机械振动以确定零点;在光路中不加入试样,检偏镜的平均角位置垂直于入射光束的偏振面,光电倍增管中产生的电流相等(零点)。当加入手性试样后,产生旋光度为 α 时,则需使起偏镜旋转 $-\alpha$ 才能使检测器中电流相等(即回到零点),以此测出试样旋光度,并改变波长,制得旋光谱曲线。

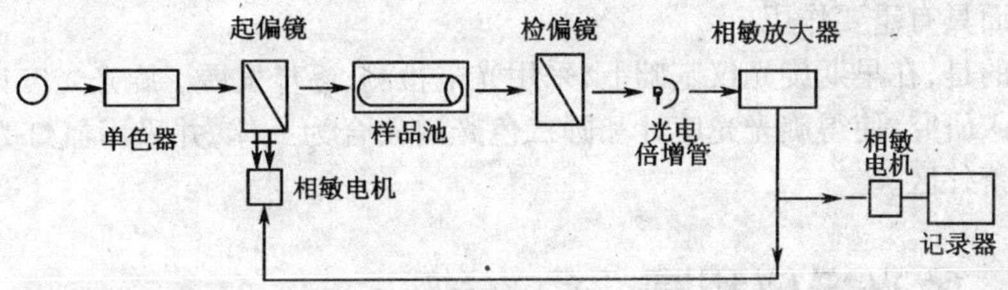

图 12-3　旋光光度计示意图

由于手性化合物的结构不同,所测得旋光谱曲线的谱型也不相同。通常旋光谱曲线有两种类型,一种是平坦型,另一种是科顿(Connton)型。

1. 平坦型旋光谱曲线

对于在紫外和可见光区无生色基团的饱和化合物,随着波长增大,旋光度[α]或[M]绝对值平滑地变得更小,曲线趋向和逼近 0 线,但不与 0 线相交。这类情况,谱线只是在一个相内延伸,不存在峰和谷。如图 12-4 所示 a、b 两种情况,都属于平坦型旋光谱曲线。

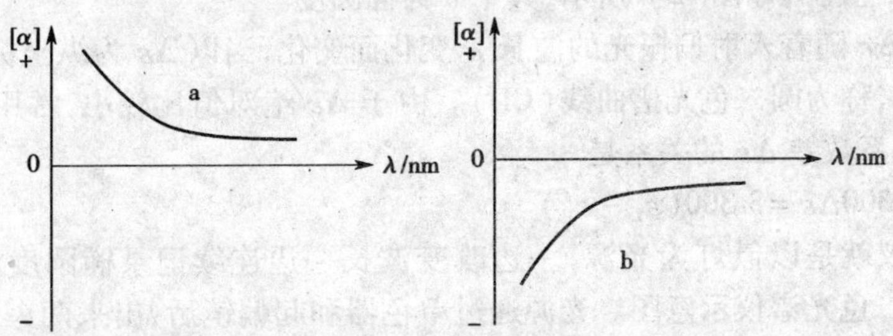

图 12-4　平坦型旋光谱曲线

2. 科顿型旋光谱曲线

对于带有一个简单生色基团的手性化合物,在某一波长位置会有一弱吸收峰。旋光谱曲线在吸收峰处越过零点,进入另一个相区,形成一个峰和一个谷,这类曲线称为简单科顿效应

(Connton effect)谱线,如图 12-5 所示。当长波方向出现的是曲线的峰尖时,称为正科顿效应曲线,图 12-5(a);当长波方向出现的是曲线峰谷时,称为负科顿效应曲线,图 12-5(b)。

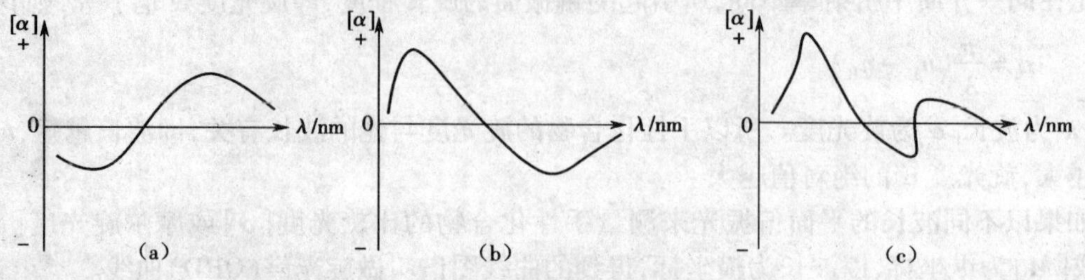

图 12-5 科顿型旋光谱曲线

很多手性化合物同时含有多个不同的生色基团,其旋光谱曲线存在多个峰和谷,这种曲线称为复合科顿效应曲线,图 12-5(c)。需要特别说明的是,简单和复合型科顿效应曲线都是由于分子中存在不对称生色基团,或由于对称生色基团和不对称分子环境相互作用的结果,是分子的每种取向及每种构象的综合贡献。结合紫外 - 可见吸收光谱,旋光谱曲线在手性化合物的结构鉴定方面具有重要作用。

应当指出的是,在早期旋光仪基础上,采用光电检测,逐步发展了旋光光度计,随后由于圆二色光谱的深入研究,使得旋光光度计和圆二色光谱仪合为一体,并采用氙灯为光源,使测量范围拓展到近紫外区。

12-3 圆二色光谱仪和圆二色光谱

当平面偏振光入射光学活性物质时,另一个重要现象是,光学活性物质对左、右圆偏振光的吸光率并不相同,表现在吸光系数 ε_L、ε_R 不相等,即 $\varepsilon_L \neq \varepsilon_R$,它们之间的差值称为吸光系数差 $\Delta\varepsilon$,即

$$\Delta\varepsilon = \varepsilon_L - \varepsilon_R \tag{12-4}$$

在这种情况下,不仅左、右圆偏振光的速度不同,而且振幅也不同。此时左、右圆偏振光的合成光振动矢量末端不在一条直线上,而是循着一个椭圆的轨迹移动,形成新的椭圆偏振光,这种现象被称为“圆二色性”,如图 12-6 所示,其中 θ 为椭圆度。

吸光系数差 $\Delta\varepsilon$ 随着入射偏振光的波长 λ 变化而变化,当以 $\Delta\varepsilon$ 为纵坐标,以波长 λ 为横坐标,得到的曲线,称为圆二色光谱曲线(CD)。由于 $\Delta\varepsilon$ 绝对值比较小,常用摩尔椭圆度 $[\theta]$ 来代替,它与吸光系数差 $\Delta\varepsilon$ 的关系是

$$[\theta] = 3\,300\Delta\varepsilon = 3\,300(\varepsilon_L - \varepsilon_R) \tag{12-5}$$

圆二色光谱仪就是以氙灯为光源,一边改变波长一边连续记录椭圆度的仪器装置。图 12-7 是典型的圆二色光谱仪示意图。光源通过单色器和起偏镜后,出来两束互相垂直的平面偏振光,经光电调制器调制为两个交替的左、右偏振光,透过盛有光学活性样品池后的椭圆偏振光,经光电倍增管放大,在显示器上给出一条圆二色光谱曲线。图 12-8 是圆二色光谱仪实物图。

在圆二色光谱中,如果光学活性化合物没有特征吸收,它的 $\Delta\varepsilon$ 值非常小,那么得不到具有特征的圆二色光谱曲线,仅给出一条近似水平的直线。当光学活性化合物带有生色基团而

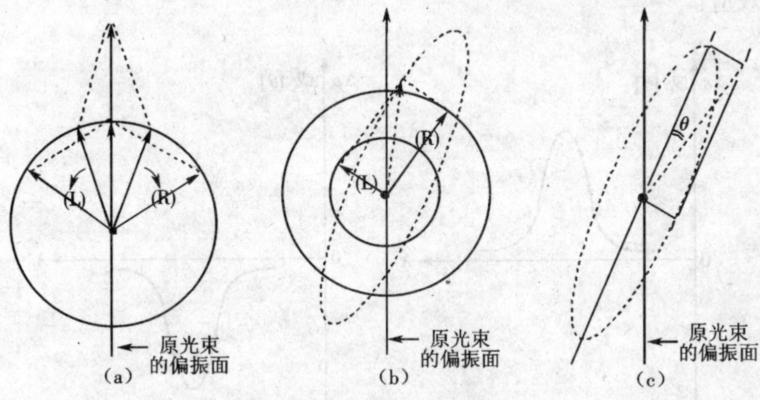

图 12-6　椭圆偏振光的产生

(a)非光学活性介质中的偏振光　(b)光学活性介质中椭圆偏振光的产生

(c)椭圆偏振光椭圆度 θ　(L)左圆偏振光　(R)右圆偏振光

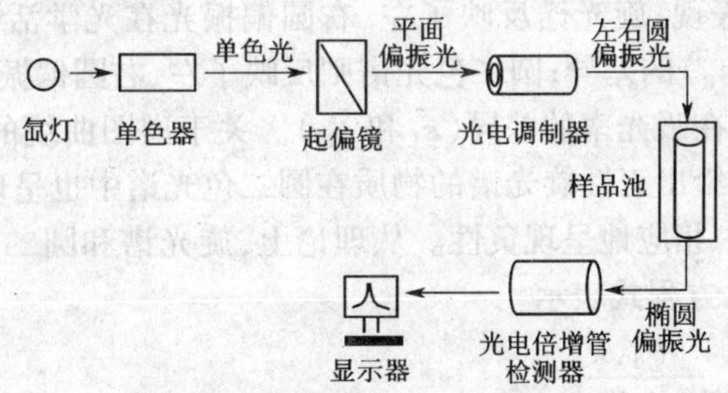

图 12-7　圆二色光谱仪示意图

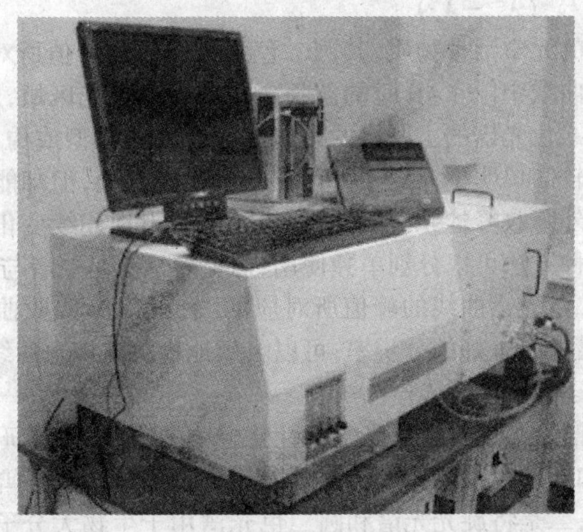

图 12-8　阿韦夫 Model－400 型圆二色光谱仪

存在特征吸收带时，通常有两种情况：当 $\varepsilon_L > \varepsilon_R$ 时，得到一个正性的圆二色光谱曲线，如图 12-9(a)所示，呈现正科顿效应；当 $\varepsilon_L < \varepsilon_R$ 时，得到一个负性的圆二色光谱曲线，如图 12-9(b)所

示，呈现负科顿效应。

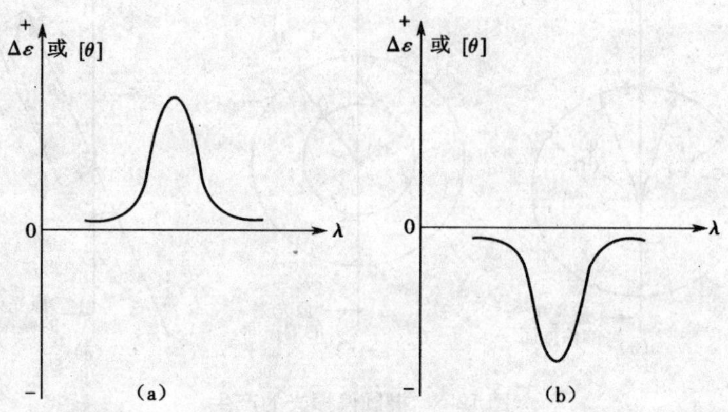

图 12-9 圆二色光谱曲线

从上述分析可以看出，旋光谱（ORD）和圆二色光谱（CD）是光作用于光学活性化合物后，显示出同一现象的两种表现：旋光谱反映了左、右圆偏振光在光学活性物质中的传播速度不同，表现在折光率（n_L和 n_R）的差异；圆二色光谱则反映了左、右圆偏振光作用于光学活性物质的能量交换的不同，表现在吸光率的差异（ε_L和 ε_R）。关于谱图曲线的正性和负性，旋光谱和圆二色光谱是一致的，即给出正性旋光谱的物质在圆二色光谱中也呈现正性，而给出负性旋光谱的物质在圆二色光谱中相应地呈现负性。从理论上，旋光谱和圆二色光谱之间的转换关系可以通过 Kramers-Kronig 方程式表示

$$[M]_\lambda = \frac{2}{\pi}\int_0^\infty \frac{[\theta]_\lambda \lambda_i}{(\lambda^2 - \lambda_i^2)} d\lambda_i \tag{12-6}$$

$$[\theta]_\lambda = -\frac{2}{\pi\lambda}\int_0^\infty \frac{[M]_\lambda \lambda_i^2}{(\lambda^2 - \lambda_i^2)} d\lambda_i \tag{12-7}$$

对于带有特征生色基团的光学活性物质，其圆二色光谱曲线的峰值所对应的 λ_{max} 在旋光谱曲线正好对应于科顿效应曲线中$[\alpha]=0$ 时的波长。在紫外可见光区域，用不同波长的左、右圆偏振光测量旋光谱和圆二色光谱的主要目的是研究化合物的构型或构象，二者给出的结论是一致的。圆二色光谱比较简单明了，易于解析；旋光谱比较复杂，但却能提供更多相关立体结构信息。对于有多个紫外吸收峰的光学活性化合物，经常出现连续变化的圆二色光谱峰和相应的旋光谱曲线。这两种方法可以分别单独使用，但更多情况是二者与 UV 配合使用。

在实际应用上，圆二色光谱曲线的峰值所对应的波长与 UV 吸收曲线的最大吸收波长是一致的，并且圆二色光谱仪有较好的分辨率，可以灵敏地检测掩埋在曲线中较小的科顿效应表现，因此，圆二色光谱正逐渐取代旋光谱。

旋光谱和圆二色光谱除了用于简单光学活性化合物的构型、构象研究外，近年来出现两种发展趋势：一是将旋光和圆二色检测技术与高效液相色谱结合，可以简单、快速、准确地用于光学活性化合物的分析中；二是将旋光光谱和圆二色光谱用于生物大分子肽、蛋白质、核酸的构象分析中。例如根据圆二色光谱数据，可以确定蛋白质的二、三级结构；也可以研究核酸的碱基组成、核酸的顺序以及 DNA 链与某些药物分子形成的配合物性质。

思 考 题

利用高效液相色谱(HPLC)手性柱将一个外消旋化合物进行分离并制备,分别得到两个纯的对映异构体,那么这对对映异构体的比旋光度绝对值可否相同?如果在高效液相色谱中配置一个圆二色光谱检测器,那么这一对对映异构体的圆二色光谱曲线有何不同?

第13章 核磁共振波谱法

核磁共振波谱法(Nuelear Magnetic Resonance Spectroscopy,NMR)是测量原子核对射频辐射(约4~900 Hz)的吸收现象,这种吸收只有在高磁场中才能产生。NMR方法是鉴定有机及无机化合物结构的重要工具之一,在某些场合亦可应用于定量分析等。

13-1 核磁共振的基本原理

在强磁场的激励下,分子中某些具有磁性的原子核的能量会发生分裂,用合适频率的电磁波照射,它们会吸收这部分能量,从低能态跃迁至高能态,同时产生核磁共振信号,得到核磁共振谱。对有机化合物来说,研究和应用最多的是^{1}H和^{13}C核的共振吸收谱,本章主要介绍^{1}H核磁共振谱(^{1}H NMR)。

一、原子核的自旋

由于原子核是带正电的粒子,故自旋时将产生磁矩。然而并非所有原子都具有自旋运动。原子核的自旋情况可通过自旋量子数(I)来表征。实验证明,自旋量子数I与原子的质量数及原子序数有关。当质量数和原子序数均为偶数时,自旋量子数$I=0$,如^{12}C、^{32}S、^{16}O、^{28}Si等,该类原子核无自旋现象。当质量数为偶数,原子序数为奇数时,自旋量子数I为整数;而当质量数为奇数、原子序数为奇数或偶数时,自旋量子数$I=1/2,3/2,5/2,\cdots\cdots$这些原子核都会产生核磁共振现象。但是,对于自旋量子数等于或大于1的原子核,如$I=3/2$的^{11}B、^{35}Cl、^{79}Br、^{81}Br等,$I=5/2$的^{17}O、^{127}I以及$I=1$的^{2}H、^{14}N等,这些核的电荷分布不均匀,呈椭球体,它们的核磁共振吸收情况复杂,目前在核磁共振的研究应用还很少。

当自旋量子数的$I=1/2$时,如^{1}H、^{13}C、^{19}F、^{31}P等,核电荷呈球形分布于核表面,它们的核磁共振现象较为简单,是目前研究的主要对象。此外,^{1}H核是组成有机化合物的主要元素之一,因此其核磁共振谱对有机分子结构的确定至关重要。

二、核磁共振现象

如前所述,有自旋现象的原子核围绕自旋轴转动时会产生一个磁场,犹如小磁铁一样,具有磁矩,方向可用右手定则来确定,如图13-1所示。

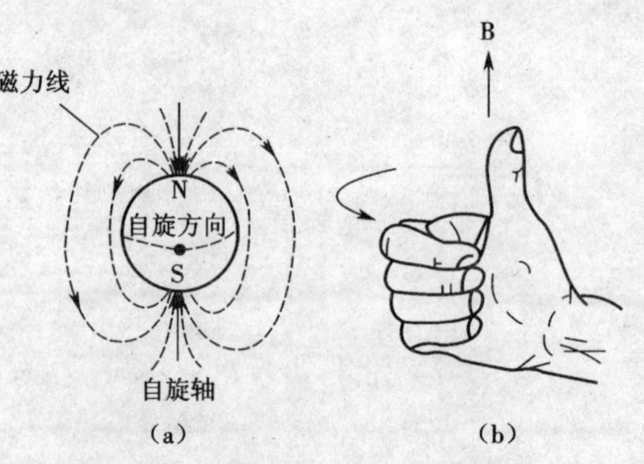

图13-1 氢核自旋产生的磁场

(a)自旋的氢核 (b)右手定则

将有自旋运动的原子核置于一个外加磁场中,由于磁矩和磁场的相互作用,核磁矩相

对外加磁场会有 $2I+1$ 种取向,各取向可以由磁量子数 m 表征。对于 $I=1/2$ 的氢核,应有两种取向:当 $m=+1/2$ 时,核磁矩与外磁场方向相同,此时能量较低;当 $m=-1/2$ 时,核磁矩与外磁场方向相反,此时能量较高。

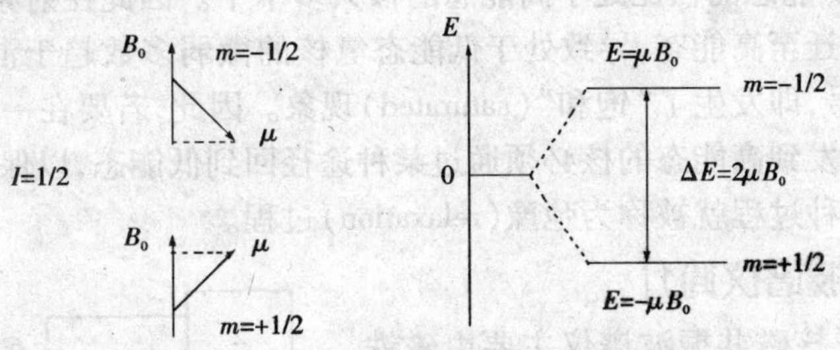

图 13-2　氢核在外磁场 B_0 的取向及磁矩

对于氢核,这两种取向的能量差为 $\Delta E=2\mu B_0$,其中 μ 为核磁矩,B_0 为外加磁场的磁感应强度。这种能量关系如图 13-2 所示。当外加磁场 $B_0=0$ 时,两种能级能量相同,也即具有简并能级。当 $B_0\neq 0$ 时,能级裂分为二,能量差不仅与核本身性质有关,也与外磁场强度有关。若以具有一定能量的电磁波照射处于外磁场 B_0 中的核,同时当电磁波的能量满足

$$h\nu_0=2\mu B_0 \tag{13-1}$$

的关系时,便会发生核与辐射光子的作用,体系吸收能量,核由低能态跃迁至高能态。B_0 越大,所需电磁波的频率 ν_0 越高。例如,当在 $B_0=1.4\text{T}$(特斯拉)的磁场中,$\nu_0=60$ MHz;而当 $B_0=2.3$ T 时,$\nu_0=100$ MHz。

由于自旋核具有磁矩,因此核自旋产生的磁场与外磁场会发生相互作用,迫使原子核一边自旋,一边围绕磁场方向产生一种类似陀螺的回旋运动,称为进动(precession)或拉莫尔进动(Larmor precession),如图 13-3 所示。

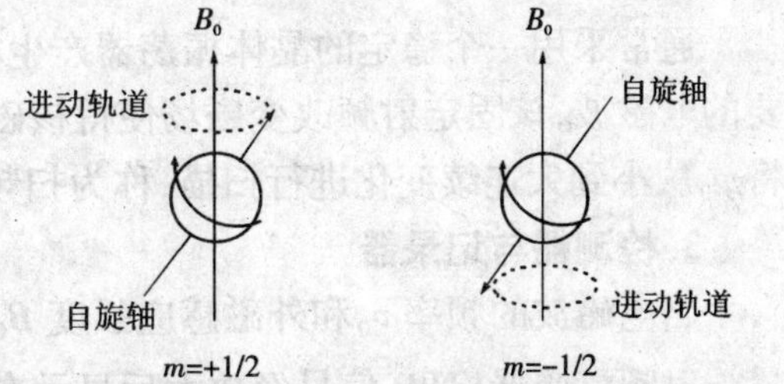

进动时的角速度 ω_0、进动频率(拉莫尔频率)ν_0 与外磁场 B_0 间的关系如拉莫尔方程所示

$$\omega_0=2\pi\nu_0=\gamma B_0 \tag{13-2}$$

式中 γ 为磁旋比(magnetogyric ratio),是核的特征常数。式(13-2)可写为

图 13-3　氢核的 Larmor 进动

$$\nu_0=\gamma B_0/2\pi \tag{13-3}$$

式(13-3)清楚地表明了进动频率的大小取决于外磁场感应强度的大小。将外磁感应强度由小到大连续变化时,为使质子核发生磁共振,电磁波照射的频率也应随之增加,直至与核进动频率相等时,质子由低能态跃迁至高能态,从而发生核磁共振。

三、弛豫

在外磁场中,^{1}H 核会发生能级裂分,处于较稳定的 $m=+1/2$ 能级的核数比处于 $m=-1/2$ 能级的核数要稍多一些。根据玻尔兹曼分布定律,处于高、低能态的核数之间的比例如下式所示

$$\frac{N(+1/2)}{N(-1/2)}=e^{\Delta E/kT}=e^{\gamma hH_0/2\pi kT}$$

式中 k 为玻尔兹曼常数。在室温(300 K)及1.4 T强度的磁场下，该比例仅为1.000 009 9，即每 10^6 个核中，处于低能态的核比处于高能态的核只多十个。因此在射频波的照射下，氢核吸收能量，由低能态跃迁至高能态，导致处于低能态氢核的微弱多数趋于消失。从宏观上看，将不能观察到共振信号，即发生了“饱和”(saturated)现象。因此，若要在一定时间内持续检测到核磁共振信号，被激发到高能态的核必须通过某种途径回到低能态，以保持低能态的核数略大于高能态的核数，这种过程就被称为弛豫(relaxation)过程。

四、核磁共振波谱仪简介

如图13-4所示，核磁共振波谱仪主要由磁铁、射频振荡器、射频接受器及记录仪等部分组成。

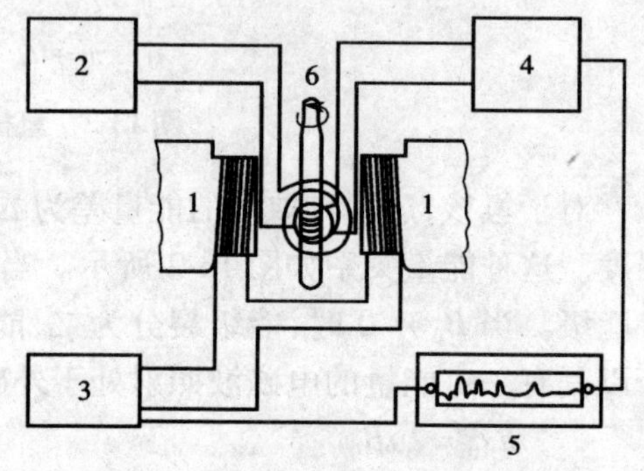

图13-4 核磁共振波谱仪示意图

1—磁铁；2—射频振荡器；3—扫描发生器；4—检测器；5—记录器；6—样品管

1. 磁铁

磁铁的作用是供给一个功率大、强度稳定、均匀的磁场。磁铁有永久磁铁和电磁铁两种。磁铁上装有扫描线圈，并通以从小到大线性变化的直流电，产生连续变化的附加磁场强度，以便记录各种信号。

为获得更高的强度，最新的仪器采用了超导磁体，现已研制出900 MHz超导核磁共振仪。

2. 射频振荡器

通常采用一个稳定的晶体振荡器产生相应的基频，再经过倍频、调频和功率放大得到所需要的电磁波，该固定射频改变磁场使得核磁共振发生的方法为扫场法；另一种是固定磁场，而将 ν_0 从小到大连续变化进行扫描，称为扫频法。

3. 检测器与记录器

当电磁波的频率 ν_0 和外磁感应强度 B_0 满足式(13-3)时，氢核便发生共振，同时所吸收能量被射频接受器检出，信号经放大后显示在记录仪上，从而得到核磁共振谱。在记录器中，由自动装置描绘谱图，以纵坐标表示信号强度，横坐标表示场强或频率。共振信号强度直接反映测定核的数目，所得的吸收峰面积(吸收曲线与横轴所包围的面积)由电子自动积分装置自动描绘成“阶梯”状曲线。每一阶梯的高度与所对应核的个数成正比，由此可以很方便地换算出核的具体数目。这条曲线称为积分曲线。

无论是采用扫场方式还是扫频方式，都通过连续变化一个参数，使不同基团的原子核依次满足共振条件从而获得核磁图谱，因此均为连续波(continuous wave)的核磁共振波谱仪(CW-NMR)。在某一时刻，只能记录谱图中很窄的一部分信号，为避免低分辨率，扫描速度必须很慢，因此势必降低实验效率。另一方面，连续波的核磁共振仪灵敏度很低，当样品量少时，只能采取信号累加的方法。信号强度 S 与累加次数 n 成正比，然而噪声 N 的强度与 $\sqrt{n}$ 也成正比，亦即信噪比 S/N 与 $\sqrt{n}$ 成正比，因此随着累积次数 n 的增加，信号增强的同时，噪声强度也随之增强，导致信号基线的漂移。随着脉冲傅里叶变换核磁共振波谱仪(pulse and Fourier transform NMR，PFT-NMR)的问世，这一问题得到了很好的解决。PFT-NMR技术采用适当宽度频率范围的射频脉冲,使得射频场中所有的原子核同时受到激发,从低能态跃迁至高能态,然后弛豫逐步恢复玻尔兹曼平衡,此时得到核的多条谱线混合的自由感应衰减(free induction decay, FID)信号,经快速傅里叶变换后得到在该频率范围内的谱图。

傅里叶变换核磁共振仪大大提高了检测的速度和灵敏度,并减少测定氢谱样品的用量;同时易于实现累加技术,对共振信号弱的^{13}C核的测定十分重要。因此,PFT-NMR 已成为当前应用最为广泛的核磁共振谱仪。

五、样品的处理和实验技术

核磁共振测定对样品纯度的要求比较高,特别要仔细地除去铁及其他顺磁性物质以及灰尘等,以免谱线变宽、谱图变形,有的实验还要经脱气除氧处理。

样品应配成10%左右的浓度,再加入1% ~2%的内标物四甲基硅烷(tetramethy-silane, TMS)。所用溶剂应对所测样品具有良好的溶解性,为避免溶剂中^{1}H信号的干扰,应采用氘代氯仿($CDCl_3$)、氘代丙酮($CD_3—CO—CD_3$)、重水(D_2O)等氘代溶剂。

13-2 化学位移

一、化学位移的产生

发生核磁共振的核,周围被电子云所包围。由于核的自旋,核外电子云产生环形电流,在外磁场的作用下,这种环形电流会感生出一个对抗外磁场的次级磁场(如图13-5所示)。

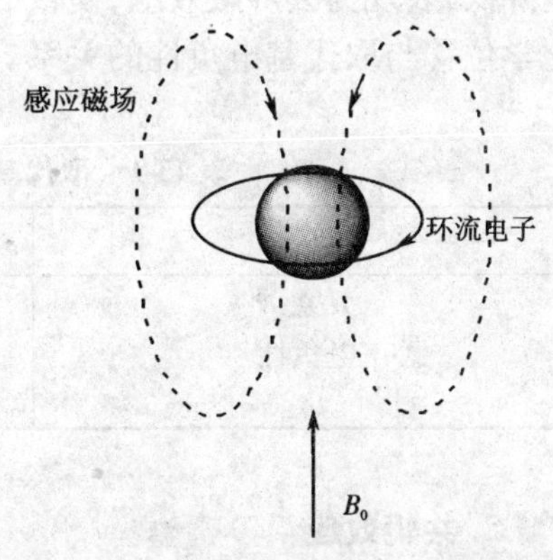

图13-5 核外s电子产生的抗磁屏蔽

这种对抗外磁场的作用称为电子的屏蔽效应(shield effect)。由于屏蔽效应,原子核实际受到的磁感应强度应为

$$B_{实} = B_0(1-\sigma) \tag{13-4}$$

式中σ为屏蔽常数(shield constant),与原子核所处化学环境有关。核外电子云密度越大,σ越大,共振时所需的外磁感应强度也越强;反之亦然。由此可见,处于不同化学环境的氢核,由于周围电子云密度不同,共振信号将分别出现在核磁共振谱图中的不同频率区域或不同磁场区域。这种由不同屏蔽作用而导致共振时磁感应强度变化的现象称为化学位移(chemical shift),以δ表示。

二、化学位移的表示方法

在有机化合物中,氢核因化学环境的不同而产生共振频率的差值与它们的共振频率相比是非常小的,只有百万分之十左右,而在确定结构时,常常要求测定共振频率绝对值的准确度达到正负几个赫兹,这显然是非常困难的。为此,目前采用测定化学位移相对值的表示法来替代测定绝对值。一般是将四甲基硅烷(TMS)作为内标物,让其他不同化学环境中的氢核的化学位移值与其比较,所得差值就是该氢核的化学位移,如式13-5所示

$$\delta = \frac{B_{TMS} - B_{试样}}{B_{TMS}} \times 10^6 \approx \frac{\nu_{试样} - \nu_{TMS}}{\nu_{TMS}} \times 10^6 \tag{13-5}$$

或 $$\delta = \frac{\nu_{试样} - \nu_{TMS}}{\nu_0} \times 10^6 \qquad (13\text{-}6)$$

式中:δ 和 $\nu_{试样}$ 分别为试样中氢核的化学位移及共振频率;ν_{TMS} 为 TMS 的共振频率,人为设定为零。为了消除不同磁场强度下共振频率差异的影响,通常采用样品和标样共振频率之差与所用仪器的频率 ν_0 的比值来表示,见式 13-6。此外,由于氢核 δ 值的数量级很小,一般在相对值上乘以 10^6,这时,δ 值的单位为 ppm。

在核磁测定中,通常选用 TMS 作为内标物是因为:①TMS 中的 12 个氢核化学位移完全相同,谱图中只出现一个尖峰;②由于 Si 具有供电性,使得 TMS 中氢核外围电子云密度高于一般有机物,强烈的屏蔽效应使其共振信号出现在谱图的最右端,绝大多数有机物的化学位移位于 TMS 左方,并且不会相互干扰;③TMS 易溶于有机溶剂,且沸点低,利于样品的回收。

三、影响化学位移的因素

化学位移是由核外电子云的抗磁性屏蔽效应引起的,因此,凡是影响核外电子云密度的因素均可影响化学位移。主要的影响因素有诱导效应、共轭效应、磁的各向异性效应以及溶剂和氢键的影响等。

1. 诱导效应

与质子相连的原子或基团具有较强电负性时,其吸电子作用可导致质子周围的电子云密度降低,表现为去屏蔽效应,使核的共振信号向低场移动。表 13-1 中列出了 CH_3X 中的质子化学位移与取代基电负性的关系。

表 13-1 取代基的电负性对 CH_3X 中的质子化学位移的影响

	CH_3F	CH_3OH	CH_3Cl	CH_3I	CH_3H	TMS
元素 X	F	O	Cl	I	H	Si
电负性	4.0	3.5	3.1	2.5	2.1	1.8
δ	4.26	3.40	3.05	2.16	0.23	0

2. 共轭效应

共轭效应同样会使质子核外电子云发生变化。总的来说,推电子的共轭效应使共振信号向高场移动,δ_H 变小;吸电子的共轭效应使共振信号向低场移动,δ_H 变大。例如,在化合物乙烯醚(B)中,由于氧原子的未共用电子对与双键存在 p-π 共轭作用,n 电子向 π 键推移,从而使 β-H 的电子云密度增加,屏蔽效应增加,与乙烯(A)相比,化学位移向高场移动;而在 α,β-不饱和酯(C)中,由于羰基与碳碳双键存在 π-π 共轭作用,羰基的强吸电性将电子拉向氧原子,使得 β-H 上电子云密度降低,因而化学位移向低场移动。

$H_2C=CH_2$ (A) δ=5.28　　$H_2C=CH-\ddot{O}CH_3$ (B) δ=3.99　　$H_2C=CH-C(=O)-OCH_3$ (C) δ=5.50

3. 磁各向异性效应

分子中质子的化学位移不仅与相连官能团的电负性有关,还和质子与该官能团在空间的相互位置有关,这种效应称为磁各向异性效应(magnetic anisotropy)。与通过化学键起作用的诱导效应及共轭效应不同,磁各向异性效应是通过空间而起作用的,因而与分子的构型有关。

如图 13-6,在烯烃分子中,双键的 π 电子云垂直于双键平面,它在外磁场的作用下会产生环电流,由此环电流可产生一个与双键平面垂直的对抗外磁场的感应磁场,从而在分子中形成屏蔽区与去屏蔽区。在双键平面上的质子处于去屏蔽区(以"－"表示),共振信号出现在低场(如烯烃上 δ_H 在 5.28 左右);而处于双键平面上、下方的质子处于屏蔽区(以"＋"表示),共振信号出现在高场。其他含有双键的基团,如羰基、氰基等都具有同样的效应。

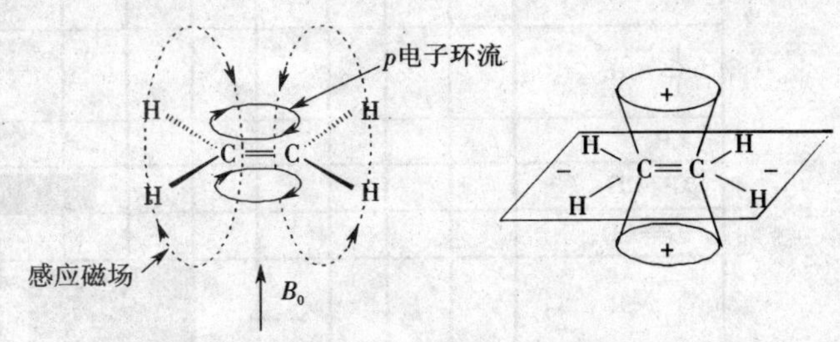

图 13-6　双键的各向异性效应

在炔烃分子中,碳碳叁键的 π 电子云以键轴为中心,呈圆筒状对称分布,在外磁场的作用下产生围绕键轴的环电流,而炔烃的质子恰好位于环电流所产生感应磁场的屏蔽区(图 13-7),因此信号出现在较高场(炔烃上的 δ_H 在 2.80 左右),这也是炔烃质子 δ_H 值比烯烃质子小的原因。

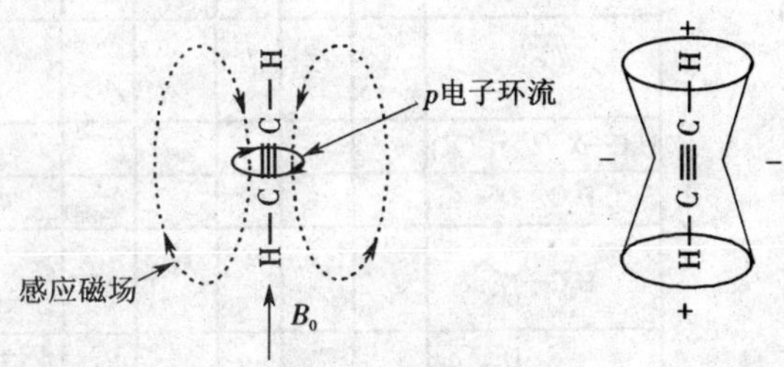

图 13-7　炔键的各向异性效应

芳环具有一个大 π 键,产生与芳环平面平行的上、下两个环电流,形成的感应磁场使得芳环中心为屏蔽区,而在芳环侧面则为去屏蔽区(图 13-8)。由于芳环的质子处于去屏蔽区,因此吸收峰出现在低场,δ_H 值为 7～8。

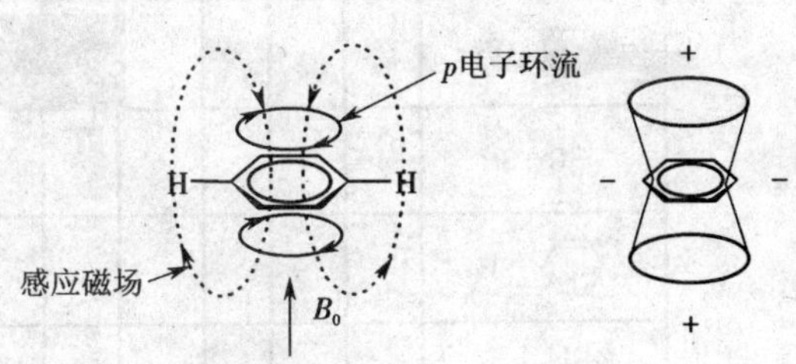

图 13-8　苯环的各向异性效应

4. 氢键

无论是分子内还是分子间形成氢键,质子周围电子云密度都会降低,共振信号明显地移向低场。在分子间形成氢键的质子化学位移还受到溶剂、溶液浓度以及温度的影响。例如,在惰性溶剂的稀溶液中,氢键的影响可以忽略,共振信号移向高场;升高温度往往会影响氢键的形成,信号倾向于向高场移动。

化学位移是确定分子结构的一个重要信息,处在特定的化学环境下的质子的共振信号在一定范围内出现,所以由化学位移值就可以推断分子中有无某些官能团的存在。为此,前人通过大量实验,总结出一些经验规则和氢谱化学位移的具体数值,刊载于专著中,应用时可参考。表 13-1 列出了一些常见基团中质子的化学位移值。

表 13-1 常见基团中质子化学位移 δ_H 值的范围

	14	13	12	11	10	9	8	7	6	5	4	3	2	1	0 ppm
$Si(CH_3)_4$															
—C—CH_2—C—															
—C—CH_3															
▷CH_2															
>C=CH_2															
—C≡CH															
R-苯环-H															
>CH-苯环															
噻吩 (S)															
吡咯 (NH)															
呋喃 (O)															
H_3C—X (X为卤素)															
H_3C—O—															
H_3C—N<															
H_3C—C(=O)															
—C—OH															
苯环-OH															
—C—SH															
苯环-SH															
—C—NH_2															
苯环-NH															
—CHO															
—COOH															

13-3　自旋偶合与自旋裂分

一、自旋偶合和自旋裂分现象

如图 13-9 所示，乙醇在分辨率不同的核磁共振仪上测定得到不同的谱图。图(a)是低分辨谱图，可以看到两个单峰，分别代表—CH_2—和—CH_3，而且峰面积之比为 2∶3。由于羟基具有吸电子的诱导效应，对—CH_2—上的质子产生去屏蔽作用，使得其共振信号向低场移动。在高分辨图(b)中，—CH_2—和—CH_3的信号分别裂分为四重峰和三重峰，这是由分子内部相邻氢核自旋之间的相互干扰引起的，该作用称为“自旋-自旋偶合”。由自旋偶合作用引起共振吸收峰分裂的现象，称为“自旋裂分”，裂分峰之间的距离称为偶合常数(coupling constant)，用 J 表示。

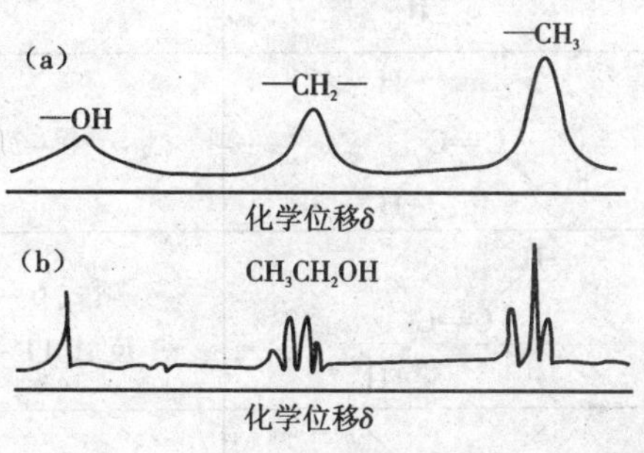

图 13-9　不同分辨率下的乙醇^{1}HNMR 谱图

二、裂分规律和偶合常数

由图 13-9(b)中可以看出，—CH_2—和—CH_3 的裂分峰数目、峰面积和偶合常数具有一定规律。在乙醇分子中存在着两组质子：甲基上的 H_a 和亚甲基上的 H_b。前面提到了氢核在磁场中自旋有两种取向：与外磁场方向相同的自旋将使质子实际所受磁感应强度增强；反之将减弱。乙醇分子中的两个 H_b 的自旋取向就有可能出现以下三种不同的组合方式：①⇉；②⇇；③⇄、⇌。由此，邻位 H_a 受到两个 H_b 的偶合作用，实际所受磁感应强度有以下三种情况：①所产生磁场的方向与外磁场一致，使得 H_a 实受磁感应强度增大，导致 H_a 的共振信号在较低场出现；②所产生磁场的方向与外磁场相反，使得 H_a 实受磁感应强度减小，导致共振信号在较高场出现；③所产生磁场恰好相互抵消，H_a 的共振信号仍在原位置出现。于是，H_a 的共振峰裂分为三重峰，又由于③出现的概率是①②的二倍，因此三重峰的峰面积之比为 1∶2∶1。同理，H_b 受到 H_a 的偶合作用裂分为四重峰，峰面积之比为 1∶3∶3∶1。

推而广之，一组相同磁性的核所具有的裂分峰数目，是由与其偶合的核(偶合作用相同)的数目 n 决定的，裂分数目为 $2nI+1$。对于质子，$I=1/2$，因此裂分数目为 $n+1$，这称为 $n+1$ 规律。裂分后各个峰的强度，也即峰面积为 $(a+b)^n$ 展开式的各项系数，如二重峰 1∶1，三重峰 1∶2∶1，四重峰 1∶3∶3∶1 等。

偶合常数是表征分子结构和构型的一个重要参数(表 13-2)，它具有下述规律。

(1)偶合裂分作用是质子间通过成键的价电子传递的，因此，偶合常数(J)的大小不随外磁场的变化而变化，而随着分子中质子所处的环境不同而改变；并且，随着质子间间隔键数的增加，J 值逐渐变小；当间隔四个键时，偶合作用可忽略不计。根据相互偶合质子之间相隔键数的多少，可将偶合作用分为三类：同碳偶合(相隔两个键)，以符号“^2J”表示；邻碳偶合(相隔三个键)，以符号“^3J”表示；远程偶合(相隔三个键以上)。

(2)互相偶合的两组质子间的 J 值相等。

表 13-2 一些质子自旋 - 自旋偶合常数

结构类型	J/Hz	结构类型	J/Hz
>C(H)(H)	12 ~ 15	H—C(—)—C=C—H（烯丙位）	4 ~ 10
C=C（H, H 同碳）	0 ~ 3	C=C(H)—C(H)=C	10 ~ 13
C=C（H, H）	顺式 6 ~ 14 反式 11 ~ 18	CH—C≡CH	2 ~ 3
CH—CH （自由旋转）	5 ~ 8	CH—OH （不交换）	5
苯环邻位 H, H	7 ~ 8	CH—CHO	1 ~ 3
苯环间位 H, H	2 ~ 3	—HC(CH_3)(CH_3)	5 ~ 7
苯环对位 H, H	0 ~ 1	$—CH_2—CH_3$	7

三、核的化学等价和磁等价

1. 化学等价

若分子中某些核所处化学环境相同，因而具有相同的化学位移，这些核就是化学等价的。例如氯乙烷中$—CH_3$的三个质子化学位移相同，是化学等价的，$—CH_2—$的两个质子同样也是化学等价的；又如在对硝基苯甲醚中，H_a与$H_{a'}$（或H_b与$H_{b'}$）的化学环境相同，化学位移值也相等，是化学等价的。

（对硝基苯甲醚结构式：苯环上 NO_2 与 OCH_3 处于对位，H_a、$H_{a'}$ 位于 NO_2 两侧，H_b、$H_{b'}$ 位于 OCH_3 两侧）

2. 磁等价

分子中有一组化学等价核，假若它们对组外任何一个核的偶合常数也相同，则该组核是磁等价的，又被称为“磁全同核”。例如，在二氟甲烷中（H_1、F_1、H_2、F_2 连于 C 上）：H_1 与 H_2 不仅具有相同的化学位移，而且它们对 F_1 或 F_2 的偶合常数也相同，即 $J_{H_1F_1}=J_{H_2F_1}$，$J_{H_1F_2}=J_{H_2F_2}$。因此，H_1 与 H_2 是磁等价核，同理，F_1 与 F_2 也是磁等价核。值得注意的是，磁等价核一定是化学等价的；反之，化学等价核未必是磁等价的。磁等价的核之间也有偶合作用，但不裂分，谱线为一单峰。例如，在二氟乙烯（H_1、H_2 连于一个 C，F_1、F_2 连于另一个 C，C═C）中，H_1 与 H_2、F_1 与 F_2 分别为化学等价核，但是由于 H_1 与 F_1 为顺式偶合，H_1 与 F_2 为反式偶合，因此 $J_{H_1F_1}\neq J_{H_2F_1}$，$J_{H_1F_2}\neq J_{H_2F_2}$，$H_1$ 与 H_2 是磁不等价的，同理，F_1 与 F_2 也是磁不等价核。

又如，在化合物 2 - 氯乙烷 $H_3C—C(H_a)(H_b)—C^*(H)(Cl)—CH_3$ 中，由于亚甲基与手性碳相连，因此 H_a 与 H_b 是磁不等价的。

四、一级谱图

符合以下条件的谱图才可作为“一级谱图”进行解析。

(1) $\Delta\nu/J$ 的值大，至少大于 10。

(2) 同一组核均为磁等价的。

一般来说，一级谱图的吸收峰数目、峰面积符合以下规律。

(1) 吸收峰的裂分数目遵循 $n+1$ 规律，前提是相邻 n 个质子均为磁全同的。

(2) 裂分峰的峰面积之比可用二项式 $(a+b)^n$ 展开式的各项系数近似表示。

(3) 裂分峰的中心位置即为化学位移值，相邻两峰之间的距离（以 Hz 表示）为偶合常数 J。

13-4　简化核磁共振谱图的方法

核磁共振谱图的复杂程度与 $\Delta\nu/J$ 的值有关，当 $\Delta\nu/J$ 的值较小时（一般小于 10 时），由于偶合作用的加强，而核之间化学位移的差值又不大，会使谱图复杂化，裂分峰数不再符合 $n+1$ 规律，同时峰面积比也不能用二项式的展开式来计算，此时即产生了所谓的高级谱图。对于高级谱图的解析要比一级谱图复杂得多，通常可以采用加大仪器的磁感应强度，或采用去偶法以及加入位移试剂等手段达到简化谱图的目的。

一、加大磁感应强度

前面提到偶合常数 J 是不随外磁场变化而变化的，然而 $\Delta\nu$ 随外磁场的加强而增加，因此加大外加磁场的感应强度就可以使 $\Delta\nu/J$ 增加，从而简化谱图。

二、去偶法

以相互偶合的两个质子 H_a 和 H_b 为例，在采用某射频照射 H_a 使其发生共振的同时，用另一

强的射频照射 H_b，使 H_b 发生共振并达到饱和。此时，H_b 的共振吸收峰消失，与此同时，H_b 核在两种能级间迅速往返，其对 H_a 核的两种附加磁场也随之相互抵消，也即去除了其对 H_a 核的偶合作用，于是，H_a 核的谱线将变为一个单峰。这种技术称为双照射去偶法（double irradiation decoupling）。

如图 13-10，在某含有乙基的化合物的核磁共振氢谱中，产生正常偶合作用的谱图如（a）；如果采用双照射法照射—CH_2—，则—CH_3 变为单峰（b）；若对—CH_3 进行照射，则—CH_2—变为一单峰（c）。由此可以看出，去偶法不仅可以简化谱图，而且还可以确定核与核之间的偶合关系，这对图谱解析是非常有利的。

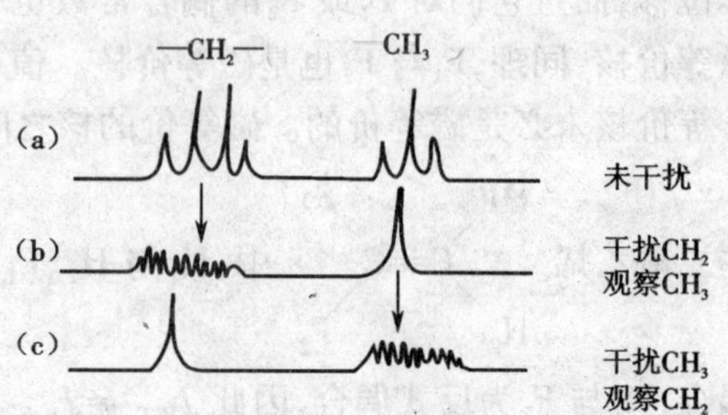

图 13-10 双照射去偶的 NMR 谱图

又如，为解析巴豆醛的烯烃质子谱图（图 13-11），通过去除甲基质子的偶合作用，可以使烯烃质子的信号峰简化为双重峰。

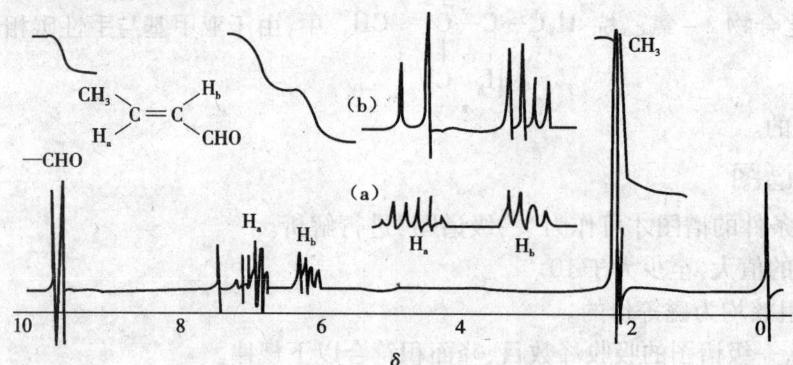

图 13-11 巴豆醛的 ^{1}HNMR 谱图

（a）烯烃质子重峰 （b）去偶甲基后烯烃质子重峰

三、位移试剂

在样品溶液中加入镧系元素的配合物（主要为 Eu、Pr 的 β - 二酮配合物）后，由于该试剂与样品分子中的某些官能团（含有孤对电子，如—NH_2，—OH，—COOH 等）相互作用，导致与作用点相邻的质子的化学位移发生显著改变，而较远的质子的化学位移改变较小，从而使原来相互重叠的谱线分开，易于谱图的解析。这种能够使样品质子信号峰发生位移的试剂称为位移试剂（shift reagents）。常见的有：

$$M\left[\begin{array}{c} C(CH_3)_3 \\ O-C \\ \quad CH \\ O=C \\ C(CH_3)_3 \end{array}\right]_3 \qquad M\left[\begin{array}{c} CF_2CF_2CF_3 \\ O-C \\ \quad CH \\ O=C \\ C(CH_3)_3 \end{array}\right]_3$$

简写为 $M(DPM)_3$ 简写为 $M(FOD)_3$

$$M = Eu^{3+},Pr^{3+}$$

由图 13-12 所示的例子可以进一步说明位移试剂的作用原理。正戊醇的核磁共振氢谱见图(a),其中 3,4,5 位的质子信号无法分辨。加入位移试剂后,与羟基靠近的 2 位质子显著移向低场,其他质子也有不同程度位移,结果使复杂谱线分开,易于解析。

需要注意的是,在使用位移试剂时,要选用 CCl_4、$CDCl_3$、C_6D_6 等不与位移试剂发生配位作用的溶剂,以避免对测定效果产生影响。

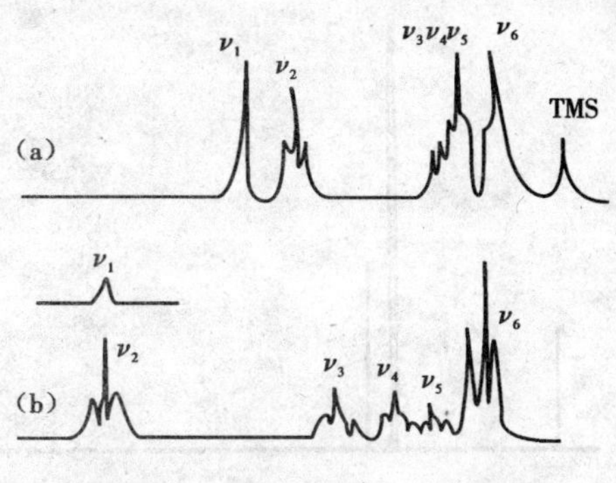

图 13-12　正戊醇的 ^{1}HNMR 谱图

(a)未加位移试剂　(b)加入 $Eu(FOD)_3$

13-5　核磁共振碳谱(^{13}CNMR)

自然界中具有磁矩的核有 100 多种,除了 ^{1}H 核以外,研究比较深入、应用比较广泛的还有 ^{13}C、^{15}N、^{19}F、^{31}P 几种核磁共振谱。这几种核的自旋量子数 I 均为 1/2,并且这几种元素是构成有机物的基础物质,因此,研究它们的核磁共振谱对有机化学以及相关的天然产物和药物化学领域的研究都是十分重要的。本节将主要介绍一下核磁共振碳谱。

碳原子构成了有机化合物的骨架,因此研究碳原子在核磁共振中的信号对有机物的结构鉴定具有重要意义。然而,^{13}C 的天然丰度极低,仅为 ^{12}C 的 1.1%,故信号很弱,给核磁测定造成了困难。直到 20 世纪 70 年代脉冲 - 傅里叶核磁共振谱仪问世,核磁共振碳谱(^{13}CNMR)才迅速发展起来。与 ^{1}HNMR 相比较,^{13}CNMR 具有以下特点。

(1)由于 ^{13}C 的天然丰度和灵敏度比 ^{1}H 低得多,因此其信号强度仅是 ^{1}H 的信号的千分之一,故在核磁测定中需要大量的样品和较长时间的累加。^{13}C 化学位移范围较宽。^{1}HNMR 的谱线通常在 0 ~ 10ppm,而 ^{13}CNMR 的化学位移常出现在 0 ~ 250ppm。

(2)^{13}CNMR 的化学位移差距大,因此化学环境的微小差异也不会导致谱线重叠,利于谱图的解析。

(3)由于 ^{13}C 的天然丰度低,因此 ^{13}C—^{13}C 之间的偶合作用可以忽略;而碳原子与氢原子直接相连,因此 ^{13}C—^{1}H 之间的偶合作用是主要的。

最常见的碳谱是宽带全去偶谱(broadband decoupling),即去除所有 ^{1}H 核对 ^{13}C 的偶合作用,每一种化学等价的碳原子只出现一条谱线,如图 13-13,除非分子中含有其他可以对 ^{13}C 产生偶合作用的磁性原子,如 ^{19}F、^{15}N、^{31}P。需要说明的是,在全去偶的碳谱中,峰的高度与碳原子的数量无关。

在 ^{13}CNMR 的谱图解析中,化学位移往往可以提供最有价值的信息。它直接反映了核周围的化学环境。由于 ^{13}CNMR 的化学位移范围宽,全去偶的峰尖锐,不易重叠,因此,分子中每一个不同化学环境的碳原子都应有一条谱线与其相对应。表 13-2 列出了一些典型基团中碳的化学位移值的范围,进行碳谱解析时可作为参考。

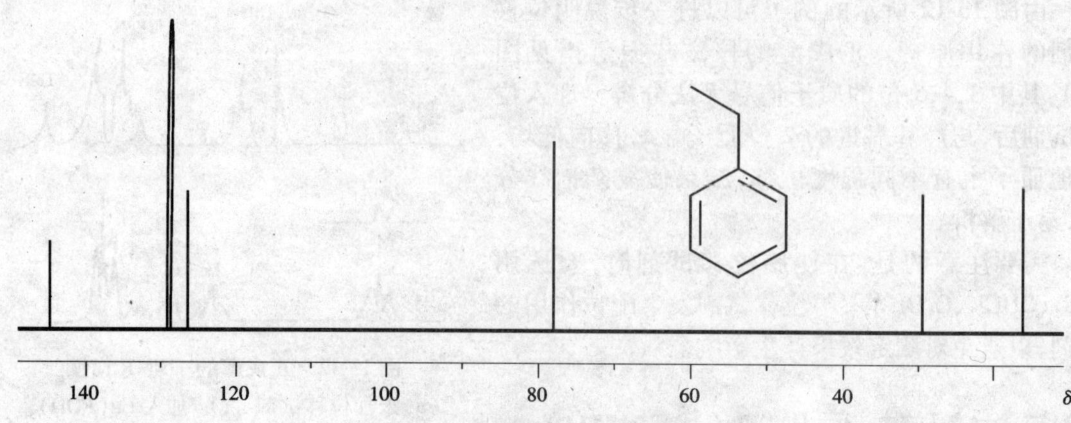

图 13-13 乙基苯的^{13}C 宽带全去偶谱

表 13-2 常见基团中^{13}C 化学位移的范围

基团	240	220	200	180	160	140	120	100	80	60	40	20	0 ppm
▷C*H₂ (环丙烷)													
—C—C*H₂—C—													
—C—C*H₃													
>C=C*<													
>C=C*H—CH=C<													
—C≡C*H													
R-C₆H₅ *													
—C*N													
H_3C^*—Cl													
—C*H—N<													
>C*H—O—													
—C*HO													
—C*OOH													
—C*—COX(O,N,Cl)													
—C*—NO_2													
—C*—SH													

13-6　核磁共振谱图的解析示例

从核磁共振氢谱中可以得知质子的化学位移、偶合常数、积分面积三种参数，这些信息与分子结构密切相关。以下几个实例说明如何利用这些参数来推断分子结构。

例 1　有一未知液体 b. p. 218°C，分子式为 $C_8H_{14}O_4$、红外谱图显示有 $\rangle C=O$ 存在，其核磁共振谱如图 13-14 所示，试推断其结构。

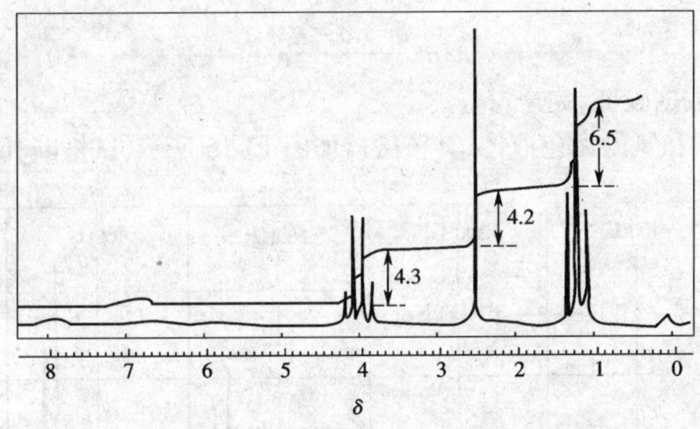

图 13-14　$C_8H_{14}O_4$ 的 ^{1}HNMR 谱

解　首先根据分子式计算出不饱和度 $\Omega = 8 - (14/2) + 1 = 2$，又已知分子中有羰基存在，占去了一个不饱和度。结合 $\delta = 7 \sim 8$ 之间无吸收，证明该分子中不含苯环（苯环的不饱和度为4）。

核磁共振谱图中有三组峰，分别对其进行分析，如下表：

δ	重峰数	积分高度比	氢原子数
1.3	三重峰	6.5	$\frac{6.5}{6.5+4.2+4.3} \times 14 = 6$
2.5	单峰	4.2	$\frac{4.2}{6.5+4.2+4.3} \times 14 = 4$
4.1	四重峰	4.3	$\frac{4.3}{6.5+4.2+4.3} \times 14 = 4$

$\delta = 1.3$，表示有—CH_3存在；因该组峰代表 6 个 H，表明有两个化学环境相同的—CH_3（即有对称结构）；该组峰裂分为三重峰（强度比为 1∶2∶1），说明该甲基与—CH_2—相连。

$\delta = 2.5$，红外谱图显示有羰基存在，因此推断分子中含有结构 $-\overset{\overset{\displaystyle O}{\|}}{C}-CH_2-$ 的存在；又为单峰，积分面积表明有 4 个 H，可推测分子有的 $-\overset{\overset{\displaystyle O}{\|}}{C}-CH_2-CH_2-\overset{\overset{\displaystyle O}{\|}}{C}-$ 对称结构存在。

$\delta \doteq 4.1$，四重峰，说明与—CH_3相邻，积分面积为 4，说明有两个—CH_2—存在，并且根据化学位移值，推断为—OCH_2—结构。

综合以上分析，推断该化合物的结构为

$$H_3C-H_2C-O-\overset{\overset{\displaystyle O}{\|}}{C}-CH_2-CH_2-\overset{\overset{\displaystyle O}{\|}}{C}-O-CH_2-CH_3$$

$\delta=2.5$ 单重峰（$-CH_2-CH_2-$）

$\delta=4.1$，四重峰（$-H_2C-O-$，$-O-CH_2-$）

$\delta=1.3$，三重峰（H_3C-，$-CH_3$）

经用已知沸点数据验证，完全符合。

例 2 一仅含碳和氢的无色液体，其核磁谱如图 13-15 所示，试推断其结构。

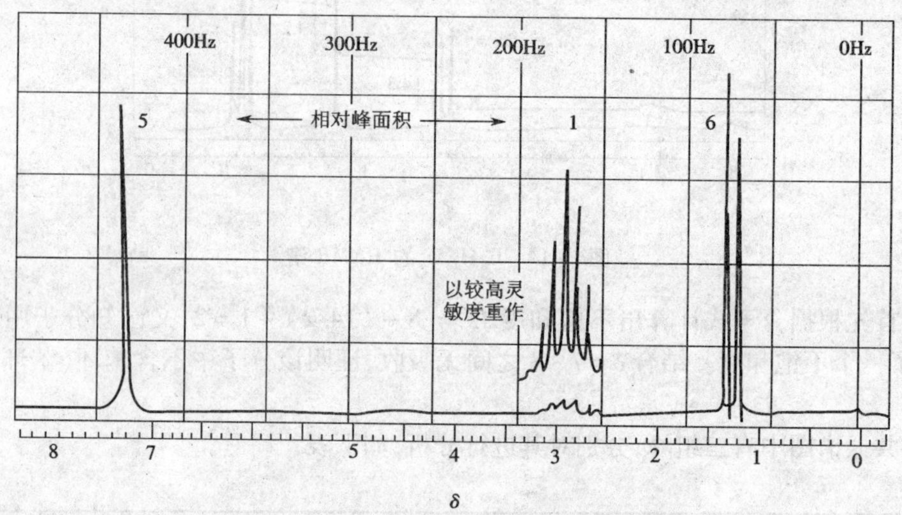

图 13-15 某无色液体的[1]HNMR 谱

分析 已知条件中没有给出分子式，只能从谱图着手分析。图中给出了三组峰，峰面积之比为 6∶1∶5，提示化合物有三组不同环境的氢，最少为 12 个 H。

芳氢区（$\delta=7\sim8$）有一单峰，积分线高度示出 5H，可能是单取代苯 —⌬；甲基区有双重峰，6H，应为两个—CH_3，且提示相邻有含有 1H 的基团；同时，这个基团应与电负性较大的基团相连（与苯相连），又裂分为七重峰，很容易想到是—$CH(CH_3)_2$。

解

δ	重峰数	氢原子数
7.2	单重峰	5
2.9	七重峰	1
1.2	二重峰	6

根据上面分析，很容易写出可能的结构为 $C_6H_5-CH(CH_3)_2$。

例 3　某未知物的分子式为 C_9H_9ClO，核磁共振谱如图 13-16 所示，试确定其结构。

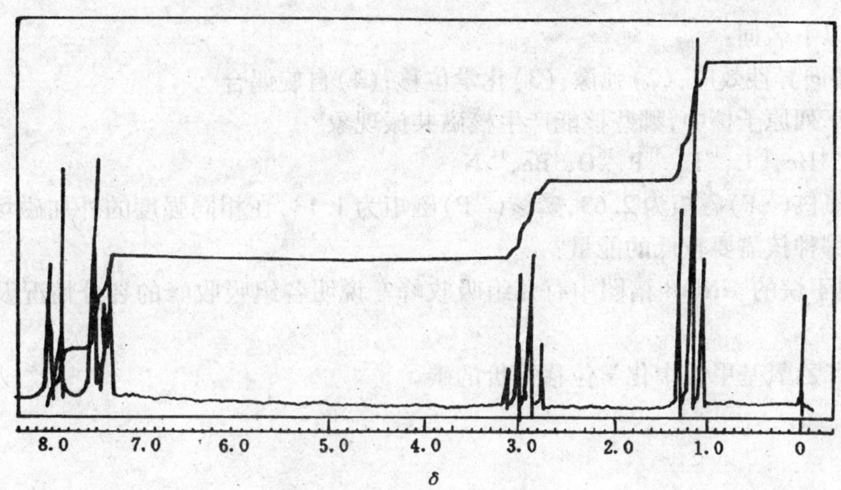

图 13-16　C_9H_9ClO 的 ^{1}HNMR 谱

解　$\Omega = 9 - (9+1)/2 + 1 = 5$

不饱和度很大，提示未知物中可能含有一个苯环，尚余一个不饱和度。

谱图中共有三组峰。

(1)$\delta = 1.2$，三重峰，3H，$J \approx 7$ Hz，(表示有邻位偶合)，表示为与—CH_2—相邻的—CH_3。

(2)$\delta = 2.9$，四重峰，2H，$J \approx 7$ Hz，(说明确与—CH_3 偶合)，化学位移接近 3，可能为与去屏蔽基团相连的—CH_2—，且与—CH_3相邻并偶合。

(3)$\delta = 7.2 \sim 8$，多重峰，4 H，位于芳氢的化学位移范围以内，且从不饱和度较大得到提示有芳环，此处得以旁证；只有 4 个氢说明为二取代苯；从峰形来看，为对称形状，表示可能为对位取代的苯，—C_6H_4—（对位）。

将上述基团从分子式中扣除后，得

$C_9H_9ClO - (CH_3 + CH_2 + C_6H_4) = CClO$

因为尚余一个不饱和度未用，由此不难想到可能有 —C(=O)— ，剩余一个 Cl；从 $\delta = 2.9$ 的—CH_2—应与去屏蔽基团（或原子）相连，示有 —C(=O)—CH_2CH_3 结构。又从对位取代苯的角度推断，只有

Cl—C_6H_4—C(=O)—CH_2CH_3（对位）

的组合才合理。

当然,若有其他数据加以验证则更为可靠。

思 考 题

1. 解释以下名词:

(1)磁各向异性效应;(2)弛豫;(3)化学位移;(4)自旋偶合

2. 指出下列原子核中,哪些核能产生核磁共振现象?

^{7}Li, ^{4}He, ^{12}C, ^{19}F, ^{31}P, ^{16}O, ^{9}Be, ^{14}N

3. 已知氟核(^{19}F)磁矩为2.63,磷核(^{31}P)磁矩为1.13,在相同强度的外加磁场条件下,发生核跃迁时哪种核需要较低的能量?

4. 1-溴丁烷的^{1}HNMR谱图中有几组吸收峰?说明各组吸收峰的裂分情况及强度比,并解释原因。

5. 指出二乙氧基甲烷中化学位移等价的碳。

第 14 章　质　谱　法

14-1　概述

质谱(mass spectrum, MS)与 UV、IR、NMR 并称为有机四大谱,是有机化合物结构分析的重要手段之一。有机物在高真空中受热气化,再受到一定能量的高速电子轰击,失去一个电子后成为带正电荷的分子离子;分子离子可进一步断裂成各种碎片离子。这些正离子在电场和磁场的综合作用下,按照质荷比(mass-charge ratio, m/z)的大小被顺序收集和记录下来,得到质谱图。近年来,质谱法发展迅速,既可与一些分离方法(如气相色谱、液相色谱、毛细管电泳)联用,其本身也可实现联用(二级质谱或多级质谱),已被广泛应用在有机化学、生物化学、石油化工、环境分析、食品化学、材料等研究领域。

质谱多用棒图(图 14-1)表示,图中每一根棒代表一种离子。横坐标为离子的质荷比,对单电荷离子而言,质荷比即为离子的质量数;图中最高的峰称为"基峰"(图中 $m/z = 83$ 的峰),将其离子强度定为 100%,纵坐标即为各离子的相对丰度(其他峰的离子强度相对基峰的百分比)。文献报道时也可用质谱表来代替质谱图,如表 14-1 所示,包括离子的质荷比和相对丰度两项数据。

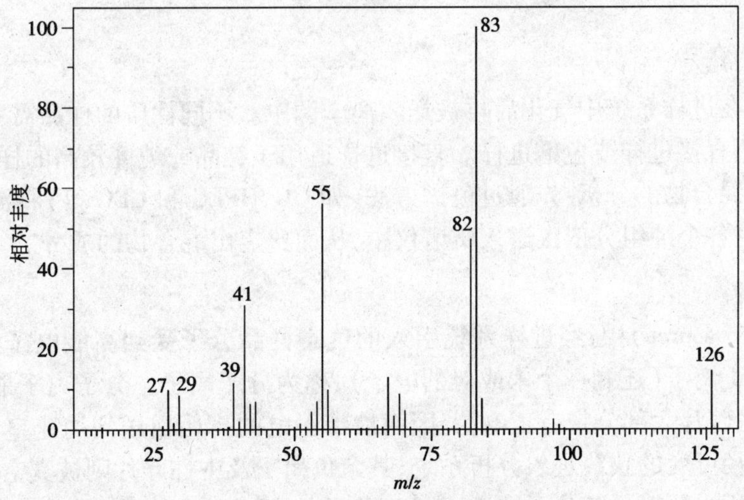

图 14-1　丙基环己烷的质谱棒图

表 14-1 丙基环己烷的质谱表

m/z	27	28	29	39	40	41	42	43	53	54	55	56
相对丰度	9.8	1.6	8.4	11.3	1.9	30.7	6.2	6.9	4.2	6.8	56	9.9
m/z	57	67	68	69	70	81	82	83	84	97	126	127
相对丰度	2.4	12.8	3.2	8.7	4.7	2.2	47.2	100	7.7	2.5	14.4	1.4

在有机化合物结构分析中，质谱可以提供三方面信息：①非常准确的相对分子质量，例如低分辨质谱可以给出准确的整数相对分子质量，高分辨质谱能给出准确到小数点后四位的相对分子质量；②确定样品的分子式；③根据得到的各种碎片离子及其裂解规律进行结构分析。

14-2 质谱仪的基本结构及质谱基本原理

以单聚焦质谱仪（图 14-2）为例，质谱仪主要由以下几个部分组成：进样系统、离子源（电离室）、质量分析器、检测器、数据处理系统以及真空系统。

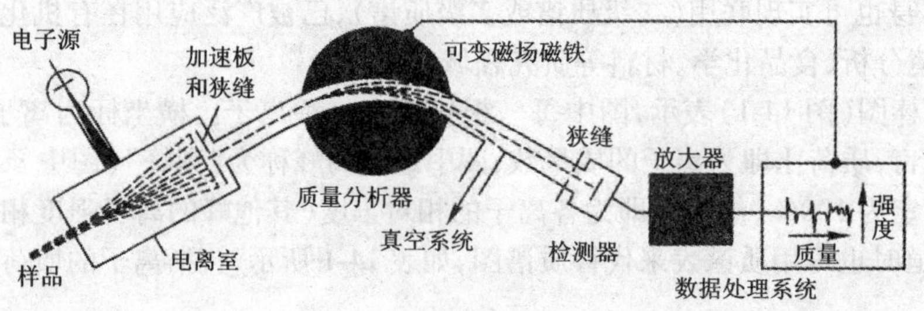

图 14-2 单聚焦质谱仪示意图

一、进样系统

被测样品需在进样系统中气化后再被送入离子源中。不同性质的样品需采用不同的进样方式，通常可采用直接进样或色谱进样。直接进样适用于纯品或纯度较高的样品分析；色谱进样则适用于复杂混合物的分析：先通过色谱方法（如 GC、HPLC 和 CEC 等）将混合物中的各个组分分离后，再将各个纯组分依次送入质谱仪中，从而鉴定出混合物的成分。

二、离子源

在离子源（ion source）中，经进样系统引入的气态样品分子受到高能电子流的轰击，被打出一个电子成为正离子（还剩一个未成对的电子），称为分子离子。分子离子能进一步碎裂产生碎片离子，这些碎片大部分带有正电荷，因而被带正电的排斥板送到加速室聚焦为离子束，然后通过一个孔径可变的狭缝进入分析系统；其余负离子及中性碎片则被真空泵抽走。

由于离子化所需的能量随分子结构不同差异很大，因此，对于不同的分子应选择不同的离子化方法。

1. 电子轰击离子源（Electron Impact Ionization，EI）

电子轰击电离是质谱中应用最广泛、发展最成熟的一种离子化方式。在 EI 源内，将钨丝灯加热到 2 000 ℃，产生高速电子流，与气态样品分子撞击，导致样品分子电离：

$$M + e^-(\text{高速}) \longrightarrow M^{+} + 2e^-(\text{低速}) \tag{14-1}$$

M 为带偶数电子的有机化合物，失去一个电子后变为带奇数电子的正离子。有机化合物需要的电离电压通常为 7 ~ 15 eV，而在 50 ~ 70 eV 时电离效率最高，灵敏度接近最大值，因此电子轰击质谱常用的电离电压为 70 eV。分子电离后多余的能量能使其进一步发生键的断裂，形成大量低质量数的碎片正离子，得到丰富的结构信息，用于有机化合物的结构鉴定。但是，对一些结构不太稳定的样品，分子离子峰很弱甚至可能观察不到。这是 EI 源的一个缺点。

2. 化学电离源(Chemical Ionization, CI)

化学电离是一种弱的电离方式，称为软电离源。使用一种电离势比样品分子略高的化合物的分子离子与样品作用，则样品分子只得到少量过剩的能量，于是样品分子键断裂程度减小，而分子离子峰的丰度增加。通常使用甲烷、异丁烷、氨等作为反应气体，将样品和反应气体同时引入电离室（样品约占 0.1%），此时高能电子不是直接轰击样品分子而是首先与反应气体分子作用产生活化离子。以甲烷反应气为例，

$$\begin{aligned}
&CH_4 \xrightarrow{-e^-} CH^{+} \\
&CH_4^{+} \longrightarrow CH_3^{+} + H\cdot \\
&CH_4^{+} + CH_4 \longrightarrow CH_5^{+} + CH_3\cdot \\
&CH_3^{+} + CH_4 \longrightarrow C_2H_5^{+} + H_2
\end{aligned} \tag{14-2}$$

这些活化离子再与气体状态的样品分子作用产生$[M+H]^+$或$[M-H]^+$的准分子离子（quasi-molecular ion）。

$$\begin{aligned}
&CH_5^{+} + M \longrightarrow [M+H]^{+} + CH_4 \\
&C_2H_5^{+} + M \longrightarrow (M+H)^{+} + C_2H_4 \\
&CH_5^{+} + M \longrightarrow [M-H]^{+} + CH_4 + H_2 \\
&C_2H_5^{+} + M \longrightarrow [M-H]^{+} + C_2H_6
\end{aligned} \tag{14-3}$$

由于产生的准分子离子$[M+H]^+$过剩的能量小，又是偶电子离子，比较稳定，较少进行碎裂反应，因此准分子离子的强度较高，便于推算相对分子质量。对分子结构不太稳定的化合物，化学电离质谱与电子轰击质谱形成较好的互补关系。

3. 其他电离源

现代质谱仪一般均带有几种电离源，以满足不同的需要。除上述两种电离源外，其他的电离源还有场致电离源（Field Ionization, FI），场解吸电离源（Field Desorption, FD），电喷雾电离源（Electrospary Ionization, ESI），大气压化学电离源（Atomspheric Pressure Chemical Ionization, APCI）和快原子轰击电离源（Fast Bombardment Ionization, FAB）等，在此不再详述。

三、质量分析器

质量分析器（mass analyzer）是质谱仪的核心部分，它的作用是将离子源内得到的离子按质荷比分离并送入检测器检测。常见的质量分析器有扇形磁场质量分析器，飞行时间质量分析器、四极杆质量分析器、离子阱质量分析器、傅里叶变换离子回旋共振质量分析器等，下面只对扇形磁场质量分析器进行简单介绍。

扇形磁场质量分析器分单聚焦和双聚焦两种。它们的不同之处是：单聚焦质量分析器由扇形磁场组成，双聚焦质量分析器由扇形磁场和扇形电场组成。

1. 单聚焦质量分析器

在电离室中产生的各种正离子被电位差为800 ~8 000 V的高压电场加速,正离子所获得的动能等于电场能,即

$$Vz = 1/2mv^2 \tag{14-4}$$

式中:m 为离子质量;v 为离子的运动速度;z 为离子所带电荷;V 为加速电压。由上式可知,加速电压一定时,质量大的离子比质量小的离子运动速度慢。

加速后的正离子进入质量分离器内,受到与运动方向垂直的匀强磁场作用,迫使离子改变运动方向并做圆周运动。此时,洛仑兹力 $\mu_0 Hzv$ 作为向心力,与离心力 mv^2/R 相等:

$$\mu_0 Hzv = \frac{mv^2}{R} \tag{14-5}$$

式中:H 为磁场强度;R 为圆周运动的半径;μ_0为真空磁导率。将式(14-4)与式(14-5)合并,得到质谱的基本方程:

$$\frac{m}{z} = \frac{H^2 R^2 \mu_0^2}{2V} \tag{14-6}$$

由上式可知离子的质荷比(m/z)与磁场强度的平方成正比,与加速电压成反比。它说明了质谱分析的基本原理:在一定加速电压 V 和磁场强度 H 下,不同质荷比的离子因圆周运动的半径 R 不同而分离。实验中,一般固定加速电压和狭缝(使 R 固定),将磁场由小至大进行磁场扫描(扫场)。这样,不同质荷比的离子可由小到大依次通过狭缝打到收集器上。

2. 双聚焦质量分析器

在单聚焦质谱仪(single-focusing MS)中,由于离子源产生的离子的初始动能并不完全相同,因此即使是同一质荷比的离子在扇形磁场中的运动半径也有所不同,最后不能全部聚焦在一起,致使仪器分辨率显著降低。单聚焦质谱仪只能分开质量数的整数部分相差1的各种正离子,而要分开像CO(质量数为27.9949)和 $CH_2{=}CH_2$(28.0313)这样的离子峰就无能为力了,就需要高分辨质谱仪——双聚焦质谱仪(double-focusing MS)。双聚焦质量分析器在离子室和扇形磁场之间加入一个扇形静电场(图14-3),离子在进入磁分析器进行质荷比聚焦之前,先在静电分析器中进行能量聚焦。离子进入扇形电场后受电场力的作用做圆周运动,则有

$$Ez = \frac{mv^2}{r_e} \tag{14-7}$$

式中:E 为静电场强度;r_e为离子在静电场中的运动半径。由式(14-4)和式(14-7)可得式(14-8):

$$r_e = \frac{2V}{E} \tag{14-8}$$

当 E 一定时,改变加速电压,离子的运动半径随之变化。在静电场后加一狭缝,则进入磁场的离子几乎具有相同的动能,使分辨力大大提高。双聚焦型质谱仪可达上万的高分辨率,不仅能得到准确的分子离子和各种碎片质量,还能进一步推知样品的元素组成。

四、其他部件

质谱仪通常还包括检测器、数据处理系统以及真空系统等部分。经质量分析器分离后的各种质荷比的离子,通过检测器检测并经计算机进行数据处理、记录下来后即可得到化合物的质谱图。真空系统则是为了避免分子离子或碎片离子与其他物质发生反应和被干扰,给分子

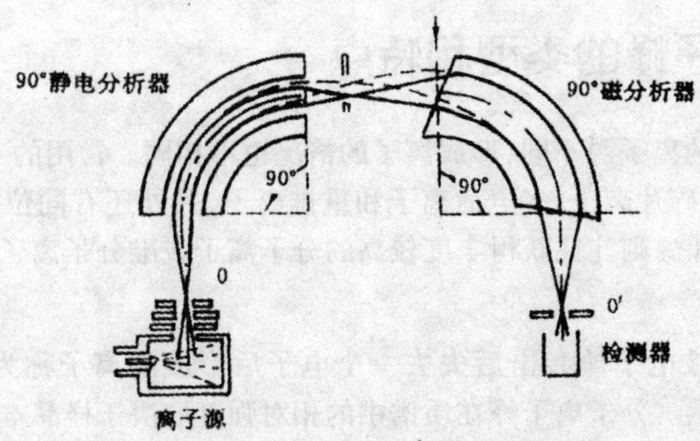

图 14-3　双聚焦质谱仪示意图

结构的解析和研究带来困难。

14-3　质谱的常用表示法

在一张质谱图中会出现许多峰,它们的位置、强度及类型是与其结构密切相关的。首先介绍质谱中一些常用的表示法。

一、正电荷表示法

一个分子或碎片被打掉一个电子后就带上了正电荷,用"+"或"+·"表示。前者表示带有偶数个电子,后者表示带有奇数个电子。正电荷一般在杂原子或不饱和键上,难以确定正电荷位置的可用"┐+·"或"┐+"表示。例如

$$R—\overset{\overset{\displaystyle O}{\|}}{C}—R^+ \xrightarrow{-e^-} R—\overset{\overset{\displaystyle \overset{+\cdot}{O}}{\|}}{C}—R^+$$

$$R—CH_2—\overset{+\cdot}{\ddot{O}}R^+ \longrightarrow R\cdot + CH_2 = \overset{+}{\ddot{O}}$$

苯 $\xrightarrow{-e^-}$ (苯环 +·) 或 (苯环 ⊕·)

(3-吡啶基)CH_2R ┐+· $\longrightarrow$ $R\cdot$ + (3-吡啶基)CH_2 ┐+

二、电子转移表示法

质谱中,以"⌒"表示单电子转移,以"⌒"表示一对电子转移。例如

$$X—Y \xrightarrow{\text{均裂}} X\cdot + Y\cdot$$

$$X—Y \xrightarrow{\text{异裂}} X^+ + Y^-$$

$$X—Y \xrightarrow{-e^-} \overset{+\cdot}{X}Y \longrightarrow X^+ + Y\cdot$$

14-4 主要离子峰的类型和特点

有机质谱仪采用的离子源不同，形成离子的情况也不相同。常用的EI离子源中除产生分子离子外，还有较多的碎片离子、多电荷离子和重排离子，另外还有同位素离子以及亚稳离子等；软电离离子源如CI源则往往获得丰度较高的分子离子或准分子离子，碎片离子相对较少。

一、分子离子峰

有机化合物分子被电子流轰击后失去一个电子后形成的离子称为分子离子（molecular ion），一般用“M^{+}”表示。分子离子峰在质谱中的相对强度取决于样品本身的稳定性和分子结构；某些化合物的分子离子峰很弱甚至可能不出现，是因为这些化合物的分子离子不稳定，容易进一步裂解。分子离子实际上是一个自由基型正离子，因其只带一个电荷，故该离子的质荷比（m/z）即为该化合物的相对分子质量。正确辨认质谱图上的分子离子峰，就可以获得被测物的相对分子质量。确认分子离子峰通常有以下一些原则。

（1）除了伴随的同位素峰外，分子离子峰应位于质谱图中质量数最高端。

（2）分子离子峰的质量数要符合“氮规则”。含有偶数（包括零）氮原子的有机物，其分子离子峰的质量数一定为偶数；而含有奇数氮原子的有机物，其质量数必为奇数。不符合“氮规则”的离子峰一定不是分子离子峰。

（3）分子离子必须是一个奇电子离子。中性分子失去一个电子，形成的分子离子是一个自由基正离子，即具有“奇电子”的离子；分子离子继续断裂丢失自由基形成“偶电子离子”或丢失中性分子形成另一个“奇电子”离子碎片，如此继续。

（4）分子离子峰与邻近峰的质量差应该是合理的。例如，分子离子不可能裂解出两个以上的氢原子或小于一个甲基的基团，因此分子离子失去3～14个原子质量单位的电中性碎片是不可能的。若在最高质量的离子峰左边存在上述质量差的离子峰，那么该峰肯定不是分子离子峰。表14-2列出了从分子离子中可能失去的碎片。

（5）采用软电离离子源或降低电子轰击源的电压，可以增加分子离子峰强度。

（6）不同化合物分子离子峰稳定性不同。凡能有利于正电荷分散的化合物，分子离子峰强度较大。各类化合物的分子离子稳定性顺序大致如下：

芳香化合物＞共轭链烯＞脂环化合物＞酮＞直链烷烃＞醚＞酯＞胺＞羧酸＞醇＞支链烷烃。

表14-2 从分子离子丢失的合理碎片

离子	碎片	离子	碎片
M－1	H	M－33	H_2O+CH_3，HS
M－2	H_2	M－34	H_2S
M－15	CH_3	M－41	C_3H_5
M－16	O，NH_2	M－42	CH_2CO，C_3H_6
M－17	OH，NH_3	M－43	C_3H_7，CH_3CO
M－18	H_2O	M－44	CO_2，C_3H_8
M－19	F	M－45	COOH，OC_2H_5

续表

离子	碎片	离子	碎片
M - 20	HF	M - 46	C_2H_5OH, NO_2
M - 26	C_2H_2	M - 48	SO
M - 27	HCN	M - 55	C_4H_7
M - 28	CO, C_2H_4	M - 56	C_4H_8
M - 29	CHO, C_2H_5	M - 57	C_4H_9, C_2H_5CO
M - 30	CH_2O, NO	M - 58	C_4H_{10}
M - 31	OCH_3	M - 60	CH_3COOH
M - 32	CH_3OH, S		

二、同位素离子峰

在自然界中组成有机化合物的各种元素，如 C、H、O、N、S、F、Cl、Br、I、Si 等，实质上是各该元素的同位素的混合物。表 14-3 列出了组成有机化合物分子常见元素的天然同位素丰度。分子离子峰是由丰度最大的轻同位素组成的，用 M 表示。在质谱图中，会出现由不同质量同位素组成的峰，称为同位素离子峰。例如分子离子峰 M 的右侧往往还有 M + 1 和 M + 2 峰，为同位素峰。

表 14-3 常见元素的天然同位素丰度

同位素	天然丰度 / %	丰度比/%
^{1}H	99.985	^{2}H / ^{1}H = 0.015
^{2}H	0.015	
^{12}C	98.9	^{13}C / ^{12}C = 1.12
^{13}C	1.11	
^{14}N	99.63	^{15}N / ^{14}N = 0.37
^{15}N	0.37	
^{16}O	99.76	^{17}O / ^{16}O = 0.037
^{17}O	0.037	^{18}O / ^{16}O = 0.20
^{18}O	0.204	
^{32}S	95.00	^{33}S / ^{32}S = 0.80
^{33}S	0.76	^{34}S / ^{32}S = 4.44
^{34}S	4.22	
^{35}Cl	75.5	^{37}Cl / ^{35}Cl = 32.4
^{37}Cl	24.5	
^{79}Br	50.5	^{81}Br / ^{79}Br = 98.0
^{81}Br	49.5	

在质谱中，同位素峰的强度比与同位素的天然丰度比是相当的，这对于鉴定分子中含有的 Cl、Br、S 原子很有用，因为这些元素含有较丰富的高两个质量单位的同位素，并在 M、M + 2 处出现特征强度的离子峰。例如，在溴乙烷分子中，^{79}Br 与 ^{81}Br 的丰度比约为 51:49，所以溴乙烷的 M 与 M + 2 峰强度比也为 51:49，两峰强度接近相等。当质谱中出现两个强度接近相等的

M、M+2 峰时(图 14-4),可判断分子中含有溴原子。

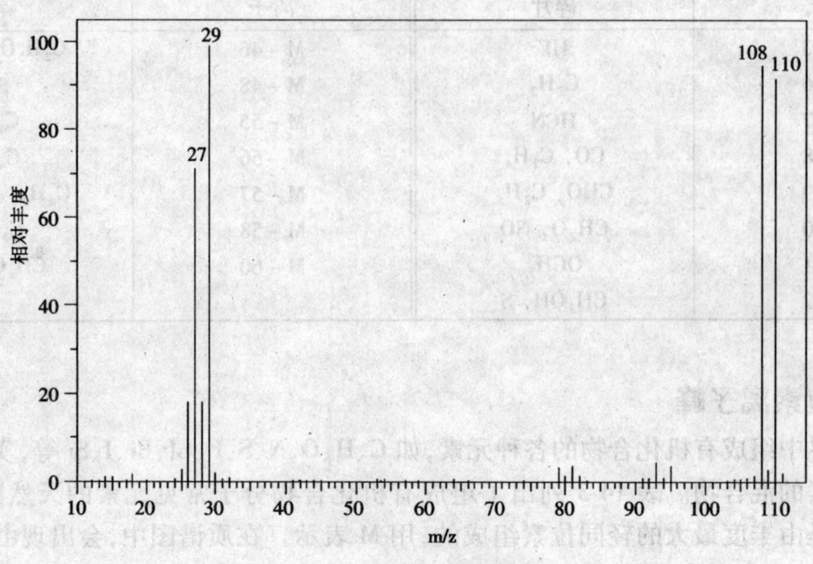

图 14-4 溴乙烷的质谱图

三、碎片离子峰

分子离子经电子束轰击进一步发生键的断裂,在质谱图上出现质量数较低的峰,称为碎片离子峰。碎片离子峰位于分子离子峰左侧,其裂解过程与本身的结构有密切关系。研究较大丰度的离子碎裂过程能为解析结构提供信息。

以下几种裂解和重排方式在质谱中经常出现,规律性较强。

1. α - 裂解、β - 裂解和 i - 裂解

官能团与 α 碳原子或其他原子之间的裂解称为 α - 裂解,α 碳原子与 β 碳原子之间的裂解称为 β - 裂解。醛、酮等含羰基的化合物易发生 α - 裂解,胺、醇、醚、卤代烷等易发生 β - 裂解。这两种裂解方式均产生杂原子正离子,例如:

$$R-\overset{\overset{+\cdot}{O}}{\overset{\|}{C}}-R' \xrightarrow{\alpha-裂解} \overset{\overset{+}{O}}{\overset{|||}{C}}-R' + R\cdot$$

$$\underset{\beta}{CH_3}-\underset{\alpha}{CH_2}-\overset{+\cdot}{N}(CH_3)_2 \xrightarrow{\beta-裂解} CH_3\cdot + CH_2=\overset{+}{N}(CH_3)_2$$

i - 裂解是由电荷中心引发的裂解,也称诱导裂解。与正电荷相邻的键的一对电子发生转移,该键断裂,同时引起电荷中心转移。诱导能力强的杂原子容易发生 i - 裂解,卤代烷、醚、硫醚、胺等均可通过 i - 裂解生成烷基碳正离子。

$$-\overset{|}{\underset{|}{C}}-\overset{+\cdot}{X} \xrightarrow{i-裂解} -\overset{|}{\underset{|}{C^+}} \quad + \quad X\cdot$$

$$X=Cl,Br,OR,SR,NR_2$$

2. 氢原子重排裂解

氢原子重排裂解是指分子离子或碎片离子在裂解过程中伴随氢转移,同时丢掉稳定的中性分子的裂解反应。重排可通过六元环或四元环过渡态进行。

1)麦氏重排(Mclafferty rearrangement)

具有 γ-氢原子并带有双键官能团的化合物,如侧链取代苯、烯烃、醛、酮、羧酸及羧酸酯等,可经六元环状过渡态使 γ-氢转移到带正电荷的原子上,同时 α、β 原子之间的键断裂,脱去一个中性分子(多为乙烯或其衍生物),这种过程称为麦氏重排。其通式可表示为

$$\overset{+\bullet}{X}(=C<)\text{—}Z_\alpha\text{—}Y_\beta\text{—}W_\gamma\text{—}H \longrightarrow \overset{+\bullet}{X}H\text{—}C(=Z) + W=Y$$

2)经四元环过渡态的氢重排裂解

β-氢可通过四元环过渡态转移到带正电荷的不饱和杂原子上,同时脱去一个中性分子。例如:

$$R-CH=\overset{+}{X}-CH_2-CH_2-H \xrightarrow{\text{氢重排裂解}} R-CH=\overset{+}{X}H + CH_2=CH_2$$

X=O,S,Cl,Br,NH

3. 烯丙基型裂解和苄基型裂解

碳碳双键的 α、β 碳原子之间的键容易断裂,形成稳定的烯丙基正离子结构:

$$RCH\overset{+\bullet}{=}CH-\underset{\alpha}{CH_2}-\underset{\beta}{CH_2}-R' \xrightarrow{\text{烯丙基型裂解}} R\overset{+}{C}H_2-CH=CH_2 + R'CH_2\bullet$$

带有侧链的芳烃也容易发生类似的苄基型开裂,得到的苄基碳正离子立即重排为更稳定的环庚三烯正离子:

$$C_6H_5CH_2-R^{+\bullet} \xrightarrow[-R\bullet]{\text{苄基型裂解}} C_6H_5\overset{+}{C}H_2 \xrightarrow{\text{重排}} C_7H_7^+$$

另外,质谱中碳碳键的简单开裂可用如下形式表示:

$$\overset{15}{CH_3}\ \wr\ \overset{58}{CH_2-\overset{+\bullet}{N}(CH_3)_2}$$

上式表示在波浪线处开裂后,可观察到质量为 15 和 58 的碎片离子。

四、亚稳离子峰

离子在离子源中停留的时间约为 10^{-6}s,由离子源到达检测器的时间约为 10^{-5}s。在离子源中产生的质量为 m_1 的碎片离子(称为母离子),若其分解反应速率常数大于 $10^6\ s^{-1}$,则在电离室中进一步裂解生成质量为 m_2 的离子(子离子);若其分解反应速率常数介于 $10^5\ s^{-1}$ 和 $10^6\ s^{-1}$,则母离子不是在离子源中分解,而是在质量分析器中才发生裂解,产生质量为 m_2^* 的子离子。这个离子虽具有 m_2 的质量,但它却有和母离子相同的速度,因而在质谱图上出现在比 m_2 质量低的 m^* 处,如图 14-5 所示。m^* 称为亚稳离子(metastable ion)峰,此峰不能反映该离子

的质荷比。

亚稳离子峰在质谱图中较易辨认，其峰形矮而宽，呈土包形。亚稳离子峰的质量 m^* 与母离子 m_1 及子离子 m_2 的关系如式(14-9)所示，可用于判断离子间的所属关系。

$$m^* = \frac{m_2^2}{m_1} \tag{14-9}$$

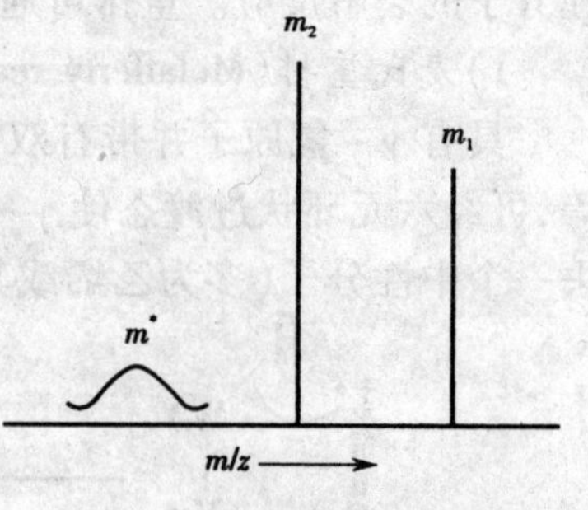

图 14-5 亚稳离子峰示意图

例 1 某化合物的质谱图在最高质量处有两个峰 m/z = 172、187，并在附近找到亚稳离子峰 m/z = 170.6。试问 m/z 为 172 和 187 的两个离子峰间是否存在裂解关系？

解 设 $m_1 = 187$，$m_2 = 172$，$m^* = 170.6$，通过计算 $m_2^2/m_1 = 172^2/187 = 158.2$，与已知 $m^* = 170.6$ 不符，由此可判断 m/z 为 172 和 187 的这两个离子峰间不存在裂解关系。

14-5 重要有机化合物的质谱

有机化合物的种类繁多，裂解过程复杂，以下简单介绍一些有机化合物的质谱基本裂解规律。了解这些规律，有助于解析复杂的质谱。由于 EI 离子源可以得到较多的碎片离子，能够给出丰富的分子结构信息，故本章所列的质谱图均为 EI 谱。

1. 烷烃

直链烷烃的分子离子峰较弱，但在大多数情况下还是能观察到。从癸烷的质谱（图 14-6）中可以看到，主要出现 $C_nH_{2n+1}^+$ 的一组碎片峰，各峰质量数相差 14（CH_2）；其中 $C_3H_7^+$ 和 $C_4H_9^+$ 的碎片离子可重排为稳定的异丙基和叔丁基碳正离子，因此相对丰度较大，此处 $C_3H_7^+$ 作为基峰出现；由于甲基自由基不稳定，所以[M - 15]峰很弱，基本看不到。

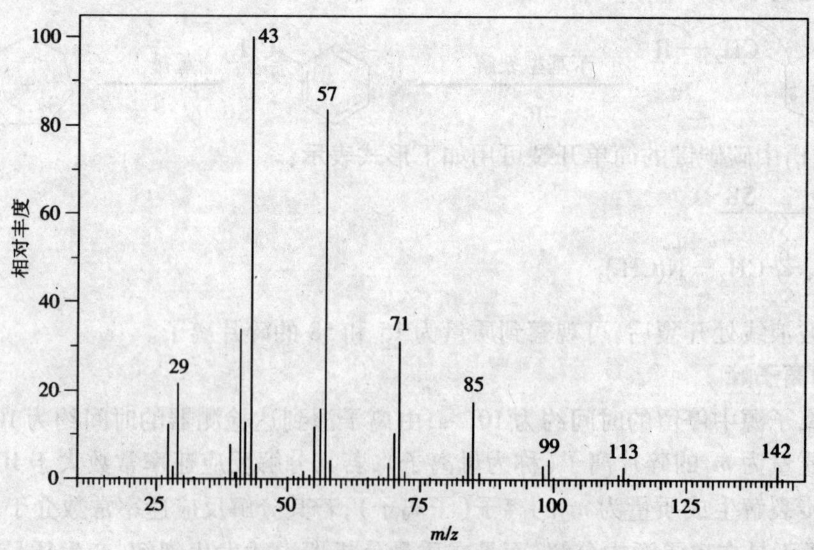

图 14-6 癸烷的质谱图

支链烷烃也是以 $C_nH_{2n+1}^+$ 碎片为主。由于碳正离子的稳定性顺序为 $R_3C^+ > R_2CH^+ > RCH_2^+ > CH_3^+$，因此支链烷烃容易在支链处断键，且更容易失去较大的烷基，形成碎片离子峰。含有季碳或叔碳的支链烷烃，其分子离子峰都极小，甚至看不到。例如 3,3－二甲基己烷的质谱（图 14-7）未出现分子离子峰（$m/z = 114$），但出现了明显的［M－15］峰（$m/z = 99$），说明存在侧链甲基。另外，m/z 为 71 和 85 的碎片峰丰度均大于直链烷烃中相应峰的丰度，说明它们是由分支处断裂形成叔碳正离子而得到的。

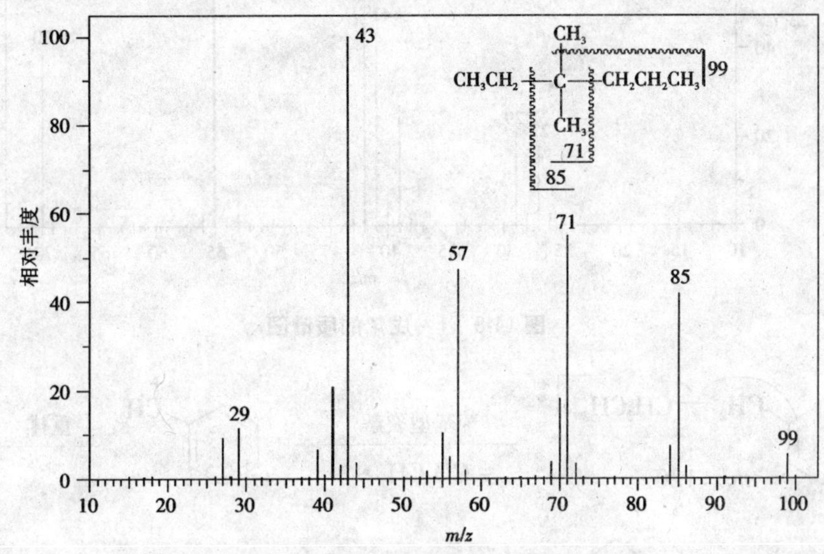

图 14-7　3,3-二甲基己烷的质谱图

2. 直链烯烃

直链烯烃分子离子峰强度比烷烃大，裂解时电荷主要保留在双键一侧，因此会产生特征碎片系列 $C_nH_{2n-1}^+$，m/z 为 27、41、55 等。烯烃容易发生烯丙基型裂解，形成极稳定的烯丙基正离子；含有 γ－H 的长碳链烯烃，还会发生麦氏重排。例如，1－戊烯（图 14-8）的主要裂解过程如下：

$$CH_2\overset{+\bullet}{—}CH—CH_2—CH_2—CH_3 \xrightarrow{\text{烯丙基型裂解}} \overset{+}{C}H_2—CH{=}CH_2 + CH_3CH_2\cdot$$

m/z=41

$$\left[\begin{array}{l} CH_2{=}CH—CH_2—CH_2—CH_2—H \end{array}\right]^{+\bullet} \xrightarrow{\text{麦氏重排}} \left[\begin{array}{l} CH_3—CH{=}CH_2 \end{array}\right]^{+\bullet} + CH_2{=}CH_2$$

m/z=42

3. 芳烃

芳烃的共轭体系非常稳定，所以它们的分子离子峰很强。烷基取代苯会发生 α－裂解、β－裂解及麦氏重排等，下面以正丙苯（图 14-9）为例，介绍芳烃的主要裂解过程。

（1）$m/z = 120$ 为正丙苯的分子离子峰，强度较大。

（2）β－裂解：烷基取代的苯容易发生苄基型裂解；得到的苄基碳正离子立即重排为稳定的环庚三烯正离子（$m/z = 91$，基峰），再进一步丢掉乙炔后依次得到 $m/z = 65$ 和 39 的碎片峰。

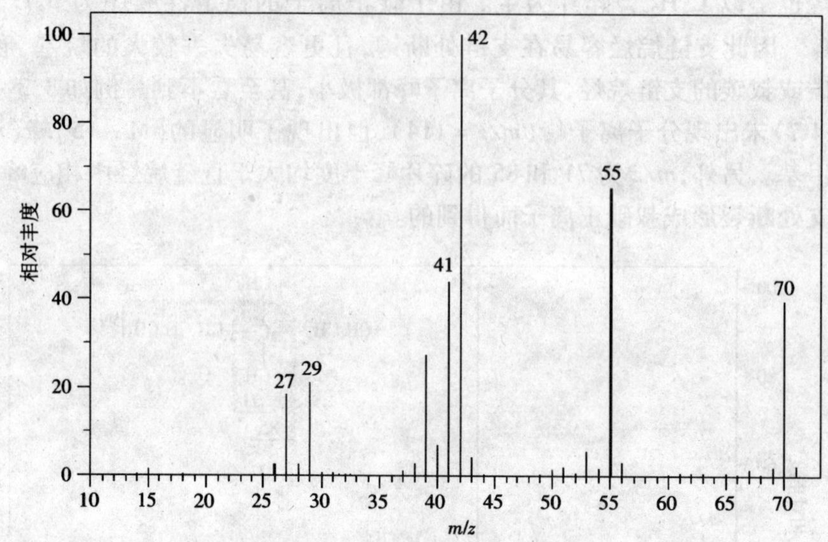

图 14-8 1-戊烯的质谱图

$C_6H_5CH_2-CH_2CH_3^{+\cdot}$ （$m/z=120$） $\xrightarrow[-CH_3CH_2\cdot]{\text{苄基型裂解}}$ $C_6H_5CH_2^+$ $\xrightarrow{\text{重排}}$ $C_7H_7^+$ （$m/z=91$）

$\xrightarrow{-CH\equiv CH}$ $C_5H_5^+$ （$m/z=65$） $\xrightarrow{-CH\equiv CH}$ $C_3H_3^+$ （$m/z=39$）

(3) α-裂解：首先得到苯基正离子（$m/z=77$），再进一步丢掉乙炔后得到 $m/z=51$ 的碎片峰。

$C_6H_5CH_2CH_2CH_3^{+\cdot}$ $\xrightarrow[-CH_3CH_2CH_2\cdot]{\alpha\text{-裂解}}$ $C_6H_5^+$ （$m/z=77$） $\xrightarrow{-CH\equiv CH}$ $C_4H_3^+$ （$m/z=51$）

(4) 麦氏重排：得到 $m/z=92$ 的碎片峰。

$C_6H_5CH_2CH_2CH_2H^{+\cdot}$ $\longrightarrow$ $C_6H_6=CH_2^{+\cdot}$ （$m/z=92$） + $CH_2=CH_2$

(5) 经四元环过渡态的氢原子重排裂解　得到 $m/z=78$ 的碎片峰。

$C_6H_5CH_2CHCH_3(H)^{+\cdot}$ $\xrightarrow{\text{氢重排裂解}}$ $C_6H_6^{+\cdot}$ （$m/z=78$） + $CH_2=CHCH_3$

4. 醇

醇的离子化主要发生在羟基上，由于羟基正离子很活泼，所以醇的分子离子不稳定，容易

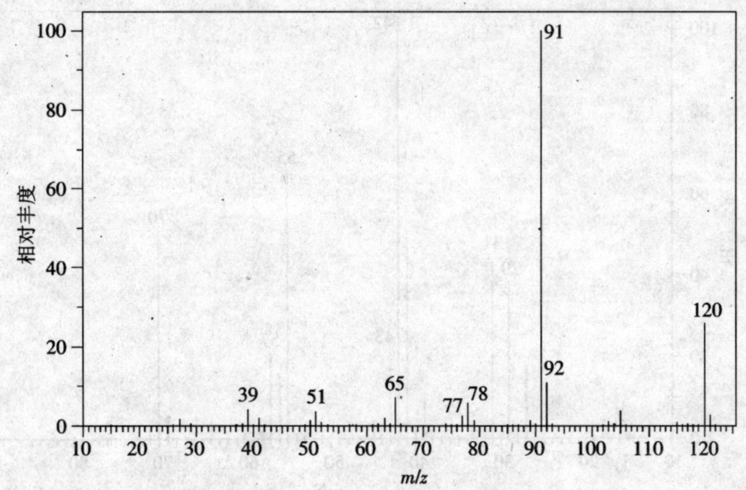

图 14-9　正丙苯的质谱图

开裂,其分子离子峰几乎观察不到。下面以 1 - 戊醇(图 14-10)为例,介绍醇的主要裂解过程。

(1)碳碳键之间的简单开裂,形成一系列烷基正离子(*m/z* 为 29、43、57)和含羟基的碎片离子(*m/z* 为 31、45、59),其中以 β - 裂解产生的 *m/z* = 31 峰最强,此峰是伯醇的特征峰。

29　43　57

$CH_3—CH_2 \wr CH_2 \wr CH_2 \wr CH_2—OH$

59　45　31

$$CH_3CH_2CH_2CH_2—CH_2—\overset{+\bullet}{O}H \xrightarrow{\beta\text{-裂解}} \underset{m/z=31}{CH_2=\overset{+}{O}H} + CH_3CH_2CH_2CH_2\bullet$$

(2)1,4-位脱去中性小分子 H_2O,产生[M - 18]的峰(*m/z* = 70);此碎片离子进一步发生 *i* - 裂解,脱去一分子乙烯,得到 *m/z* = 42(基峰)的碎片离子。

$$\underset{m/z=88}{\text{H—}\overset{+\bullet}{O}\text{(H}_2\text{C—CH}_2\text{—CH}_2\text{—CH(H)CH}_3)} \longrightarrow \text{H}_2\overset{+}{O}\text{—H}_2\text{C—CH}_2\text{—CH}_2\text{—}\overset{\bullet}{C}\text{HCH}_3 \xrightarrow{-H_2O} \underset{m/z=70}{\overset{+}{C}H_2—CH_2—CH_2—\overset{\bullet}{C}HCH_3}$$

$$\underset{m/z=70}{\overset{+}{C}H_2—CH_2—CH_2—\overset{\bullet}{C}HCH_3} \xrightarrow{i\text{-裂解}} \underset{m/z=42}{\overset{+}{C}H_2—\overset{\bullet}{C}HCH_3} + CH_2=CH_2$$

5. 酚

酚类有很强的分子离子峰,如苯酚(图 14-11)的分子离子峰为基峰。苯酚的分子离子会发生邻位氢重排,然后依次经 α - 裂解开环、*i* - 裂解丢掉 CO,再进一步形成 *m/z* 为 65、39 的碎片离子。

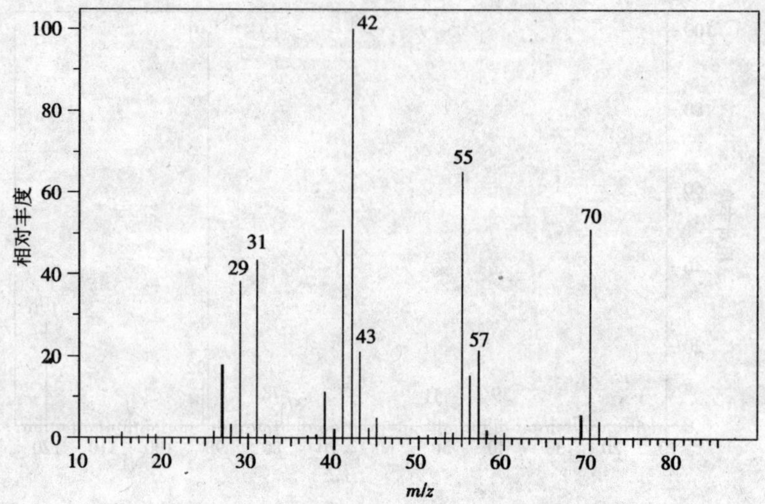

图 14-10 1-戊醇的质谱图

氢迁移 → α-裂解 → i-裂解 −CO

m/z=94　　m/z=66

−H· → m/z=65 −CH≡CH → m/z=39

若苯酚的芳环上有其他烃基取代，除上述消除反应外，主要还是倾向于保留芳香环，裂解方式与烷基苯相似。例如，2－乙基苯酚（图 14-12）主要采取以下的裂解方式：

OH　CH_2—CH_3 苄基型裂解 −CH_3· → OH $\overset{+}{C}H_2$ 重排 → m/z=107

m/z=122

氢迁移 → −CO → m/z=79 −H_2 → m/z=77

6. 醚

与醇相似，醚的离子化也主要发生在氧原子上，但烷氧基活性比羟基小，所以醚类的分子离子峰相对丰度比醇大。

醚类主要发生β－裂解，得到含氧碎片离子。若在含氧碎片上留下的烷基大于甲基，会进

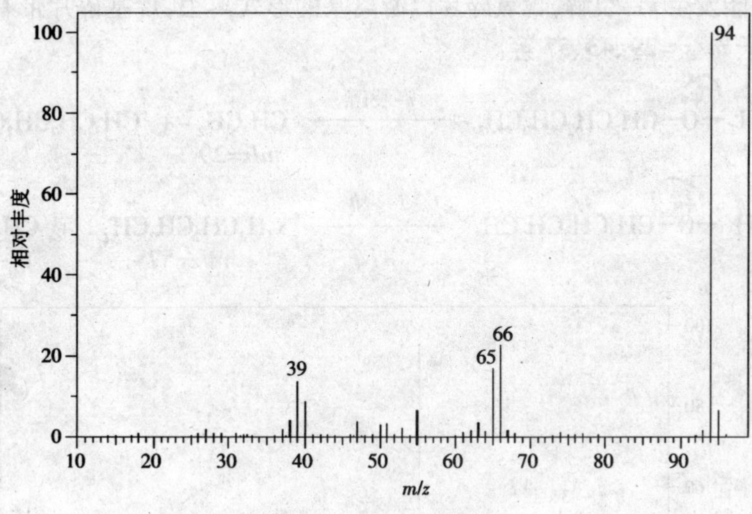

图 14-11　苯酚的质谱图

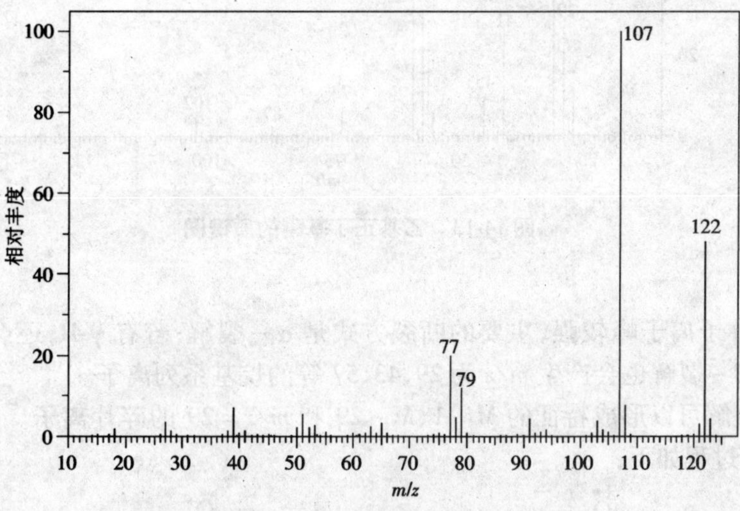

图 14-12　2-乙基苯酚的质谱图

一步经四元环过渡态发生氢原子重排裂解失去中性的烯烃碎片；若此烷基大于乙基时还会发生麦氏重排。例如乙基正丁基醚(图 14-13)可采取如下的裂解方式：

$$\underset{m/z=102}{CH_3-CH_2-\overset{+\bullet}{O}-CH_2CH_2CH_2CH_3} \xrightarrow[-CH_3\cdot]{\beta\text{-裂解}} \underset{m/z=87}{\overset{+}{O}=CH_2\ (\text{环状}:\ CH_2-CH_2-CHCH_3-H)} \xrightarrow{\text{麦氏重排}} \underset{m/z=45}{CH_3-\overset{+}{O}=CH_2} + CH_2=CHCH_3$$

$$\underset{m/z=102}{CH_3CH_2-\overset{+\bullet}{O}-CH_2-CH_2CH_2CH_3} \xrightarrow[-CH_3CH_2CH_2\cdot]{\beta\text{-裂解}} \underset{m/z=59}{\begin{matrix} CH_2-\overset{+}{O}=CH_2 \\ | \\ CH_2-H \end{matrix}} \xrightarrow{\text{氢重排裂解}} \underset{m/z=31}{H\overset{+}{O}=CH_2} + CH_2=CH_2$$

另外，醚还能发生 i－裂解，含氧碎片以游离基的形式离去，烷基碎片带有正电荷，产生烷烃系列碎片离子 $m/z=29$、43、57 等。

$$CH_3CH_2-\overset{+\bullet}{O}-CH_2CH_2CH_2CH_3 \xrightarrow{i-裂解} \underset{m/z=29}{CH_3\overset{+}{C}H_2} + CH_3CH_2CH_2CH_2O\cdot$$

$$CH_3CH_2-\overset{+\bullet}{O}-CH_2CH_2CH_2CH_3 \xrightarrow{i-裂解} \underset{m/z=57}{CH_3CH_2CH_2\overset{+}{C}H_2} + CH_3CH_2O\cdot$$

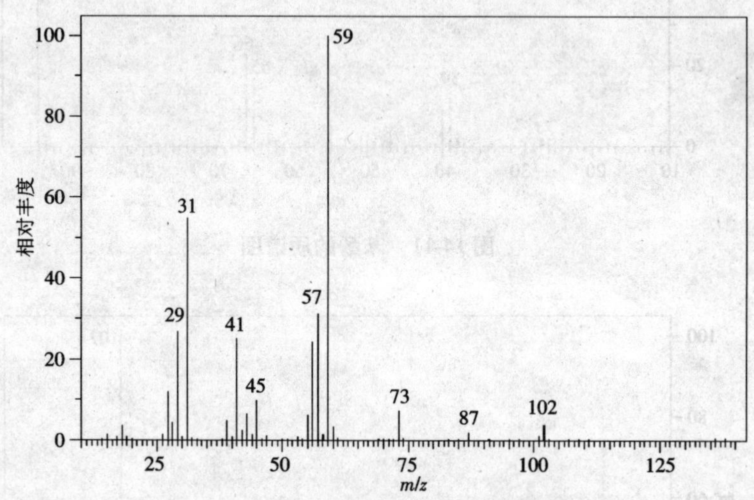

图 14-13　乙基正丁基醚的质谱图

7. 醛和酮

醛和酮的分子离子峰较强，主要的断裂方式是 α－裂解；若有 γ-H，还会发生麦氏重排。另外，醛、酮的 β－裂解也会产生 m/z 为 29、43、57 等的烷基系列离子。

醛的 α－裂解可以形成特征的 M－1、M－29 和 $m/z=29$ 的碎片离子。例如丁醛（图 14-14）的主要裂解过程如下：

$$\underset{m/z=72}{CH_3CH_2-CH_2-\overset{\overset{+\bullet}{O}}{\overset{\|}{C}}-H} \xrightarrow[-H\cdot]{\alpha-裂解} \underset{m/z=71}{CH_3CH_2CH_2-\overset{O^+}{\overset{\|\|}{C}}} \xrightarrow{-CO} \underset{m/z=43}{CH_3CH_2\overset{+}{C}H_2}$$

$$CH_3CH_2-CH_2-\overset{\overset{+\bullet}{O}}{\overset{\|}{C}}-H \xrightarrow{\alpha-裂解} \underset{m/z=29}{\overset{O^+}{\overset{\|\|}{C}}-H} + CH_3CH_2CH_2\cdot$$

$$\overset{+\bullet}{O}=C(H)-CH_2-CH_2-CH_2-H \xrightarrow{麦氏重排} \underset{m/z=44}{HC(\overset{+\bullet}{O}H)=CH_2} + CH_2=CH_2$$

酮发生 α－裂解后电荷也主要保留在含氧碎片上。当羰基两侧烷基取代基不同时，较大的基团容易离去，形成较强的碎片离子。例如，3－庚酮（图 14-15）的主要裂解过程为

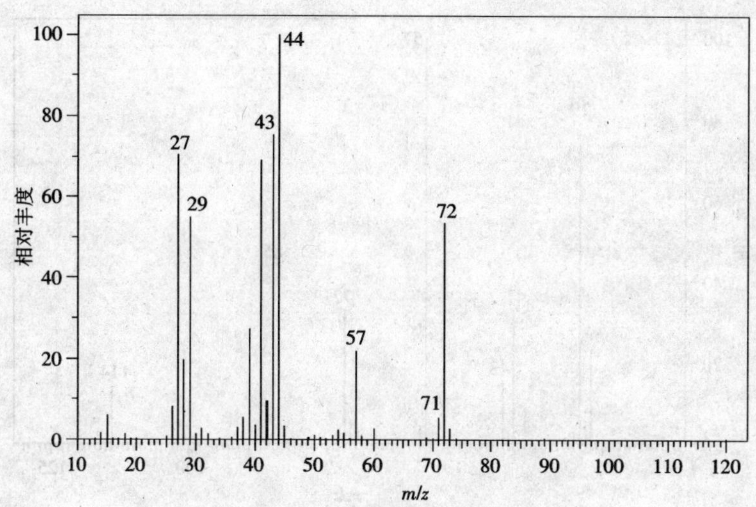

图 14-14　丁醛的质谱图

$$CH_3CH_2-\overset{\overset{+\bullet}{O}}{\overset{\|}{C}}-CH_2CH_2CH_2CH_3 \ (m/z=114) \xrightarrow{\alpha-裂解} \begin{cases} \xrightarrow{-CH_3CH_2CH_2CH_2\cdot} CH_3CH_2-\overset{O^+}{\overset{\|}{C}} \ (m/z=57) \xrightarrow{-CO} CH_3\overset{+}{C}H_2 \ (m/z=29) \\ \xrightarrow{-CH_3CH_2\cdot} CH_3CH_2CH_2CH_2-\overset{O^+}{\overset{\|}{C}} \ (m/z=85) \xrightarrow{-CO} CH_3CH_2CH_2\overset{+}{C}H_2 \ (m/z=57) \end{cases}$$

$$CH_3CH_2-\overset{\overset{+\bullet}{O}}{\overset{\|}{C}}-CH_2-CH_2-CH(H)CH_3 \xrightarrow{麦氏重排} CH_3CH_2-\overset{\overset{+\bullet}{OH}}{\overset{|}{C}}=CH_2 \ (m/z=72) + CH_2=CHCH_3$$

$$CH_3CH_2CH_2-CH_2-\overset{\overset{+\bullet}{O}}{\overset{\|}{C}}-CH_2CH_3 \xrightarrow{\beta-裂解} CH_3CH_2\overset{+}{C}H_2 \ (m/z=43) + CH_2=\overset{\overset{O\bullet}{|}}{C}-CH_2CH_3$$

8. 羧酸和酯

羧酸和酯的典型裂解方式为 α - 裂解和麦氏重排。

直链脂肪族羧酸的分子离子峰很弱，容易发生 α - 裂解，产生酰基阳离子或另一种烷基正离子，进而生成一系列烷基碎片离子。当其碳数大于 4 时，由麦氏重排可给出 $m/z=60$ 的特征碎片离子。例如，丁酸(图 14-16)的主要裂解过程如下：

$$CH_3CH_2CH_2 \wr \overset{\overset{+\bullet}{O}}{\overset{\|}{C}}-OH \ (m/z=88) \xrightarrow{\alpha-裂解} \overset{\overset{+}{O}}{\overset{\|}{C}}-OH \ (m/z=45) \quad 或 \quad CH_3CH_2\overset{+}{C}H_2 \ (m/z=43)$$

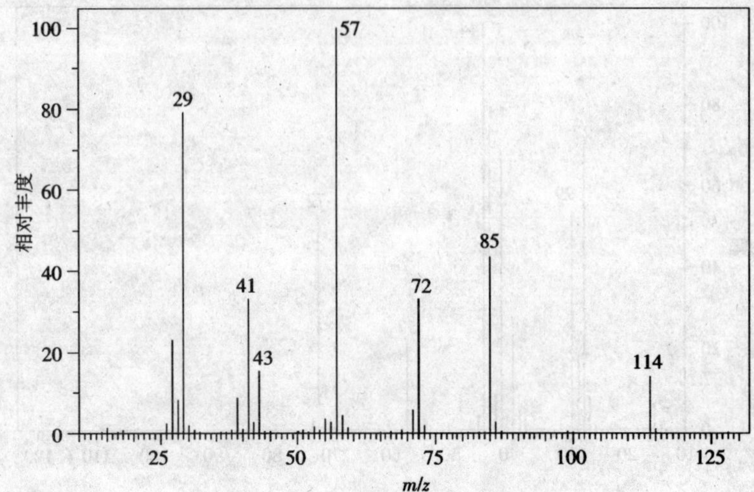

图 14-15 3－庚酮的质谱图

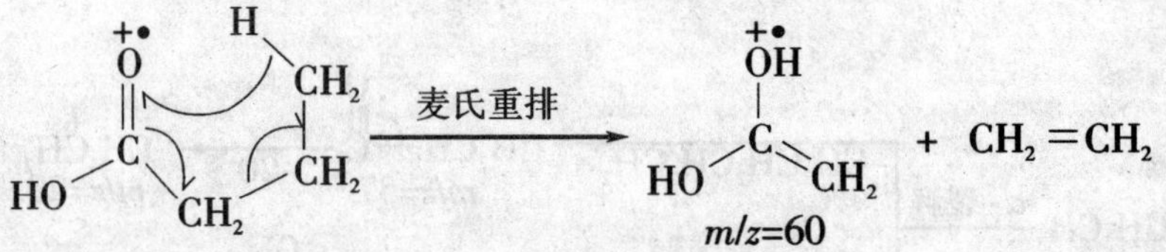

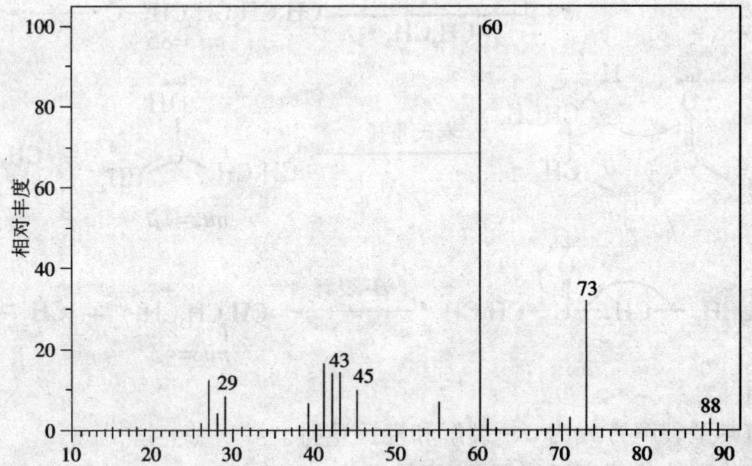

$$\mathrm{HO{-}\overset{+\bullet}{O}{=}C{-}CH_2CH_2CH_2{-}H} \xrightarrow{\text{麦氏重排}} \mathrm{HO{-}\overset{OH^{+\bullet}}{C}{=}CH_2} + \mathrm{CH_2{=}CH_2}$$

$m/z=60$

相对丰度

m/z

图 14-16 丁酸的质谱图

苯甲酸乙酯(图 14-17)的主要裂解过程如下：

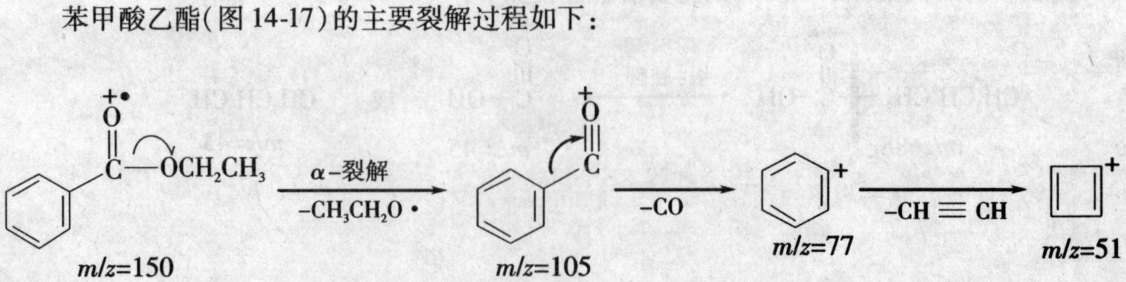

$$\mathrm{C_6H_5{-}\overset{+\bullet}{C}({=}O){-}OCH_2CH_3} \xrightarrow[-\mathrm{CH_3CH_2O\cdot}]{\alpha\text{-裂解}} \mathrm{C_6H_5{-}C{\equiv}\overset{+}{O}} \xrightarrow{-\mathrm{CO}} \mathrm{C_6H_5^{+}} \xrightarrow{-\mathrm{CH{\equiv}CH}} \mathrm{C_4H_3^{+}}$$

$m/z=150$　　$m/z=105$　　$m/z=77$　　$m/z=51$

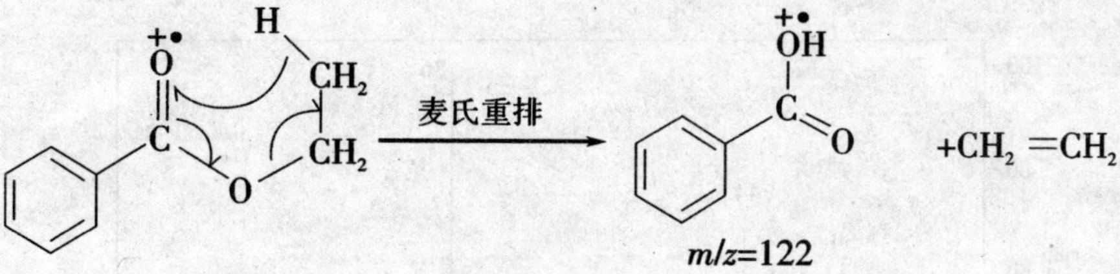

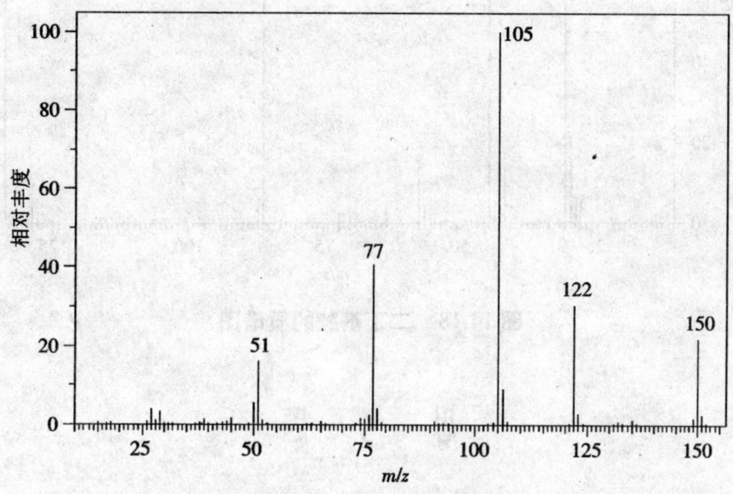

图 14-17　苯甲酸乙酯的质谱图

9. 胺

胺类的离子化主要发生在 N 原子上，由于氨基的活性较高，故胺类的分子离子峰丰度很低，有时看不到分子离子峰。

β－裂解是胺类的主要裂解过程。仲胺或叔胺 *β*－裂解后得到的碎片离子可进一步发生经四元环的氢原子重排裂解或麦氏重排。以二丁基胺（图 14-18）为例，主要有以下裂解过程：

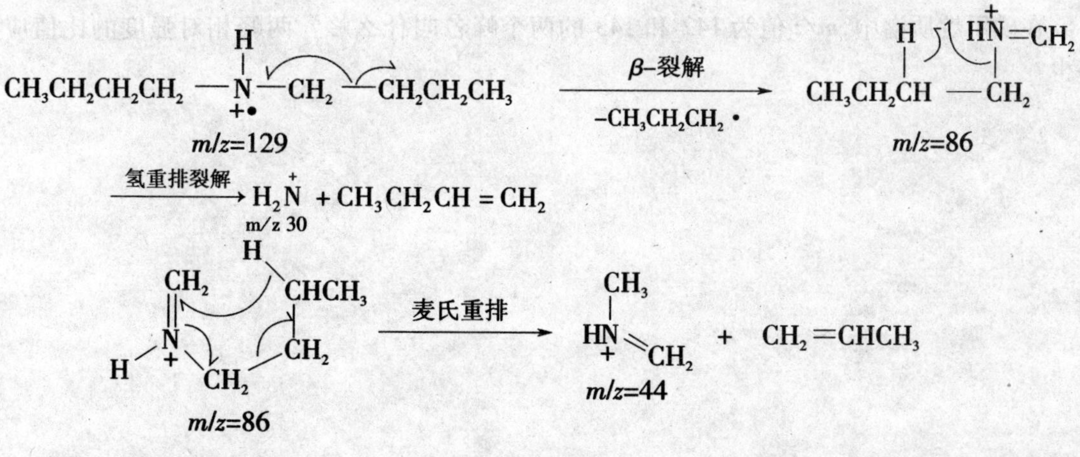

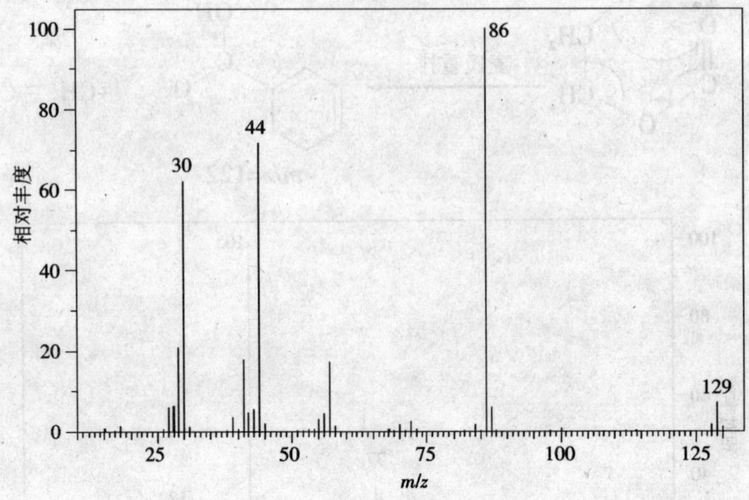

图 14-18　二丁基胺的质谱图

思　考　题

1. 有机化合物在电子轰击离子源中有可能产生哪些类型的离子？从这些离子的质谱峰中可以得到哪些信息？

2. 化学电离源与电子轰击离子源有何区别？

3. 试简述单聚焦质量分析器的基本原理，并说明双聚焦质谱仪为什么能提高分辨率？

4. 碳氢化合物的分子离子峰的 m/z 值能为奇数吗？由碳、氢、氧三种元素组成的化合物的分子离子峰的 m/z 值是奇数还是偶数呢？由碳、氢、氧、氮四种元素组成的化合物的分子离子峰的 m/z 值是奇数还是偶数呢？

5. 若母离子（m_1）的质量是 120，子离子（m_2）的质量是 105，则亚稳离子的 m/z 是多少？

6. 在碘甲烷质谱中，m/z 值为 142 和 143 的两个峰各叫什么峰？两峰相对强度的比值应为多少？

第 15 章 色谱分析法导论

15-1 概述

一、色谱法及其发展历程

色谱法是一种用来分离、分析多组分混合物质的极有效方法。它的分离原理是基于混合物各组分在互不相溶的两相间进行反复多次的分配，由于组分性质和结构上的差异，在色谱柱中的前进速度有所不同，从而按不同的次序先后流出。这种利用物质在两相间进行分配而使混合物中各组分分离的技术，称为色谱分离技术。这种分离技术与适当的柱后检测方法相结合，应用于分析化学领域中，就是色谱分析法。色谱分析已成为近代分析的重要手段之一。通常所说的色谱法即指色谱分析法，又称色层法、层析法。

色谱法的创始人是俄国的植物学家茨维特（M. Tswett）。1906 年，他将植物色素的石油醚浸取液倾入填充有碳酸钙的直立玻璃管中，浸取液中的色素被碳酸钙吸附，再加入石油醚冲洗，结果色素中各组分互相分离形成各种不同颜色的色带，“色谱”（chromatography）二字由此得名。这就是最初的色谱法。以后此法逐渐应用于无色物质的分离，“色谱”二字虽已失去原来的含义，但仍被沿用至今。

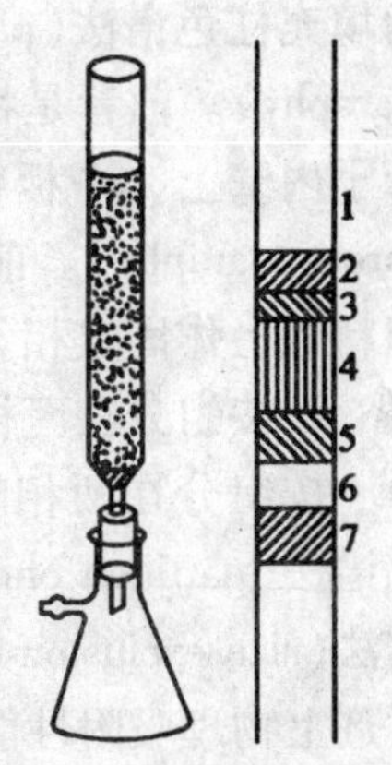

图 15-1 茨维特分离植物色素的装置图

1—白色固体吸附剂；2—黄色（叶黄素 β）；3—墨绿色（叶绿素）；4—浅绿色 5—黄色（叶黄素 α' 和 α''）；6—白色固体吸附剂；7—橙黄色（叶黄素 α）

在色谱法中，如图 15-1 所示，固定在玻璃管内的填充物（固体或液体）称为固定相（stationary phase），沿固定相流动的流体（气体或液体）称为流动相（mobile phase），装有固定相的管子（石英或不锈钢等材质）称为色谱柱（chromatographic column）。

1941 年，英国的科学家马丁（Martin）和辛格（Synge）开创了液 - 液分配色谱法，采用水分饱和的硅胶为固定相，以含有乙醇的氯仿为流动相分离乙酰基氨基酸，同时提出气体代替液体作为流动相的可能。1952 年他们因为在分配色谱、特别是纸色谱方面的贡献而获得诺贝尔化学奖。同时，气 - 液色谱法从理论到实践逐渐发展完备，1954 年第一台气相色谱仪问世。1956 年荷兰学者范第姆特（Van Deemter）在前人研究基础上，发展了描述色谱动力学行为的速率理论，为色谱发展奠定了理论基础。1957 年戈雷（Golay）提出了开管柱色谱法，习惯上称为毛细管气相色谱法。经过了 10 余年的不断探索，毛细管色谱法有了较快的发展和广泛的应用，成为气相色谱的一个重要组成部分。20 世纪 60 年代末，为了分离蛋白质、核酸等不易气化的大分子物质，高压泵、高效固定相和高灵敏度检测器被引入液相色谱法,产生了全新的高效液相色谱法。气相色谱和高效液相色谱的发展奠定了现代高效分离技术的基础。

色谱法是各种分离技术(如蒸馏、精密分馏、萃取、升华、重结晶等)中效率最高和应用最广的一种方法。它目前已成为天然产物、石油化工、医药卫生、环境科学、生命科学、能源科学、有机和无机新型材料等各个研究领域中不可缺少的重要工具。

二、色谱法的分类

色谱法的种类很多,类型较复杂,从不同的角度可以有不同的分类方法。

1. 按两相所处的状态分类

按流动相的状态可分为气相色谱法(gas chromatography)、液相色谱法(liquid chromatography)和超临界流体色谱法(supercritical fluid chromatography)。流动相分别为气体、液体和超临界流体。按固定相状态的不同,气相色谱法又可分为气-固色谱法(gas-solid chromatography)和气-液色谱法(gas-liquid chromatography)。前者的固定相为固体吸附剂,后者的固定相为涂敷在固体担体上或毛细管壁上的固定液。同理,液相色谱法也可分为液-固色谱法(liquid-solid chromatography)和液-液色谱法(liquid-liquid chromatography)。

2. 按固定相的外形分类

按固定相的外形不同,分为柱色谱法(column chromatography)和平板色谱法(planar chromatography)。柱色谱法是将固定相装入色谱柱内,根据固定相装填方法不同,柱色谱法又分为填充柱色谱法(packed column chromatography)和毛细管柱色谱法(capillary column chromatography)。前者是将固定相填充于一根玻璃或金属管内,后者是将固定相附着在一根细长的管子内壁上。平板色谱法也可分为纸色谱(paper chromatography)和薄层色谱法(thin-layer chromatography)。前者是用多孔滤纸作固定相,后者是将吸附剂均匀地涂铺在一块玻璃板或塑料板上作固定相。

3. 按组分在两相间的分离机理分类

按组分在两相间的分离机理不同可以分为吸附色谱法(adsorption chromatography)、分配色谱法(partition chromatography)、离子交换色谱法(ion-exchange chromatography)、空间排阻色谱法(size-exclusion chromatography)和离子色谱法(ion chromatography)等。利用不同组分在吸附剂上物理吸附性能不同而得以分离的方法,称为吸附色谱法;利用不同组分在两相中有不同的分配系数而达到分离的方法称为分配色谱法;利用不同组分在离子交换剂上的亲合力大小不同而达到分离的方法,有离子交换色谱法和离子色谱法;利用大小不同的分子在多孔性物质中的选择渗透而达到分离的方法,称为空间排阻色谱法。各类色谱法列于表 15-1 中。

表 15-1　色谱法分类

<table>
<tr><td rowspan="10">色谱法</td><td rowspan="2">气相色谱 GC</td><td colspan="2">气相吸附色谱(或称气－固色谱) GSC</td></tr>
<tr><td colspan="2">气相分配色谱(或称气－液色谱) GLC</td></tr>
<tr><td rowspan="8">液相色谱 LC</td><td rowspan="2">液相吸附色谱 LSC (或称液－固色谱)</td><td>柱色谱 LCC</td></tr>
<tr><td>薄层色谱 TLC</td></tr>
<tr><td rowspan="3">液相分配色谱 LLC (或称液－液色谱)</td><td>纸色谱 PC</td></tr>
<tr><td>柱色谱 LCC</td></tr>
<tr><td>薄层色谱 TLC</td></tr>
<tr><td colspan="2">离子交换色谱 IEC</td></tr>
<tr><td colspan="2">空间排阻色谱(或称凝胶渗透色谱)GPC</td></tr>
<tr><td colspan="2">离子色谱 IC</td></tr>
</table>

三、色谱法的特点

1)分离效能高

色谱法能在较短的时间内对组成极为复杂、各组分性质极为相近的混合物同时进行分离和测定。例如在气相色谱中,用空心毛细管柱一次可以解决石油馏分中的几十个、上百个组分的分离和测定。同位素、顺－反异构体、旋光异构体等都可以利用气相色谱法分离和测定。

2)灵敏度高

可检测 10^{-11} ~ 10^{-13} g 的物质,适于作痕量分析。所需样品量极少,一般以 μg 计,有时仅以 ng 计。因此,色谱法除了常规样品的分析分离之外,还广泛用于超纯物质与痕量物质的检测。

3)分析速度快

一般只需几分钟或几十分钟便可完成一个试样的分析。

4)应用范围广

可分析无机或有机的气态、液态和固态物质。不适于色谱分离或检测的物质,可通过化学衍生等方法转化为适于色谱分离和分析的物质。色谱法几乎能分析所有的化学物质。

色谱法的缺点是对未知物的定性分析比较困难。如果没有待测物的纯品或相应的色谱定性数据相对照,则很难根据色谱峰给出定性结果。为了分离和鉴定有机混合物,常常把色谱方法的高效分离能力和质谱或光谱的鉴别能力结合在一起,发展各种联用技术。近年来发展了气相色谱－质谱、气相色谱－傅里叶变换红外光谱、高效液相色谱－电喷雾质谱、气相色谱－等离子子发射光谱等联用技术,解决了未知物的定性分析问题,为色谱分析开辟了新的途径。

15-2　色谱分离原理

一、分离原理

现以气相色谱为例说明色谱分离原理。气相色谱又分为气－固色谱与气－液色谱。气－

固色谱的固定相是有较大表面积、多孔性的固体吸附剂颗粒。气－固色谱基于吸附剂对于样品中不同组分具有不同吸附能力而使组分得到分离。当样品随载气一起沿柱床向前移动，部分组分被滞留在吸附剂表面，这一过程叫吸附。被吸附的组分在色谱柱中的运动速度显然为零。载气不断地流过吸附剂，滞留的组分被洗脱下来，这一过程叫脱附。组分从固定相表面脱附，回到载气中，它的运动速度等于载气的流动速度。脱附的组分随载气前行还会被吸附。这样组分就会在吸附剂与载气之间反复地进行吸附、脱附过程。在混合样品中，不同组分在分子结构、极性、沸点等方面具有一定的差异，因此与吸附剂之间的作用力就不同。与吸附剂之间作用力大的组分，就容易吸附而不容易被洗脱，滞留在固定相表面的时间就较长，因此它的行进速度较慢；相反，与吸附剂之间作用力小的组分，容易脱附而不容易被吸附，在流动相中的时间较长，因此它的行进速度就较快。同一样品中的不同组分同时进入色谱柱，走过了相同的路径，由于它们在色谱柱中的行进速度不同，因此从柱尾流出的时间不同，从而得到分离。

气－液色谱的固定相是某些高沸点的有机化合物，被称为固定液。固定液涂在某些化学惰性的固体颗粒的表面上，这些固体颗粒被称为担体或载体。担体及其表面的固定液薄膜组成了气－液色谱的固定相，由于固定液对试样中各组分的溶解能力不同而使不同组分得到分离。载气携带样品进色谱柱后，部分组分会溶解到固定液中；后面的载气流过固定液，溶解于其中的组分又会挥发回到气相中。随着载气的流动，溶解、挥发的过程反复地进行。由于组分性质的差异，固定相对它们的溶解能力有所不同。易于溶解的组分，较难挥发，行进速度慢，在柱内停留的时间长；反之，不易溶解的组分行进速度快，在柱内停留的时间短。所以，经过一定的时间间隔后，性质不同的组分便彼此分离。

二、分配系数和分配比

组分与固定相、流动相之间发生的吸附、脱附或溶解、挥发的过程叫分配，组分在色谱柱一小段体积内达到分配平衡，如图 15-2 所示。它们之间的相互作用关系可以用分配系数来表示。

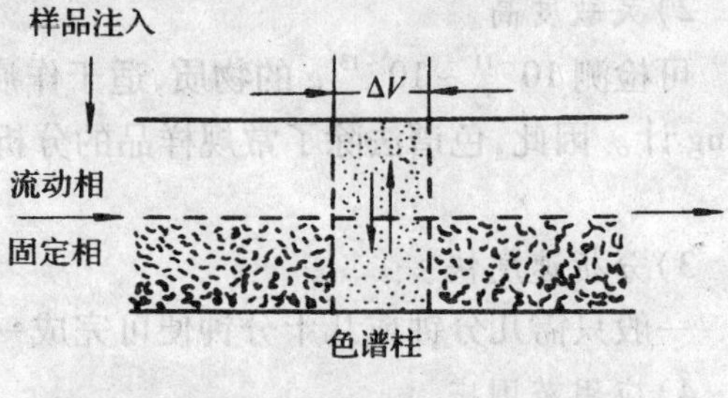

图 15-2　样品在固定相与流动相之间的分配

1. 分配系数(partition coefficient)*K*

分配系数是指在一定的温度和压力下，当分配体系达到平衡时，组分在固定相中的浓度 c_S 与在流动相中的浓度 c_M 之比为一常数。此常数称为分配系数 K，即

$$K=\frac{c_S}{c_M} \tag{15-1}$$

K 值除了与温度、压力有关外，还与组分的性质、固定相和流动相的性质有关。K 值的大小表明组分与固定相分子间作用力的大小。K 值小的组分在柱中滞留的时间短，较早流出色谱柱；反之，K 值大的组分在柱中滞留的时间长，则较迟流出色谱柱。因此，不同组分的分配系数的差异是实现色谱分离的先决条件，分配系数相差越大，越容易实现分离。

2. 分配比(partition ratio)*k*

分配比 k 也称为容量因子(capacity factor)，是指在一定温度和压力下，组分在两相间达到分配平衡时，分配在固定相和流动相中的质量之比，即

$$k=\frac{m_S}{m_M} \tag{15-2}$$

分配系数与分配比之间的关系为

$$K=\frac{c_S}{c_M}=\frac{m_S/V_S}{m_M/V_M}=k\frac{V_M}{V_S}=k\cdot\beta \tag{15-3}$$

式中：V_M为色谱柱中流动相体积，即柱内固定相颗粒间的空隙体积；V_S为色谱柱中固定相体积，在不同类型的色谱法中含义不同。例如在吸附色谱中 V_s 为吸附剂表面容量，在分配色谱中则为固定液体积。V_M与V_S之比称为相比（phase ratio），以β表示，它反映了各种色谱柱柱型的特点。例如，填充柱的β值约为 6～35，毛细管柱的β值为 50～1500。

分配比除了与温度、压力有关外，还与组分的性质、固定相和流动相的性质有关。

K 和 k 是两个不同的参数，但在表征组分的分离行为时，二者完全是等效的。k 值可以方便地由色谱图直接求得，其大小直接影响组分在柱内的传质阻力、柱效能及柱的物理性质，所以分配比 k 是一个重要的色谱参数。

15-3 色谱流出曲线及有关术语

试样中各组分经色谱柱分离后，随流动相依次流出色谱柱，经检测器将各组分浓度（或质量）的变化转换为电压（或电流）信号，再由记录仪记录下来，所得的电信号强度随时间变化的曲线称为色谱流出曲线，也叫色谱图（chromatogram），如图 15-3 所示。现以某一组分的色谱流出曲线为例说明色谱法的有关术语。

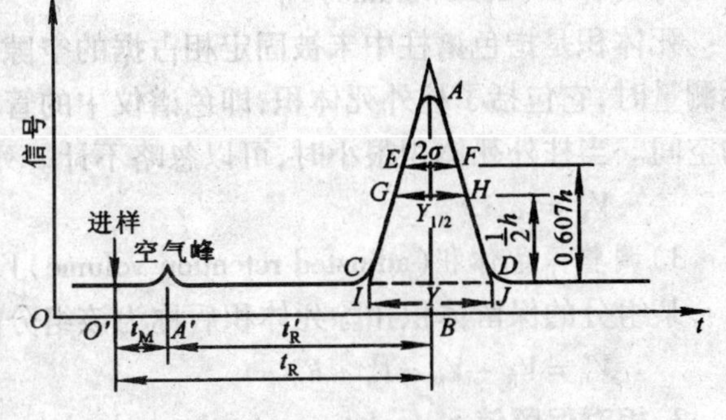

图 15-3 色谱流出曲线

一、基线（baseline）

色谱柱中仅有流动相通过时，检测器响应信号的记录值称为基线。稳定的基线应是一条直线。如图 15-3 中平行于横轴的直线段所示。

二、峰高（peak height）

从色谱峰顶点到基线之间的垂直距离，以 h 表示。

三、保留值

1. 用时间表示的保留值

1）保留时间（retention time）t_R

被测组分从进样开始到柱后出现峰极大值时所需的时间称为保留时间，如图 15-3 中 $O'B$ 所示。

2）死时间（dead time）t_M

不被固定相保留的组分（如空气）从进样开始到柱后出现峰极大值时所需的时间称为死时间，如图 15-3 中 $O'A'$所示。由于组分不被固定相溶解或吸附，因此它的流速与流动相的流

速相等。t_M也可用下式来求得,即

$$t_M = \frac{L}{u_0} \tag{15-4}$$

式中:L 为柱长(cm);u_0为流动相平均线速度($cm \cdot s^{-1}$)。

3)调整保留时间(adjusted retention time)$t_R{}'$

某组分的保留时间扣除死时间后称为该组分的调整保留时间,如图 15-3 中 $A'B$ 所示。即

$$t'_R = t_R - t_M \tag{15-5}$$

组分在色谱柱中的保留时间 t_R实际上由两部分组成:一部分是组分在柱内流动相所占的空间内运行所需的时间 t_M,另一部分是组分在固定相中滞留所需的时间 $t_R{}'$。所以 t'_R实际上就是组分被固定相滞留的总时间。保留时间可用时间单位(如 s)或距离单位(如 cm)表示。

2. 用流动相体积表示的保留值

1)保留体积(retention volume)V_R

从进样开始到柱后出现峰极大值时所通过的流动相的体积称为保留体积,单位为 mL。保留体积 V_R与保留时间 t_R的关系如下

$$V_R = t_R \cdot F_0 \tag{15-6}$$

式中:F_0为流动相体积流速($mL \cdot min^{-1}$)。

2)死体积(dead volume)V_M

死体积是指色谱柱中未被固定相占据的空隙体积,也即色谱柱内流动相的体积。但在实际测量时,它包括了柱外死体积,即色谱仪中的管路和连接头间的空间以及进样系统和检测器的空间。当柱外死体积很小时,可以忽略不计。死体积由死时间与流动相体积流速 F_0计算

$$V_M = t_M \cdot F_0 \tag{15-7}$$

3)调整保留体积(adjusted retention volume)V'_R

某组分的保留体积扣除死体积后称为该组分的调整保留体积。

$$V'_R = V_R - V_M = t'_R \cdot F_0 \tag{15-8}$$

3. 相对保留值 r_{21}(relative retention value)

某组分 2 的调整保留值与组分 1 的调整保留值之比称为相对保留值,存在下列关系

$$r_{21} = \frac{t'_{R_2}}{t'_{R_1}} = \frac{V'_{R_2}}{V'_{R_1}} \tag{15-9}$$

其中 2 代表流出较晚的组分,1 代表流出稍早的组分,因此 $r_{21} \geqslant 1$。注意 r_{21}是调整保留时间之比或调整保留体积之比,而非保留时间之比或保留体积之比。r_{21}可作为衡量固定相选择性的指标,又称选择性因子(selectivity factor)。r_{21}越大,相邻两组分的 $t_R{}'$相差越大,分离得越好。$r_{21}=1$,两组分不能分离。相对保留值只与柱温及固定相的性质有关,与柱径、柱长、填充情况及流动相流速无关。

4. 保留值与分配比的关系

设柱中某组分的平均线速度为 u,则

$$u = \frac{L}{t_R} \tag{15-10}$$

流动相的平均线速度为 u_0,显然 u 的大小取决于组分分子在流动相中的分配比与流动相的平均线速度,即

$$u = \frac{m_M}{m_M + m_S} u_0 \tag{15-11}$$

将式(15-2)代入上式,得

$$u = \frac{u_0}{1 + k} \tag{15-12}$$

式(15-12)说明,在一个样品的分析过程中,各个组分的移动线速度是分配比的函数,分配比越大,组分的移动速度越小,保留时间越长。

将式(15-4)与式(15-10)代入式(15-12),得

$$t_R = t_M(1 + k) \tag{15-13}$$

式(15-13)表明,t_R为 k 和 t_M的函数。因此,分配比 k 是色谱柱对组分保留能力的参数,k 值越大,保留时间越长。

$$k = \frac{t_R - t_M}{t_M} = \frac{t'_R}{t_M} = \frac{V'_R}{V_M} \tag{15-14}$$

上式说明,分配比 k 同时也是组分在固定相中停留的时间与在流动相中停留的时间之比。k 不仅与物质的热力学性质有关,还与色谱柱的柱形及其结构有关。由于分配比 k 可以方便地从色谱图上求得,因此它比分配系数 K 更为常用,是色谱理论中的一个非常重要的参数。

将式(15-13)代入式(15-9),得

$$r_{21} = \frac{k_2}{k_1} \tag{15-15}$$

上式说明,选择性因子 r_{21}是一个热力学常数,只与柱温及固定相的性质有关,因此它是色谱法中,特别是气相色谱法中,广泛使用的定性数据。

四、区域宽度

色谱峰的区域宽度(chromatographic zone width)是组分在色谱柱中谱带扩张的函数,它反映了色谱操作条件的动力学因素。色谱峰的区域宽度可用下面三种方法表示。

(1)标准偏差(standard deviation)σ。色谱峰是正态分布曲线,可以用标准偏差 σ 表示峰的区域宽度,即 0.607 倍峰高处色谱峰宽的一半,如图 15-3 中 EF 的一半。

(2)半峰宽(peak width at half-height)$Y_{1/2}$,为峰高一半处色谱峰的宽度,如图 15-3 中的 GH。它与标准偏差的关系是

$$Y_{1/2} = 2.354\sigma \tag{15-16}$$

(3)峰底宽度(peak width)Y,为色谱峰两侧拐点上的切线在基线上截距,如图 15-3 中的 IJ 所示。它与标准偏差的关系是

$$Y = 4\sigma \tag{15-17}$$

色谱流出曲线是色谱分析的主要依据。从流出曲线上可以得到许多重要信息:

(1)根据色谱峰的个数,可以判断样品中所含组分的最少个数;

(2)根据色谱峰的保留值(或位置)可以进行定性分析;

(3)根据色谱峰的面积或峰高可以进行定量分析;

(4)利用色谱峰的保留值及其区域宽度,可以对色谱柱的分离效能进行评价;

(5)根据色谱峰两峰间的距离,可以对固定相(和流动相)的选择是否合适进行评价。

15-4 色谱法基本理论

色谱法是一种分离、分析方法,无论进行定性或定量分析,各组分在色谱柱上能否分离是关键所在。

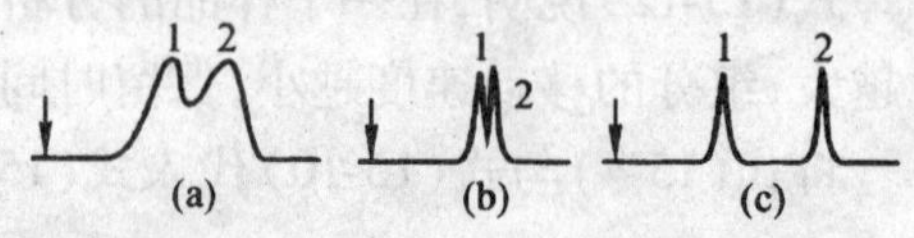

图 15-4 两组分的分离情况

色谱柱的分离效能常根据一对难分离组分的分离情况来判断。例如1、2两组分为难分离的物质对,它们的色谱峰可能有图15-4所示的三种情况:(a)中两组分的色谱峰间有一定的距离,但由于峰形太宽而严重重叠,分离不完全;(b)中两组分的峰形虽窄,但由于太靠近而部分重叠,分离亦不完全;(c)中两峰间有一定的距离,而且峰形较窄,分离完全。由此可见,要使两组分能完全分离,必须满足以下两点。

(1)两组分的保留值差异要足够大。它表明了两组分在色谱柱中的移动速率有差异,而移动速率的差异又决定于两组分在固定相和流动相两相间的分配系数的差异。对于一定的难分离物质对,在一定的温度下,分配系数的大小取决于固定相的性质。也就是说,两组分色谱峰间的距离受色谱体系的热力学过程所决定。所谓色谱体系的热力学过程,就是指与该体系平衡直接有关的过程。

(2)两组分的色谱峰要足够窄。峰的宽窄与组分分子在色谱柱内的扩散过程和在两相间达到分配平衡的速率大小有关,两者决定于色谱体系的动力学过程。色谱体系的动力学过程是指组分在色谱柱内两相间所发生的扩散和传质过程。

作为一种色谱理论,它不仅应能说明组分在色谱中移动的速率,以及应如何增大被分离组分在两相间的分配系数的差异,而且还应能说明组分在移动过程引起峰形变宽的原因、应如何减小峰的宽度。下面介绍色谱法的基本理论——塔板理论和速率理论。

一、塔板理论(plate theory)

1. 塔板理论的模型与假定

塔板理论最早于1941年由詹姆斯(James)和马丁(Martin)提出,并用数学模型描述了色谱分离过程。他们将一根色谱柱比作一个精馏塔,柱内由一系列设想的塔板组成,把色谱柱分成许多小段。在每一小段内,一部分空间被固定相占据,另一部分空间充满流动相。这样一个小段称作一个理论塔板,一个理论塔板的长度称为理论塔板高度(height equivalent to a theoretical plate),用 H 表示。组分随着流动相进入色谱柱后,在每块理论塔板高度间隔内两相间很快达成分配平衡,然后随着流动相按一块一块塔板的方式向前移动。经过多次分配平衡,分配系数小的组分先离开色谱柱,分配系数大的组分后离开色谱柱。塔板理论假定:

(1)色谱柱由一块一块的虚拟塔板组成,在一个塔板内组分在气液两相间可以很快达到平衡;

(2)塔板内一部分空间由固定相占据,另一部分由流动相占据,称为板体积;

(3)载气进入色谱柱不是连续而是脉动的,每次进气为一个板体积;

(4)试样开始时都加在第1号塔板上,且试样沿色谱柱方向的扩散可以忽略不计;

(5)分配系数在各塔板上是常数。

2. 塔板理论方程式

对一根长为 L 的色谱柱，组分达成分配平衡的次数应为

$$n=\frac{L}{H} \tag{15-18}$$

式中：n 称为理论塔板数（number of theoretical plates）。由塔板理论可导出理论塔板数 n 的计算公式为

$$n=5.54\left(\frac{t_{\mathrm{R}}}{Y_{1/2}}\right)^2=16\left(\frac{t_{\mathrm{R}}}{Y}\right)^2 \tag{15-19}$$

计算时，保留时间和峰宽度均需以同一单位（s 或 cm）表示。由式 15-18 和式 15-19 可见，当色谱柱长 L 固定时，色谱峰越窄，理论塔板数 n 就越大，理论塔板高度 H 就越小，此时柱效能（column efficiency）越高，因此 n 或 H 作为描述柱效能的指标。n 值越大或 H 越小，组分在色谱柱内的分配次数就越多，固定相的作用越显著，越有利于分离。根据塔板理论模型，具有不同分配系数的组分就是通过在柱内反复进行分配而得以分离的。分配次数越多，表明柱子的分离能力越强，柱效能越高。由于色谱柱内的塔板数相当多（$10^3\sim10^6$），只要各组分在两相间的分配系数有微小差异，经过反复多次的分配平衡后，仍可获得好的分离效果。

在实际应用中，常常出现计算的 n 值虽然很大，但色谱柱的分离效能却不高的现象。对于那些 t_{R} 较小，或死时间在保留时间中占较大比重的组分，这一现象尤其明显。这是由于采用 t_{R} 计算时，未将不参与柱中分配的死时间 t_{M} 扣除，即理论塔板数未能真实地反映色谱柱的分离效能。因此提出了用扣除 t_{M} 后的有效理论塔板数（effective plate number）$n_{有效}$ 或有效塔板高度（effective plate height）$H_{有效}$ 作为柱效能指标。分别表示为

$$n_{有效}=5.54\left(\frac{t'_{\mathrm{R}}}{Y_{1/2}}\right)^2=16\left(\frac{t'_{\mathrm{R}}}{Y}\right)^2 \tag{15-20}$$

$$H_{有效}=\frac{L}{n_{有效}} \tag{15-21}$$

将式（15-19）除以式（15-20），可得 n 与 $n_{有效}$ 的关系式

$$n=n_{有效}\left(\frac{1+k}{k}\right)^2 \tag{15-22}$$

上式说明，容量因子 k 越小，n 与 $n_{有效}$ 之间相差越大。

色谱柱的 n 或 $n_{有效}$ 越大，越有利于分离，但不能预言或确定各组分是否有被分离的可能。混合物样品各组分能否被分离取决于各组分在固定相上分配系数的差异，而不是取决于分配次数的多少。如果两组分的分配系数 K 相同时，无论该色谱柱的塔板数多大，都无法分离。因此 n 或 $n_{有效}$ 的大小不是组分能否分离的标志，而是在一定条件下柱分离能力发挥程度的标志。

必须指出，由于不同物质在同一色谱柱上分配系数不同，所以同一色谱柱对不同物质计算得到的柱效能是不一样的。因此，在用塔板数或塔板高度表示柱效能时，除应注明色谱条件外，还应指出是用什么物质进行测量的。

3. 对塔板理论的评价

塔板理论以热力学的观点阐明了溶质在色谱柱中移动的速率，解释了流出曲线的形状、色谱峰极大点的位置，提出了计算及评价柱效能高低的理论塔板数的公式。但是，色谱过程不仅受热力学因素的影响，还与分子的扩散、传质等动力学因素有关。因此，塔板理论只能定性地

给出塔板高度的概念，却不能找出影响塔板高度的因素，无法解释为什么在不同的流速下可以测得不同的理论塔板数的实验事实，因而无法说明造成色谱峰扩展，使柱效能下降的原因，更无法提出降低塔板高度的途径。

二、速率理论(rate theory)

1956 年荷兰学者范第姆特(Van Deemter)等人在研究气液色谱时，提出了色谱过程的动力学理论——速率理论。他们吸收了塔板理论中塔板高度的概念，同时考虑了影响塔板高度的动力学因素，指出理论塔板高度是峰展宽(band broadening)的量度，导出了塔板高度 H 与载气线速度 u 的关系式。此关系式称为速率理论方程式，简称范氏方程，即

$$H = A + B/u + Cu \tag{15-23}$$

式中：A、B、C 为常数，A 为涡流扩散项，B 为分子扩散项系数，C 为传质阻力项系数；u 为流动相的平均线速度，单位为 $cm \cdot s^{-1}$。由此可见，色谱峰展宽受三个动力学因素控制，即涡流扩散项、分子扩散项和传质阻力项。欲降低 H 的数值，提高柱效能，需降低式(15-23)中各项的数值。下面分别讨论各项的物理意义。

1. 涡流扩散项(eddy diffusion)A

在填充色谱柱中，组分分子随流动相在固定相颗粒间的孔隙串行，向柱尾方向移动，碰到填充物颗粒时，不断地改变流动方向，使组分分子在流动相中形成紊乱的类似“涡流”的流动。由于填充物颗粒大小不同以及填充的不均匀性，使组分分子通过填充柱时的路径长短不同。如图 15-5 所示，①号分子走过的路径最曲折，流出时间最晚；②号分子次之；③号分子的路线最为平直，最早从柱尾流出。因此，同一组分的不同分子在柱内停留的时间不同，到达柱子出口处的时间有先有后，造成了色谱峰展宽，使分离变坏。

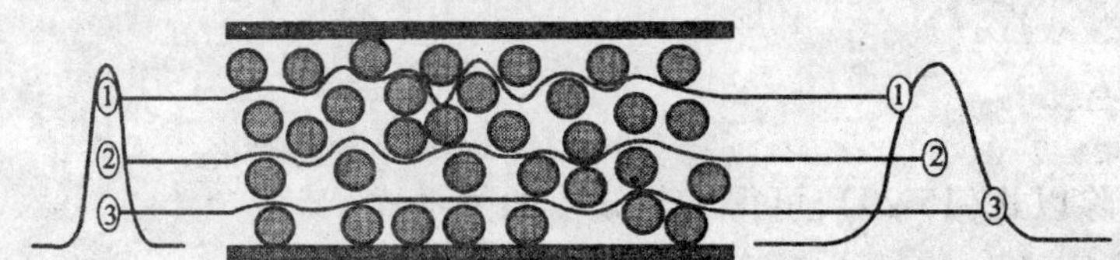

图 15-5　色谱柱中的涡流扩散

涡流扩散项 A 与固定相颗粒大小及填充的均匀性有关，其值可用下式表示：

$$A = 2\lambda d_p \tag{15-24}$$

式中：λ 为填充不规则因子；d_p为填充物颗粒的平均直径。式(15-24)表明，固定相颗粒大小是影响涡流扩散项的主要因素。一般来说，颗粒细有利于填充均匀，但太细的颗粒会增加柱子的阻力，使渗透性变差。λ 与填充技术及固定相颗粒均匀度有关。对于填充柱，颗粒间孔隙大小越不一致，λ 越大，涡流扩散越严重。涡流扩散项与组分、流动相以及线速度无关。使用颗粒细、粒度均匀的填充物且填充均匀，是减少涡流扩散和提高柱效的有效途径。对于空心毛细管柱，不存在涡流扩散，因此 $A=0$。

2. 分子扩散项(molecular diffusion)B/u

分子扩散又称为纵向扩散(longitudinal diffusion)。如图 15-6 所示，当样品组分被带入色谱柱后，是以“塞子”的形式存在于柱内很小的一段空间中，在“塞子”前后形成浓度梯度，组分分子从高浓度处向低浓度处扩散，这种扩散沿柱的纵向进行，结果使色谱峰展宽、分离变坏。

分子扩散项系数 B 为

$$B=2\gamma D_g \tag{15-25}$$

式中：γ 为弯曲因子；D_g为组分分子在气相中的扩散系数（$cm^2 \cdot s^{-1}$）。

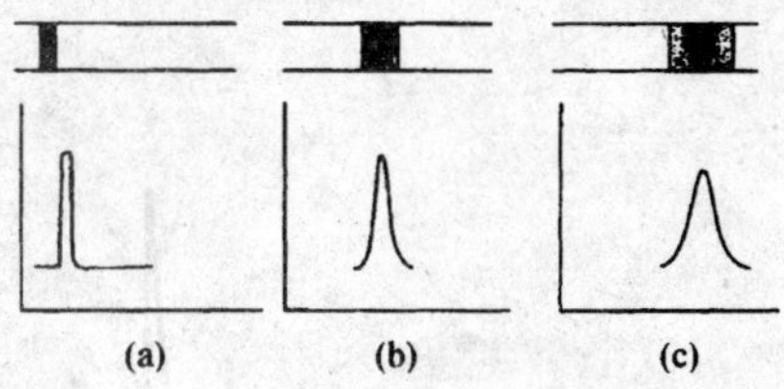

图 15-6　分子扩散导致的色谱峰扩展

（a）柱头，进样初　（b）柱中间　（c）柱尾

弯曲因子 γ 是与组分分子在柱内扩散路径的弯曲程度有关的因子。对填充柱，$\gamma=0.5\sim0.7$；而毛细管空心柱因无填充物阻碍，$\gamma=1$。D_g的大小与组分及流动相的性质、组分在流动相中的停留时间及柱温等因素有关。组分的相对分子质量大，扩散不易，D_g就小。D_g与流动相相对分子质量的平方根成反比，并随柱温的升高而增大。分子扩散还与组分在柱内的保留时间有关，载气流速越小，保留时间越长，柱子越长，分子扩散对于峰扩张的影响就越显著。因此，为了减小分子扩散项，要加大流动相流速，使用相对分子质量较大的流动相，控制较低的柱温等。

3. 传质阻力项（resistance to mass transfer）Cu

物质系统因浓度不均匀而发生的物质迁移过程称为传质。影响该过程进行速度的阻力称为传质阻力。对于气液色谱，传质阻力系数 C 包括气相传质阻力系数 C_g和液相传质阻力系数 C_l，即 $C=C_g+C_l$。

气相传质阻力是指组分分子由气相移动到气液两相界面进行交换传质过程中所受到的阻力。传质阻力越大，引起峰展宽也越大。气相传质阻力系数

$$C_g=\frac{0.01k^2}{(1+k)^2}\cdot\frac{d_p^2}{D_g} \tag{15-26}$$

式中：k 为分配比。从上式可以看出，气相传质阻力系数 C_g与填充物粒度 d_p的平方成正比，与组分在气相中的扩散系数 D_g成反比。因此，采用粒度小的填充物和相对分子质量小的气体（如 H_2）作载气，或适当降低流动相线速，可以降低气相传质阻力，提高柱效。

液相传质阻力是指组分分子从气液两相界面扩散至固定液内部进行质量交换，达到分配平衡后再返回气液两相界面的这一过程中所受到的传质阻力。组分从溶解进入固定液到从固定液中挥发出来，整个过程中流动相仍载带着其中的组分向前流动，因此这部分组分落后于谱带最大浓度的位置，造成峰展宽，如图 15-7 所示。这一过程时间越长，液相传质阻力就越大。固定液内的组分液相传质阻力系数

$$C_l=\frac{2}{3}\cdot\frac{k}{(1+k)^2}\cdot\frac{d_f^2}{D_l} \tag{15-27}$$

式中：d_f为固定相液膜厚度，D_l为组分分子在液固定中的扩散系数。由式（15-27）可见，液相传质阻力与固定相液膜厚度的平方成正比，与组分分子在液固定中的扩散系数成反比。液膜厚度决定于固定液含量的大小，因此降低固定液用量或采用比表面积较大的担体，可以使组分在固定液内扩散时间变短，有利于快速达到分配平衡，降低液相传质阻力。选用低黏度的固定液，以增加组分在固定液中的扩散系数，或适当提高柱温，降低流动相流速，并尽可能使用短柱，以提高柱效。

当固定液含量较高、液膜较厚、载气流速为中等线速度时，塔板高度主要受液相传质阻力系数 C_l的控制。此时，气相传质阻力系数 C_g值很小，可以忽略。而当采用低固定液含量柱和高载气线速度进行分析时，气相传质阻力就会成为影响塔板高度的重要因素。

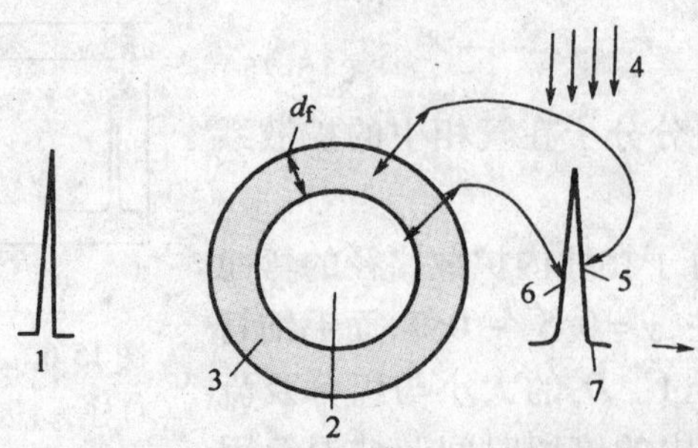

图 15-7　固定相的传质阻力引起的色谱峰形的扩展

1—进样后起始峰形；2—载体；3—固定液；4—流动相；
5—溶解在固定液表面溶质分子到达峰的前沿；
6—溶解在固定液内部溶质分子到达峰的后尾；
7—样品移出色谱柱时的峰形

将 A、B 和 C 代入式(15-23)中，即可得到气液色谱的速率理论方程

$$H = 2\lambda d_p + \frac{2\gamma D_g}{u} + \left[\frac{0.01k^2}{(1+k)^2}\cdot\frac{d_p^2}{D_g} + \frac{2k}{3(1+k)^2}\cdot\frac{d_f^{\ 2}}{D_l}\right]u \qquad (15\text{-}28)$$

范氏方程指出，被分离组分分子在色谱柱内运行的多路径、浓度梯度所造成的分子扩散及传质阻力，使气液两相间的分配平衡不能瞬间达到等因素，是造成色谱峰扩展柱效下降的主要原因。速率理论为色谱分离和操作条件的选择提供了理论指导，通过选择适当的固定相粒度、载气种类、液膜厚度及载气流速及合适的柱温可提高柱效。

15-5　色谱分离基本方程

如前所述，欲将难分离物质对的两组分进行分离，首先两峰之间的距离要大，即两组分的保留时间要有足够大的差值；其次是两色谱峰要窄。图 15-4 说明了柱效能和选择性对分离的影响。图中(a)表示选择性较好，但柱效能低；(b)表示柱效能较高，但选择性很差；(c)分离最理想，说明选择性好，柱效能也高。由此可见，单独用柱效能或选择性不能真实反映组分在色谱柱中分离情况，故需引入一个综合性指标——分离度。

一、分离度

分离度(resolution)是既能反映柱效能又能反映选择性的指标，称为总分离效能指标。分离度又称分辨率，以 R_s 表示。它定义为相邻两组分色谱峰保留值之差与两组分色谱峰底宽度总和之半的比值。即

$$R_s = \frac{2(t_{R_2} - t_{R_1})}{Y_1 + Y_2} \qquad (15\text{-}29)$$

在计算 R_s 值时，组分的保留值和峰底宽度要采用相同的计量单位。由上式可见，两峰保留值相差越大，峰越窄，R_s 值越大，相邻两组分分离得越好。图 15-8 表示了不同分离度时色谱峰分离的程度。从图中可以看出，$R_s = 0.75$ 时，两色谱峰大部分重叠在一起，完全没有分开；$R_s = 1.25$ 的两峰有部分重叠，大部分被分开；而 $R_s = 1.5$ 的两峰则完全分离。一般来说，当 $R_s < 1$ 时，两峰总有部分重叠；$R_s = 1$ 时，两峰稍有重叠，分离程度可达 98%；$R_s = 1.5$ 时，分离程

度可达 99.7%，两峰才能完全分离。通常用 $R_s = 1.5$ 作为相邻两组分已完全分离的标志。

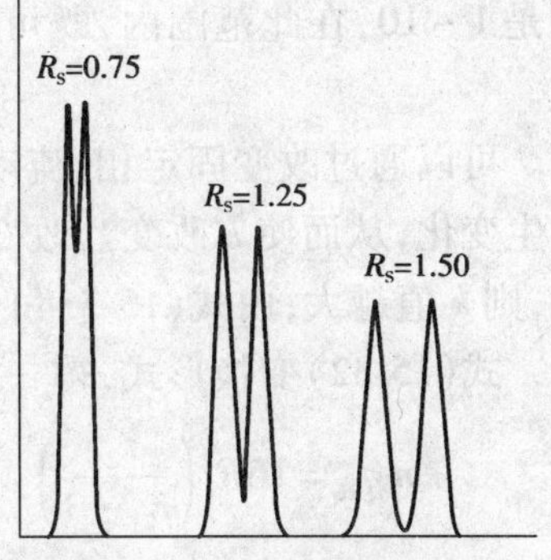

图 15-8　不同分离度时色谱峰分离的程度

当峰形不对称或相邻两峰稍有重叠时，测量峰底宽度比较困难，可用半峰宽来代替，此时分离度可表示为

$$R_s = \frac{t_{R_2} - t_{R_1}}{Y_{1/2(1)} + Y_{1/2(2)}} \tag{15-30}$$

应该指出，式(15-29)与式(15-30)不完全等同，但实际上差别很小，故可将二式近似看成等式。

二、色谱分离基本方程

如前所述，衡量柱效能的指标是 n 或 $n_{有效}$。n 越大，说明组分在柱中进行分配平衡的次数越多，越有利于分离。但各组分能否得到分离并不取决于分配平衡次数的多少，而是取决于各组分在固定相中分配系数的差异。因此，不能将 n 视为能否实现组分分离的依据，而应以选择性作为能否实现组分分离的依据。所谓选择性即是难分离物质对的相对保留值 r_{21}。它表示固定液对难分离物质对的选择性保留作用，r_{21} 越大，两组分分离得越好，但它反映不出柱效能的高低。而分离度 R_s 作为色谱柱的总分离效能指标，可以判断难分离物质对在色谱柱中的分离情况，能够反映柱效能和选择性影响的总和。因此，可将分离度(R_s)、柱效能(n)和选择性(r_{21})联系起来，得到如下的关系式

$$R_s = \frac{\sqrt{n}}{4} \cdot \frac{r_{21} - 1}{r_{21}} \cdot \frac{k}{1 + k} \tag{15-31}$$

上式被称为色谱分离基本方程式。将式(15-22)代入式(15-31)，则可得到用 $n_{有效}$ 表示的色谱分离基本方程：

$$R_s = \frac{\sqrt{n_{有效}}}{4} \cdot \frac{r_{21} - 1}{r_{21}} \tag{15-32}$$

1. 分离度与柱效能的关系

分离度与 n 的平方根成正比。对于某一对难分离组分，当固定相、流动相确定，那么选择因子 r_{21} 就确定了，分离度的大小将取决于 n。增加柱长可以改进分离度，但同时各组分的保留时间增长，容易使色谱峰变宽。因此在保证一定分离度的前提下尽量用短的柱子。增加 n 的更好的办法是降低 H，这意味着制备一根性能优良的柱子，并在最优化条件下操作。

2. 分离度与选择性的关系

r_{21} 是柱选择性的量度，r_{21} 越大，柱选择性越好，对分离越有利。分离度对 r_{21} 的微小变化很敏感，增大 r_{21} 值是提高分离度的有效办法。当 $r_{21} = 1$ 时，两物质不能实现分离；当 r_{21} 很小的情况下，特别是 $r_{21} < 1.1$ 时，两物质很难分离，需要增大 r_{21} 值。如果两物质的 r_{21} 值足够大，即使色谱柱的 $n_{有效}$ 较小，也能实现分离。

可以通过改变固定相或流动相的组成或采用较低的柱温来改变 r_{21} 值。气相色谱法中一般通过改变固定相组成来实现，因为载气是惰性的且可选择种类很少。液相色谱中，流动相种类繁多，往往通过改变流动相来改变 r_{21} 值。

3. 分离度与分配比的关系

从式(15-31)可以看出，k 值大一些对分离有利，但并非越大越有利。当 $k > 10$ 时，增加 k

值对 $k/k+1$ 的改变不大,对 R_s 的改进不明显,反而使分析时间大为延长。因此 k 值的最佳范围是 1 ~ 10,在此范围内,既可得到大的 R_s 值,又可使分析时间不至过长,峰的扩展不会太严重。

可以通过改变固定相、流动相、柱温或改变相比使 k 发生变化。前三种方法使分配系数 K 发生变化,从而使 k 改变。改变相比包括改变固定相的量及改变柱的死体积。固定相的量越大,则 k 值越大;由式(15-3)可知,柱的死体积越大,则 k 值越小。

式(15-32)变换形式,得

$$n_{有效}=16R_s^2\left(\frac{r_{21}}{r_{21}-1}\right)^2 \qquad (15\text{-}33)$$

于是

$$L=16R_s^2\left(\frac{r_{21}}{r_{21}-1}\right)^2 H_{有效} \qquad (15\text{-}34)$$

由式(15-34)可计算出达到某一分离度所需色谱柱长。

例1 在一定条件下,两个组分的调整保留时间分别为 90 s 和 105 s,死时间为 5 s,要达到完全分离,计算需要多少块有效塔板。若填充柱的塔板高度为 0.1 cm,柱长应是多少?

解 $r_{21}=\dfrac{t'_{R_2}}{t'_{R_1}}=\dfrac{105-5}{90-5}=1.18$

$$n_{有效}=16R_s^2\left(\frac{r_{21}}{r_{21}-1}\right)^2=16\times1.5^2\times(1.18/0.18)^2=1\ 547(块)$$

$$L=n_{有效}\cdot H_{有效}=1\ 547\times0.1=155\ \text{cm}$$

15-6 色谱定性分析

色谱定性分析就是要确定色谱图上每一个峰所代表的组分。由于各种物质在一定的色谱条件下均有确定的保留值,因此保留值可作为一种定性指标。但是不同物质在相同的色谱条件下可能具有相似或相同的保留值,因此,仅仅根据保留值对一个完全未知的样品定性是很困难的。如果对样品的来源、性质和分析目的有所了解,对样品组成作初步判断,再结合下列方法则可确定色谱峰所代表的组分。

1. 利用纯物质对照定性

将已知纯物质在相同的色谱条件下的保留时间与未知物的保留时间进行比较,若二者相同,则未知物可能是已知的纯物质,否则就不是该纯物质。这种定性法适用于对组分性质已有所了解、组成比较简单且有纯物质的未知物。

2. 利用加入纯物质增加峰高定性

当相邻两组分的保留值接近且操作条件不易稳定时,可采用此法。首先作出未知样品的色谱图,然后将纯物质直接加入未知样品中,又得一色谱图。峰高增加的组分可能为这种纯物质。

3. 利用相对保留值定性

相对保留值 r_{is} 是指组分 i 与基准物 s 调整保留值的比值,即

$$r_{is}=\frac{t'_{R(i)}}{t'_{R(s)}}=\frac{V'_{R(i)}}{V'_{R(s)}}$$

将实验测得的待测组分对标准物质的相对保留值与文献记载的相对保留值进行对照，即可定性。由于相对保留值仅与柱温、固定液性质有关，与其他操作条件无关，因此在使用文献数据时，要求实验测定所用的固定液及柱温应与文献记载的完全相同。

通常选用与被测组分保留值相近的物质作基准物，如正丁烷、正戊烷、环己烷、苯、对二甲苯、环己醇、环己酮等。

4. 利用保留指数定性

保留指数又称柯瓦茨指数（Kovats retention index），也是一种相对保留值，是把两个相邻的正构烷烃的调整保留值的对数作为相对的尺度，并假定正构烷烃的保留指数为它们的碳数（Z）乘以100。例如正己烷、正庚烷、正辛烷的保留指数分别为600、700和800。被测物的保留指数值可用内插法计算。例如，欲确定某组分X的保留指数的数值，如图15-9所示：先选取两个相邻的正构烷烃作为基准物，使被测组分X的调整保留值处于两个正构烷烃的调整保留值之间，即 $t'_{R(Z+1)}>t'_{R(X)}>t'_{R(Z)}$。据此，可用内插法计算 I_x 值。即

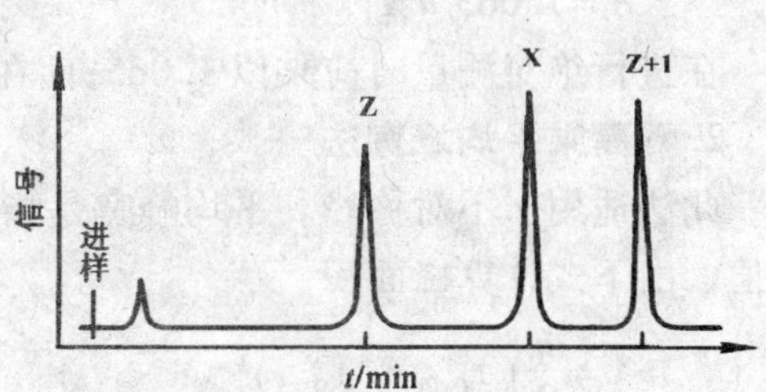

图 15-9　保留指数测定示意图

$$I_X=100\left(\frac{\lg t'_{R(X)}-\lg t'_{R(Z)}}{\lg t'_{R(Z+1)}-\lg t'_{R(Z)}}+Z\right) \tag{15-35}$$

操作时，在选定的色谱柱上，测定被测组分及选定的两个相邻的正构烷烃的调整保留时间，用式（15-35）计算出保留指数，再与文献值对照，即可定性。利用保留指数定性的准确度和重现性都很好，是目前使用最广泛并被国际上公认的定性指标，只要柱温和固定相相同，就可引用文献值进行定性鉴定，而不必用纯物质对照。

5. 其他方法

除利用保留值定性外，还可与化学反应结合起来进行定性鉴定。近年来由于色谱与质谱、红外光谱等联用技术的发展，使色谱的高效分离能力和质谱、红外光谱的高鉴别能力相结合。加上电子计算机对数据的快速处理及检索，目前这种联用技术已成为解决复杂未知物定性分析的有效工具。

15-7　色谱定量分析

色谱定量分析是用于求混合样品中各组分含量的技术。其依据是，在一定的操作条件下，检测器的响应信号与进入检测器的被测组分的质量（或浓度）成正比，即

$$m_i=f_iA_i \tag{15-36}$$

式中：m_i 为被测组分 i 的质量；A_i 为被测组分 i 的峰面积；f_i 为被测组分 i 的校正因子。由上式可知，进行色谱定量分析时需要准确测量检测器的响应信号——峰面积或峰高，求出定量校正因子，选择定量方法。

一、峰面积的测量

峰面积的测量直接关系到定量分析的准确度。常用的简便峰面积测量方法有以下几种。

1. 峰高乘半峰宽法

当色谱峰形对称且不太窄时，其峰面积近似等于峰高乘半峰宽，即

$$A = h\ Y_{1/2} \tag{15-37}$$

这样测得的峰面积为实际峰面积的 0.94 倍，实际的峰面积应为

$$A = 1.065\ h\ Y_{1/2} \tag{15-38}$$

在进行绝对测量时应乘以 1.065；而在相对计算时 1.065 可以略去。

2. 峰高乘平均峰宽法

此法适用于不对称峰。平均峰宽是指在峰高 0.15 和 0.85 处分别测出峰宽后，再取其平均值。由下式计算峰面积

$$A = \frac{h}{2}(Y_{0.15} + Y_{0.85}) \tag{15-39}$$

3. 用峰高表示峰面积

当各种操作条件如色谱柱、温度和流速等严格保持不变时，在一定的进样量范围内，色谱峰的半峰宽是不变的，进样量的大小只反映在不同的峰高上。因此对于对称的色谱峰来说，完全可以用峰高 h 代表峰面积 A 进行定量测定。特别是峰形狭窄时，峰高定量法比面积定量法更准确。

4. 自动积分仪法

自动积分仪是测量峰面积最方便的工具。数字电子积分仪能以数字形式把测得的峰面积和保留时间打印出来。

近年来许多先进的色谱仪都带有微机，除能自动对分析数据进行数学处理、自动显示分析结果外，还能自动控制操作过程，选择最佳分析方法和分析条件等，大大地提高了测定的精度、灵敏度和自动化程度。

二、定量校正因子

色谱定量分析的依据是，在一定条件下被测组分的质量（或浓度）与其峰面积成正比。但是峰面积的大小不仅取决于组分的质量，还与组分的性质有关，表现为同一检测器对不同的组分具有不同的响应值。因此，当两个质量相等的不同组分在相同的条件下使用同一个检测器进行测定时，所得的峰面积往往不相等，这样就不能直接利用峰面积计算物质的含量，必须对峰面积进行校正。为此，在定量计算时需要引入定量校正因子（quantitative correction factor）。校正因子分为绝对校正因子和相对校正因子。

1. 绝对校正因子

绝对校正因子（absolute correction factor）f_i 是指某组分 i 通过检测器的量（质量、物质的量或体积）与检测器对该组分的响应信号（峰面积或峰高）之比值，即

$$f_i = \frac{m_i}{A_i} \tag{15-40}$$

绝对校正因子受仪器及操作条件的影响很大，既不易准确测定，也无法直接应用。在实际定量分析中，一般采用相对校正因子。

2. 相对校正因子

相对校正因子(relative correction factor)f'_i 是指某组分 i 与标准物质 s 的绝对校正因子之比值,即

$$f_i' = \frac{f_i}{f_s} \tag{15-41}$$

根据被测组分使用的计算单位不同,可分为相对质量校正因子 $f'_{i(m)}$ 和相对摩尔校正因子 f_M'。通常所指的校正因子都是指相对校正因子,常将"相对"二字略去。

质量校正因子是以克为计量单位,表示为

$$f'_{i(m)} = \frac{f_{i(m)}}{f_{s(m)}} = \frac{A_s m_i}{A_i m_s} \tag{15-42}$$

摩尔校正因子是以摩尔为计量单位,表示为

$$f'_{i(M)} = \frac{f_{i(M)}}{f_{s(M)}} = \frac{A_s m_i M_s}{A_i m_s M_i} = \frac{f'_{i(m)} M_s}{M_i} \tag{15-43}$$

式中:M_i、M_s 分别为被测组分和标准物质的摩尔质量。

另外,相对校正因子的倒数称为相对响应值(relative response value)S',即

$$S' = \frac{1}{f'_i} \tag{15-44}$$

相对响应值也叫做相对应答值,即相对灵敏度。

由于相对校正因子 f'_i 值只与被测物和标准物以及检测器的类型有关,与操作条件无关,因此 f'_i 值通常可自文献中查出引用。若从文献中查不到所需 f_i' 值时,可用以下方法自行测定:准确称量被测组分和标准物质,将二者混合进样,分别测出它们的峰面积,由式(15-42)或式(15-43)计算出 $f'_{i(m)}$ 或 $f'_{i(M)}$。常用的标准物质,对热导池检测器是苯,对氢焰检测器是正庚烷。

三、定量计算方法

1. 归一化法

当试样中所有组分都能产生可测量的色谱峰时,将所有组分的含量之和按 100% 计算的定量方法称为归一化法(normalization method)。其计算式如下:

$$w_i = \frac{m_i}{\sum_{i=1}^{n} m_i} \times 100\% = \frac{f'_i A_i}{\sum_{i=1}^{n} f'_i A_i} \times 100\% \tag{15-45}$$

式中:w_i 为被测组分 i 的百分含量;f'_i 为组分 i 的校正因子;A_i 为组分 i 的峰面积。当 f'_i 为质量校正因子时得质量分数;当 f'_i 为摩尔校正因子时则得摩尔分数。若试样中各组分的 f'_i 值很接近时,则式(15-45)可简化为

$$w_i = \frac{A_i}{\sum_{i=1}^{n} A_i} \times 100\% \tag{15-46}$$

归一化法具有简便、准确、受操作条件变化影响较小等优点,但试样中所有组分必须全部出峰,否则不能用此法定量计算。

2. 内标法

当试样中各组分不能全部出峰或只需要对试样中某几个有色谱峰的组分进行定量时,可

采用内标法(internal standard method)。所谓内标法,是将一定量的某种纯物质作为内标物加入到准确称量的试样中,根据内标物和试样的质量以及内标物和被测组分的峰面积可求出被测组分的含量。

$$w_i = \frac{m_i}{m} \times 100\% = \frac{A_i f'_i m_s}{A_s f'_s m} \times 100\% \tag{15-47}$$

式中:下标 s 代表内标物,i 代表组分,m 为试样的质量。当以内标物作为测定校正因子的基准物时,$f_s' = 1$,式(15-47)可以简化为

$$w_i = \frac{A_i f'_i m_s}{A_s m} \times 100\% \tag{15-48}$$

若固定试样的称取量,并加入恒定量的内标物,式(15-47)中的 $f'_i m_s / f'_s m$ 为一常数,即

$$w_i = K \times \frac{A_i}{A_s} \tag{15-49}$$

以 w_i 对 A_i/A_s 作图,可得一条通过原点的直线,即内标标准曲线,如图 15-10 所示。利用内标标准曲线可以确定组分的含量。即先将待测组分的纯物质配成不同浓度的标准溶液,取固定量的标准溶液和内标物混合后进样分析,测出 A_i 和 A_s,用 A_i/A_s 对标准溶液浓度作图,即得内标标准曲线。分析试样时,称取与绘制标准曲线同样量的试样和内标物,测出其峰面积比,由标准曲线可查出待测组分的含量。

内标法的关键是选择合适的内标物。对内标物的要求是:试样中不含有内标物质;内标物色谱峰的位置在各待测组分之间或与之相近;性质稳定,易得纯品;与试样能互溶但无化学反应;内标物浓度恰当,使其峰面积与待测组分相差不太大。内标标准曲线法具有简便、受操作条件影响小、不需准确进样、无需另外测定校正因子等优点,适用于生产控制分析。

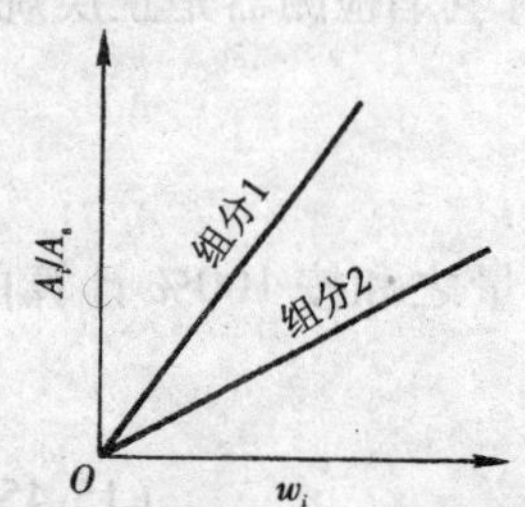

图 15-10 内标法标准曲线图

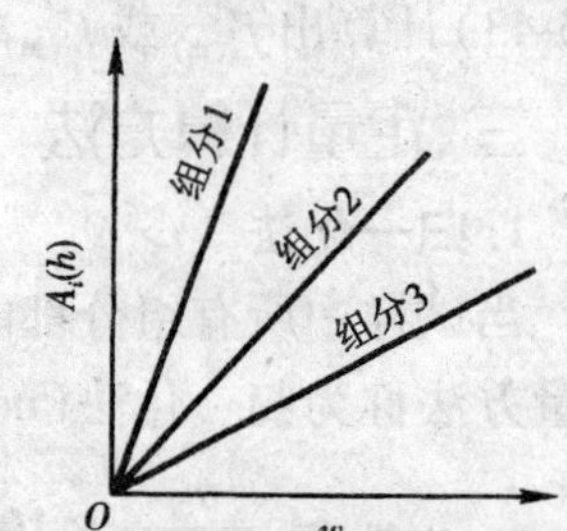

图 15-11 外标法标准曲线图

3. 外标法

外标法(external standard method)实际上是常用的标准曲线法。首先将待测组分的纯物质配成一系列不同浓度的标准溶液,在一定的色谱条件下准确定量进样,测量峰面积(或峰高),绘制标准曲线,如图 15-11 所示。进行试样测定时,要在与绘制标准曲线完全相同的色谱条件下准确进样,根据所得峰面积(或峰高),从标准曲线上直接查出待测组分的含量。

外标法的优点是操作简单、计算方便,绘制出标准曲线后计算时不需要校正因子,适用于工业控制分析和气体分析。但它受色谱操作条件的影响较大,实际应用中需严格控制,使操作条件稳定、进样量重复性好,否则对分析结果影响较大。

思考题

1. 色谱分离的本质是什么？

2. 何谓流出曲线？保留时间？死时间？调整保留时间？相对保留值？

3. 欲使两种组分分离完全，必须符合什么要求？这些要求各与何种因素有关？

4. 色谱柱的理论塔板数很大，能否说明两种难分离组分一定能分离？为什么？

5. 色谱图上两峰间距离大小的本质是什么？峰宽窄的本质是什么？

6. 色谱峰展宽的原因是什么？怎样理解速率方程中各项的基本物理意义？根据速率方程具体说明载气平均线速度、担体粒度、固定液膜厚度、柱温等对柱效能的影响。

7. 分离度 R_s 和相对保留值 r_{21} 这两个参数中，哪一个更能全面说明两种组分的分离情况？为什么？

8. 为什么分离度 R_s 可以作为色谱柱的总分离效能指标？

9. 色谱定性分析的依据是什么？主要有哪些定性方法？

10. 色谱定量分析的依据是什么？常用的定量分析方法适用于什么情况？

11. 色谱定量分析中，为什么要用定量校正因子？实验中如何测定定量校正因子？

习　题

1. 组分 A 从气液色谱流出需 15.0 min，组分 B 需 25.0 min，而不被固定相保留的组分 C 流出色谱柱需 2.0 min。计算：

(1) 组分 A 相对于组分 B 的相对保留时间；

(2) 组分 B 相对于组分 A 的相对保留时间；

(3) 组分 A 在柱中的分配比。

2. 某气－液色谱分析中得到下列数据：死时间 $t_M = 1.0$ min，保留时间 $t_R = 5.0$ min，固定液体积 $V_S = 2.0$ mL，载气体积流速 $F_0 = 50\ \mathrm{mL \cdot min^{-1}}$。试计算：(1) 分配比 k；(2) 死体积 V_M；(3) 分配系数 K；(4) 保留体积 V_R。

3. 在一根 2 m 长的硅油柱上分析一个混合物，得下列数据：苯、甲苯及乙苯的保留时间分别为 1 min 20 s，2 min 2 s 及 3 min 1 s，半峰宽为 0.211 cm、0.291 cm 及 0.409 cm。已知记录纸速度为 1 200 $\mathrm{mm \cdot h^{-1}}$。求此色谱柱对每种组分的理论塔板数及塔板高度。

4. 分析某种试样时，两组分的相对保留值 $r_{21} = 1.16$，柱的有效塔板高度 $H_{有效} = 1$ mm。需要多长的色谱柱才能分离完全（即 $R_S = 1.5$）？

5. 已知某色谱柱的有效塔板数为 1600 块，组分 A 和 B 在该柱上的调整保留时间分别为 90 s 和 100 s，求其分离度 R_s？

6. 色谱图上的两个色谱峰，其保留时间和半峰宽分别为：$t_{R_1} = 3$ min 20 s，$t_{R_2} = 3$ min 50 s，$Y_{1/2(1)} = 1.7$ mm，$Y_{1/2(2)} = 1.9$ mm，已知 $t_M = 20$ s，纸速为 1 $\mathrm{cm \cdot min^{-1}}$。求这两个色谱峰的相对保留值 r_{21} 和分离度 R_s。

7. 在一根已知有 8100 块理论塔板的色谱柱中，异辛烷和正辛烷的调整保留时间分别为 800 s 和 815 s，设 $k + 1/k \approx 1$，试问：

(1)如果一个含有上述两组分的试样通过这根柱子,所得到的分离度为多少?

(2)假定调整保留时间不变,当使分离度达到1.00时,所需的塔板数为多少?

(3)假定调整保留时间不变,当使分离度为1.5时,所需要的塔板数为多少?

8.在一根3 m长的色谱柱上分离某一样品,得如下的色谱图及数据。

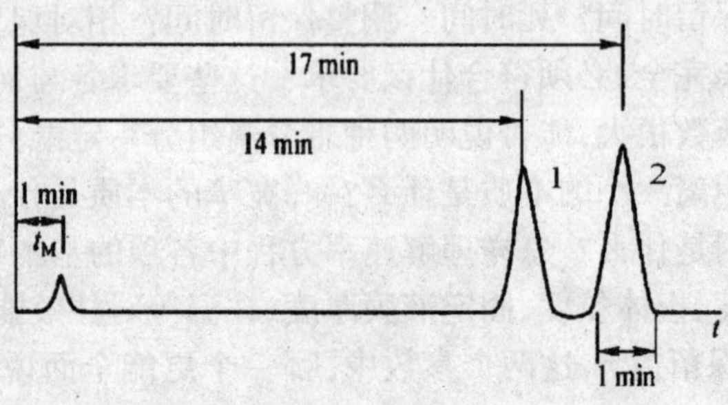

试计算:

(1)用组分2计算色谱柱的理论塔板数;

(2)组分1和2的调整保留时间;

(3)若需达到分离度 $R_s = 1.5$,所需的最短柱长为几米?

9.某色谱柱长为1 m,组分A和B在该柱上的保留时间分别为15.20 min和16.43 min,峰底宽分别为1.02 min和1.12 min,空气通过该柱需1.20 min。计算:

(1)组分A和B在该柱上的分离度;

(2)柱的平均有效理论塔板数;

(3)有效塔板高度;

(4)要求分离度为1.5时所需的柱长。

10.假设两组分的调整保留时间分别为19 min及20 min.死时间为1 min,计算:

(1)较晚流出的第二组分的分配比 k_2;

(2)欲达到分离度 $R_s = 0.75$ 时,所需的理论塔板数。

11.将乙酸正丁酯、正庚烷及正辛烷混合注入阿皮松柱中,柱温为100 ℃。测得调整保留时间为:乙酸正丁酯310.0 mm,正庚烷174.0 mm,正辛烷373.4 mm。试计算乙酸正丁酯的保留指数。

12.用归一化法进行二甲苯异构体的分析,由色谱图求得各色谱峰面积如下表,计算各组分的含量。

组分	乙基苯	对二甲苯	间二甲苯	邻二甲苯
A/mm^2	118.2	156.8	336.6	168.0

13.在一个色谱图上有三个色谱峰:乙酸甲酯、丙酸甲酯、正丁酸甲酯。测得三个峰的面积分别为18.1 cm^2、45.8 cm^2和39.9 cm^2,如果检测器对上述三种化合物的相对响应值分别是0.60、0.78、0.88,计算每个化合物的含量。

14.有一试样含有甲酸、乙酸、丙酸及不少水、苯等物质,称取试样1.055 g。以环己酮作内标,称取0.190 7 g环己酮加到试样中,混合均匀后吸取此试液3 μL进样,得到色谱图,从色谱图上测得的各组分峰面积及已知的 S' 值如下表所示：

组分	甲酸	乙酸	环己酮	丙酸
峰面积 A	14.8	72.6	133	42.4
响应值 S'	0.261	0.562	1.00	0.938

求甲酸、乙酸、丙酸的含量。

第 16 章 气相色谱法

气相色谱(Gas Chromatography,GC)是一种以气体为流动相、以固体吸附剂或涂渍有固定液的固体担体为固定相的柱色谱分离技术。色谱研究的早期,科学家们主要研究液相色谱。1941 年,马丁(Martin)和辛格(Synge)在他们一篇著名的关于分配色谱的论文中,预言可以用气体代替液体作为流动相来分离各类化合物。1951 年, Martin 和 James 报道了用自动滴定仪作检测器分析脂肪酸,创立了气 - 液色谱法,使预言变为现实。1958 年, Golay 开创了分离效能极高的毛细管柱气相色谱法,从此气相色谱法超过最先发明的液相色谱法而迅速发展起来。20 世纪 70 年代发明了石英毛细管柱和固定液的交联技术。随着电子技术和计算机技术的发展,气相色谱仪器也在不断发展完善中,现在最先进的气相色谱仪已实现了全自动化和计算机控制,并可通过网络实现远程诊断和控制。目前气相色谱法已成为最为广泛应用的分离分析手段之一。

16-1 气相色谱仪

气相色谱分析是在气相色谱仪上进行的。常用气相色谱仪的主要部件和分析流程如图 16-1 所示。

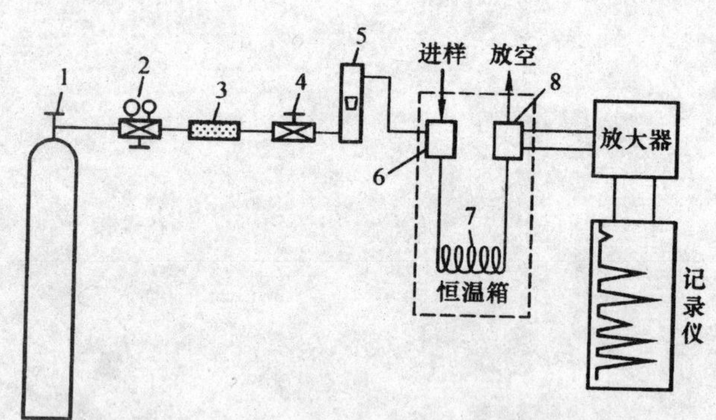

图 16-1 气相色谱流程示意图

1—载气钢瓶;2—减压阀;3—净化干燥管;4—针形阀;
5—流量计;6—进样口和气化室;7—色谱柱;8—检测器

载气由高压钢瓶供给,经减压阀、净化器进入气流调节阀,调节并控制载气流速至所需值(由流量计及压力表显示柱前流量及压力),然后以稳定的流速和恒定的压力到达气化室。

气化室与进样口相接,试样用注射器(气体试样也可用六通阀)由进样口注入,在气化室经瞬间气化,被载气带入色谱柱中进行分离。分离后的单个组分随载气先后进入检测器。检测器将组分及其浓度随时间的变化量转变为电信号(电压或电流)。电信号放大后，再驱动自动记录仪记录下信号随时间的变化量，即得到色谱图。

目前国内外气相色谱仪的型号和种类很多，但它们均由五个部分组成：气路系统、进样系统、分离系统、温控系统以及检测和记录系统。

一、气路系统

气路系统一般由气源钢瓶、稳压恒流装置、净化器、压力表和流量计以及供载气连续运行的密闭管路组成。

1. 载气

气相色谱的流动相称为载气，它是一类不与试样和固定相作用，专用来载送试样的惰性气体。常用的载气有氢气、氮气、氦气和氩气，它们一般是由相应的高压钢瓶贮装的压缩气源供给。选用何种载气，主要取决于选用的检测器以及分析要求。

2. 气路结构

常见的气路系统有单柱单气路和双柱双气路两种。单柱单气路只有一个气化室、一根色谱柱和一个检测器，如图16-1所示。它适用于恒温分析，一些较简单的气相色谱仪均属这种类型。双柱双气路如图16-2所示，经过压力调节后的载气，分成对称的两路分别进入各自气化室、色谱柱和检测器。它适用于程序升温分析，并能补偿由于载气流量不稳定及固定液流失等使检测器产生的噪声及基线漂移，从而提高稳定性。目前多数气相色谱仪属于这种类型。

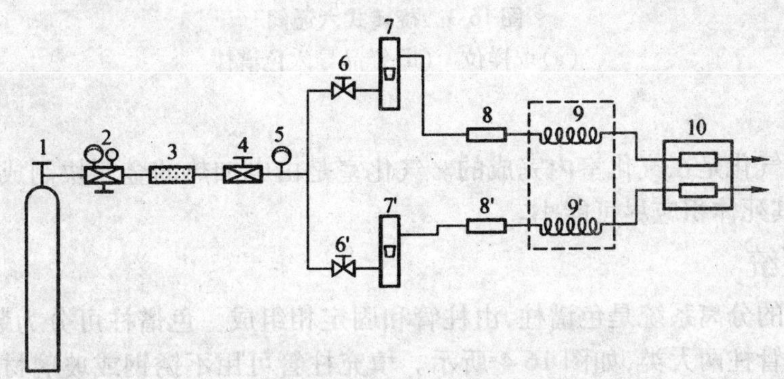

图16-2 补偿式双气路结构示意图

1—载气钢瓶；2—减压阀；3—净化管；4—稳压阀；5—压力表；6-6′—针形阀

7-7′—转子流量计；8-8′—气化室；9-9′—色谱柱；10—检测器

3. 净化器

净化器是用来提高载气纯度的装置。净化剂主要有活性炭、硅胶和分子筛、105催化剂，它们分别用来除去烃类物质、水分、氧气。

4. 稳压恒流装置

由于载气流速是影响色谱分离和定性分析的重要操作参数之一，因此要求载气流速稳定。在恒温色谱中，操作条件一定时，整个系统阻力不变，因此用一个稳压阀，就可使柱子的进口压力稳定，从而保持流速恒定。但在程序升温色谱中，柱内阻力不断增加，载气的流速逐渐变小，因此必须在稳压阀后串接一个稳流阀。

二、进样系统

进样系统包括进样器和气化室，其作用是将液体或固体试样在进入色谱柱前瞬间气化，然后快速、定量地进入色谱柱中。进样量大小、进样速度及试样的气化速度等都会影响分离效率和分析结果的准确性及重现性。

1. 进样器

液体样品的进样一般都采用微量注射器，常用的规格有 0.5 μL、1.5 μL、10 μL 和 50 μL 等。气体样品的进样，常用色谱仪本身配置的推拉式六通阀或旋转式六通阀进样。使用六通阀进样重现性较好，体积相对误差较小。图 16-3 为旋转式六通阀操作示意图。

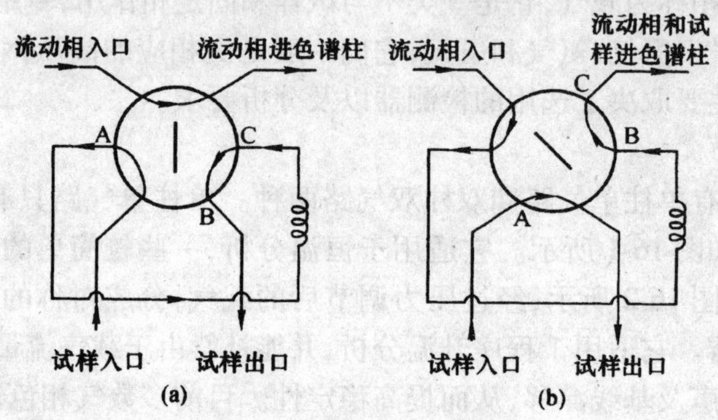

图 16-3 旋转式六通阀

(a)取样位 (b)样品导入色谱柱

2. 气化室

试样的瞬间气化是在气化室内完成的。气化室是由电加热的金属块制成，为了尽量减小柱前谱峰变宽，其死体积应尽可能小。

三、分离系统

气相色谱仪的分离系统是色谱柱，由柱管和固定相组成。色谱柱可分为装满填料的填充柱和空心的毛细管柱两大类，如图 16-4 所示。填充柱管可用不锈钢或玻璃材料制成，其内径一般为 2 ~4 mm，长度 0.5 ~6 m，弯制成 U 形或螺旋形，固定相被均匀而紧密地装入柱内。填充柱一般用于组成相对简单的混合物的分离，且多采用恒温分析。

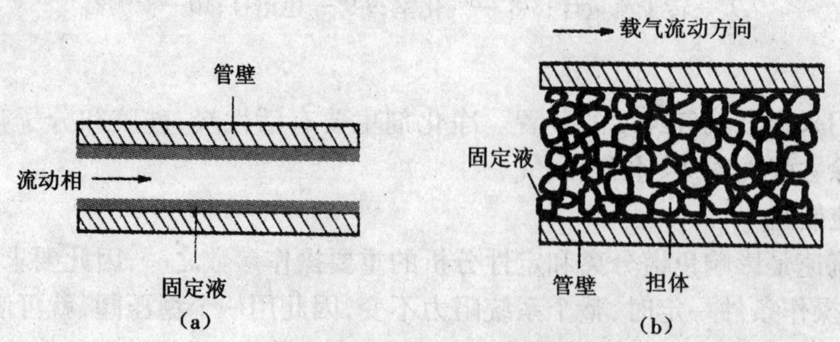

图 16-4 色谱柱剖面图

(a)毛细管柱 (b)填充柱

开管柱的中心是空的，内径一般为 0.2 ~ 0.5 mm，长度 10 ~ 200 m，由于又细又长，习惯上被称为毛细管柱。材质多为玻璃或石英，弯成螺旋形。毛细管柱效能很高，因此可以分析非常复杂、沸程很宽的混合物，多采用程序升温分析法。固定液直接涂布在毛细管内壁，由于分离效能高，常用的固定液只有 10 种左右，就基本能解决气相色谱实验室内的大部分分析任务。毛细管柱的制备过程较为复杂，毛细管拉制、内壁改性与固定液涂渍都有很强的技术性，一般是购买商品柱，成本较高。

色谱柱的分离效果除与柱长、柱内径和柱形有关外，还与所选用的固定相种类、柱填料的制备技术及操作条件等因素有关。

四、温控系统

温控系统是用来设定、控制和测量色谱炉（柱箱）、气化室和检测器三处温度的。色谱炉温度直接影响色谱柱的选择性和柱效能，检测器温度直接影响检测器的灵敏度和稳定性，因此，色谱仪必须有足够的温控精度。控温方式有恒温和程序升温两种，通常采用空气恒温控制柱温和检测器温度。对于沸点范围很宽的混合物，可采用程序升温法进行分析，使得沸点不同的组分各自在其最佳柱温下流出，从而改善分离效果和缩短分析时间。至于气化室的温度，应能使试样立即瞬间气化而又不分解，一般情况下要比柱温高出 10 ~ 50 ℃。

五、检测和记录系统

检测器是一种将通过色谱柱分离后的各组分的量转变为易于测量的电信号的装置。检测器输出的电信号送入记录器记录。记录器是记录直流电压信号的电子电位差计。

16-2 气相色谱固定相

在气相色谱分析中能否将某一多组分混合物完全分离，主要取决于色谱柱的选择性和柱效能，但很大程度上取决于固定相的选择是否适当。气相色谱固定相分为固体固定相和液体固定相两类，液体固定相是由固定液和担体组成。

一、气 - 固色谱固定相

气 - 固色谱固定相在形态上是固体，包括吸附剂固定相和聚合物固定相两类。将这类固定相直接装入柱中就可用于分离。

1. 固体吸附剂

固体吸附剂是一些多孔、大表面积、具有吸附活性的固体物质。这类吸附剂具有吸附容量大、耐高温的优点，适于分离永久性气体（在色谱中是指常温常压下是气态的气体）和低沸点物质；缺点是柱效较低，活性中心易中毒，使柱寿命缩短。常用的有非极性的活性炭、弱极性的氧化铝、强极性的硅胶以及具有特殊吸附作用的分子筛等。

活性炭是非极性吸附剂。把炭黑置于惰性气体中加热至 3 000 ℃得到石墨化炭黑，石墨化炭黑可分离醇、酸、酚、胺等多种极性化合物且峰不拖尾，也可分离某些异构体，国外商品名为 Carbopack。炭分子筛，又称碳多孔小球，由聚偏二氯乙烯小球经高温热解处理得到。炭分子筛孔径具有典型的非极性表面，适于分析低碳烃的气体及短链极性化合物，国产的 TDX 系列，国外的 CarboSieve B 属此类。

氧化铝是一种中等极性吸附剂，热稳定性和力学强度都很好，主要用于分析 C_1 ~ C_4烃类及其异构体。氧化铝的含水量对分离影响很大,一般要求小于1%。

硅胶是一种强极性吸附剂。硅胶常用于分析硫化物,如在40℃时,在4 min内可分离CO_2,H_2S和SO_2。国产的DG系列多孔硅珠,国外的Chromosil、PoraSil、Spherosil等均属此类。硅胶还可作为键合固定相的载体。

分子筛是强极性吸附剂,是人工合成的硅铝酸盐,主要组成为$M_xO \cdot Al_2O_3 \cdot SiO_2$(M表示$Na^+$或$Ca^{2+}$),常用型号有13X和5A,前者属钠型,后者属钙型。分子筛使用前必须经过活化,活化温度300~500 ℃,以除去孔穴中吸附的水分子。充分活化的分子筛在室温条件下可使H_2,O_2,N_2,CH_4和CO得到很好的分离。

2. 聚合物固定相

聚合物固定相是近年来出现的一种较为理想的新型固定相。例如,最常用的聚合固定相是高分子多孔微球,它是一种性能优良的吸附剂,经活化后可直接作为固定相使用,也可在其表面上涂渍固定液作为担体使用。高分子多孔微球分为极性和非极性两种。如果在聚合时,引入不同极性的基团,就可以得到具有一定极性的高聚物,如国产的GDX—3型和4型、401有机载体,国外的Porapak N等均属此类。非极性的聚合物固定相是由苯乙烯与二乙烯基苯共聚而成,如国产的GDX—1型和2型,国外的Chormosorb—104等均属此类。高分子多孔微球的比表面积大,力学强度较好,耐腐蚀。它可分析极性的多元醇、脂肪酸、腈类、胺类或非极性的烃、醚、酮等,而且峰形对称,拖尾现象很少,尤其适合于分析有机物中的微量水,它的最高使用温度为250 ℃,超过此温度会发生分解。

常用的固体固定相及其应用列于表16-1中。

表16-1 气-固色谱常用固定相及其性能

名称	主要化学成分	最高使用温度/℃	性质	分离特性	使用前活化处理方法	备注
活性炭	C	<300	非极性	分离N_2、CO_2等永久性气体及低沸点烃类气体,不适于分离极性化合物	粉碎过筛,用苯浸泡数次,以除去其中的硫磺、焦油等杂质,然后于350 ℃用水蒸气洗至无混浊,最后在180 ℃烘干备用	商品色谱用活性炭,可不用水蒸气处理
石墨化炭黑	C	>500	非极性	分离气体、烃类及高沸点有机化合物	同上	

续表

名称	主要化学成分	最高使用温度/℃	性质	分离特性	使用前活化处理方法	备注
硅胶	$SiO_2 \cdot xH_2O$	<400	氢键型	分离永久性气体及低级烷烃	粉碎过筛，用 1:1HCl 浸泡 1～2 h，以水洗至无 Cl^-。在 180 ℃烘干备用。使用前需在 200 ℃下通载气活化 2 h	商品色谱用硅胶，只需在 200 ℃下活化处理
氧化铝	Al_2O_3	<400	弱极性	分离烃类及有机异构体，在低温下可分离氢同位素	粉碎过筛后，200～1 000 ℃下烘烤活化 4 h	
分子筛（A 型，X 型）	$x(MO) \cdot y(Al_2O_3) \cdot z(SiO_2 \cdot nH_2O)$	<400	极性	特别适用于永久性气体和惰性气体的分离	粉碎过筛后，用前在 350～550 ℃下活化 3～4 h，或在 350 ℃真空下活化 2 h	
GDX—01 —02 —03 —04	高分子多孔微球	<200	随聚合时原料不同，极性有所变化	气相和液相中水的分析，分离永久性气体及低级醇等	170～180 ℃下烘去微量水分后，在 H_2 或 N_2 气流中处理 10～20 h	

二、气－液色谱固定相

气－液色谱固定相包括固定液及其担体。它以一种称为担体（或载体）的惰性固体颗粒作支持剂，在其表面涂渍一种高沸点的液体有机化合物，这种液体在色谱分析过程中是不动的，称为固定液。将涂渍了固定液的担体作固定相，装填于柱中构成了气－液色谱的色谱柱。

1. 担体

担体是一种化学惰性的多孔固体颗粒。它的作用是提供一个较大的惰性表面，使固定液能以液膜状态均匀地分布在其表面上。对担体的具体要求如下：

（1）具有化学惰性，即在使用温度下不与固定液或样品发生反应；

（2）具有好的热稳定性，即在使用温度下不分解、不变形、无催化作用；

（3）有一定的力学强度，在处理过程中不易破碎；

（4）有适当的比表面积，表面无深沟，以便使固定液成为均匀的薄膜；要有较大的孔隙率，以便减小柱压降。

常用的担体分硅藻土和非硅藻土两类。硅藻土类担体是天然硅藻土经煅烧等处理后得到的具有一定粒度的多孔性颗粒。按制造方法的不同，分为红色担体和白色担体两种。红色担体因煅烧后含有少量氧化铁而呈红色，201、202、6201、C—22 保温砖和 Chromosorb-P(A,R)等担体都属此类。这类担体孔径较小、比表面积大，但表面惰性较差，适用于分离非极性化合物。白色担体在煅烧时加入了少量 Na_2CO_3 之类的助熔剂，使红色氧化铁转变为白色的铁硅酸钠，如 101、102 系列和 Chromosorb-W(G,N)等担体。这类担体比表面积较小、化学惰性较好，适用于分离极性化合物。

由于硅藻土类担体并非完全惰性，而是含有相当数量的硅醇基团(═Si—OH)以及少量的金属氧化物基团(如═Al—O—，═Fe—O—)等，因此它表面上既有吸附活性又有催化活性，使固定液涂渍不均匀，分离极性组分时吸附这些组分会造成色谱峰拖尾。也可能使组分或固定液发生催化降解作用，影响分离。为此，在涂渍固定液前，应对担体进行预处理，使其表面钝化。常用的预处理方法有酸洗(除去碱性作用基团)、碱洗(除去酸性作用基团)、硅烷化(消除氢键结合力)、釉化(表面玻璃化，堵住微孔)等处理方法。

酸洗、碱洗，即用浓盐酸、氢氧化钾甲醇溶液分别浸渍，以除去铁等金属氧化物杂质及表面的氧化铝等酸性作用点。

硅烷化：用硅烷化试剂和担体表面的硅醇、硅醚基团起反应，以消除担体表面的氢键结合能力，从而改进担体的性能。常用的硅烷化试剂有二甲基二氯硅烷，其反应为

$$-\overset{\overset{\large OH}{|}}{\underset{|}{Si}}-O-\overset{\overset{\large OH}{|}}{\underset{|}{Si}}- + (CH_3)_2SiCl_2 \longrightarrow -\underset{|}{Si}-O-\underset{|}{Si}- \text{(两个Si原子各经O连接到}(CH_3)_2Si\text{)} + 2HCl$$

非硅藻土型担体有氟担体、玻璃微球担体、高分子多孔微球等。高分子多孔微球(苯乙烯与二乙烯基苯的共聚物)是一类新型合成有机固定相。该固定相既能直接用作为气相色谱的固定相，又可作为担体涂上固定液后使用。

担体的选择往往对色谱分离有很大的影响。例如，分析试样中含有 10^{-9} g · μL^{-1}的 4 个有机磷农药，若用未处理的担体涂 3% 的 OV—1 固定液则不出峰；用白色硅烷化担体出三个峰，但柱效很低；用酸洗 DMCS 硅烷化(二甲基二氯硅烷硅烷化)的担体出四个峰，且柱效很高。

选择担体的大致原则：

(1)当固定液含量大于 5% 时可选用硅藻土型(白色或红色)担体；

(2)当固定液含量小于 5% 时，应选用处理过的担体；

(3)对于高沸点组分，可选用玻璃微球担体；

(4)对于强腐蚀性组分，可选用氟担体。

2. 固定液

1)对固定液的要求

气相色谱固定液主要是一些高沸点的有机化合物。作为固定液用的有机化合物必须具备下列条件：

(1)挥发性小,在操作温度下有较低的蒸气压,以免流失;

(2)热稳定性好,在操作温度下不发生分解,呈液体状态;

(3)对试样各组分有适当的溶解能力,否则组分易被载气带走而起不到分配作用;

(4)具有高的选择性,即对沸点相同或相近的不同物质有尽可能高的分离能力;

(5)化学稳定性好,不与被测物质起化学反应。

为了满足第(1)、(2)个要求,固定液一般都是高沸点的有机化合物,而且各有其特定的使用温度范围,特别是最高使用温度极限。可用作固定液的高沸点有机物很多,现在已有上千种固定液,而且数量还在增加。为了满足第(3)到第(5)个要求,必须针对被测物的性质选择合适的固定液。

2)固定液与组分分子间的作用力

试样中各组分通过色谱柱时的保留时间之所以不同,是与组分、固定液分子间作用力的大小不同有关。显然,与固定液作用力大的组分后流出色谱柱;与固定液作用力小的组分先流出。

在气相色谱中常用"极性"来说明固定液和被测组分的性质。由电负性不同的原子所构成的分子,它的正电中心和负电中心不重合,就形成具有正负极的极性分子。如果组分与固定液分子性质(极性)相似,固定液和被测组分分子间的作用力就强,被测组分在固定液中的溶解度就大,分配系数就大,也就是说,被测组分在固定液中溶解度或分配系数的大小与被测组分和固定液分子之间相互作用力的大小有关。

分子间的相互作用力包括静电力、诱导力、色散力和氢键力等。

(1)静电力,又称定向力。这种力是由于极性分子的永久偶极间存在静电作用而引起的。在极性固定液柱上分离极性试样时,分子间的作用力主要就是静电力。被分离组分的极性越大,与固定液间的相互作用力就越强,因而该组分在柱内滞留的时间就越长。因为静电力的大小与绝对温度成反比,所以在较低温度下依靠静电力有良好选择性的固定液,在高温时选择性就变差,亦即升高柱温对分离不利。

(2)诱导力:极性分子和非极性分子共存时,由于在极性分子永久偶极的电场作用下,非极性分子极化而产生诱导偶极,此时两分子相互吸引而产生诱导力。这种作用力一般很小,在分离非极性分子和可极化分子的混合物时,可以利用极性固定液的诱导效应来分离这些混合物。

(3)色散力:非极性分子间虽没有静电力和诱导力相互作用,但其分子却具有瞬间周期变化的偶极矩(由于电子运动、原子核在零点间的振动而形成的),只是这种瞬间偶极矩的平均值等于零,在宏观上显示不出来而已。这种瞬间偶极矩带有一个同步电场,能使周围的分子极化,被极化的分子又反过来加剧瞬间偶极矩变化的幅度,产生所谓色散力。对于非极性和弱极性分子而言,分子间作用力主要是色散力。例如非极性的角鲨烷固定液分离 C_1 到 C_4 烃类时,它的色谱流出次序与色散力大小有关。由于色散力与沸点成正比,所以组分基本按沸点顺序分离。

(4)氢键力:也是一种定向力,当分子中一个 H 质子和一个电负性(原子的电负性是指吸引电子的能力,电负性越大,吸引电子的能力越强)很大的原子(以 X 表示,如 F、O、N 等)构成共价键时,它还能和另一个电负性很大的原子(以 Y 表示)形成一种强有力的有方向性的静电吸引力,这种能力就叫氢键作用力。这种相互作用关系表示为 X—H…Y,X、H 之间的实线表示共价键,H 与 Y 之间的点线表示氢键。X、Y 的电负性越大,吸引电子的能力越强,氢键作用力就越强。同时,氢键的强弱还与 Y 的半径有关,半径越小,越易靠近 X—H,因而氢键越强。氢键的类型和强弱次序为

$$\text{F—H}\cdots\text{F} > \text{O-H}\cdots\text{O} > \text{O—H}\cdots\text{N} > \text{N—H}\cdots\text{N} > \text{N}\equiv\text{C—H}\cdots\text{N}$$

因为—CH_2—中的碳原子电负性很小,因而 C—H 键不能形成氢键,即饱和烃之间没有氢键作用力存在。固定液分子中含有—OH、—COOH、—COOR、—NH_2、═NH 等官能团时,对含氟、含氧、含氮化合物常有显著的氢键作用力,作用力强的在柱内保留时间长。氢键型基本上属于极性类型,但对氢键作用力更为明显。

在两个分子之间,往往不仅存在一种作用力,而是几种作用力兼而有之,只是基于组分和固定液的性质不同,起主要作用的力不同而已。在色谱分析中,只有当组分与固定液分子间作用力大于组分分子之间的作用力时,组分才能在固定液中进行分配,达到分离的目的。

3)固定液的分类

目前用于气-液色谱的固定液已达上千种,它们的组成、性质和用途各不相同,一般按固定液的极性和化学结构类型来分类。

(1) 按固定液的相对极性(relative polarity, P)分类。此法规定强极性固定液 β,β'-氧二丙腈的相对极性 $P=100$,非极性固定液角鲨烷的相对极性 P=0,然后选择一对物质如正丁烷-丁二烯或环已烷-苯进行实验,分别测定这一对物质在 β,β'-氧二丙腈、角鲨烷及欲测极性固定液的色谱柱上的相对保留值,将其取对数,得到

$$q = \lg \frac{t'_{\text{R(丁二烯)}}}{t'_{\text{R正丁烷}}} \tag{16-1}$$

式中:$t'_{\text{R(丁二烯)}}$ 和 $t'_{\text{R(正丁烷)}}$ 分别为丁二烯和正丁烷的调整保留值。用内插法计算可以求得被测固定液的相对极性。

$$P_x = 100 - \frac{100(q_0 - q_x)}{q_0 - q_s} \tag{16-2}$$

式中:q_0、q_s、q_x 分别为丁二烯与正丁烷在 β,β'-氧二丙腈柱、角鲨烷柱和被测固定液柱上相对保留值的对数值。这样测得的各种固定液的相对极性值均在 0~100 之间。一般又将其分为五级,每 20 单位为一级,用"+"表示。相对极性 P 在 0~+1 间叫非极性固定液,+1~+2 为弱极性固定液,+3 为中等极性固定液,+4~+5 为强极性固定液。非极性亦可用"-"表示。表 16-2 列出了一些常用固定液的相对极性数据。

表 16-2 常用固定液的相对极性数据

固定液	相对极性	级别	固定液	相对极性	级别
角鲨烷	0	-1	XE—60	52	+3
阿皮松	7~8	+1	新戊二醇丁二酸聚酯	58	+3
SE—30,OV—1	13	+1	PEG—20M	68	+3
DC—550	20	+2	PEG—600	74	+4
己二酸二辛酯	21	+2	己二酸聚乙二醇酯	72	+4

续表

固定液	相对极性	级别	固定液	相对极性	级别
邻苯二甲酸二辛酯	28	+2	已二酸二乙二醇酯	80	+4
邻苯二甲酸二壬酯	25	+2	双甘油	89	+5
聚苯醚 OS—124	45	+3	TCEP	98	+5
磷酸三甲酚酯	46	+3	β,β'—氧二丙腈	100	+5

用相对极性的表示方法并不能全面反映出组分和固定液分子间的全部作用力，因而在极性的表达上是不够完善的。于是在 20 世纪 60 年代后期又提出用麦氏（McReynolds）常数说明固定液的极性。麦氏选用苯（电子给予体）、正丁醇（质子给予体）、2－戊酮（偶极定向力）、1－硝基丙烷（电子接受体）和吡啶（质子接受体）五种探测物来表征固定液的极性，每种标准物质代表与固定液之间不同类型的作用力。因此，每种固定液的麦氏常数有五个，分别以 x'、y'、z'、u'、s'表示。麦氏常数以角鲨烷固定液为基准，其计算方法如下

$$x' = I_X^{苯} - I_S^{苯}$$

$$y' = I_X^{丁醇} - I_S^{丁醇}$$

$$z' = I_X^{2\text{-}戊酮} - I_S^{2\text{-}戊酮}$$

$$u' = I_X^{硝基丙烷} - I_S^{硝基丙烷}$$

$$s' = I_X^{吡啶} - I_S^{吡啶}$$

式中：下标 X 表示待测固定液，S 表示角鲨烷固定液；$I_X^{苯}$ 以苯为探测物时在待测固定液上的保留指数；$I_S^{苯}$ 为以苯为探测物时在角鲨烷固定液上的保留指数，其余类同。五个数值的总和 $\Sigma\Delta I$ 被称为总极性。麦氏常数用各种相互作用力的总和来说明一种固定液的极性。总极性越大，表示分子间作用力越大，固定液极性越强；不同固定液的麦氏常数相近，表明它们的极性相差不大；麦氏常数值越小，则固定液极性越小。麦氏常数用于固定液的评价、分类和选择，具有很强的实用性。表 16-3 列出一些常用固定液的麦氏常数。

表 16-3　常用固定液的麦氏常数

固定液	苯	丁醇	2－戊酮	1－硝基丙烷	吡啶	麦氏常数和
	x'	y'	z'	u'	s'	
角鲨烷	0	0	0	0	0	0
阿皮松 M	31	22	15	30	40	138
甲基硅橡胶（SE—30）	15	53	44	64	41	217
OV—3	44	86	81	124	88	423
OV—7	69	113	111	171	128	592
邻苯二甲酸二壬酯	81	183	147	231	159	801
OV—22	160	188	191	283	153	1057

续表

固定液	苯	丁醇	2-戊酮	1-硝基丙烷	吡啶	麦氏常数和
	x'	y'	z'	u'	s'	
磷酸三甲酚酯	176	321	250	374	299	1420
XE—60	204	381	340	493	367	1785
PEG—20M	322	536	368	572	510	2308
TCEP	593	857	752	1082	915	4145
β,β'—氧二丙腈	588	848	814	1258	919	4427

(2)按固定液的化学结构分类。这种分类方法是将具有相同官能团的固定液排列在一起，然后按官能团的类型不同分类，这样就便于按组分与固定液"结构相似"原则选择固定液。常见的固定液类型有烃类、聚硅氧烷类、醇类和醚类、腈类、酯类和聚酯类、胺类等。表16-4列出了按化学结构分类的各种固定液。

表16-4　按化学结构分类的固定液

固定液的结构类型	极性	固定液举例	分离对象
烃类(烷烃、芳烃及聚合物)	最弱极性	角鲨烷、阿皮松、石蜡油、聚苯乙烯、烷基苯	非极性化合物
聚硅氧烷	极性范围广，从弱极性到强极性	甲基聚硅氧烷、苯基聚硅氧烷、卤烷基聚硅氧烷	不同极性化合物
醇类和醚类	强极性	聚乙二醇、聚乙二醇壬基苯基醚、正十八烷醇	强极性化合物或芳烃
酯类和聚酯类	中强极性	邻苯二甲酸二壬酯、己二酸二乙二醇酯、丁二酸二乙二醇酯、磷酸三苯酯	应用较广
腈类(腈和腈醚)	强极性	β,β'-氧二丙腈、苯乙腈、聚甘油氰乙醚、1，2，3-三(2-氰乙氧基)丙烷	极性化合物与可极化的化合物
胺类(胺、酰胺及其聚合物)	强极性	脂肪伯胺、二苯基甲酰胺、聚丙烯亚胺、聚酰胺树脂	极性化合物及其某些异构体

4)固定液的选择

选择固定液时，一般是根据"相似相溶"的原则来选择。即固定液的性质与被分离组分之间有某些相似，如极性、官能团、化学键等相似时分子间的作用力就强，组分在固定液中的溶解度就大，分配系数大，保留时间长，易于相互分离。可从以下几个方面进行选择。

(1)分离非极性组分一般选用非极性固定液，如角鲨烷、甲基硅油、阿皮松等。组分和固定液分子间的作用力主要是色散力，各组分基本上按沸点从低到高的顺序流出色谱柱。

(2)分离中等极性组分应选用中等极性固定液,如邻苯二甲酸二壬酯、聚乙二醇己二酸酯等。这时组分和固定液分子间的作用力主要是色散力和诱导力。若诱导力很小,试样中各组分基本上按沸点从低到高的顺序流出色谱柱。但在分离沸点相近的非极性和可极化组分的混合物时,则诱导力起主要作用,非极性组分先流出,极性组分后流出。

(3)分离非极性和极性物质的混合物时,一般选用极性固定液,这时非极性组分先出峰,极性组分后出峰。对于比较复杂试样的分离,当试样中各组分的沸点差别很大时,可选非极性固定液;当各组分之间极性差别很显著时,则可选极性固定液分离。

(4)分离强极性组分,可选择强极性固定液,如 β,β' - 氧二丙腈、聚丙二醇己二酸酯等。这时组分和固定液分子间的作用力主要是定向力。极性越大,作用力越大,各组分按极性顺序出峰,即极性弱的先流出,极性强的后流出。如果极性组分中含有非极性组分,则非极性组分最先流出。

(5)分离能形成氢键的组分,应选择氢键型的固定液,如腈醚和多元醇等,试样中各组分按与固定液形成氢键的能力大小先后流出,不易形成氢键的先流出,最易形成氢键的最后流出。

(6)对于复杂的难分离组分,可选用特殊的固定液或混合固定液分离。

以上讨论的只是选择固定液的一般原则。在实际工作中,一般是根据经验或通过试验来选择,例如对组分性质不明的未知样品,首先在最常用的而且具代表性的五种固定液(SE—30、OV—17、QF—1、PEG—20M 和 DEGS)上进行实验,观察未知物色谱图的分离情况,然后再选择合适极性的固定液。

16-3　气相色谱检测器

一、检测器的分类

检测器是一种将载气中组分含量的变化转变为易于测量的电信号(通常为电压)的装置。气相色谱检测器按其响应特征可分为浓度型和质量型两类。浓度型检测器(concentration sensitive detector)测量的是载气中某组分的浓度瞬间的变化,即检测器的响应值正比于载气中组分的浓度,例如热导池检测器和电子捕获检测器。质量型检测器(mass flow rate sensitive detector)测量的是载气中某组分进入检测器的速度变化,即检测器的响应值正比于单位时间内组分进入检测器的质量,例如氢焰离子化检测器和火焰光度检测器。

二、检测器的性能指标

1. 灵敏度

检测器的灵敏度 S 亦称响应值。当一定浓度或一定质量的被测组分进入检测器后,就产生一定的响应信号。如果以进入检测器的被测组分量 Q(单位为 $mg \cdot mL^{-1}$ 或 $g \cdot s^{-1}$)对检测器的响应信号 R 作图,就得到一条通过原点的直线,直线的斜率就是检测器的灵敏度 S。因此,灵敏度可定义为响应信号对进入检测器的被测组分量的变化率,即

$$S = \frac{dR}{dQ} \qquad (16\text{-}3)$$

实际工作中,可从色谱图上测量峰的面积来计算检测器的灵敏度。

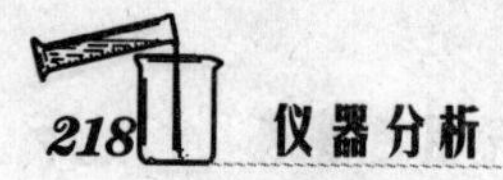

2. 检出限

检测器的检出限亦称敏感度。检测器的灵敏度 S 只能表示检测器对某组分产生信号的大小。灵敏度高，检测器产生的信号大，但检测器及电子线路中固有的噪声也同时增大，使基线起伏波动，如图 16-5 所示。取基线起伏的平均值为噪声的平均值，用符号 R_N 表示，当噪声增大时会影响被测组分色谱峰的辨认。因此，仅用灵敏度 S 还不能很好地评价检测器的质量，必须引入检出限这一指标。

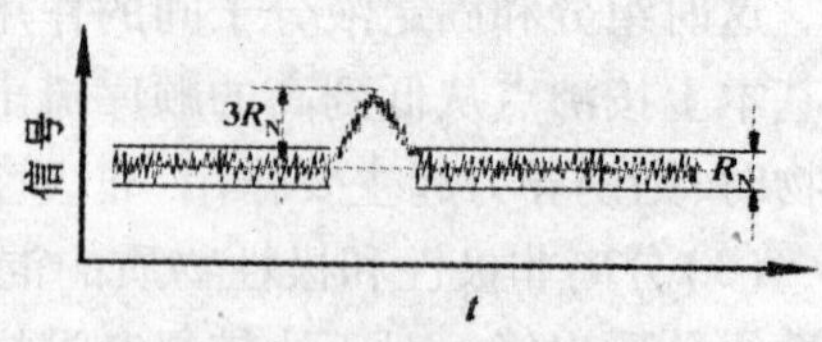

图 16-5 基线波动示意图

检出限定义为：当检测器恰能产生三倍于噪声信号时，单位时间（s）或单位体积（mL）进入检测器的试样量。用下式表示

$$D = \frac{3R_N}{S} \tag{16-4}$$

式中：D 为检出限；S 为灵敏度。从上式可见，要降低仪器的检出限，必须在提高仪器灵敏度的同时最大限度地抑制噪声。

3. 线性范围

检测器的线性范围是指检测器响应信号与被测组分质量或浓度呈线性关系的范围。通常以线性范围内最大进样量（m_{max}）与最小进样量（m_{min}）的比值，或最大允许进样浓度与最小检测浓度的比值表示。比值越大，线性范围越宽，越有利于准确定量测定。

三、热导池检测器

热导池检测器（Thermal Conductivity Detector，TCD）结构简单、性能稳定、线性范围宽，对无机物及有机物均有响应，因此是气相色谱中应用最广泛、最成熟的一种检测器。

1. 热导池的结构

热导池由池体和热敏元件组成，可分为双臂热导池和四臂热导池两种，如图 16-6（a）和（b）所示。在不锈钢池体上钻有两个或四个大小相同、形状完全对称的孔道，孔内各装一根长短、粗细和电阻值完全相同的金属丝作热敏元件。为提高检测器的灵敏度，一般选用电阻率高、电阻温度系数（即温度改变 1 ℃，导体电阻的变化值）大的钨丝、铼钨丝作热敏元件。用两根金属丝作热敏元件的称为双臂热导池，一臂为参比池，另一臂为测量池，此两臂和两个等值的固定电阻组成电桥。用四根金属丝作热敏元件的称为四臂热导池，其中两臂是参比池，另两臂是测量池，四臂组成电桥。

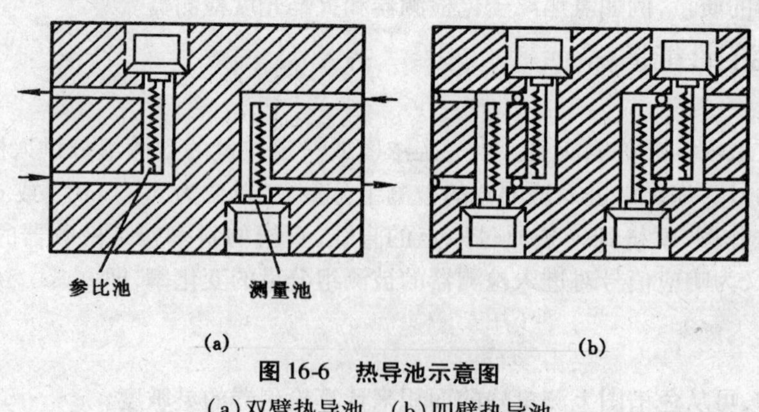

图 16-6 热导池示意图

（a）双臂热导池 （b）四臂热导池

2. 热导池的检测原理

热导池作为检测器是基于被测组分的蒸气与载气具有不同的热导系数。

将热导池的两个臂与两个固定电阻组成惠斯通电桥（见图 16-7）。R_1 和 R_2 分别为参比池和测量池钨丝的电阻，它们分别连于电桥中作为两臂，且 $R_1 = R_2$；R_3 和 R_4 分别为固定电阻。

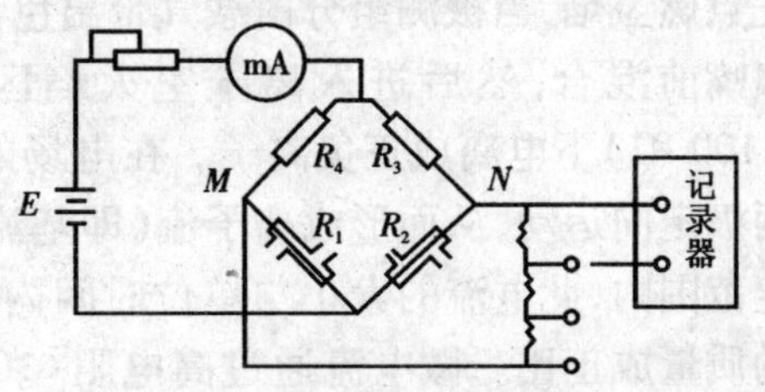

图 16-7　热导检测器电桥线路示意图

当纯载气以一定的流速进入两臂后，再在钨丝上通以恒定的电流，则钨丝被加热到一定的温度，钨丝的电阻值亦上升到一定值。在未进样时，热导池两臂只有载气通过，由于载气的热导作用，钨丝的温度下降，电阻减小。但两臂的钨丝温度和电阻值的变化是相同的，即 $R_1\ R_3 = R_2\ R_4$，电桥处于平衡状态，M、N 两端无电位差，没有信号输出，记录下来的是一条平直的基线。当载气携带试样进入测量池时，由于混合气和纯载气的热导系数不同，测量池和参比池中钨丝的温度和电阻产生不等值的变化，这时 $R_1\ R_3 \neq R_2\ R_4$，电桥失去平衡，M、N 两端产生了不平衡电位差，就有电压信号输出，记录仪上出现色谱峰。载气中被测组分的浓度越大，测量池中气体热导系数的改变也越大，池内钨丝温度及电阻值的改变也越大，M、N 两端输出电压的数值也越大。因此，热导池检测器的响应信号与进入热导池载气中的组分浓度成正比。

3. 热导池操作条件的选择

（1）桥路电流的选择。热导池的灵敏度 S 与桥流 I 的三次方成正比，因此，增大桥流可提高灵敏度；但桥流过大，噪声增强，基线不稳，数据精度降低，钨丝易被氧化烧坏。以 N_2 作载气时，桥流一般控制在 100 ~ 150 mA，以 H_2 作载气时为 150 ~ 200 mA。

（2）池体温度的选择。当桥流和钨丝温度一定时，如果降低池体温度，将使池体与钨丝的温差变大，有利于提高灵敏度；但池体温度不能太低，以防组分在池体中冷凝。一般池体温度不应低于柱温。

（3）载气的选择。载气与试样蒸气的热导系数相差越大，灵敏度就越高。由于被测组分的热导系数一般都比较小，所以应选择热导系数大的 H_2、He 作载气。

热导池检测器的主要缺点是，热导池死体积较大，且灵敏度较低。为了提高灵敏度并能在毛细管气相色谱仪上使用，应使用具有微型池体（2.5 μL）的热导池。

四、氢火焰离子化检测器

氢火焰离子化检测器（Flame Ionization Detector，FID）简称氢焰检测器。它具有灵敏度高、死体积小、响应快、线性范围宽、稳定性好、定量准确、结构亦不复杂等优点。它的灵敏度一般较热导池检测器高出近 3 个数量级，能够检测 $ng \cdot mL^{-1}$ 级的痕量物质，是目前常用的检测器之一。但它仅对有机物有响应，而对无机物、永久性气体和水等基本上无响应，所以很适合于水中和大气中痕量有机物的分析。

1. 氢焰检测器的结构

氢焰检测器是由离子室、离子头及气体供应三部分组成。它的结构如图 16-8 所示。离子室一般是用不锈钢制成的圆筒，其作用是防止外界气流扰动火焰，避免灰尘进入，并作为电的屏蔽。离子头由火焰喷嘴、发射极（又叫极化极）和收集极组成。收集极作为阳极，发射极作为阴极，分别位于喷嘴的上下方，两极间距不超过 10 mm。在两极间施加 100 ~ 300 V 的直流电压，形成一直流电场。

一般用 N_2 作载气，H_2 作燃气，空气作助燃气。工作时，首先点燃氢焰，当被测组分由载气带出色谱柱后，与氢气在进入喷嘴前混合，然后进入离子室火焰区，在燃烧的高温（约 2 100 ℃）下电离成正负离子。在电场的作用下，它们分别向两极定向运动，从而形成离子流（即基流，可达 10^{-7} A）。在一定范围内，此电流的大小与单位时间内进入火焰的被测组分的质量成正比。微电流通过高电阻（$10^7 \sim 10^{10}\ \Omega$）后产生电压信号，经放大器放大后，由记录仪记录相应的色谱峰，如图 16-9 所示。

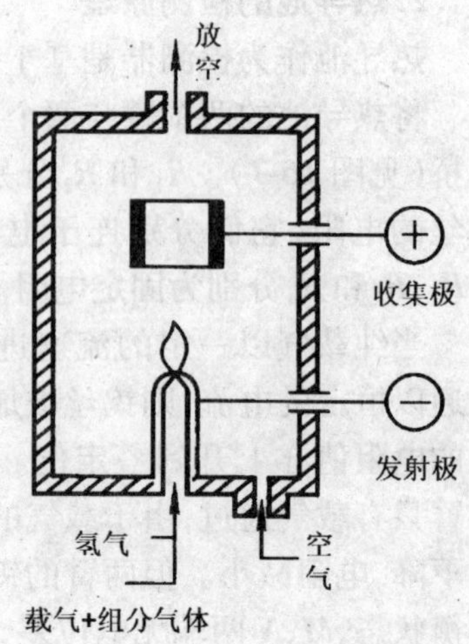

图 16-8 氢火焰检测器示意图

2. 氢焰检测器离子化机理

有机物在氢火焰中的离子化被认为是一个化学电离过程。首先形成含碳的自由基，自由基又与氧作用产生正离子。例如，苯与 O_2 在火焰中热裂解为自由基

$$C_6H_6 \xrightarrow{\text{裂解}} 6HC\cdot$$

生成的自由基与 O_2 发生氧化反应

$$2CH\cdot + O_2 \rightarrow 2CHO^+ + 2e^-$$

形成的 CHO^+ 与火焰中大量水蒸气碰撞发生分子－离子反应，产生 H_3O^+ 离子

$$CHO^+ + H_2O \rightarrow CO + H_3O^+$$

化学电离产生的正离子（CHO^+ 和 H_3O^+）及电子，在电场作用下形成微弱的离子流而产生信号。

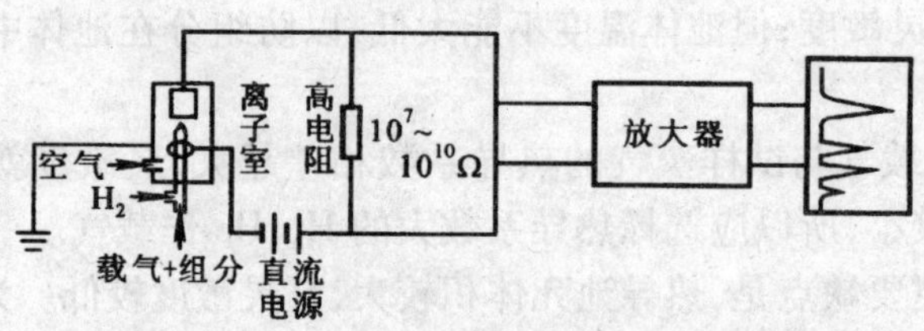

图 16-9 氢焰离子室与放大器连接示意图

3. 氢焰检测器操作条件的选择

（1）气体流量的选择。一般用 N_2 作载气，载气流量主要从分离效果上考虑，对于一定的色谱柱和试样，要找到一个最佳流速，使分离效果最好。氢气作为燃气，与氮气的流量之比应该在 1∶1 到 1∶1.5 之间。氢氮比过低，氢焰温度会较低，组分电离数目少，产生的电流小，灵敏度就低；氢气流量过高，热噪声就大。在最佳氢氮比时，不但灵敏度高，而且稳定性好。作为助燃气的空气，当流量很小时，检测器的灵敏度降低；空气流量高于某一数值之后（400 mL·min^{-1}）对响应值几乎没有影响。一般空气与氢气流量之比为 1∶10。

（2）极化电压的大小。收集极与发射极两极之间的电压直接影响检测器响应值的大小。在极化电压较低时，响应值随极化电压的增加成正比增加，然后响应值趋向于一个恒定值，之后极化电压再增加对响应值无影响。极化电压一般在 100～300 V 之间。

(3)使用温度的选择。与热导池检测器不同，氢焰检测器的温度不是主要影响因素。从 80～200 ℃，灵敏度几乎相同；80 ℃以下，灵敏度显著下降，这是由于水蒸气凝结造成的影响。

五、电子捕获检测器

电子捕获检测器（Electron Capture Detector，ECD）是一种高灵敏度、高选择性的检测器。它只对含有电负性元素的物质（如卤素、硫、磷、氮、氧等）有响应，且电负性越强，检测的灵敏度越高，粒出限一般可达 10^{-14} g · mL^{-1}。它经常用来分析痕量的具有电负性元素的组分，如食物、农副产品中的农药残留量，大气、水中痕量的污染物等。

电子捕获检测器的结构如图 16-10 所示。在检测器离子室内有一个圆筒状 β 放射源（H^3 或 Ni^{63}）作为负极，一个不锈钢棒作为正极。两极间施加适当电压。当载气（N_2）进入检测器时，受 β 射线的辐射发生电离

$$N_2 \xrightarrow{\beta\text{射线}} N_2^+ + e^-$$

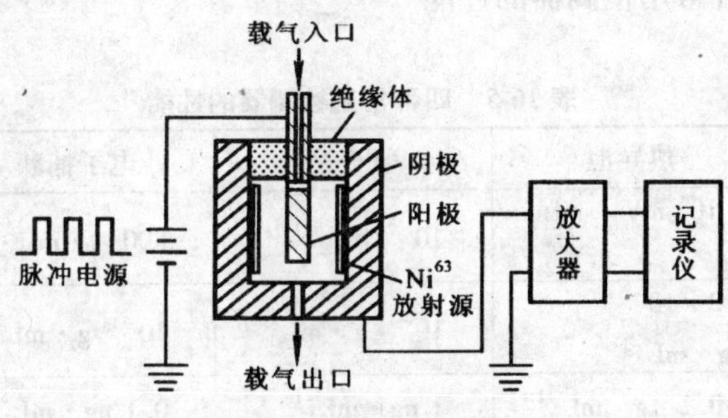

图 16-10 电子捕获检测器

生成的正离子和电子分别向负极和正极移动，形成恒定的电流（即基流）。当含有电负性元素的组分 AB 随载气进入检测器的离子室时，就会捕获这些电子而生成稳定的负离子 AB^-，并放出能量

$$AB + e^- \rightarrow AB^- + E$$

生成的负离子又与载气正离子复合成中性化合物

$$N_2^+ + AB^- \rightarrow N_2 + AB$$

其结果使基流下降，产生负信号而形成倒峰。组分浓度越高倒峰越大，组分中电负性元素的电负性越强，捕获电子的能力越大，倒峰也越大。

操作时应注意载气的纯度和流速对信号值和稳定性的影响。检测器的温度对响应值也有较大影响。电子捕获检测器的线性范围较窄，因此进样量不可以超载。

六、火焰光度检测器

火焰光度检测器（Flame Photometric Detector，FPD）是一种对含硫、磷的有机化合物具有高选择性和高灵敏度的检测器，所以也叫硫磷检测器。在环境检测中可用于 SO_2、H_2S、硫醇、石油精馏物含硫量及痕量残留农药的分析。

火焰光度检测器主要由火焰喷嘴、滤光片和光电倍增管三部分组成，其结构如图 16-11 所示。当载气携带含硫或含磷的有机物由检测器下部进入喷嘴与 H_2、空气混合，由喷嘴供给充足 H_2，点燃后产生富氢火焰。这些有机物在富氢火焰中燃烧时被激发，发射出波长为 394 nm

(S) 或 526 nm (P) 特征光。这些特征光通过滤光片后投射到光电倍增管的阴极，产生光电流，经放大后在记录器上记录下含硫或含磷有机物的色谱图。

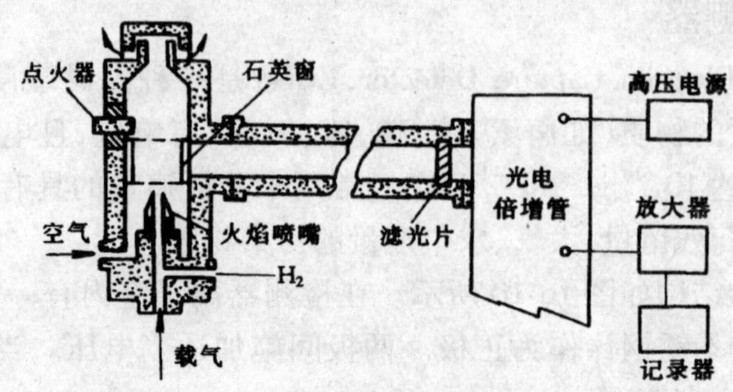

图 16-11 火焰光度检测器结构示意图

表 16-5 列出了几种常用检测器的性能。

表 16-5 四种常用检测器的性能

性能	热导池	氢火焰	电子捕获	火焰光度
灵敏度	10^4 mV · mL · mg^{-1}	10^{-2}C · g^{-1}	800 A · mL · g^{-1}	4 00C · g^{-1}
检出限	2 × 10^{-6} mg · mL^{-1}	10^{-13} g · mL^{-1}	10^{-14} g · mL^{-1}	10^{-11} g · s^{-1}(S) 10^{-12} g · s^{-1}(P)
最小检测浓度	0. 1 μg · mL^{-1}	1 ng · mL^{-1}	0. 1 ng · mL^{-1}	10 ng · mL^{-1}
线性范围	10^4	10^7	10^2 ~ 10^4	10^3
最高使用温度	500 ℃	~1000 ℃	350 ℃	270 ℃
进样量	1 ~ 40 μL	0. 05 ~ 0. 5 μL	0. 1 ~ 10 ng	1 ~ 400 ng
载气流量 (mL · min^{-1})	1 ~ 1000	1 ~ 200	10 ~ 200	10 ~ 100
试样性质	所有物质	含碳有机物	含有卤素、O、N 等元素的化合物	硫、磷化合物
应用范围	无机气体、有机物	有机物及痕量分析	农药、污染物	农药残留、大气污染

16-4 气相色谱分离操作条件的选择

在气相色谱分析中，除了要选择合适的固定相之外，还要选择分离时的最佳操作条件，以提高柱效能，增大分离度，满足分离的需要。

一、载气及其流速的选择

对一定的色谱柱和试样，载气及其流速是影响柱效能的主要因素。根据式(15-23)，用不同流速下测得的塔板高度 H 对流速 u 作图，得 H—u 曲线(见图 16-12)。在曲线的最低点，塔板高度 H 最小($H_{最小}$)，此时柱效能最高。该点所对应的流速即为最佳流速($u_{最佳}$)。$u_{最佳}$ 和

$H_{最小}$由式(15-23)求导可得,即

$$\frac{dH}{du} = -\frac{B}{u^2} + C = 0 \tag{16-5}$$

$$u_{最佳} = \sqrt{\frac{B}{C}} \tag{16-6}$$

将式(16-6)代入式(15-23),得

$$H_{最小} = A + 2\sqrt{BC} \tag{16-7}$$

在实际工作中,为了缩短分析时间,往往使流速稍高于最佳流速。

从图 16-12 和式(15-23)可见,当流速较小时,分子扩散项 B/u 成为色谱峰扩展的主要因素,此时应采用相对分子质量较大的 N_2、Ar 等作载气,使组分在载气中有较小的扩散系数,有利于降低组分分子的扩散,减小塔板高度 H。而当流速较大时,传质阻力项 Cu 成为主要的影响因素,此时宜采用相对分子质量较小的载气,如 H_2、He 等,使组分在载气中有较大的扩散系数,有利于减小气相传质阻力,提高柱效。此外,选择载气时还必须考虑与所用的检测器相适应。

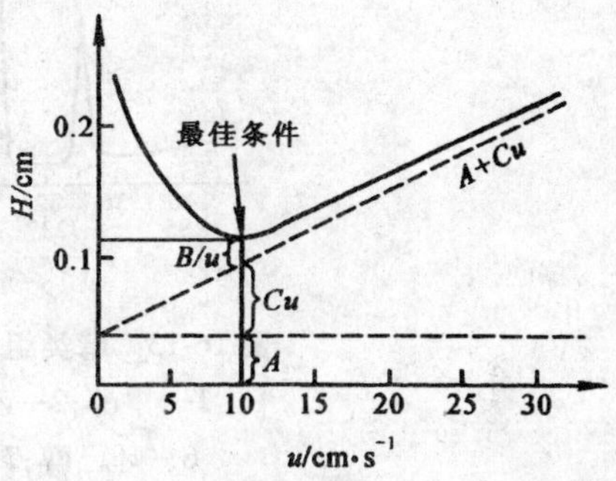

图 16-12　各项因素对板高 H 的影响

二、柱温的选择

柱温是一个重要的色谱操作参数,它直接影响柱的选择性、柱效能和分析速度。

从对柱效能的影响考虑,提高柱温可以加速组分分子在气相和液相中的传质速率,减小传质阻力,有利于提高柱效。但提高柱温也加剧了分子的纵向扩散,导致柱效下降。另一方面,提高柱温可以缩短分析时间,但会降低柱的选择性,即 r_{21} 变小,k 值减小,导致分离度下降。此外,柱温不能高于固定液的最高使用温度,否则会造成固定液大量挥发流失。因此,柱温的选择要综合考虑诸多因素,既要获得高的分离度,又要缩短分析时间。实际工作中常采用较低的固定液配比与较低的柱温相配合的方法,以利于提高柱的选择性,分析时间也不会太长。此外,选择柱温还应考虑试样的沸点范围,一般情况下,柱温应比试样中各组分的平均沸点低 20 ~30 ℃。

对于多组分、宽沸程的试样,一般采用程序升温(temperature programming)的方法进行分析。即柱温按预定的加热速度随时间作线性增加,这样,在初始的温度下,低沸点的组分最先流出,随着柱温的升高,高沸点的组分也能较快流出。采用程序升温法,能使不同沸点的组分在其最佳柱温条件下获得良好的分离。图 16-13 是宽沸程试样在恒定柱温和程序升温时分离效果的比较。图中(a)为柱温恒定时的分离情况,低沸点组分出峰密集,分离不好,而高沸点组分峰形平坦,定量困难;(b)为程序升温时的分离情况,从 48 ℃升至 285 ℃,低沸点组分和高沸点组分都获得良好的分离。

三、固定液配比的选择

从速率方程式(15-27)可知,固定液用量主要影响传质阻力项中的液膜厚度 d_f。降低固定液用量可降低 d_f,减小液相传质阻力,提高柱效,加快分析速度。固定液用量一般应以能均匀覆盖担体表面形成薄的液膜为准。各种担体表面积大小不同,固定液配比(固定液与担体的

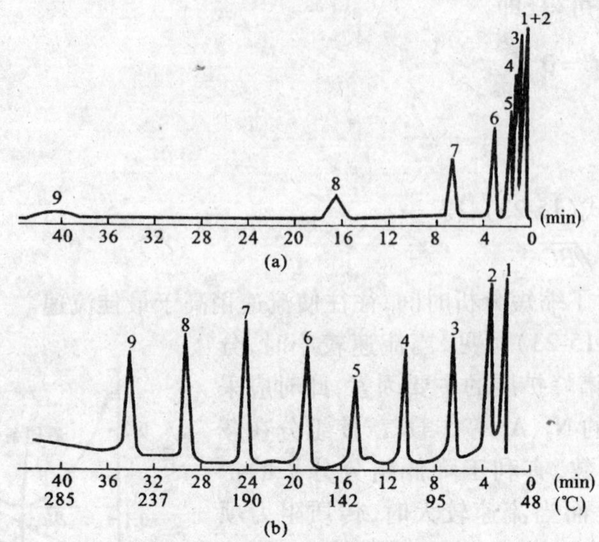

图 16-13　醇类组分在恒定柱温及程序升温时的分离情况

1—甲醇;2—乙醇;3—1-丙醇;4—丁醇;5—1-戊醇

6—环己醇;7—1-辛醇;8—1-癸醇;9.1-十二烷醇

质量比)也不同。一般说来,对于表面积大的担体(例如硅藻土),配比可以大一些(不超过30%);表面积较小的担体(例如聚四氟乙烯担体),配比一般小于10%。此外还要考虑分析样品的沸点范围,气体和低沸点样品可采用15%~25%配比,其他组分宜采用5%~20%配比。

四、担体粒度的选择

从速率方程可知,担体的粒度直接影响涡流扩散项和气相传质阻力项,间接影响液相传质阻力项。随着担体粒度的减小,柱效将明显提高,但是粒度过细时阻力将明显增加,使柱压降增大,给操作带来不便。因此,一般是根据柱径来选择担体的粒度,保持担体的直径约为柱内径的1/20~1/25,常用60~80目及80~100目的担体。

五、柱长和柱内径的选择

由式(15-34)可知,分离度与柱长的平方根成正比,所以增加柱长对分离有利。但柱长增加会使各组分的保留时间增加,延长分析时间;此外,柱长增加,柱阻力也增加,使操作不便。因此,在满足一定分离度的条件下,应尽可能使用较短的柱子,一般常用的填充柱长为1~3 m。增加色谱柱内径,由于增大了纵向扩散的路径,会使柱效下降。常用的填充柱内径一般为3~6 mm。

六、进样条件的选择

1. 进样时间和进样量

进样速度要快,若进样时间过长,会使色谱峰扩展,甚至改变峰形。利用微量注射器或进样阀进样,时间应在1s以内。进样量随柱内径、柱长及固定液用量的不同而异。柱内径大,固定液用量多,可适当增加进样量。但进样量过大,会造成色谱柱超负荷,使柱效下降,峰形变宽;进样量太少,则会使含量少的组分因检测器灵敏度不够而不出峰。因此,最大允许进样量应控制在峰面积或峰高与进样量呈线性范围内。液体试样一般进样0.5~5 μL,气体试样为

0. 1 ~ 10 mL。

2. **气化温度**

液体试样进样后要求能瞬间气化。在保证试样不被分解的情况下,适当提高气化温度对分离和分析有利。气化温度一般要比柱温高 10 ~ 50 ℃。

16-5　毛细管柱气相色谱法

毛细管柱气相色谱法(capillary gas chromatography)是采用高分离效能的毛细管柱代替普通填充柱,用于分离复杂组分的一种气相色谱法。气相色谱填充柱在运行中存在严重的涡流扩散,传质阻力也较大,这些都影响了柱效的提高。1957 年,戈雷(Golay)从理论上与实践上提出了毛细管柱(capillary),他用内壁涂渍一层极薄而均匀的固定液膜的毛细管作色谱柱,管中间留有载气通道,因而称为开管柱(open tubular column)。1958 年戈雷发表了戈雷方程,阐述了影响柱性能的各种参数,为毛细管柱色谱的发展奠定了理论基础。1979 年熔融二氧化硅毛细管柱问世,在国内,习惯上称石英弹性毛细管柱。此种毛细管柱具有化学惰性、弹性好、力学强度高、柱效高等优点。之后又出现了键合柱与交联柱。开管柱内不存在填充物,柱阻力很小,柱长可以大为增加,总的分离效能是填充柱的 10 ~ 100 倍,大大提高了气相色谱法对复杂物质的分离能力,可以解决填充柱色谱不能解决或很难解决的问题。如图 16-14 表示菖蒲油试样分别在填充柱与毛细管柱上,使用相同的固定相,各自在最佳色谱条件下所得到的色谱图。可见几对在填充柱上未能分开的峰,如峰 1 与 2、3 与 4、5 与 6 等,在毛细管柱上得到完全分离。

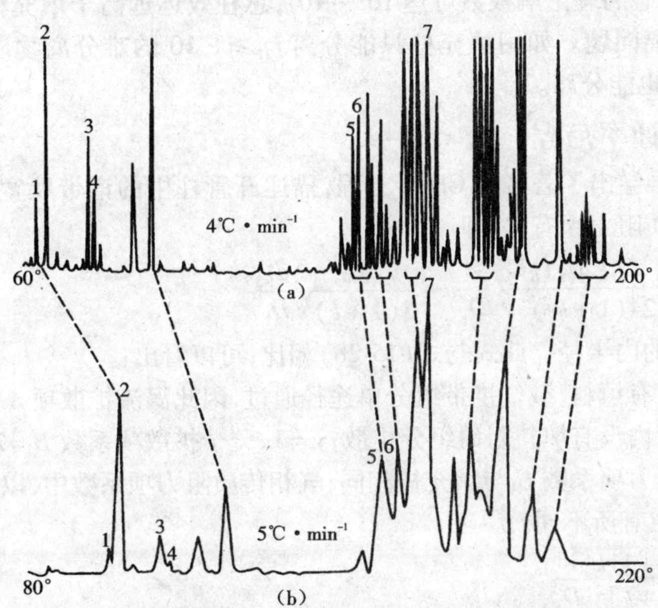

图 16-14　菖蒲油(calmus oil)色谱图

(a)使用 50 m × 0. 3 mm 内径的玻璃毛细管柱

(b)使用 4 m × 3 mm 内径的填充柱

一、毛细管柱的特点

1. 柱阻力小,可使用长色谱柱

当载气通过色谱柱时,由于填料的存在(填充柱)或细小的通道(毛细管柱),对气体有一定的阻力。填充柱中装有填料,载气只能从填料之间的孔隙通过,阻力相对较大;而开管柱内不存在填充物,气流可以直接通过,柱阻力很小,因此柱长可以大大增加。载气在填充柱内所受到的阻力是相同柱长毛细管柱所受阻力的 100 倍左右,这样就有可能在相同的柱压降下,使用 100 m 以上的毛细管柱,而载气平均线速度仍可保持不变。

2. 相比大,有利于快速分析

毛细管柱内径一般为 0. 1 ~0. 7 mm,内壁上的固定液膜极薄,中心是空的,因此相比 β 是填充柱的几十倍。对于某一组分,固定相与流动相一旦确定,分配系数则确定;由于 $k = K/\beta$,$t_R = t_M(1+k)$,则说明相对于填充柱而言,毛细管柱的保留时间较小,缩短了分析时间。同时由于毛细管柱阻力小,可以使用很高的载气流速,从而实现快速分析。

3. 柱容量小,允许进样量少

柱容量(sample capacity)是指色谱柱允许的最大进样量。柱容量取决于柱内固定液的含量。尽管毛细管柱长度很长,但由于液膜极薄,固定液总量极低,仅为几十毫克。因此进样量不能大,否则将导致过载而使柱效下降,色谱峰扩展。液体试样允许的进样量一般为 10^{-3} ~ 10^{-2} μL。

4. 总柱效高,分析复杂混合物的能力大为提高

单位柱长毛细管柱的柱效略高于填充柱,其数量级都是 10^3/m。但由于其柱长是填充柱的 10 ~100 倍,因此总的理论塔板数可达 10^4 ~ 10^6,总柱效远远高于填充柱,可以解决很多极其复杂混合物的分离问题。如用填充柱只能分离 $r_{21} \geqslant 1.10$ 的难分离物质对,而用毛细管柱 $r_{21} = 1.03$ 的物质对也能分离。

二、毛细管柱速率方程

1958 年 Goley 推导出了著名的 Goley 方程,描述开管柱中的谱带展宽。理论塔板高度只与分子扩散项或传质阻力项有关,即

$$H = \frac{2D_g}{u} + \frac{1+6k+11k^2}{24(1+k^2)} \cdot \frac{r^2}{D_g}u + \frac{2k}{3(1+k)^2}\frac{d_f^2}{D_l}u \tag{16-8}$$

式中:r 为毛细管柱的内半径。此式与式(15-28)相比,可以看出:

(1)毛细管中没有填料,载气携带组分单途径通过,因此涡流扩散项 $A=0$;

(2)由于毛细管内没有填料阻碍组分扩散,$\gamma=1$,分子扩散项系数 $B=2D_g$;

(3)液相传质阻力项系数 C_l 与填充柱相同;气相传质阻力项系数中,以柱内半径代替了 d_p 且与 k 有关的部分也有所不同。

$$C_g = \frac{1+6k+11k^2}{24(1+k)^2}\frac{r^2}{D_g} \tag{16-9}$$

决定毛细管柱效能的因素主要是柱内径、固定相液膜厚度、流动相流速与组分的热力学参数。Goley 方程很好地解释了影响毛细管柱效能的各种因素,被研究者广泛采用。

三、毛细管柱的色谱系统

现代的实验室用气相色谱仪大都是既可作填充柱气相色谱又可以进行毛细管气相色谱的

色谱仪,在仪器设计上考虑了毛细管气相色谱仪的特殊要求。毛细管柱气相色谱仪和填充柱色谱仪基本相同。所不同的是前者比后者在柱前多一个分流进样装置,柱后增加了一个尾吹气路,同时所连接的检测器通常是灵敏度高、响应速度快和死体积小的检测器。

由于毛细管柱的柱容量很小,用微量注射器很难准确地将小于 0.01 μL 的液体样品直接送入,为此需采用分流进样(split injection)方式。所谓分流进样,是将液体样品气化后并与载气均匀混合,然后让少量样品进入色谱柱,大量样品分流放空。放空的试样量与进入柱子的试样量之比称为分流比,通常控制分流比在 50:1 到 500:1。分流进样法由于简单易行而被广泛应用。但分流后的试样能否代替原来的试样成分与分流器的设计有关,因此它尚未能很好地适用于痕量组分的定量分析及定量要求很高的分析。

由于毛细管柱内径小,如果柱子两端连接管路部分、气化室、检测器的死体积大,会造成组分在这部分扩散而影响柱效(柱外效应)。所以毛细管气相色谱仪对死体积的限制是很严格的。为了减少由于死体积而引起的柱后扩散,可以在柱后增加一个尾吹气路,以增加柱出口到检测器的载气流速,减少这段死体积的影响。毛细管柱色谱仪与填充柱色谱仪的流程比较如图 16-15 所示。

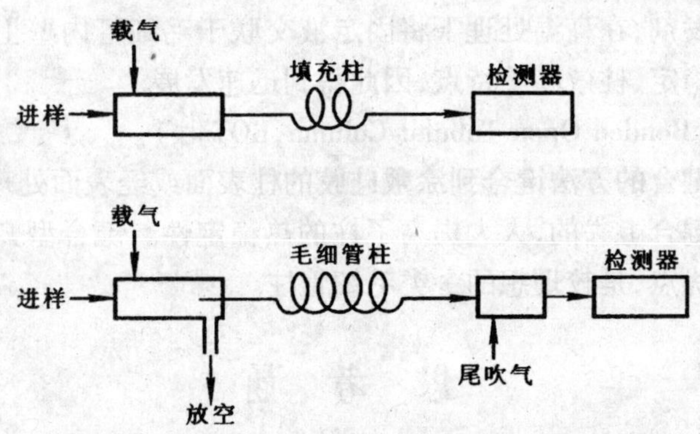

图 16-15 毛细管柱色谱仪与填充柱色谱仪流程比较

尽管气相色谱检测器有很多种,但由于毛细管柱内径小,体积流量小,所以检测器的死体积必须很小,以将其对谱带展宽的影响减到最小。分流后,柱后流出的试样组分量少,还要求检测器灵敏度尽可能高。最常用的为氢火焰离子化检测器,也可和各种微型化的气相色谱检测器匹配。

四、毛细管色谱柱的分类

早期的毛细管柱由玻璃管拉制成。玻璃毛细管柱表面惰性好,易涂渍固定液,但易折断,安装较困难。1979 年出现了石英弹性毛细管柱,它具有化学惰性、热稳定性及力学强度好的特性,为毛细管柱色谱的发展开辟了广阔的前景,按固定液的涂渍方法不同,可分为以下几种。

1)涂壁开管柱(Wall Coated Open Tubular Column, WCOT 柱)

这种毛细管柱就是戈雷最早提出的一种。它是将内壁经预处理后,再把固定液直接涂在毛细管内壁上。在内径为 0.1~0.3 mm 的中空石英毛细管的内壁涂渍固定液。这是目前使用最多的毛细管柱。

2)多孔层开管柱(Porous Layer Open Tubular Column, PLOT 柱)

它是在毛细管壁上用适当的方法沉积上一层多孔性物质的毛细管柱。多孔层厚度以不超

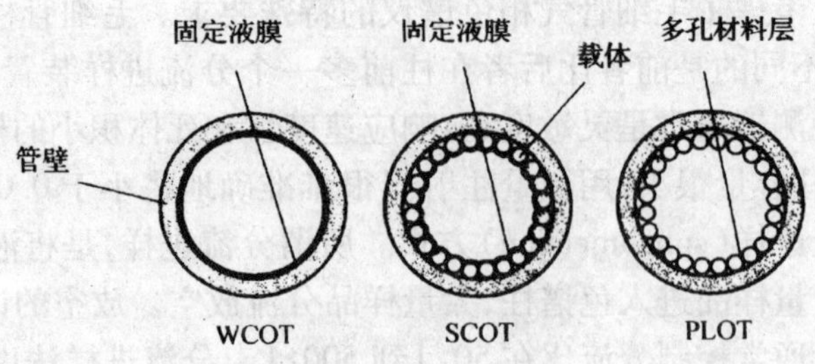

图 16-16 毛细管柱类型

过 0.11 μm 为宜，此多孔性物质可为色谱载体，也可为吸附剂。实际上是气固色谱的开管柱。

3）载体涂渍开管柱（Support Coated Open Tubular Column，SCOT 柱）

为了增大开管柱内固定液的涂渍量，先在毛细管内壁沉积上一层载体（如硅藻土），然后在此载体上涂以固定液。有时也可先将固定液与载体混合，然后再涂到毛细管内壁上。这种毛细管柱的内表面较大、柱容量较高、渗透性较好，故具有高效、快速等优点。

4）交联型开管柱（Cross Open Tubular Column，COT 柱）

它采用了交联引发剂，在高温处理下将固定液交联于毛细管内壁上。这种柱子具有耐高温、抗溶剂冲刷、液膜稳定、柱效高等特点，因此得到迅速发展。

5）键合型开管柱（Bonded Open Tubular Column，BOT 柱）

将固定液用化学键合的方法键合到涂敷硅胶的柱表面或经表面处理的毛细管内壁上。由于固定液是用化学法键合上去的，大大提高了柱的热稳定性。键合型开管柱具有高效、快速、耐温及耐溶剂冲洗等优点，是较理想的一类毛细管柱。

思 考 题

1. 气液色谱固定相由哪两部分组成？每一部分起的作用是什么？
2. 简单说明两种评价固定液极性的方法。怎样选择固定液？
3. 在气相色谱分析中载气种类的选择应从哪几方面加以考虑？载气流速的选择又应如何考虑？
4. 柱温和气化温度的选择应如何考虑？
5. 举例说明什么是浓度型检测器？什么是质量型检测器？
6. 简单说明热导池检测器和氢火焰离子化检测器的作用原理。
7. 毛细管色谱柱的特点是什么？试讨论之。

习 题

1. 有一根 1 m 长的气液色谱柱，用 N_2 作载气，测定了三种不同流速所对应的塔板数如下：当载气流速为 10 mL·min^{-1}时，n 为 1205 块；载气流速为 20 mL·min^{-1}时，n 为 1250 块；载气流速为 40 mL·min^{-1}时，n 为 1000 块。求：①范第姆特方程中的 A、B、C 值。②载气最佳流速及在此流速下的塔板数。

2. 柱长 2 m,以氦气为流动相。在三种流动相速度下实验,数据如下:

空气	正十八烷	
t_R	t_R	Y
18.2	33.67	3.72
8.0	14.80	1.65
5.0	9.31	1.14

(1)求每次的流动相平均速度;

(2)求每次的理论塔板数和塔板高度;

(3)求出速率理论方程的常数;

(4)求最佳流动相速度及在此流速下的塔板数。

3. 试预测下列操作对色谱峰形的影响:①进样时间超过 10 s;②气化温度太低,以致样品不能瞬间气化;③升高柱温;④加大载气流速;⑤柱长增加 1 倍;⑥记录纸速度增加 1 倍。

4. 以下几种情况对分离有何影响? 并说明原因。①进样量过大;②进样速度过慢;③气化温度比组分沸点低得多。

5. 有人认为选择固定液的原则应是各组分在该固定液中的分配系数越大越好。这种说法对吗? 为什么?

6. 为了分析苯中痕量水,应选用下列固定相中的哪一种? 为什么?

①硅胶;②分子筛;③高分子多孔微球;④氧化铝。

7. 以正丁烷 - 丁二烯为基准,在氧二丙腈和角鲨烷上测得的相对保留值分别为 6.24 和 0.95,试求正丁烷丁 - 二烯相对保留值为 1 时,固定液的相结极性 P。

8. 用气相色谱法分离正己醇,正庚醇,正辛醇,正壬醇,以 20% 聚乙醇 20000 于 Chromsorb W 上为固定相,以氢气为流动相时,其保留时间顺序如何?

9. 乙酸甲酯、丙酸甲酯、n - 丁酸甲酯在邻苯二甲酸二癸酯上的保留时间分别为 2.12 min、4.23 min 和 8.63 min,试指出它们在阿皮松上分离时,保留时间是增长还是缩短? 为什么?

10. 改变如下条件,对板高有何影响?

(1)增加固定液的含量;　(2) 减慢进样速度;

(3)增加气化室的温度;　(4) 增大载气的流速;

(5)减小填料的粒度;　(6) 降低柱温。

11. 在气相色谱分析中,为了测定下列组分,宜选用哪种检测器?

(1)农作物中含氯农药的残留量;　(2)酒中水的含量;

(3)啤酒中微量硫化物;　(4)苯和二甲苯的异构体。

第 17 章　高效液相色谱法

17-1　概述

高效液相色谱法（High Performance Liquid Chromatography，HPLC）是在20世纪70年代在经典液相柱色谱和气相色谱的基础上迅速发展起来的一项高效、快速的分离分析新技术。20世纪40年代到60年代，气相色谱法无论理论上还是实践上都得到了突飞猛进的发展，而经典液相色谱法由于操作烦琐、分析时间冗长而不被重视。到了60年代后，由于气相色谱法对高沸点有机化合物分析局限性的逐渐显现，色谱工作者又重新认识到液相色谱的重要性。60年代，为了分离蛋白质、核酸等不易气化的大分子物质，气相色谱的理论和方法被重新引入经典液相色谱。1969年科克兰（Kirkland）等人开发了世界上第一台高效液相色谱仪，开启了高效液相色谱的时代。高效液相色谱使用粒径更细的固定相填充色谱柱，提高了单位长度色谱柱的塔板数，以高压驱动流动相，使得经典液相色谱需要数日乃至数月完成的分离工作，可以在几个小时甚至几十分钟内完成。高效液相色谱成为最为常用的分离和检测手段，在有机化学、生物化学、医学、药物开发与检测、化工、食品科学、环境监测、商检和法检等方面都有广泛的应用。高效液相色谱同时还极大地刺激了固定相材料、检测技术、数据处理技术以及色谱理论的发展。

一、高效液相色谱法的特点

液相色谱法开始阶段使用较粗的玻璃柱，填装粒径较大的多孔性吸附剂（如硅胶或氧化铝），借助于流动相的重力，或采用其他简单的加压措施，让流动相自上而下地流过柱子，从而使简单混合物得到分离。此方法称为经典液相色谱法，缺点是柱效低、分析时间长（常需几个小时）。高效液相色谱法是在经典液相色谱法的基础上，引入了气相色谱理论而迅速发展起来的。两种方法比较见表17-1。与经典液相色谱法相比，高效液相色谱法具有以下几个突出的特点。

表 17-1　经典 LC 与 HPLC 的比较

性能参数	经典 LC	HPLC
柱内径	~15 cm	~0.4 cm
柱长度	50~100 cm	5~50 cm
填料类型	全多孔无定形颗粒	表面多孔或全多孔微粒
填料粒度	150~200 μm，粒度不均匀	2~10 μm，粒度均匀
使用压力	0.1~1 MPa	15~50 MPa
分析时间	0.5 h~1 天	~10 min

1. 高压

液相色谱是以液体作为流动相,液体称为载液。由于经典液相色谱法所使用的填料粒度大,载液可以较容易地从填料颗粒缝隙间流过;而高效液相色谱法的填料颗粒只有 2 ~ 10 μm,因而载液流经色谱柱时受到的阻力较大,色谱柱单位长度柱压降很大。为了能迅速地通过色谱柱,必须对载液施加 15 ~ 30 MPa,甚至高达 50 MPa 的高压。

2. 高速

由于采用了高压,载液在色谱柱内的流速较经典液体色谱法要高得多,一般可达 1 ~ 10 $mL \cdot min^{-1}$,因而所需的分析时间要少得多。如用经典液相色谱法分析氨基酸时,采用长度为 170 cm,内径为 0.9 cm 的柱子,流动相流速为 30 $mL \cdot h^{-1}$,用 20 h 才能分离出 20 种氨基酸。而使用高效液相色谱法,同样的分析任务 1 h 之内就可以完成。

3. 高效

经典液相色谱法使用的固定相颗粒大、粒度范围宽、形状不规则、不容易填充均匀,因而柱效非常低,每米理论塔板数小于 50 块。而高效液相色谱法使用高性能细颗粒的固定相和均匀填充技术,柱效可达每米 10^4 块理论塔板以上,分离效率大大提高。近几年出现的微型填充柱和毛细管液相色谱柱,理论塔板数每米超过 10^5 块。在一根柱中可同时分离 100 种以上的组分。另外,经典液相色谱柱的填料一般只能使用一次,而高效液相色谱柱可反复使用。

4. 高灵敏度

经典液相柱色谱法的样品处理量比较大,进样量可高达 10 g 以上。而高效液相色谱法采用了紫外、荧光、蒸发激光散射、电化学、质谱等检测器,大大提高了检测的灵敏度,因而所需试样很少,微升数量级的样品就足以进行全分析。高效液相色谱法检测限非常低,如紫外检测器可达 0.01 ng,荧光和电化学检测器可达 0.1 pg。

高效液相色谱具有上述优点,所以也称为高压液相色谱法(High Pressure Liquid Chromatography,HPLC)、高速液相色谱法(High Speed Liquid Chromatography,HSLC)或现代液相色谱法(Modern Liquid Chromatography,MLC)。

二、高效液相色谱与气相色谱的比较

高效液相色谱的基本概念和基本理论,如保留值、分离度、选择性以及塔板理论和速率理论等与气相色谱基本一致,但液相色谱所用的流动相、仪器设备和操作条件等与气相色谱不同。两者的区别主要有以下几个方面。

1. 分析对象不同

气相色谱法的分析对象是在柱温下具有足够的挥发度和热稳定性的物质,因此它只限于分析气体和沸点较低的化合物或挥发性衍生物。对于相对分子质量超过 400 的化合物,或热挥发性不够良好,或对热不稳定,在色谱条件下会分解的化合物或离子型化合物,很难用气相色谱法分析。当然通过化学衍生化,也可以使相对分子质量较高的物质,甚至金属离子,生成挥发性衍生物后再分析,但衍生化的范围毕竟有限。

高效液相色谱法样品的适用性广,分析对象不受挥发性和热稳定性的限制。相对分子质量范围为 100 ~ 2 000,它适宜于分析在生物学和医药上有重要意义的大分子、不稳定的天然产物,相对分子质量大的化合物,以及离子型物质。蛋白质、核酸、氨基酸、染料、多糖类,植物色素、极性的类酯化合物、炸药、合成高聚物、表面活性剂,药物、动植物的代谢产物等,都可用高效液相色谱法分析。在目前已知的有机化合物中,只有 20% 用气相色谱法可得到令人满意的分离,而事先不必进行化学改性;80%的有机化合物则要用高效液相色谱法来分析。

2. **流动相不同**

气相色谱的流动相是惰性的载气,不参与分配平衡过程,它与组分分子没有亲和作用,仅起运载作用,因而改变载气对柱效和分离效果影响不大。而高效液相色谱中的流动相——载液,对组分分子有一定的亲和作用,与固定相剧烈地争夺组分分子,因而增大了分离的选择性,相当于增加了一个控制和改进分离的额外参数。用作高效液相色谱的流动相种类较多,选择的余地广;可用两种或两种以上不同种类的溶剂混合起来作流动相,通过改变溶剂的种类或组成来改善分离效果,因此更有利于分离性质结构类似的物质。另外,可调节流动相的极性、离子强度或 pH 值,为选择最佳分离条件提供了极大的方便。此外,液体洗脱组分容易收集,便于纯品制备。

3. **固定相不同**

气相色谱法使用的固定相填料粒度比较粗,常用柱填料目数为 60~140 目,其颗粒直径为 100~250 μm,柱效为 2 000~3 000 塔板/m,柱长一般为 1~3 m。高效液相色谱法的柱填料粒度则比较细,一般仅为 3~10 μm,且填料粒度范围小,形状多为球形。高效液相色谱法具有非常高的柱效,每米的理论塔板数可达 $3\times10^4\sim8\times10^4$ 块,因而可以使用较短的柱子,常用柱长 0.05~0.5 m。气相色谱法的固定相种类繁多,现在已有上千种,常用的固定相也有几十种,以满足不同类型样品的分离。高效液相色谱法由于可以通过调节流动相来改变分离条件,因而固定相种类较少,最常见的吸附剂有硅胶、氧化铝,键合固定相等。

4. **操作条件的差异**

操作条件的差异主要在于载液和载气性质的不同。气相色谱法要使有机物以气态的形式得到分离,因而一般采用较高的柱温;而高效液相色谱法的分离分析工作则大多在室温条件下完成,较低柱温有利于色谱分离。

填充柱气相色谱法中,一般填料的尺寸为 80~100 目,粒度是 0.1~0.2 mm,同时气体具有很高的扩散系数和很小的黏度,因而载气可以在 0.1~0.3 MPa 的工作压力下以较高的速度通过色谱柱。而高效液相色谱的固定相粒度一般在 2~10 μm,因此流动相通过这样一段固定床时就会遇到很高的阻力。同时组分在载液中的扩散系数相当于在载气中的 10^{-5},载液黏度比载气黏度大 100 倍,密度为载气的 10^3 倍左右,因而必须采用高的入口压力,才能得到合理的柱内线速及较短的分析时间。

5. **分离机理的异同点**

液相色谱法和气相色谱法根据组分在固定相及流动相中的吸附能力或分配系数不同,均有吸附色谱和分配色谱。不同之处在于,高效液相色谱法还有可以根据离子交换作用或分子尺寸大小的差异而进行分离的离子交换色谱和空间排阻色谱等。

17-2 高效液相色谱速率方程

Van Deemter 方程主要研究了气相色谱过程中的动力学因素对峰展宽的影响,因此又称为气相色谱速率方程。后来 Giddings 等人在 Van Deemter 方程的基础上,根据液体与气体的性质差异,提出了液相色谱速率方程,即 Giddings 方程。气相色谱与液相色谱的主要区别在于流动相不同,液体与气体在黏度、扩散性与密度方面有很大差异,如表 17-2 所示。

表 17-2　气体与液体主要物理性质的差异

参数	气体	液体
扩散系数 $D_m/(cm^2 \cdot s^{-1})$	10^{-1}	10^{-5}
密度 $\rho/(g \cdot cm^{-3})$	10^{-3}	1
黏度 $\eta/(g \cdot cm^{-1}s^{-1})$	10^{-4}	10^{-2}

一、影响柱效的因素

1. 涡流扩散项 H_e

$$H_e = 2\lambda d_p \tag{17-1}$$

其含义与气相色谱法相同。

2. 分子扩散项 H_d

$$H_d = \frac{2\gamma D_m}{u} \tag{17-2}$$

由于进样后溶质分子在柱内存在浓度梯度，导致轴向扩散而引起峰展宽。u 为流动相线速度，分子在柱内的滞留时间越长，展宽越严重。在低流速时，它对峰形的影响较大。D_m为分子在流动相中的扩散系数，由于液相的 D_m很小，通常仅为气相的 $10^{-4} \sim 10^{-5}$，因此在 HPLC 中，只要流速不太低，这一项可以忽略不计。

3. 传质阻力项

由于溶质分子在流动相和固定相中的扩散、分配、转移的过程并不是瞬间达到平衡，实际传质速度是有限的，这一时间上的滞后使色谱柱总是在非平衡状态下工作，从而产生峰展宽。液相色谱的传质阻力项 Cu 又分为三项。

1）流动的流动相的传质阻力项

$$H_m = \frac{\omega_m d_p^2}{D_m} u \tag{17-3}$$

式中：ω_m是由柱和填充的性质决定的因子。当流动相流过色谱柱内的填充物时，靠近填充物颗粒的流动相流速比在流路中间的稍慢一些，结果在一定的时间里接近固定相颗粒表面的试样分子移动的距离较短，而流路中间的分子移动距离较大，引起峰形展宽，如图 17-1 所示。这种传质阻力对塔板高度的影响是与固定相颗粒直径 d_p的平方成正比，与试样分子在流动相中的扩散系数 D_m成反比。

2）滞留的流动相的传质阻力项

$$H_{sm} = \frac{\omega_{sm} d_p^2}{D_m} u \tag{17-4}$$

式中：ω_{sm}为一常数。这是由于溶质分子进入处于固定相孔穴内的静止流动相中，晚回到流路中而引起峰展宽，如图 17-2 所示。固定相的多孔性，会造成某部分流动相滞留在一个局部，滞留在固定相微孔内的流动相一般是停滞不动的。流动相中的试样分子要与固定相进行质量交换，必须首先扩散到滞留区。如果固定相的微孔既小又深，传质速率就慢，对峰的扩展影响就大。这一项对峰展宽的影响在整个传质过程中起着主要作用。所以改进固定相结构，减小静态流动相传质阻力，是提高液相色谱柱效的关键。

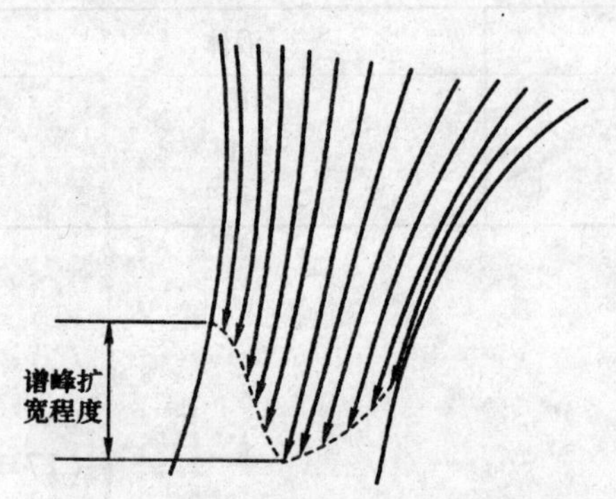

图 17-1 流动区域中流动相传质阻力

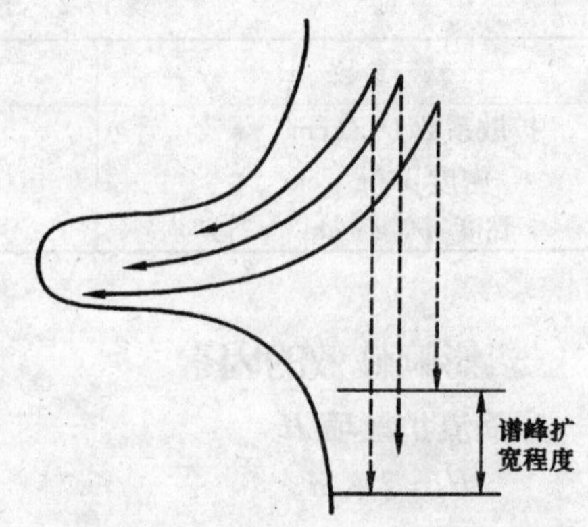

图 17-2 流动相滞流区的传质阻力

H_m和 H_{sm}都与固定相的粒径平方 $d_p{}^2$成正比，与扩散系数 D_m成反比。因此应采用低粒度固定相和低黏度流动相。高柱温可以增大 D_m，但用有机溶剂作流动相时，易产生气泡，因此一般采用室温。

3）固定相传质阻力项

$$H_s = \frac{\omega_s d_f^2}{D_s} u \tag{17-5}$$

式中：ω_s为一常数；D_s为组分分子在固定相内的扩散系数。该项与气相色谱中液相传质阻力项的含义相同。在分配色谱中 H_s与 d_f的平方成正比，在吸附色谱中 H_s与吸附和解吸速度成反比。因此只有在厚涂层固定液、深孔离子交换树脂或解吸速度慢的吸附色谱中，H_s才有明显影响。采用单分子层的化学键合固定相时 H_s可以忽略。

4. Giddings 方程

综上所述，高效液相色谱的速率方程可归纳为

$$H = 2\lambda d_p + \frac{2\gamma D_m}{u} + [\frac{\omega_m d_p^2}{D_m} + \frac{\omega_{sm} d_p^2}{D_m} + \frac{\omega_s d_f^2}{D_s}] u \tag{17-6}$$

上式与气液色谱的速率方程在形式上是一致的，主要区别在于分子扩散项可以忽略不计。导致峰形展宽，影响柱效能的主要因素是传质阻力项。从速率方程式可以看出，要获得高效能的色谱分析，一般可采用以下措施。

（1）填料粒度要小且均匀。在经典液相色谱法中，填料是全多孔无定形大颗粒，孔深而细，粒度范围宽，且形状不规则，不易填充均匀，传质和扩散阻力大，谱带展宽严重。而 HPLC 所用的填料颗粒细、形状规则、直径范围窄、孔浅，因而扩散传质阻力小，分离效率高。

（2）改善传质过程。过高的吸附作用力可导致严重的峰展宽和拖尾，甚至不可逆吸附。

（3）液膜厚度要小。用涂渍的方法制备的固定相，液膜厚度大，因而柱效低；高效液相色谱填料多使用键合固定相，其液膜很薄，因而柱效高。

（4）适当的流速。以 H 对 u 作图，则有一最佳线速度 $u_{最佳}$，在此线速度时，H 最小。一般在高效液相色谱中，$u_{最佳}$很小（大约 0.03 ~0.1 mm/s）在这样的线速度下分析样品需要很长时间，一般来说，都选在 1 mm · s^{-1}的条件下操作。

二、柱外效应

速率理论研究的是色谱柱内峰展宽，实际在柱外还存在引起峰展宽的因素，即柱外效应。

柱外效应可分为柱前和柱后两种因素:柱前峰展宽的主要原因有进样器的死体积大,进样时液流扰动引起色谱峰扩散,以及进样技术较差等。柱后展宽主要由于连接管件和检测器流通池的死体积所引起。在气相色谱中,柱外展宽很大程度上取决于柱后纵向扩散。而在液相色谱中,纵向扩散明显减慢,常常不被人们注意。在 HPLC 的色谱条件下,当柱子本身效率越高、柱尺寸越小时,柱外效应越显得突出。为了减少柱外效应,首先应尽可能减少柱外死体积,其次是改进进样技术。若将试样直接注入到色谱柱顶端填料的中心点上,或注入到填料中心之内 1 ~2 mm 处,则可减小柱前扩散,柱效显著提高。

17-3 高效液相色谱仪

高效液相色谱仪由高压输液系统、进样系统、分离系统以及检测和记录系统四大部分组成。此外,还可根据一些特殊的要求,配备一些附属装置,如梯度洗脱、自动进样、馏分收集及数据处理等装置。图 17-3 是高效液相色谱仪流程示意图。其流程是:贮液器中的载液(需预先脱气)经高压泵输送到色谱柱入口,试样由进样器注入输液系统,流经色谱柱进行分离,分离后的各组分由检测器检测,输出的信号由记录仪记录下来,即得液相色谱图。

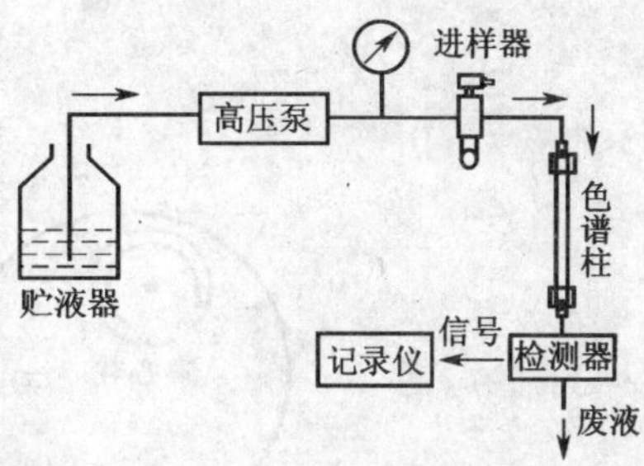

图 17-3 高效液相色谱仪结构流程图

一、高压输液系统

高压输液系统由贮液器、高压泵及压力表等组成,核心部件是高压泵。

1. 贮液器

高效液相色谱仪的流动相贮液器,一般由玻璃、不锈钢或聚四氟乙烯塑料制成,常用体积为 0.5 ~2 L。所有流动相溶剂在放入贮液器之前,都必须经过 0.45 μm 滤膜过滤和脱气处理,然后才能装入贮液器内。过滤为了除去机械杂质,以免损坏高压泵;脱气为了避免流动相产生气泡而造成基线噪音致使检测灵敏度下降。常用的脱气方法有:超声脱气、加热脱气、真空脱气、吹氦脱气等。脱气以安全、流动相组成和浓度无变化为原则。为了防止流动相和固定相间发生反应,必须除去流动相中的氧。采用氦气吹扫流动相的办法可除去其中的痕量氧气。脱气后流动相液面上应保持有惰性气体,这样可以防止氧气再次溶入,还可避免可燃性溶剂蒸气着火。

2. 高压输液泵

高效液相色谱仪中所用的色谱柱柱径较细,仅为 1 ~6 mm,所填充的固定相颗粒粒度小于 50 μm,因此对流动相的阻力较大。为克服阻力,必须选用高压泵输送载液,才能达到快速分离的目的。

高压输液泵是 HPLC 系统中最重要的部件之一。泵的性能好坏直接影响到整个质量和分析结果的可靠性。高压输液泵应具备如下性能:

(1)流量稳定,其 RSD 应该小于 0.5%;

(2)流量范围宽,分析型能在 0.1 ~10 $mL \cdot min^{-1}$ 范围内连续调节,制备型应能达到 100 $mL \cdot min^{-1}$;

(3)输出压力高,一般应能达到 15 ~50 MPa;

(4)液缸容积小;

(5)密封性能好,耐腐蚀。

高压输液泵按操作原理分为恒流泵和恒压泵两大类。恒流泵的特点是,在一定的操作条件下输出的流量保持恒定,与流动相黏度和柱的渗透性无关。恒压泵的特点是,保持输出的压力恒定,流量则随色谱系统阻力的变化而变化。这两种类型各有优缺点,但恒流泵正在逐渐取代恒压泵。恒流泵按结构又可分为螺旋注射泵、柱塞往复泵和隔膜往复泵。目前应用最多的是柱塞往复泵,其结构如图 17-4 所示。

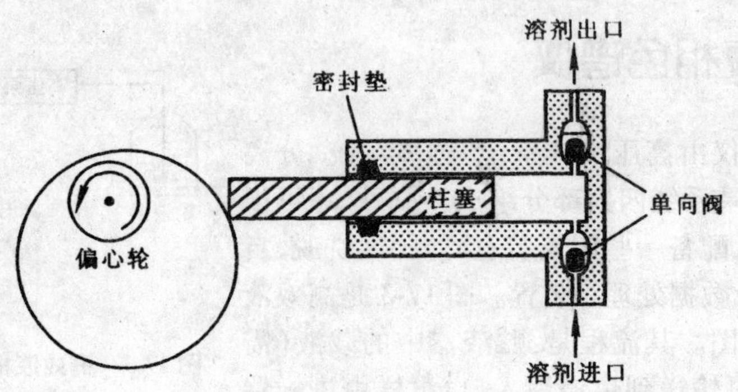

图 17-4 往复式柱塞泵

柱塞往复泵的液缸容积小,可至 0.1 mL,因此易于清洗和更换流动相,特别适合于再循环和梯度洗脱;改变电机转速能方便地调节流量,流量不受柱压影响;泵压可达 50 MPa。主要缺点是输出的脉冲性较大,现多采用双泵系统来克服。双泵按连接方式可分为并联式和串联式。一般说来,并联泵的流量重现性较好(RSD 为 0.1% 左右,串联泵为 0.2% ~0.3%),但出现故障的机会较多,价格也较贵。

二、进样系统

进样系统的作用是把分析试样有效地送入色谱柱内进行分离。在高效液相色谱中,进样方式及样品体积对柱效有很大的影响。要获得良好的分离效果和重现性,需要将样品“浓缩”地瞬时注入到色谱柱头填料的中心成一个小点。如果把样品注入到固定相前的流动相中,通常会使溶质以扩散形式进入柱头,导致柱前峰展宽,分离效能降低。对进样装置的要求:保证中心进样,密封性好,死体积小,重复性好,进样时对色谱系统的压力、流量影响小。高效液相色谱的进样方式可分为注射器进样、阀进样、自动进样。早期使用注射器进样,现在大都使用六通进样阀或自动进样器。

三、分离系统

分离系统包括色谱柱、恒温器和连接管等部件。色谱柱是色谱仪的心脏部件,对其要求是柱效高、选择性好、分析速度快。

1. 色谱柱

高效液相色谱柱的柱管材料,可用不锈钢管或厚壁玻璃管,但最常用柱管材料是不锈钢管,要求耐高压、内壁抛光、管径均匀、无条纹或微孔等。每根柱端都有一块多孔性(孔径 1 μm 左右)的金属烧结隔膜片(或多孔聚四氟乙烯片),用以阻止填充物从柱中出来或注射口带入颗粒杂质。

高效液相色谱填充柱内直径为 3 ~ 6 mm（常用标准柱内径为 3.9 mm 和 4.6 mm），柱子长度一般为 5 ~ 50 cm；柱子的形状多为直形，这样装柱换柱都比较方便。

2. 装柱方法

高效液相色谱法的装柱是很关键的因素。高效的固定相能否获得高柱效，取决于装柱技术。常用的装柱方法有湿法装柱和干法装柱两种。前者多用于粒度小于 20 μm 的固定相和具有溶胀性的固定相的装柱；后者则多用于粒度大于 20 μm 的易于充填的固定相的装柱。

装柱是一项技术性较强的工作，并且需要一些特殊的设备。现在已有许多厂家供应液相色谱柱，大多数实验室使用已填充好的商品柱。

四、检测系统

用于高效液相色谱的检测器应具有灵敏度高、响应快、线性范围宽、噪声小、死体积小以及对温度和流量的变化不敏感等特性。常用的检测器有两种类型。一类是溶质性检测器，它仅对被分离组分的物理或物理化学特性有响应，相当于气相色谱中的质量检测器。属于这类的检测器有紫外检测器、荧光检测器、蒸发光散射检测器等。另一类是整体型检测器，它对试样和流动相总的物理性质或化学性质有响应，相当于气相色谱的浓度型检测器。属于这类的检测器有示差折光检测器、电导检测器等。根据所适用的样品范围，还可将检测器分为通用型检测器和选择型检测器。常用的高效液相色谱检测器的性能指标见表 17-3。

表 17-3　高效液相色谱检测器的性能指标

检测器 性能	紫外检测器	示差折光检测器	荧光检测器	电导检测器	蒸发光散射检测器
测量参数	吸光度	折射率	荧光强度	电导率	散射光强
池体积/μL	1 ~ 10	3 ~ 10	3 ~ 20	1 ~ 3	—
类型	选择型	通用型	选择型	通用型	通用型
线性范围	10^5	10^4	10^3	10^4	~10
最小检出浓度	10^{-10}	10^{-7}	10^{-11}	10^{-3}	—
最小检出质量	~1 ng	~1 μg	~1 pg	~1 mg	0.1 ~ 10 ng
用于梯度洗脱	可以	不可以	可以	不可以	可以
对流量敏感性	不敏感	敏感	不敏感	敏感	不敏感
对温度敏感性	低	敏感	低	敏感	不敏感

1. 紫外吸收检测器（UVD）

紫外吸收检测器（Ultrviolet-Visible Absorption Detector，UVD），是高效液相色谱仪中使用最广泛的检测器之一。紫外吸收检测器属于选择型检测器，只能检测在可见或紫外光区内有吸收作用的样品。作为溶质型检测器，要求作为流动相的溶剂在所选检测波长下没有或只有很低的吸收，这在一定程度上限制了某些流动相的使用。

检测器的工作原理与 UV-Vis 分光光度计相同（见第 9 章），只是吸收池中的液体是流动的（故称流通池），检测是动态的，故要求响应要快。随着流动相和被分析物从色谱柱流出，检测器要随时读出吸光度，并转换为电信号在数据处理装置上记录下来。

1）主要类型

（1）固定波长紫外检测器。通常使用低压汞灯作光源，辐射能量大，其中以波长为 254 nm

的紫外光最强，所以常使用固定波长为254 nm的紫外光作为工作波长，故称为固定波长紫外检测器。

(2)可变波长紫外－可见检测器。以氘灯、钨灯为光源，波长范围为200～850 nm，可以根据样品的吸收特征任意选择所需的工作波长。可变波长紫外－可见检测器克服了固定波长的局限性，可检测某些在254 nm波长处吸收较弱甚至无吸收而在其他波长处有吸收的物质，既提高了检测器灵敏度，又扩大了应用范围，选择性也大为提高。因此，UVD成为高效液相色谱仪的主要检测器之一。

(3)二极管阵列检测器。二极管阵列检测器与普通UVD有较大的区别，它获得的检测信号不是在单一的波长上的，而是在全部紫外－可见波长上的色谱信号。检测过程中，光束通过流通池，然后由分光系统分光后，所有波长的光在二极管阵列检测器内同时被检测。它的信号是用电子学方法快速扫描而获取，扫描速度远超出色谱的出峰速度，所以可以检测色谱流出物每个瞬间的吸收光谱图，得到如图17-5所示的三维的时间－光谱－色谱图。

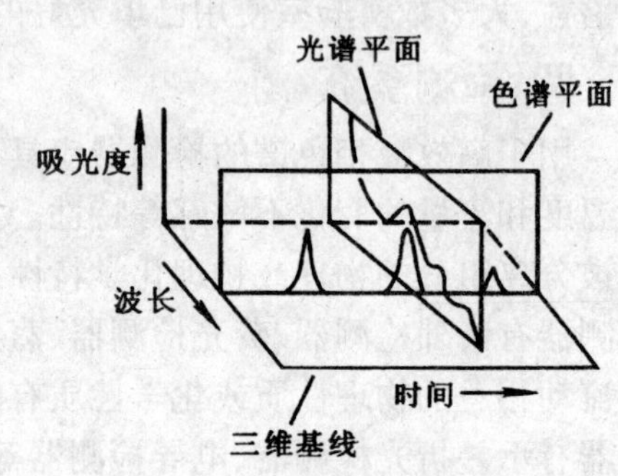

图17-5 二极管阵列检测器三维色谱图

二极管阵列检测器与普通UVD一样，在200～850 nm波长范围内有特征吸收峰的样品，均可利用二极管阵列检测器进行检测。除此之外，还有以下特殊应用：一次进样可以检测到样品中不同吸收波长下的所有组分；对每个色谱峰的指定位置（峰前沿、峰顶点、峰后沿）实时记录吸收光谱图并进行比较，可以判别物质峰的纯度及分离情况；不仅可进行定量检测，还可利用色谱保留值规律和光谱特征吸收曲线综合进行定性分析。

2)紫外吸收检测器的特点

(1)适用范围广阔，在200～850 nm波长范围内有吸收的样品，都能进行检测。

(2)灵敏度比较高，最小检测浓度可达10^{-9} g·mL^{-1}，因而即使是对紫外光吸收较弱的物质，也可以用这种检测器进行检测。

(3)紫外吸收检测器对温度和流动相变化不敏感，适合用于梯度洗脱。

2. 荧光检测器(FLD)

荧光检测器(Fluorescence Detector, FLD)是用于检测在紫外线照射激发下能发出荧光物质的一种选择型检测器。也可用于由荧光基团试剂衍生所得到的物质样品分析。原理与荧光分光光度计完全相同(见第11章)。与UVD类似，对紫外光和荧光有吸收作用或者有熄灭荧光效应的溶剂不能作为流动相。适用于多环芳烃及各种发荧光物质的痕量分析。例如：酶、食品、药物、胺类、氨基酸、维生素、生物样品、甾族化合物、矿物燃料和环境样品等。

荧光检测器具有如下特点。

(1)灵敏度高，比紫外吸收检测器高2～3个数量级，是当今高效液相色谱仪中灵敏度最高的一种检测器。

(2)选择性强，只对在紫外线照射激发下能发出荧光的物质有响应。

(3)可用于梯度洗脱。荧光检测器对温度和流动相流速稳定性的要求相对低一些，可用于梯度洗脱分析。

(4)线性响应范围一般为 10^4,对有些物质的动态线性范围则可能要小一些。

3. **示差折光检测器(DRID)**

示差折光检测器(Differential Refractive Index Detector)是一种应用较为广泛的浓度型检测器。在溶质对紫外光和可见光无吸收的情况下,可考虑采用示差折光检测器。

1)工作原理

各种物质几乎都有各自的折光率,示差折光检测器利用纯流动相与含有样品组分的洗脱液二者折光率之间的差别进行检测。这种检测器可以连续检测参比池的流动相和样品池中流出物之间的折光率差值,这一差值与样品的浓度成比例关系。

2)特点

(1)示差折光检测器是一种通用型检测器,每种物质几乎都有其特定的折光率,因而大多数物质都能用此检测器进行检测。

(2)示差折光检测器是整体型检测器,其检测信号与流动相的组成有关,不能用于梯度洗脱。它对温度和流动相流量变化敏感,只能用于恒温恒流的分析。

(3)灵敏度比紫外检测器要低 2 个数量级,因此一般只适合于常量分析,不宜用于痕量分析。

4. **电导检测器(ECD)**

电导测量仪、安培计、伏安计或库仑计均可用做 HPLC 的检测器,其中电导检测器(Electrical Conductivity Detector)是使用较多的电化学检测器。

电导检测器测量的是物质在流动相中电离后所引起的电导率变化,样品组分的浓度越高,电离产生的离子浓度越高,电导率变化就越大。显然,电导检测器是一个整体性质检测器,不适合梯度洗脱分析。它只能测量离子或在所用色谱流动相中可电离的化合物,因而又是一个选择型检测器,在离子色谱中应用很广泛,其检测限可达到 10^{-11} $mol \cdot L^{-1}$,线性范围 10^6。

5. **蒸发激光散射检测器(ELSD)**

蒸发激光散射检测器(Evaporative Light Scattering Detector),是新出现的通用型高效液相色谱检测器,它可以检测挥发性低于流动相的任何样品。目前,ELSD 的应用尚不普遍,主要用于其他检测器难以检测的化合物,如无紫外吸收、无电化学活性和不发荧光的样品的检测。

1)工作原理

蒸发光散射检测器的原理是基于光线通过微小的粒子时会产生光散射现象,如图 17-6 所示。被测组分从色谱柱中流出,随流动相进入检测器的雾化器,被载气(氮气或空气)雾化喷成微小的液滴,然后进入加热的蒸发室,流动相被蒸发成为气体,挥发性较低的组分则成为微小的雾状颗粒。在光散射检测池中,激光束照在

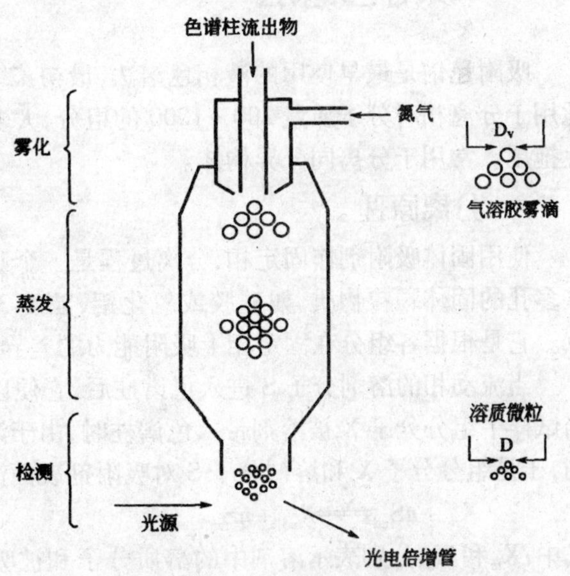

图 17-6　蒸发光散射检测器的工作原理体

溶质颗粒上产生光散射，散射光被光电倍增管收集并转变为电信号。散射光的强度与散射室中样品的量成正比。

2)特点

(1)散射光强度只与溶质颗粒大小和数量有关，可以检测挥发性低于流动相的任何样品，所以 ELSD 属通用型的溶质型检测器。

(2)响应值仅取决于光线中溶质颗粒的大小和数量，与化合物结构关系不大，因而无需测定不同化合物的定量校正因子。

(3)温度变化、流动相的变化对蒸发激光散射检测器无明显影响，可用于梯度洗脱。

(4)蒸发激光散射检测器具有较高的灵敏度，其检测限达到 ng 数量级。

五、附属装置

高效液相色谱的附属装置通常包括脱气、梯度洗脱、再循环、恒温、自动进样、馏分收集以及数据处理等装置。这些装置一般均属选用部件，其中梯度洗脱装置是极重要的附属装置。

所谓梯度洗脱(gradient elution)就是在分离过程中使两种或两种以上不同极性的溶剂按一定程序连续改变比例，从而使载液的极性、pH 值或离子强度相应地变化，以达到提高分离效果和缩短分析时间的目的。梯度洗脱的目的类似于气相色谱法的程序升温，但梯度洗脱是通过改变流动相的组成而不是改变柱温实现的。由于流动相组成改变，致使分配比 k 改变。在分析组成比较复杂的混合物样品时，若使用组成恒定的流动相进行洗脱难以达到分离要求，改用梯度洗脱可能很容易就得到解决。

梯度洗脱装置是通过梯度程序控制系统控制泵的动作，将两种溶剂用泵增压后，按预先设定的程序注入梯度混合室混合，再输至柱系统。

17-4 吸附色谱法

吸附色谱是最早使用的液相色谱法，最初茨维特用来分离植物色素的就是液固吸附色谱，适用于分离相对分子质量 200 ~ 1000 的组分，大多数用于非离子型化合物，离子型化合物易产生拖尾。常用于分离同分异构体。

一、分离原理

使用固体吸附剂作固定相，分离过程是一个吸附 - 脱附的平衡过程。常用的吸附剂是一些多孔的固体颗粒物质，如硅胶或氧化铝，粒度 3 ~ 10 μm，在它的表面上通常存在活性吸附点。它是根据各组分在固定相上吸附能力的差异来进行分离的，也称液固吸附色谱。

当流动相的溶剂分子 S 进入色谱柱后，它便以单分子层形式占据吸附剂上的活性中心点。当试样中组分分子 X 被溶剂带入色谱柱时，由于溶剂及试样中各组分对吸附剂的吸附能力不同，于是组分分子 X 和溶剂分子 S 对吸附剂表面活性中心发生吸附竞争，即

$$X_m + nS_{ad} \rightleftharpoons X_{ad} + nS_m$$

式中：X_m 和 X_{ad} 分别表示溶剂中的溶质分子和被吸附剂吸附的溶质分子；S_{ad} 和 S_m 分别表示被吸附剂所吸附和在流动相中游离的溶剂分子；n 表示被吸附的溶剂分子数。

溶质分子 X 被吸附，将取代固定相表面上的溶剂分子。这种竞争吸附达到平衡时，可用下式表示

$$K=\frac{[X_{ad}][S_m]^n}{[X_m][S_{ad}]^n} \tag{17-7}$$

式中:K 为吸附平衡常数。上式表明,如果流动相的溶剂分子吸附性更强,则被吸附的溶质分子将相应地减少。显然,吸附系数大的组分,吸附剂对它的吸附力强,保留值大,后出峰。

吸附剂吸附组分的能力,主要取决于吸附剂的比表面积和理化性质、试样的组成和结构以及洗脱液的性质等。组分与吸附剂性质近似时,易被吸附。例如,含有极性基团或能够形成氢键基团的组分与极性吸附剂之间的亲和力很强,其吸附平衡常数 K 值就大,呈现高的保留值。

二、吸附色谱固定相

高效液相色谱固定相又称为填料。吸附色谱填料是一种颗粒小而均匀并具有一定力学强度的多孔性物质。

1. 按极性分类

吸附色谱的固定相有多种分类,按吸附剂的极性来分类,可分为极性和非极性两大类。极性吸附剂包括硅胶、氧化铝、氧化镁、硅酸镁及分子筛等,非极性吸附剂如活性炭、苯乙烯－二乙烯基苯共聚物微球等。

由于硅胶柱具有高的柱效,试样容量大,并有较为广泛的使用形式,因此是使用最普遍的一种吸附剂。它的保留能力随着化合物的极性的增大而增强,具体次序如下:饱和烃 < 烯烃 < 芳烃 ≈ 有机卤化物 < 醚 < 硝基化合物 < 酯 ≈ 醛 < 酮 < 醇 ≈ 胺 < 羧酸。硅胶固定相适用于广泛的极性和非极性溶剂,但在碱性水溶性流动相中不稳定,常规分析 pH 范围为 2 ~ 8。

2. 按构型分类

吸附色谱固定相按构型来分类,可分为薄壳型吸附剂和全多孔型吸附剂,如图 17-7 所示。

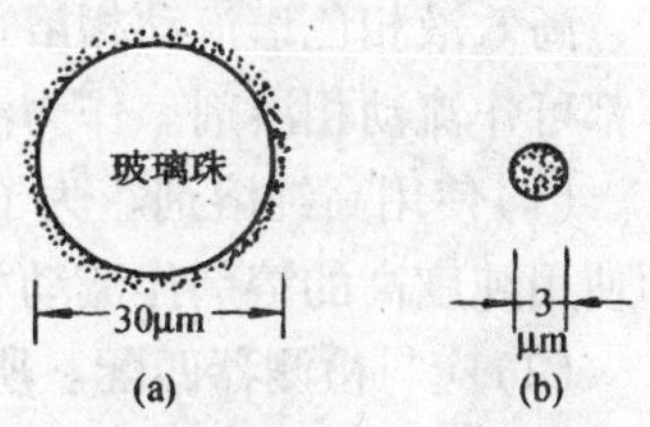

图 17-7　高效液相色谱固定相类型

(a)表面多孔型　(b)全多孔型

1)薄壳型吸附剂

薄壳型吸附剂又称表面多孔型,或表层多孔型吸附剂。以无孔的玻璃珠为基体,外面包覆一层厚度为 1 ~ 2 μm 的多孔性物质,如硅胶、分子筛、氧化铝、聚酰胺、离子交换剂等,颗粒直径 25 ~ 50 μm。

薄壳型吸附剂表面层薄而均匀,孔道浅,谱带扩张少,填料渗透性比较好,有利于快速分析。由于薄壳型吸附剂比表面积较小(≤15 m^2/g),因而柱容量有限,需要配备较灵敏的检测器。薄壳型填料可用干法装柱。这一类柱填料可直接用作液固吸附色谱的吸附剂,也可作为基质,与某些有机物进行反应,制成键合固定相。

2)全多孔型吸附剂

全多孔型吸附剂粒径范围 3 ~ 10 μm,颗粒较小,故传质快、谱带扩张少,柱效一般比薄壳型柱的柱效要高出一个数量级;同时,全多孔微球型柱填料的比表面积较大,故其柱容量比薄壳型固定相大。全多孔微球型与薄壳型两类吸附剂的物性参数比较见表 17-4。全多孔型也可直接用作吸附色谱填料,还可作为基质合成键合固定相。由于具有非常突出的分离效能,在目前高效液相色谱法中,随着装柱技术的提高,全多孔微球型固定相已逐步替代薄壳型固定相。

表 17-4 薄壳型和全多孔型固体吸附剂物性参数比较

性能	薄壳型	全多孔型
粒度(μm)	30 ~ 40	2 ~ 10
比表面积(m^2/g)	10 ~ 15	200 ~ 400
最佳理论塔板高度(mm)	0.2 ~ 0.4	0.01 ~ 0.03
适用柱长(cm)	50 ~ 100	5 ~ 25
适用柱内径(mm)	2 ~ 3	2 ~ 5
柱压降*/(Pa · cm^{-1})	1.4×10^5	1.4×10^6
样品容量/(mg · g^{-1})	0.05 ~ 0.1	1 ~ 5
键合相覆盖率/(%, w/w)	0.5 ~ 1.5	5 ~ 25
离子交换容量/(μmol · g^{-1})	10 ~ 40	2 000 ~ 5 000
装柱方式	干法	匀浆法

* 指流动相黏度为 3×10^{-4} Pa · s 和流速为 1 mL · mm^{-1}，柱内径为 2.1 mm 条件下的柱压降。

三、吸附色谱流动相

高效液相色谱法中的流动相被称为载液、洗脱液、洗脱剂或溶剂。流动相分子对样品分子有一定的作用力，参与样品分子的分配全过程，因此必须了解高效液相色谱的流动相溶剂的相关特性。

1. 基本要求

高效液相色谱流动相溶剂的种类很多，如水、有机溶剂、无机盐的水溶液或它们的混合液等都可作流动相溶剂。作为液相色谱的流动相必须符合下列要求。

(1)使用高纯溶剂。为了防止杂质干扰样品分析、避免杂质在柱中累积而影响柱性能，必须使用纯度高的溶剂作流动相，常用色谱纯溶剂作流动相。

(2)应与检测器匹配。所用流动相与检测器一定要匹配。例如：使用紫外吸收和二极管阵列检测器时就不能选用在检测波长上有吸收的溶剂作流动相。当使用示差折光检测器时，应选择折光系数与样品差别较大的溶剂作流动相，以提高灵敏度。

(3)要求溶剂性能良好。对样品溶解度适宜，以免样品沉积在色谱系统中。不与固定相发生化学反应，也不溶解固定相，以保持固定相性能稳定、基线稳定。如碱性流动相不能用于硅胶柱系统，酸性流动相不能用于氧化铝、氧化镁等吸附剂的柱系统。

(4)应具有合适的黏度与沸点。高黏度溶剂会影响溶质的扩散、传质，降低柱效，还会使柱压降增加，延长分离时间。但黏度过低的溶剂，沸点也较低，挥发性较大，容易在柱子或检测器中形成气泡，影响分离和检测。因此可以将不同黏度的溶剂混合使用，使其混合后的黏度保持在 0.5 MPa · s 以下，而沸点在 80 ℃左右。

(5)经济、安全，价格便宜，毒性小，不污染环境和腐蚀仪器。

2. 溶剂强度参数

在吸附色谱中，以流动相溶剂强度参数 ε^{o}(solvent strength parameter)来表示溶剂的洗脱强度。ε^{o}定义为溶剂分子在单位表面积吸附剂上的吸附自由能，它表征了溶剂分子对吸附剂的亲和程度。ε^{o}的数值越大，表明溶剂与吸附剂之间的亲和力越大，那么流动相就越容易把被吸附在固定相表面上的样品组分洗脱出来，即对溶质的洗脱能力越强。

对于不同的吸附剂，ε^{o}的值一般是不同的，但是它们之间的差别不大。在大多数情况下，单一溶剂作流动相很难满足复杂样品的分离要求，这时可以使用两种或两种以上不同极性的溶剂，按一定的比例混合，调整流动相溶剂的溶剂强度，以满足分离分析的需要。

3. 流动相的选择

流动相的选择原则是极性大的样品要采用极性强（ε^{o}值大）的溶剂作洗脱剂；极性弱的样品则用极性弱（ε^{o}值小）的溶剂作洗脱剂。如果溶剂强度已是最佳化了，但仍然有一些组分未能获得分离时，可采用混合溶剂来代替单一溶剂，而混合溶剂强度仍保持原来的溶剂强度 ε^{o}，这样一般都能明显改善分离度。在吸附色谱法中，若使用硅胶、氧化铝等极性固定相，应以弱极性的戊烷、已烷、庚烷作流动相的主体，再适当加入二氯甲烷、氯仿、乙醚、异丙醚、乙酸乙酯、甲基叔丁基醚等中等极性溶剂，或四氢呋喃、乙腈、异丙醇、甲醇、水等极性溶剂作为改性剂，以调节流动相的洗脱强度，实现样品中不同组分的良好分离。若使用苯乙烯 - 二乙烯基苯共聚物微球、石墨化炭黑微球等非极性固定相，应以水、甲醇、乙醇作为流动相的主体，可加入乙腈、四氢呋喃等改性剂，以调节流动相的洗脱强度。

四、吸附色谱的应用

一般来说，液固色谱最适宜分离那些溶解在非极性溶剂中、具有中等相对分子质量且为非离子型的试样。水溶性的试样常常也能用液固色谱分离，但是要找到合适的分离条件常常比较困难。物质在硅胶或氧化铝上的保留，主要受溶质所含极性官能团所控制，所以不同类型的化合物容易被液固色谱法分离。而仅有弱色散作用烃的同系物或仅在脂肪族基取代程度上略有不同的其他混合物，则很难分开或不能分开。液固色谱也能分离那些具有相同极性基团但数量不同的试样。此外，液固色谱特别适于分离异构体。这主要是因为异构体有不同的空间排列方式，适应吸附表面状态的情况有差别，因而得到分离。

17-5　分配色谱法

分配色谱法是液相色谱方法中应用最广的一种，它类似于溶剂萃取。过去这个方法主要用于分离相对分子质量小于 3 000 的非离子型和极性化合物。近年来，随着这个方法的发展，已扩大到分离离子型化合物。

一、分离原理

一般将分配色谱分为液 - 液色谱和键合相（bonded-phase）色谱两类。液 - 液色谱的固定相是通过物理吸附的方法将固定液涂在载体表面。显然，物理浸渍的液体固定相由于流动相的溶解作用或者机械力的作用很容易流失，结果导致色谱柱上保留行为的改变，并引起分离试样的污染。为了防止固定液的流失，流动相需要预先用固定液饱和，这种方法除较麻烦外，还不能用于梯度洗脱。键合相色谱的固定相是通过化学反应将有机分子键合到载体或硅胶表面上。这样不仅解决了固定相的流失问题，而且使固定相的功能得以改善，成为高效液相色谱法中占压倒优势的一种方法。

根据固定液和流动相的极性不同，分配色谱又分为两种类型。固定液极性大于流动相极性的，称为正相色谱，适用于分离极性化合物。流出柱的顺序基本与组分极性大小的顺序相同，极性弱的组分先流出柱，极性强的后流出柱。正相色谱比较适用于极性化合物样品的分离分析。固定液极性小于流动相极性的，称为反相色谱，适用于分离非极性化合物。流出柱的顺序正好相反，极性强的组分先流出柱，极性弱的后流出柱。反相色谱比较适用于非极性、弱极性、中等极性化合物样品的分离分析，应用最为广泛，据统计，它占整个高效液相色谱应用的80%左右。

液液分配色谱中，当混合物中各组分的溶解度不同时，它们在互不相溶的液液两相中的分配系数不同。当混合物由流动相带入柱中时，组分在液液两相中的分配平衡反复进行多次之后，各保留值差别明显，从而获得分离。

二、键合色谱固定相

化学键合型固定相简称键合相，它是将有机官能团通过化学反应共价键合到硅胶表面的游离羟基（Si—OH）上而形成的固定相。与传统的以物理方法涂敷在担体表面的固定液相比，化学键合固定相不易流失，提高了柱子稳定性并延长柱子寿命。化学键合固定相是单分子层的薄膜，传质速率较快，因而可获得较高柱效。可以键合不同的官能团，增加了柱子选择性，扩大了样品范围。流动相的组成或流速变化对键合相无明显影响，适于梯度洗脱。

目前，键合相广泛采用多孔硅胶为基体，用二甲基氯硅烷或烷氧基硅烷与硅胶表面的游离硅醇基反应，形成 Si—O—Si—C 键的单分子膜而制得。反应如下

$$-\overset{|}{\underset{|}{\mathrm{Si}}}-\mathrm{OH} + \mathrm{Cl}-\overset{\overset{\displaystyle R_1}{|}}{\underset{\underset{\displaystyle R_3}{|}}{\mathrm{Si}}}-R_2 \longrightarrow \mathrm{Si}-\mathrm{O}-\overset{\overset{\displaystyle R_1}{|}}{\underset{\underset{\displaystyle R_3}{|}}{\mathrm{Si}}}-R_2 + \mathrm{HCl}$$

pH 值对以硅胶为基质的键合相的稳定性有很大的影响，一般来说，硅胶键合相应在 pH = 2 ~ 8、温度小于 70 ℃的介质中使用。

化学键合相按键合官能团的极性分为极性和非极性键合相两种。常用的极性键合相主要有氰乙基（$-CH_2CN$）、氨丙基（$-CH_2CH_2CH_2NH_2$）和二醇基键合相。极性键合相常用作正相色谱，混合物的分离主要是基于极性键合基团与溶质分子间的氢键力、静电力与诱导力，极性强的组分保留值较大。

常用的非极性键合相主要有各种烷基（C_1 ~ C_{18}）和苯基、苯甲基等。其中 C_{18} 键合硅胶（又称 ODS，Octadecyl Silane）是应用最为广泛的非极性键合相，它对各种类型的化合物都有很强的适应能力。短链烷基键合相能用于极性化合物的分离，而苯基键合相适用于分离芳香化合物。非极性键合相用作反相色谱，样品中各组分的分离主要是基于非极性键合基团与溶质分子间的色散力，极性强的组分保留值较小，流出次序与正相色谱相反。

由于液相色谱中流动相也参与色谱全过程的分离，因此固定相的选择工作相对比较简单，只需备有几种极性不同的固定相柱子，即可解决大部分的分离分析问题。常用的化学键合固定相参见表 17-5。

表 17-5　常用化学键合固定相及其应用范围

类型	键合官能团	性质	分离模式	应用范围
烷基(C_8、C_{18})	$—(CH_2)_7—CH_3$ $—(CH_2)_{17}—CH_3$	非极性	反相、离子对	中等极性化合物，可溶于水的强极性化合物，如多环芳烃、合成药物，小肽、蛋白质、甾族化合物、核苷、核苷酸等
苯基(Phenyl)	$—(CH_2)_3—C_6H_5$	非极性	反相、离子对	非极性至中等极性化合物，如多环芳烃、合成药物、小肽、蛋白质、甾族化合物、核苷、核苷酸
氨基($—NH_2$)	$—(CH_2)_3—NH_2$	极性	正相、反相、离子交换	正相可分离极性化合物，反相可分离碳水化合物，阴离子交换可分离酚、有机酸和核苷酸
腈基(—CN)	$—(CH_2)_3—CN$	极性	正相、反相	正相类似于硅胶吸附剂，适于分离极性化合物，但比硅胶的保留弱；反相可提供与非极性固定相不同的选择性

三、分配色谱流动相的选择

分配色谱中采用极性参数 P'(polarity parameter)来表征溶剂的极性。极性参数又可称作极性指数，用物质在三种溶剂中的溶解度来度量其极性大小。这三种溶剂是二氧六环——低偶极质子的接受体，硝基甲烷——高偶极质子接受体，乙醇——高偶极质子给予体。极性参数是从数量上度量各种溶剂的相对极性。表 17-6 列出了色谱中常用溶剂的极性参数及其他性质。

表 17-6　高效液相色谱常用溶剂的特性参数

溶剂名称	沸点/℃	折光率(20 ℃)	不透波长/nm	可用最短波长/nm	黏度/(mPa · s)(20 ℃)	溶剂强度参数 $\varepsilon^o(Al_2O_3)$	溶解度参数 d	溶剂极性参数 P'
正戊烷	36	1.358	195	210	0.23	0.00	7.1	0.0
正己烷	69	1.372	190	210	0.32	0.01	7.3	0.1
环己烷	81	1.426	200	210	1.00	0.04	8.2	0.2
正庚烷	98	1.385	195	210	0.41	0.01	7.4	0.2
异辛烷	98	1.404	197	210	0.50	0.01	7.0	0.1
二氯甲烷	40	1.424	233	245	0.44	0.42	9.6	3.1
三氯甲烷	61	1.443	—	245	0.57	0.40	9.1	—
四氯化碳	76	1.466	265	265	0.97	0.18	8.6	1.6
二氯乙烷	83	1.445	—	230	0.79	0.49	9.7	3.5

续表

溶剂名称	沸点/℃	折光率(20 ℃)	不透波长/nm	可用最短波长/nm	黏度/(mPa·s)(20 ℃)	溶剂强度参数 $\varepsilon^{o}(Al_2O_3)$	溶解度参数 d	溶剂极性参数 P'
苯	80	1.501	280	280	0.65	0.32	9.2	2.7
甲苯	110	1.496	285	285	0.59	0.29	8.9	2.4
乙酸甲酯	56	1.362	—	260	0.37	0.60	9.2	—
乙酸乙酯	76	1.370	256	260	0.45	0.58	8.6	4.4
二硫化碳	46	1.626	380	380	0.37	0.15	10.0	0.3
乙醚	34	1.353	218	220	0.23	0.38	7.4	2.8
丙酮	56	1.359	330	330	0.32	0.56	9.4	5.1
四氢呋喃	66	1.408	212	220	0.46	0.45	9.1	4.0
二氧六环	101	1.422	215	210	1.54	0.56	9.8	4.8
乙腈	82	1.344	190	305	0.37	0.65	11.8	5.8
吡啶	115	1.510	—	210	0.94	0.71	10.4	5.3
甲醇	65	1.329	205	210	0.60	0.95	12.9	5.1
乙醇	78.5	1.361	210	210	1.20	0.88	11.2	4.3
正丙醇	97	1.383	240	210	2.30	0.82	10.2	4.0
水	100	1.333	—	210	0.90	大	21.0	10.2
乙酸	118	1.372	—	230	1.16	1.00	12.4	6.2
二甲基甲酰胺	153	1.428	268	—	0.81	—	17.9	6.4

在分配色谱中，样品组分在固定相和流动相中的溶解度是决定其容量因子 k 值的关键因素。极性参数 P' 可作为判定溶剂洗脱强度的依据。在正相色谱中，溶剂的 P' 值越大，其洗脱强度也越大，被洗脱溶质的 k 越小；在反相色谱中，溶剂的 P' 值越大，其洗脱强度越小，被洗脱溶质的 k 越大。因此通过改变洗脱溶剂的 P' 值，就可改变被分离样品组分的分离度。

反相色谱的流动相通常以水作基础溶剂，再加入一定量的能与水互溶的极性调整剂，如甲醇、乙腈、四氢呋喃等。极性调整剂的性质及其所占比例对溶质的保留值和分离选择因子有显著影响。水是用来调节混合溶剂的强度，以获得合适的 k 值。一般情况下，甲醇－水体系和乙腈－水体系能满足多数样品的分离要求，且流动相黏度小、价格低，是反相色谱最常用的流动相。在分离含极性差别较大的多组分样品时，为了使各组分均有合适的 k 值并分离良好，有时需要采用梯度洗脱技术。

在正相分配色谱中，使用的流动相类似于吸附色谱法中使用极性吸附剂时应用的流动相。流动相主体一般为已烷或庚烷，可加入 $<20\%$ 的极性改性剂，典型的改性剂有乙醚、三氯甲烷等。这样溶质的容量因子 k 会随改性剂的加入而减小，表明混合溶剂的洗脱强度明显增强。

四、分配色谱的应用

由于反相键合相色谱具有如下优点而得到广泛应用:①通过改变流动相,容易调节 k 和 r_{21};②用单柱和流动相就能分离非离子化合物、离子化合物和可电离化合物;③以便宜的水作为流动相的主体,以价格适宜且易纯化的甲醇为有机改性剂;④保留时间随溶质的疏水性增加而增大,常常可以预言洗脱顺序;⑤色谱柱平衡快,适宜梯度洗脱。在反相键合相色谱基本流动相(如甲醇和水、乙腈和水)的基础上,通过改变 pH、添加盐缓冲剂、金属螯合物、手性试剂及银离子等方法,可以分离未电离或弱电离的化合物、金属离子、手性异构体及烯烃等。

正相键合相色谱法是通过改变有机端极性官能团的性质,获得了与未键合的硅胶填料十分不同的选择性。在键合时,大多数酸性硅醇基被极性弱于它的氰基或氨基之类的官能团所取代,减小了拖尾。同时极性键合相对流动相组成的变化响应较快,特别有利于梯度洗脱。正相液相色谱法在许多应用方面可以代替以硅胶为固定相的吸附色谱法,可以分离烷烃和类脂以及糖类、甾族化合物和脂溶性维生素。

17-6 离子交换色谱法

离子交换色谱,是指用能交换离子的材料为固定相进行分离离子型化合物的色谱方法,属于高效液相色谱的一个重要分支。离子交换色谱可用于分离分析凡在溶液中能够电离的物质。它不仅适用无机离子混合物的分离,例如稀土元素、过渡元素等无机离子的分离分析;亦可用于有机物的分离,例如核酸、氨基酸、蛋白质等生物大分子的分离分析工作。

一、分离原理

离子交换色谱是以离子交换树脂作为固定相,树脂上具有可交换的离子基团。当流动相带着组分解离生成的离子通过固定相时,树脂上可交换的离子基团与具有相同电荷的组分离子进行可逆交换,根据组分离子对树脂亲和力不同而得到分离。离子交换平衡过程可用下式表示

阳离子交换 $A^-M^+ + Z^+ \rightleftharpoons A^-Z^+ + M^+$

阴离子交换 $B^+Y^- + X^- \rightleftharpoons B^+X^- + Y^-$

式中:A^-、B^+分别代表阳离子树脂和阴离子树脂骨架上的带电基团;Z^+和X^-代表被分析的组分离子;M^+和Y^-分别代表阳离子树脂和阴离子树脂上可交换的离子。

离子交换反应的平衡常数分别为

阳离子交换 $$K_{ZM} = \frac{[A^-Z^+][M^+]}{[A^-M^+][Z^+]} \tag{17-8}$$

阴离子交换 $$K_{XY} = \frac{[B^+X^-][Y^-]}{[B^+Y^-][X^-]} \tag{17-9}$$

平衡常数 K 值越大,表示组分的离子与离子交换树脂的相互作用越强。由于不同的物质在溶剂中解离后,对离子交换中心具有不同的亲和力,因此具有不同的平衡常数。亲和力大的,在柱中的保留值也就越大。

二、离子交换色谱固定相

离子交换色谱常用的固定相为离子交换树脂。目前常用的离子交换树脂按其构型有四种

类型。

1. **全多孔型离子交换树脂**

全多孔型离子交换树脂主要是苯乙烯和二乙烯基苯的交联聚合物，并引入各种交换基团制成的球形微粒，颗粒直径为5~20 μm，又有微孔型和大孔型之分。全多孔型离子交换树脂对温度的稳定性好，交换容量大；但在水或有机溶剂中容易发生膨胀，导致传质速度慢，柱效低，难以实现快速分离。根据引入的交换基团的不同，可分为阳离子交换树脂和阴离子交换树脂。阳离子交换树脂又分为强酸性和弱酸性两种，阴离子交换树脂也分为强碱性和弱碱性两种。强酸型或强碱型离子交换剂比弱碱、弱酸型交换剂使用的pH值范围更广，可分离许多不同类型的化合物，若采用pH梯度淋洗则更能改进分离。但是，滞留强烈的化合物或不能耐受强酸强碱的化合物，则可在弱酸弱碱离子交换树脂上进行分离。

2. **薄膜型离子交换树脂**

它是在直径约30 μm的固体惰性核上，包覆上1~2 μm厚的离子交换树脂层。

3. **薄壳型离子交换树脂**

先在惰性固体核表面上先覆盖一层微球硅胶，然后用机械的方法在薄壳型硅胶微球上涂一层很薄的树脂膜。

薄膜型和薄壳型离子交换树脂很少发生溶胀，具有传质速度快、柱效高等特点，能实现快速分离。但由于表层上离子交换树脂量有限，交换容量低，柱子容易超负荷。

4. **离子交换键合固定相**

离子交换键合固定相是由化学反应将离子交换基团键合到惰性载体表面上的一种固定相，可分为两种类型：一种是键合薄壳型，其载体是薄壳型硅胶；另一种是键合微粒载体型，它的载体是全多孔型硅胶微球。后者是最常用的离子交换固定相，其优点是力学性能和分离效能都比较好，可用于高效液相色谱的快速分离分析。现在使用最多的阴离子键合固定相的基团是$—N(CH_3)_3Cl$（强碱性）、$—N(C_2H_5)_2$（弱碱性）；使用最多的阳离子键合固定相的基团是$—RSO_3H$（强酸性）和$—CH_2CH_2COOH$（弱酸性）。

三、离子交换色谱流动相的选择

离子交换色谱法所用流动相大都是一定pH和一定盐浓度（或离子强度）的缓冲溶液，有时还加入适量甲醇、乙腈等能与水相混溶的有机溶剂。离子交换色谱过程在含水介质中进行，色谱峰的保留值主要是由流动相的pH值和缓冲液类型来控制，离子交换色谱流动相的选择从下面三方面来考虑。

1. **流动相的pH值**

流动相的pH值对交换基团和样品的解离度有很大的影响。一般来说，增加pH值，样品的正电性降低，在阳离子交换色谱上样品的保留值降低，而在阴离子交换色谱上样品保留值增加。

分离有机酸和有机碱时，这些酸碱的解离程度可通过改变流动相的pH值来控制。增大pH值会使酸的解离度增加，使碱的解离度减少；降低pH值，其结果相反。对于强酸型和弱酸型阳离子交换树脂最适宜的pH值分别为2~14和8~14。而强碱型和弱碱型阴离子交换树脂，最适宜的pH值分别为2~10和2~6。

2. **被分离离子的价态**

选择型离子交换剂的选择性与被分析离子的价数等因素有关。在稀溶液中，高价离子的保留值比低价离子的大;在等价离子中,原子序数越大、水合离子半径越小的离子,与离子交换树脂的亲和力越大,也即其保留值越大。

强酸型阳离子交换树脂对阳离子的选择性次序大致为:$Fe^{3+} > Al^{3+} > Ba^{2+} > Pb^{2+} > Ca^{2+} > Cu^{2+} > Mg^{2+} > K^{+} > NH_4^{+} > Na^{+} > H^{+}$。

强碱型阴离子交换树脂对阴离子的选择性次序大致为:柠檬酸根离子 $> NO_3^{-} > PO_4^{3-} > OAc^{-} > Cl^{-} > CO_3^{2-} > F^{-} > OH^{-}$。

用强酸型树脂或强碱型树脂的情况下,H^{+}、OH^{-}的选择性都是最小,也即被最先洗出。如果换成弱酸、弱碱型树脂,那么 H^{+}、OH^{-}的选择性就变成最大。另外,在高浓度时,不同价离子的亲和力差异减小,甚至有可能是低价离子的交换能力大于高价离子,如 $Na^{+} > Ca^{2+}$;再则,酸或碱越强,离子交换能力也越低。因此,综合考虑各方面的影响因素是非常必要的。

3. 缓冲液种类

离子交换色谱所用的缓冲溶液,通常是由钠、钾、铵的柠檬酸盐、磷酸盐、甲酸盐与其相应的酸混合成酸性缓冲溶液,或与 NaOH 混合成碱性缓冲溶液。通过改变缓冲溶液中盐离子的种类、浓度,即可控制 k 值,改变保留值。如果增加盐离子的浓度,则可降低样品离子的竞争亲和力,从而降低其在固定相上的保留值;也可通过改变盐离子的种类,显著地改变试样离子的保留值。

四、离子色谱

从离子交换柱中流出的各种离子量可用电导检测器检测,但由于流动相几乎都是强电解质,这种强背景电导可能会完全掩盖被测组分离子的信号。为了解决这一问题,1975 年 Small 等提出了离子色谱法,从而产生了一种新型的离子交换色谱技术。

离子色谱法(Ion Chromatography,IC),是指消除了洗脱液本身离子带来的本底电导干扰的离子交换色谱法。它是由离子交换色谱法派生出来的一种新的分离模式。

离子色谱的流程装置如图 17-8 所示。离子色谱法与普通离子交换色谱法的区别通常在于分离柱之后增加一个抑制柱。若样品为阳离子,用无机酸作为流动相,抑制柱为高容量的强碱性阴离子交换剂。当组分离子经填充阳离子交换剂的分离柱之后,随流动相进入抑制柱,在抑制柱中发生两个重要反应

$$R^{+}—OH^{-} + H^{+}Cl \longrightarrow R^{+}—Cl^{-} + H_2O$$

$$R^{+}—OH^{-} + M^{+}Cl^{-} \longrightarrow R^{+}—Cl^{-} + M^{+}—OH^{-}$$

$R^{+}—OH^{-}$为抑制柱中的阴离子交换剂,M^{+}为样品中被测阳离子。由于抑制作用,一方面使流动相中的酸生成 H_2O,流动相电导率大大降低;另一方面,使样品阳离子从原来的盐转变成相应的碱,由于 OH^{-}的淌度比 Cl^{-}大,因此提高了组分电导检测的灵敏度。

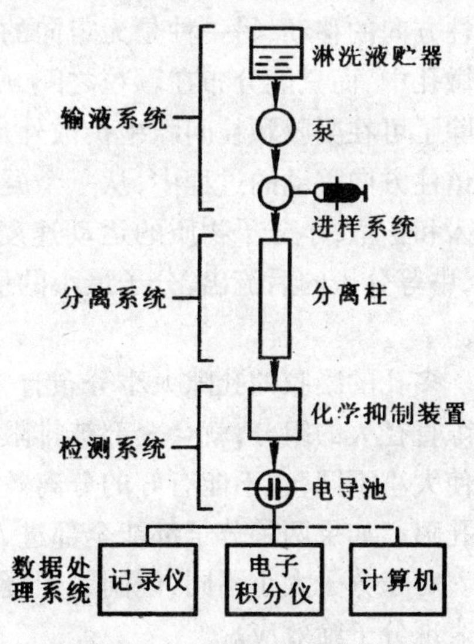

图 17-8　双柱阴离子色谱图

若样品为阴离子,分离柱为阴离子交换剂,用 NaOH 溶液作为流动相,抑制柱为高容量的强酸型阳离子交换剂。当流动相进入抑制柱时,发生下列反应

$$R^- —H^+ + Na^+OH^- \longrightarrow R^- —Na^+ + H_2O$$

$$R^- —H^+ + Na^+A^- \longrightarrow R^- —Na^+H^+A^-$$

抑制柱使碱生成 H_2O，其背景电导率大大降低。样品中的阴离子生成了相应的酸，由于 H^+ 离子的淌度比 Na^+ 大得多，因此提高了组分电导检测的灵敏度。由于离子交换反应，抑制柱逐渐失去了抑制能力，因此必须定期再生。

离子色谱法应用广泛，可用于简单的无机阴离子和许多金属离子混合物的分离，也可用于有机酸、胺和碳水化合物、醇、表面活性剂、氨基酸等的分离。

17-7 空间排阻色谱法

空间排阻色谱法又称凝胶色谱、分子排阻色谱等，是利用多孔凝胶固定相的特性，按样品分子尺寸大小或形状差异进行分离的一种液相色谱方法。根据固定相凝胶性质的不同，空间排阻色谱法分为凝胶过滤色谱法（gel filtration chromatography）和凝胶渗透色谱法（gel permeation chromatography）。前者是指以亲水性凝胶（如葡聚糖）为固定相、以水溶液为洗脱剂的体积排阻色谱法；后者是指以疏水性凝胶（如聚苯乙烯）为固定相、以有机溶剂为洗脱剂的体积排阻色谱法。

一、分离原理

空间排阻色谱法的分离机理不是根据试样和固定相与流动相三者之间的相互作用，而是根据试样分子的尺寸大小而分离。空间排阻色谱的固定相为凝胶，内部有许多不同尺寸的孔穴，是一种具有立体网状结构的物质，它的孔穴大小与被分离的试样大小相当。凝胶是一种惰性物质，与样品分子间无相互作用力。流动相也是惰性的，仅起到载带样品的作用。

样品溶液在流经凝胶色谱柱时，各分子在柱内同时进行着两种不同的运动：一种是沿着色谱柱方向的移动，另一种是无定向的扩散运动。大分子物质由于直径较大，不易进入凝胶颗粒的微孔中，而只能分布在颗粒之间，所以在洗脱时沿着色谱柱方向的移动速度较快。小分子物质除了可在凝胶颗粒间隙中扩散外，还可以进入凝胶颗粒的微孔中，即进入凝胶相内，在沿着色谱柱方向移动的过程中，从一个凝胶内扩散到颗粒间隙后再进入另一凝胶颗粒，如此不断地进入和扩散，小分子物质的运动速度落后于大分子物质，从而使样品中分子大的先流出色谱柱，中等分子的后流出，分子最小的最后流出。由于溶剂分子通常是非常小的，它们最后被洗脱。

多孔的凝胶的孔隙大小分布有一定范围，有最大极限和最小极限。分子直径比凝胶最大孔隙直径大的组分，就会全部被排阻在凝胶颗粒之外，这种情况叫全排阻。两种全排阻的分子即使大小不同，也不能有好的分离效果。直径比凝胶最小孔隙直径小的组分能进入凝胶的全部孔隙。如果两种分子都能全部进入凝胶孔隙，即使它们的大小有差别，也不会有好的分离效果。对于分子大小不同，但同属于凝胶分离范围内各种分子，按照相对分子质量大小排队，凝胶表现分子筛效应。

体积排阻色谱由于其独特的保留机制，因而具有其他液相色谱法所没有的特点。排阻色谱的样品保留值为样品分子尺寸的函数，而固定相、流动相与样品分子间作用力趋于零，对保留值无显著影响。进样量较大且出峰快，因而可以用灵敏度较低的检测器进行测定，如示差折光检测器。适合分离相对分子质量大的化合物(2 000 以上),但不能用来分离大小相似、相对分子质量接近的分子,相对分子质量差别必须大于 10% 的组分才能得以分离。

二、空间排阻色谱固定相

空间排阻色谱以凝胶为固定相。所谓凝胶,指含有大量液体的柔软而富于弹性的物质,它是一种经过交联而具有立体网状结构的多聚体。选择固定相时,孔径大小是极其重要的参数,它表明可以分离的相对分子质量范围。某些凝胶固定相的尺寸排阻极限列于表 17-7 中。

表 17-7　空间排阻色谱固定相的排阻极限

固定相	平均孔径/nm	排阻极限(相对分子质量)
硅胶	125	$2\times10^3\sim5\times10^4$
	500	$5\times10^3\sim5\times10^5$
	1 000	$5\times10^4\sim20\times10^5$
苯乙烯 - 二乙烯基苯共聚物微球	10^2	700
	10^4	$1\times10^4\sim2\times10^5$
	10^6	$5\times10^6\sim10\times10^6$

凝胶按化学类型可分为软质、半硬质和硬质等三种类型。

1. 软质凝胶

此类凝胶多数是由某些高聚物制成,如葡聚糖凝胶、羟丙基化葡聚糖凝胶、琼脂糖凝胶、聚苯乙烯凝胶、聚丙烯酰胺凝胶、聚乙酸乙烯酯凝胶等。填充这类凝胶的色谱柱具有较高的分离能力和较大的柱容量。软质凝胶在流动相高流速下被压缩,因此不适用于高压液相色谱,只用于中、低压色谱。软质凝胶用于多肽、蛋白质、多糖、核糖核酸等的分离分析。

2. 半硬质凝胶

此类凝胶是目前使用最多的一种。如聚苯乙烯凝胶,它是由苯乙烯与二乙烯基苯交联共聚而成。由于其交联度不够高,具有一定的溶胀性,故使用这类凝胶作固定相时,多以有机溶剂作流动相。

3. 硬质凝胶

硬质凝胶按基质材料不同可分为三种类型。

(1)无机多孔微球:是一种由硅质材料制成的多孔性微球,如多孔硅胶、多孔玻璃等。此类凝胶粒度 10 μm,孔径 10 ~ 200 nm,耐压 50 MPa,使用温度 4 ~ 60 ℃。它们既以水溶液作流动相,也以有机溶剂作流动相。

(2)苯乙烯与二乙烯基苯共聚物微球:此类凝胶粒度 10 μm,孔径 10 ~ 100 nm,耐压 40 MPa,工作温度不能超过 150 ℃。它们多以有机溶剂作流动相。

(3)羟基化聚醚多孔微球:此类凝胶粒度约 10 μm,孔径 5 ~ 200 nm,耐压 30 MPa,使用温度 10 ~ 40 ℃。它们多以水溶液作流动相。

三、空间排阻色谱流动相

在空间排阻色谱中使用的流动相应不与试样或凝胶固定相发生任何作用,不存在吸附或分配作用,仅起载液的作用。常用的流动相有四氢呋喃、十氢化萘、氯仿、二甲基甲酰胺等,在选择时从以下几方面因素加以考虑。

(1)溶解能力:所选用的流动相必须能溶解样品,并必须与固定相凝胶有相似性,才能润湿凝胶并防止吸附作用;当采用软质凝胶时,溶剂必须能溶胀凝胶。

(2)凝胶种类:亲水性凝胶(如葡聚糖)为固定相时,多以水溶液为洗脱剂;疏水性凝胶(如聚苯乙烯)为固定相时,多以有机溶剂为洗脱剂。

(3)样品种类:水溶性样品采用以水为基质具有一定 pH 值的缓冲溶液作流动相的凝胶过滤色谱;非水溶性样品则采用以有机溶剂为流动相的凝胶渗透色谱。

(4)溶剂黏度:因为体积排阻色谱的样品对象都是相对分子质量较大的物质,所以用作流动相溶剂的黏度以小为宜,有利于分子扩散作用,提高分离效能。

(5)与检测器相匹配:所选择的流动相溶剂必须与所用检测器相匹配。如用示差折光检测器(DRID)时,则以流动相溶剂的折光率与样品折光率两者之间差别大者为宜。

17-8 高效液相色谱分离类型的选择

各种液相色谱分离类型都有各自的分离对象。要正确地选择色谱分离类型,首先必须尽可能多地了解试样的有关性质,其次必须熟悉各种色谱类型的主要特点及其应用范围。选择色谱分离类型的主要根据是试样的相对分子质量的大小、在水中和有机溶剂中的溶解度、极性和稳定程度以及化学结构等物理性质和化学性质。

一、相对分子质量

对于相对分子质量较低(一般在 200 以下)的试样,其挥发性高,加热又不易分解,可以选择气相色谱法进行分离;相对分子质量在 200 ~ 2 000 的试样,可用吸附、分配和离子交换色谱法;相对分子质量大于 2 000 的,则可用空间排阻色谱法。

二、溶解性能

能溶于水并能解离的试样,以采用离子交换色谱法为佳;溶于水而不能解离的试样或溶于醇类(甲醇、乙醇)的试样,宜采用反相分配色谱法;能溶于二氯甲烷或氯仿的试样,宜采用正相分配色谱法;能溶于烃类(如苯、异辛烷)的试样,可采用吸附色谱法;溶于水或非水溶剂、分子尺寸大小有差别的试样,则可采用空间排阻色谱法。

三、化学结构

对于异构体的分离,可采用吸附色谱法;具有不同官能团的化合物、同系物的分离,可采用分配色谱法;对于离子型化合物或能与其相互作用的化合物(如配位体及有机螯合剂),首先考虑采用离子交换色谱法,其次也可采用分配色谱法;对于高分子聚合物,可采用空间排阻色谱法。

现将色谱分离类型的选择原则列于表 17-8 中。

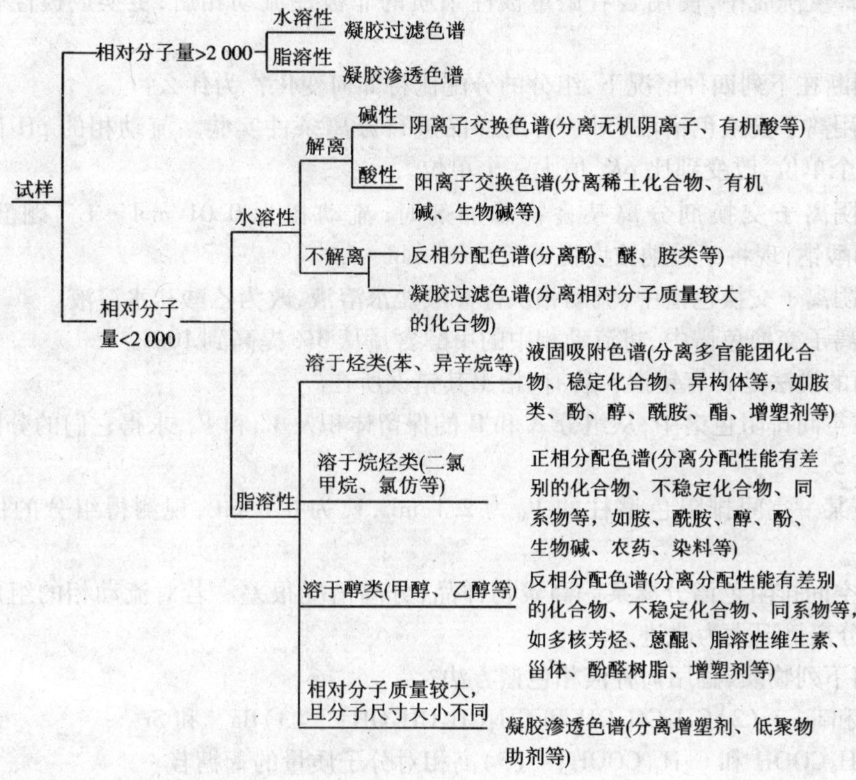

思考题

1. 试比较经典液相色谱与高效液相色谱的异同。
2. 从分离原理、仪器构造及应用范围上，简述气相色谱及高效液相色谱的异同点。
3. 试比较气相色谱和高效液相色谱中，流动相的作用和性质。这些区别又如何影响它们？
4. 高效液相色谱仪由几大部分组成？各部分的主要功能是什么？
5. 在高效液相色谱中，一般为什么采用短而粗的色谱柱？
6. 为什么要将流动相预先脱气？
7. 什么叫梯度洗脱？它与气相色谱中的程序升温有何异同？
8. 简述在气相色谱和液相色谱中如何调整选择因子。
9. 何谓正相色谱和反相色谱？
10. 什么是化学键合固定相？它的突出优点是什么？

习　题

1. 说明下面三种情况对组分的分离和检测有何影响？

(1) 使用紫外吸收检测器时，流动相为含有杂质（芳烃）的已烷。

(2) 在液固色谱中，用含有少量极性杂质（例如水）的已烷作流动相。

(3)在梯度洗脱中,使用含有微量极性杂质的非极性流动相后,更换成极性较大的流动相。

2. 试判断在下列四种情况下,组分的分配比将如何变化?为什么?

(1)采用离子交换色谱法,对一含酚样品进行分离条件实验。流动相的 pH 值从比它的 pK_a 值小一个单位,改变到比 pK_a 值大一个单位。

(2)用阴离子交换剂分离某食物添加剂时,流动相为 0.01 $mol \cdot L^{-1}$ 硼酸钠及 0.02 $mol \cdot L^{-1}$ 硝酸钠,现将硝酸钠浓度提高至 0.05 $mol \cdot L^{-1}$。

(3)在阴离子交换色谱中,流动相从柠檬酸盐水溶液,改为乙酸盐水溶液。

(4)在离子交换色谱中,将流动相中的甲醇含量从 3% 提高到 10%。

3. 下面的说法是否有错误?若有,指出其错误所在。

(1) 在空间排阻色谱中,从组分 A 和 B 的保留体积及 V_M 和 V_S,求得它们的分配系数分别为 0.5 和 1.5。

(2) 若某一空间排阻色谱柱的 V_M 为 2.1 mL,V_S 为 0.6 mL,现测得组分的保留体积为 4.0 mL。

(3)用空间排阻色谱分离某一高聚物样品,分离情况很差。若对流动相的组成作了某些改变之后,分离情况大为改进。

4. 分离下列物质,宜用何种液相色谱方法?

(1)蒽和菲; (2)CH_3CH_2OH 和 $CH_3CH_2CH_2OH$; (3)Ba^{2+} 和 Sr^{2+};

(4)C_4H_9COOH 和 $C_5H_{11}COOH$; (5)高相对分子质量的葡糖苷。

5. 在硅胶柱上,用甲苯为流动相时,某溶质的保留时间为 28 min。若改用四氯化碳或三氯甲烷为流动相,试指出哪一种溶剂能减小该溶质的保留时间?

6. 指出下列物质在正相色谱中的洗脱顺序。

(1)正已烷,正已醇,苯;(2)乙酸乙酯,乙醚,硝基丁烷。

7. 指出习题 6 中物质在反相色谱中的洗脱顺序。

8. 在以氧化铝为填料的 HPLC 中,用苯 - 丙酮为流动相进行梯度洗脱,试指出在不断冲洗柱子的过程中,增加还是降低苯的比例?为什么?

第 18 章　毛细管电泳法

18-1　概述

毛细管电泳(Capillary Electrophoresis,CE)是 20 世纪 80 年代后期迅速发展起来的一种新型的液相分离分析技术。毛细管电泳的出现为解决许多极其困难的分离问题带来了新的希望,它使分析科学从微升水平进入纳升水平,并使单细胞、单分子的分析成为可能。它是继高效液相色谱之后分离科学中的一个重大飞跃。毛细管电泳在经过了 10 多年的高速发展之后,已进入成熟和全面推广应用阶段,已在生命科学、生物工程、医学药物、环境和食品科学等领域中显示出极其重要的应用前景。

毛细管电泳是以毛细管为分离通道,以高压电场为驱动力的一种分离技术。它具有高效分离、快速分析、微量进样、灵敏度高和低成本的特点,特别适合离子、大分子与生物化合物的分离分析。

与高效液相色谱相比,CE 具备以下特点。

(1)流体流动形式不同。在毛细管电泳中流体流动为平流,峰展宽小;在高效液相色谱中为层流,峰展宽大。

(2)毛细管电泳中组分移动是由电渗流和电泳流共同作用的;高效液相色谱则是由压力流带动。

(3)毛细管电泳中组分分子的扩散很小,不存在传质阻力,柱效高;高效液相色谱中的涡流扩散、传质阻力与分子扩散是造成柱效低的主要原因。

(4)毛细管电泳中组分分离是依据迁移速率的差异;高效液相色谱中则是依据分配系数或吸附能力的差异。

(5)毛细管电泳特别适合对生物大分子的分离,高效液相色谱则反之。

18-2　毛细管电泳分离的基本理论和原理

一、毛细管电泳基本理论

毛细管电泳通常采用内径 25 ~ 75 μm、长 30 ~ 80 cm 的弹性石英毛细管,使用 10 ~ 30 kV 直流高压,形成高强度电场。由于细管径的毛细管电阻率大、电流小,有效地抑制了焦耳热效应,而且具有较大的散热比表面积,也限制了电泳过程中溶液温度的升高,使得分离柱效高,分离速度快。为了更好地阐明毛细管电泳的基本理论,本节引进下述有关的概念。

1. 电双层

在液固两相的界面上,固体分子会发生解离而产生离子,并被吸附在固体表面上。为了达到电荷平衡，固体表面离子通过静电力又会吸附溶液中的相反电荷的离子，从而形成电双层。实验表明，石英毛细管表面在 pH > 3 时，就会发生明显的解离，使毛细管的内壁带有 $Si—O^-$ 负电荷，于是溶液中的正离子就会聚集在表面形成电双层，见图 18-1。这样，电双层与管壁间会产生一个电位差，称为 Zeta(ξ)电势。Zeta 电势可用下式表达

$$\xi = 4\pi\delta e/\varepsilon \tag{18-1}$$

式中：δ 为电双层外扩散层的厚度，离子浓度越高，其值越小；e 为单位面积上的过剩电荷；ε 为溶液的介电常数。

2. 电泳与电泳淌度

电泳(electrophorcsis)是指在电场作用下带电粒子在缓冲溶液中的定向移动，这种移动的速率称电泳速率。它由下式决定

$$v_{ep} = \mu_{ep}E \tag{18-2}$$

式中：v_{ep} 为电泳速率；E 为电场强度；μ_{ep} 表示溶质的电泳淌度。电泳淌度(mobility)是指溶质在给定的缓冲液中，单位时间在单位电场下移动的距离，也就是单位电场强度下的电泳速率。在空心毛细管中，一个球形荷电粒子的电泳淌度和速率可近似表示为

$$\mu_{ep} = \varepsilon\xi/6\pi\eta \tag{18-3}$$

$$v_{ep} = \varepsilon\xi E/6\pi\eta \tag{18-4}$$

式中：ε 和 η 分别为介质的介电常数和黏度；ξ 为粒子的 Zeta 电势。由于 $\xi = q/\varepsilon r$，也可表示为

$$\mu_{ep} = q/6\pi\eta r \tag{18-5}$$

对于棒状粒子，则表示为

$$\mu_{ep} = q/4\pi\eta r \tag{18-6}$$

式中：q 为离子所带的电量；r 为离子的半径。

由式 18-5 和 18-6 可以看出：电荷粒子的淌度与其所带电量呈正比，与离子半径和溶液黏度呈反比。因此粒子的大小与形状及其有效电荷的差异，就构成了电泳分离的基础。将在电泳实验中测得的淌度值称为有效淌度(effective mobility, μef)。电泳分离的基础是建立在各分离组分的有效淌度的差异上。

3. 电渗流

电渗流(Electroosmotic Flow, EOF)是指体相溶液在外电场的作用下整体朝向一个方向运动的现象，它在 CE 分离中扮演着重要的角色。电渗流速率 v_{EOF} 表示，其相应的电渗流淌度用 μ_{EOF} 表示。

由于液固界面的电双层的存在，在高电压场的作用下，组成扩散层的阳离子被吸引而向负极移动。由于它们是溶剂化的，故将拖动毛细管中的溶液整体向负极流动，这便形成了电渗流，如图 18-1 所示。电渗流的大小直接影响分离情况和分析结果的精密度和准确度。

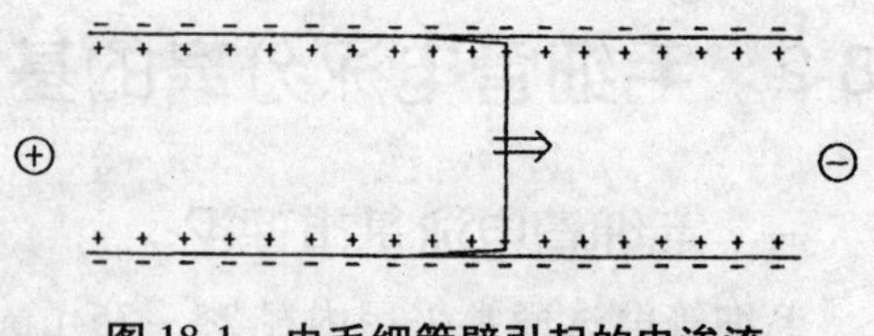

图 18-1 由毛细管壁引起的电渗流

电渗流的大小与 Zeta 电势呈正比关系，因此影响 Zeta 电势的因素都会影响电渗流。

电渗流的一个重要优点是具有平面流型。由于引起流动的推动力在毛细管的径向分布是均匀的，所以管内各处的流速近似相等，径向扩散对谱带扩展的影响极小，如图 18-2 所示。与此形成鲜明对照的是在 HPLC 法中却显示抛物线流型。由于在 HPLC 中用高压泵驱动，在管

壁处的流速为零,管中心的速率通常为平均速率的 2 倍,使得谱带峰形变宽。电渗流呈平流是毛细管电泳能获得高分离效率的重要原因。

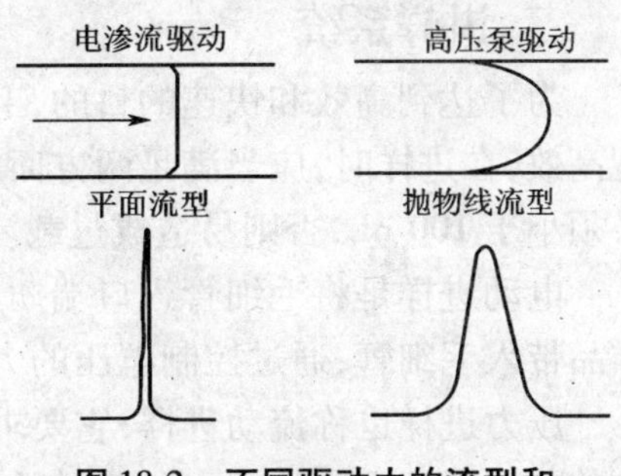

图 18-2 不同驱动力的流型和相应的谱带峰形

电渗流是伴随电泳而产生的一种电动现象,它在 CE 的分离中起着极重要的作用。无论被分析物的电荷性质如何,电渗流几乎可使所有被分析物向同一方向运动。这是因为,一般离子的电渗速率是电泳速率的 5 ~7 倍,因此,即使离子的电泳流方向与电渗流方向相反,电渗流仍可带动阳离子和阴离子以不同的速率从阴极端流出毛细管。如对毛细管的内壁进行修饰,以降低电渗流速率,而被分析物的电泳速率却不受影响,此时,阴阳离子将以不同的方向迁移。

二、毛细管电泳的分离原理

毛细管电泳的分离原理是以毛细管为分离通道,基于电渗流为驱动力,依据样品中组分之间淌度和分配行为上的差异而实现分离。在毛细管电泳分离中带电粒子的运动受两种力的共同作用:电泳力和电渗力。因此,毛细管中粒子的移动速率(v)等于电泳迁移速率(v_{ep})与电渗流速率(v_{EOF})的矢量和。

$$v = v_{ep} \pm v_{EOF} \tag{18-7}$$

当样品从阳极端注入毛细管时,各种离子将按表 18-1 的速率向负极迁移,分离后出峰次序为:正离子 > 中性分子 > 负离子。中性分子的迁移速率与电渗流速率相同,不能被分离。

表 18-1 在电渗中样品组分的迁移速率

组分	表观淌度	表观迁移速率
正离子	$\mu_{ef} + \mu_{EOF}$	$v_{ep} + v_{EOF}$
中性分子	μ_{EOF}	v_{ep}
负离子	$\mu_{ef} - \mu_{EOF}$	$v_{ep} - v_{EOF}$

18-3 毛细管电泳仪

毛细管电泳的仪器与色谱的仪器很相似,都具有进样部分、分离部分、检测和数据处理等部分。图 18-3 为毛细管电泳仪的示意图,其主要组成部分包括高压电源、进样系统、毛细管柱、电极槽和检测器。以下分别简述。

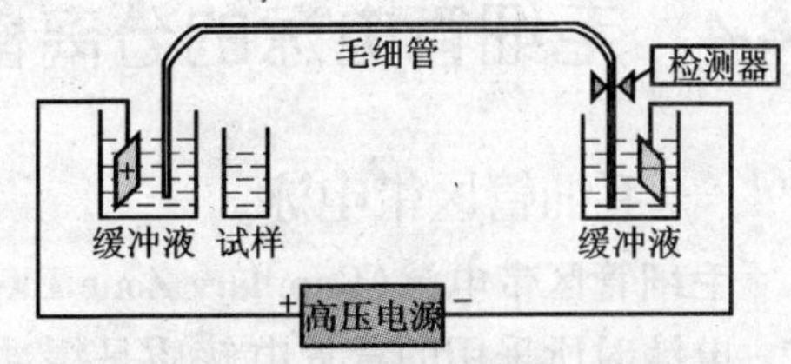

图 18-3 毛细管电泳仪的示意图

一、高压电源

高压电源一般采用 0 ~ ±30 kV 连续可调的直流电压电源,电压输出精度应高于 1%。大部分直流高压电源都配有输出极性转换装置,可根据分类需要选择正电压或负电压。电极通常由直径为 0.5 ~1 mm 的铂丝制成。

二、进样系统

为了达到高效和快速的目的,毛细管电泳对进样的要求比较严格。为了使毛细管电泳实现高效,在进样时,应当满足两方面的要求:一是进样时不能引入显著的区带扩张;二是样品量必须小于 100 nL,否则易造成过载。目前主要的进样方法有电动进样和压力进样两种。

电动进样是将毛细管入口端插入样品中,然后在毛细管两端施加一定的电压,靠电渗流将样品带入毛细管,通过控制电压的大小和时间的长短控制进样量。

压力进样也称流动进样,它要求毛细管中的填充介质具有流动性,比如溶液等。当将毛细管的两端置于不同的压力环境时,管中溶液即通过流动将样品带入。

三、毛细管柱

毛细管电泳的分离过程是在毛细管柱内完成的。因此,毛细管柱是毛细管电泳的核心部件,理想的毛细管柱应是化学惰性的,能透过紫外和可见光,易于弯曲,耐用而且便宜。毛细管柱的材料可以是聚四氟乙烯、玻璃和石英等,目前采用的材料多数为石英。毛细管柱尺寸的选择主要考虑分离效率和检测灵敏度。内径越小,分离效率越高,但由于窄内径的毛细管限制了进样量,故当前商品石英毛细管的内径通常为 25 ~ 75 μm。增加毛细管柱长可增加柱效,但受高压电源的限制,毛细管柱过长将降低电场强度,延长分析时间。因此,在实际应用中常采用的长度为 30 ~ 50 cm。

四、电极槽

电极槽内一般装有要运行的缓冲液,应该使缓冲液在所选择的 pH 范围内有较强的缓冲能力,否则,电解引起的 pH 的微小变化将导致实验结果的重复性明显下降。缓冲液的浓度也要选合适。浓度过低使重复性变差;浓度过高又会降低电渗流,影响分析速度。一般选 20 ~ 50 mmol · L^{-1}的浓度较为合适,分析蛋白质和多肽时,浓度可高一些。

五、检测器

毛细管电泳的检测在原理上与液相色谱相似,由于毛细管内径极小,因此,在 CE 的检测中首先面临的问题是如何既对溶质作灵敏检测,又不使谱带展宽。通常采用的办法是在电泳的柱上检测,这是减小谱带展宽的有效途径。

紫外可见检测器是 CE 中最常用的检测器,其次是激光诱导荧光检测器、电化学检测器和质谱检测器。

18-4 毛细管电泳的分离模式

一、毛细管区带电泳

毛细管区带电泳(Capillary Zone Electrophoresis, CZE)是毛细管电泳最基本的一种分离模式。电泳时所采用的背景电解质是缓冲溶液,分离是基于样品中各个组分间质荷比有差异。在电场作用下,样品组分以不同的速率在独立的区带内迁移而被分离。由于电渗流作用,正负离子均可实现分离。带正电的粒子在毛细管缓冲液中的迁移速率等于电泳流速率和电渗流速率两者的加和,正离子移动方向与电渗流相同,因此首先流出;负离子移动方向与电渗流相反,由于电渗流的速率远远大于电泳速率,所以最后流出;中性物质在电场中不迁移,只是随电渗流一起流出毛细管,故得不到分离。

在CZE中,影响分离的因素主要有:缓冲液的种类、离子强度、浓度和pH值、添加剂、分析电压、温度等。

二、胶束电动毛细管色谱

胶束电动色谱(Micelle Electrokinetic Chromatography,MEKC)是以胶束作为准固定相的一种电动色谱,是电泳技术与色谱技术的结合。由于多数MEKC是在毛细管中完成,故又称胶束电动毛细管色谱。它是在电泳缓冲液中加入表面活性剂,当溶液中表面活性剂浓度超过临界胶束浓度时,表面活性剂分子的疏水基团聚集在一起形成胶束(准固定相)。溶质不仅因淌度差异而分离,同时可基于在水相和胶束相间的分配系数不同而得到分离。

三、毛细管凝胶电泳

毛细管凝胶电泳(Capillary Gel Electrophoresis, CGE)由于应用了凝胶,黏度大,抗对流并能减少溶质的扩散,因此能限制谱带的展宽,所得的峰形尖锐,柱效极高。它综合了毛细管电泳和平板凝胶电泳的优点,成为当今分离度极高的一种电泳分离技术。CGE的分离原理类似于体积排阻色谱,因为在毛细管内填充了聚合物凝胶或其他筛分介质。应用最多的介质是交联和非交联(线性)的聚丙烯酰胺凝胶。当带电的被分析物在电场作用下进入毛细管后,这些聚合物起到类似于"分子筛"的作用。小的分子容易进入凝胶而首先流出毛细管柱,大分子则因受到较大的阻力而后流出柱,流经凝胶的物质原则上按照分子大小的顺序被分离。CGE主要用于蛋白质和核酸等生物大分子的分离。由于采用了芯片阵列技术,在完成人类DNA基因测序的工作中,CGE作出了极大的贡献。

四、毛细管电色谱

毛细管电色谱(Capillary Electrochromatography, CEC)是将CE的高柱效和HPLC的高选择性有机地结合在一起的分离模式,开辟了高效的微分离技术新途径。分离过程包含了电泳和色谱两种机制,溶质根据它们在流动相与固定相中的分配系数不同和自身的电泳淌度差异得以分离。CEC可看成是CZE中的空管被色谱固定相填充、涂布和键合的结果。在毛细管的两端加高压直流电压,以电渗流代替高压泵推动流动相。从原理上看,CEC流过柱子的溶剂前沿与毛细管电泳相似,其切面呈塞状的平面流型抑制了样品谱带的展宽,具有很高的分离效率。对中性化合物而言,分离过程与HPLC很相似,即通过溶质在流动相与固定相之间的分配差异而获得分离。对于带电样品的离子,则迁移和分配的机理同时存在,共同对保留和分离产生影响,产生了更多的选择性变化。

CEC的最大特点是分离速度快和分离效率高,选择性高于毛细管电泳。但由于柱容量小,检测灵敏度尚不如HPLC。就应用范围来看,CEC与HPLC同样广泛,它可采用HPLC的各种模式。

五、毛细管等电聚焦

毛细管等电聚焦(Capillary Isoelectric Focusing,CIEF)是根据等电点的差异分离生物大分子的电泳技术。两性物质以电中性状态存在时的pH叫等电点,用pI表示。如氨基酸、蛋白质、多肽等在其等电点时为电中性,淌度为零。当所处环境的pH大于其等电点时,两性物质以带负电状态存在;当所处环境的pH小于其等电点时,两性物质以带正电状态存在。利用两性物质等电点时呈电中性、淌度为零的特性,建立了等电聚焦。所谓"聚焦",是指采用两性物质在毛细管内建立起 pH 梯度，当被分析物进入毛细管后，将其一端放入碱性溶液（高 pH），另一端放入酸性溶液（低 pH）。施加电场后，不同等电点的溶质在外电场的作用下，分别向其等电点的 pH 范围迁移，直至到达不带电的区域（即等电点 pI 处）为止，这一过程就是“聚焦”。聚焦后的样品，不会再迁移到其他 pH 区域，因为一旦离开 pI 处就会带电，电场作用力就会促使它返回到 pH 等于其 pI 的区域。为了消除毛细管内的电渗流，通常采用对毛细管内壁表面进行改性修饰，其中以聚丙烯酰胺和聚甲基纤维素涂渍后进行交联键合到管壁表面的方法较为有效。毛细管等电聚焦过程是在毛细管内实现的，具有极高的分辨率，可以分离等电点差异小于 0.01 的蛋白质以及氨基酸等两性化合物。

六、毛细管等速电泳

毛细管等速电泳（Capillary Isotachophoresis，CITP）是一种“移动边界”的电泳技术。它采用两种不同的缓冲液体系：一种是前导电解质，充满整个毛细管柱；另一种称尾随电解质，置于一端的电泳槽内。前者的淌度大于任何样品组分，后者则小于任何样品组分，被分离的组分按其不同的淌度夹在中间，以同一个速率实现分离。例如，在进行阴离子分析时，所选的前导电解质必须含有淌度大于被测组分的阴离子；尾随电解质其阴离子淌度小于被测组分的阴离子。施加电场后，阴离子按淌度大小的次序朝阳极泳动。前导电解质的离子淌度大，速率快，集中在最前面；紧接着是被分离组分中淌度最大的离子；以此类推，排在最后的是尾随电解质。于是所有的阴离子形成各自的独立区带，达到分离。

七、非水毛细管电泳

非水毛细管电泳（Non Aqueous Capillary Electrophoresis，NACE）是指介质中有机溶剂占主要部分，表现为非水体系性质的电泳方法。与水体系相比较，非水体系可承受更高的操作电压产生的高电场，因而会有更高的分离效率，也可在不增大焦耳热的条件下提高溶液中的离子浓度或增大毛细管的内径，从而增大进样量。由于在非水毛细管电泳中，增加了在 CE 分析中可优化的参数，如介质的极性、介电常数等，使得在水中难溶而在有机溶剂中有较高溶解度的物质得以分离。

思考题

1. 毛细管电泳与高效液相色谱在分离上有哪些差异？
2. 在毛细管电泳分析中，基于什么原理组分能够被分离？
3. 在毛细管电泳中，哪个分离模式使样品中的组分停留在毛细管中特定的区域？

第 19 章　热 分 析 法

19-1　概述

热分析法(thermal analysis methods)是指在程序控制温度条件下,测量物质的物理性质随温度变化的函数关系的一种技术。根据所测定物理性质种类的不同,热分析技术分类如表 19-1 所示。

热分析法的技术基础在于:物质在加热或冷却的过程中,随着其物理或化学状态的变化,通常伴有相应的热力学性质(如热焓、比热、导热系数等)或其他性质(如质量、力学性质、电阻等)的变化,因而通过对某些性质(参数)的测定,可以分析研究物质的物理变化或化学变化过程。这就决定了它与各学科中的热力学和动力学都有必然的联系,因而成为了各学科间的通用技术,并在各学科占有重要的地位。目前,热分析技术已在分析化学、无机化学、有机化学、高分子科学以及矿物学和药物化学等多学科领域中得到了广泛的应用。本章将介绍使用最多的三种热分析方法:热重法(TG)、差热分析法(DTA) 和差示扫描量热法(DSC)。

表 19-1　热分析技术分类

物理性质	技术名称	简称	物理性质	技术名称	简称
质量	热重法	TG	力学特性	机械热分析	TMA
	导热系数法	DTG		动态热	
	逸出气检测法	EGD		机械热	
	逸出气分析法	EGA	声学特性	热发声法	
				热传声法	
温度	差热分析	DTA	光学特性	热光学法	
焓	差示扫描量热法*	DSC	电学特性	热电学法	
尺度	热膨胀法	TD	磁学特性	热磁学法	

* DSC 分类:功率补偿 DSC 和热流 DSC。

19-2 热重分析法

一、热重分析原理及仪器

热重法(thermogravimetry,TG)是在程序控制温度条件下,测量物质的质量与温度关系的热分析方法。热重分析仪的主要组成部分包括:①记录天平;②加热炉;③程序控温系统;④数据处理系统。核心部分是记录天平。记录天平与一般天平原理相同,所不同的是在受热情况下连续称重,能连续记录质量与温度的函数关系。工作时,一般以程序控制温度的方式来加热或冷却试样。

记录天平根据其动作方式分成两大类:指零型和偏转型。其中指零型天平应用较广泛。以指零型天平为例,来说明热天平的测量原理。测定时,试样因受热产生重量变化时,因支撑试样的天平梁的平稳被破坏而发生倾斜,由光电元件检出,经电子放大后反馈到安装在天平梁上的感应线圈,磁铁产生与重量变化相反的作用力(电磁作用力),使天平梁又返回到原来的零点。由于线圈转动所施加的力与质量变化成比例,这个力又与线圈中的电流成比例,因此,测量通过线圈电流的大小变化,就能知道试样重量的变化。由此电流值得知质量的变化,将它在记录仪上作为检测量记录下来,原理如图 19-1 所示。偏转型天平则是通过测量天平梁相对于支点的偏转量转变成相应的重量变化曲线。

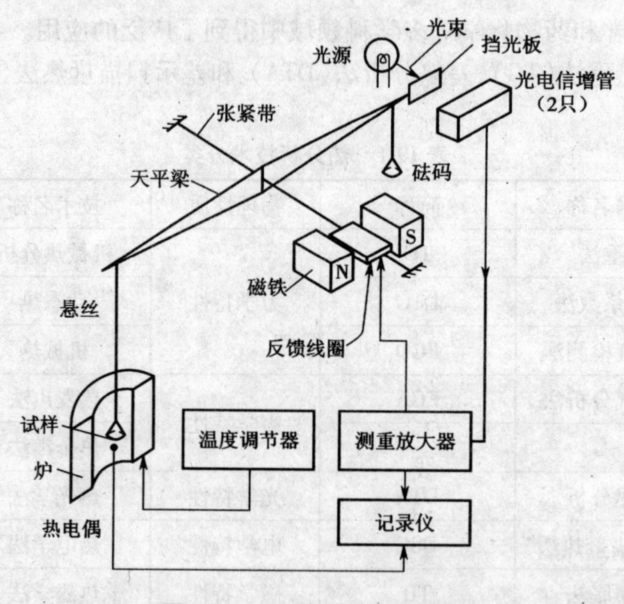

图 19-1　TG 装置示意原理图

二、热重曲线和微商热重曲线

热重法测得的记录称为热重曲线(TG 曲线)。以质量(m)为纵坐标,从上到下逐渐减少,称余重,以温度(T)或时间(t)为横坐标,从左到右逐渐增加,即 $m-T$ 曲线,如图 19-2(a)曲线所示。热重曲线中质量(m)对时间(t)或温度(T)进行一阶微商从而得到微商热重曲线(Derivative thermogravimetry,DTG)。它表示质量随时间的变化率(失重速率)与温度(或时间)的关系。相应地以微商热重曲线表示结果的热重法称为微商热重法，如图 19-2(b)曲线所示。DTG 曲线的峰顶 $d^2W/dt^2=0$，即失重速率的最大值，它与 TG 曲线的拐点相对应。DTG 曲线上峰的数目和 TG 曲线的台阶数相等，峰面积与样品失重量成正比；此外，当 TG 曲线对某些受热过程出现的台阶不明显时，利用 DTG 曲线能明显的区分开来。热重曲线表达失重过程具有形象、直观的特点，而与之相对应的微商热重曲线则更能精确地进行定量分析。

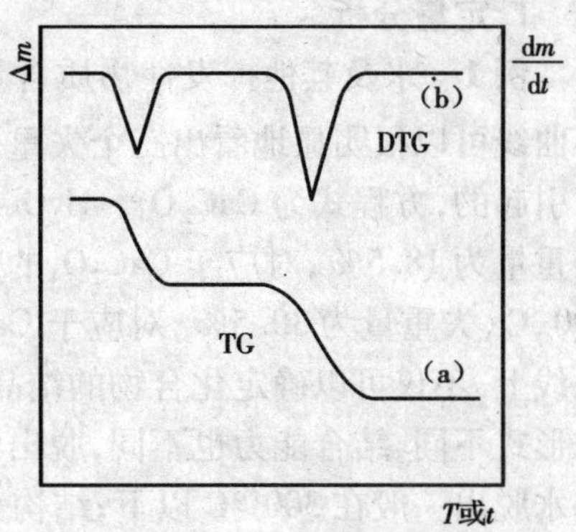

图 19-2 热重曲线图

(a)TG 曲线 (b)DTG 曲线

三、热重曲线的影响因素

影响热重曲线的因素主要包括：仪器因素，如浮力和对流、坩埚、挥发物冷凝、天平灵敏度、样品支架和热电偶等等；实验条件，如升温速率、气氛、纸速等；此外试样的质量和粒度等也会影响 TG 曲线的准确性。对于给定的热重仪器，天平灵敏度、样品支架和热电偶等仪器的影响是固定不变的，可以通过质量校正和温度校正来减少或消除这些系统误差，因此这里重点介绍实验条件的影响。

1. 升温速率的影响

升温速率对热重曲线影响较大。一方面升温速率快，致使热滞后现象严重，样品的分解起始温度和终止温度都相应升高。另一方面，升温速率快，往往不利于中间产物的检出，热重曲线的拐点不明显，可导致热重曲线形状改变。此外，当样品量很小时，快速升温能检查出分解过程中形成的中间产物，而慢速升温则不能达到此目的。此外，升温速率的突然变化还会使 TG 曲线突然弯曲，引起虚假现象。因此，在实验过程中选择升温速率一般为 5 或 10 °C · min^{-1}时，对热重曲线的影响都不太明显。

2. 气氛的影响

热重法通常可在静态气氛或动态气氛下进行测定。由于在静态气氛中，产物(一般指气体)的分压对 TG 曲线有明显的影响，使分解温度向高温移动，因此，测试中大多数采用动态气氛，气体流量一般为 20 mL · min^{-1}。$CaCO_3$在三种气氛条件下的热失重曲线见图 19-3。由图可见：在真空条件下，分解温度最低；在空气条件下，分解温度居中；在 CO_2条件下，分解温度最高。

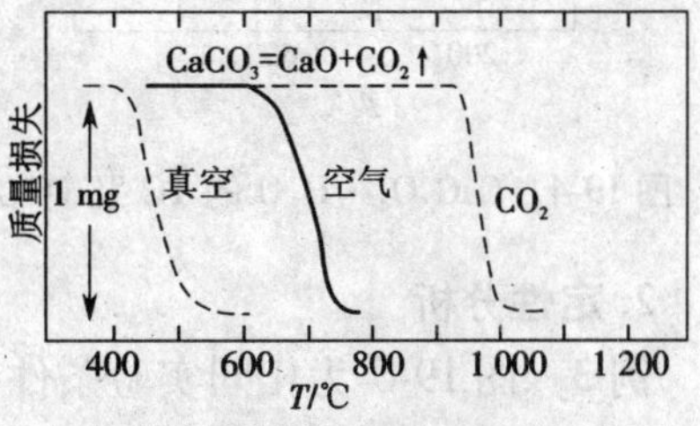

$CaCO_3$=CaO+CO_2↑

质量损失 1 mg 真空 空气 CO_2

400 600 800 1 000 1 200

T/℃

图 19-3 气氛对 $CaCO_3$ 热重曲线的影响

(试样 10 mg，升温速率 10°C / min)

四、热重分析法的应用

目前热重法的应用已涉及到无机物、有机物、高分子的热分解及热稳定性，金属高温热腐蚀，矿物的冶炼，煤、石油和木材的热解，液体蒸馏和汽化，爆炸材料等国民经济的各个领域。只要物质受热时发生质量的变化，都可以用热重法来研究其变化过程。一方面 TG 分析法能准确地测量物质的质量变化及变化的速率，因此可进行定量分析；另一方面，根据 TG 曲线还可以对物质的热稳定性等进行定性判断。下面简单举例说明。

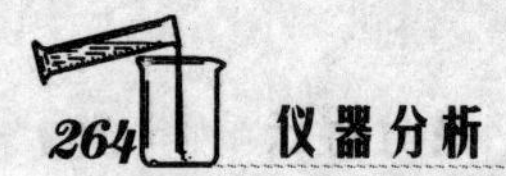

1. 定量分析

例 1 水及其他挥发性物质含量的测定。图 19-4 为 $CaC_2O_4 \cdot H_2O$ 的 TG 和 DTG 曲线。由曲线可以很明显地看出三个失重平台：第一个在 100～200 °C，是由 $CaC_2O_4 \cdot H_2O$ 释放结晶水引起的，方程式为 $CaC_2O_4 \cdot H_2O \rightarrow CaC_2O_4 + H_2O$，失重量为 12.5%；第二个在 400～500 ℃，失重量为 18.5%，对应于 CaC_2O_4 的分解，方程式为 $CaC_2O_4 \rightarrow CaCO_3 + CO$；第三个发生在 600～800 ℃，失重量为 30.5%，对应于 $CaCO_3$ 的分解，方程式为 $CaCO_3 \rightarrow CaO + CO_2$。因此，从热重曲线上，不仅可以确定化合物的结晶水含量，同时可以推断其热分解机理。一般来说，水的存在形式不同，结合能力也不同，脱出温度也不同。脱出吸附水和层间水一般在 200 °C 以下；结晶水脱出一般在 300 °C 以下；结构水的脱出温度较高，一般为 500～800 °C。因此可根据水的脱出温度判断水的结合形式。

例 2 聚氯乙烯（PVC）中增塑剂邻苯二辛酯（DOP）含量的测定，如图 19-5 所示。测定时，先以 160 ℃ · min^{-1} 的速率升温，达到 200 ℃后保温 4 min，在这 4 min 里，增塑剂邻苯二辛酯（DOP）基本挥发掉，然后以 80 ℃ · min^{-1} 的速率升温，200 ℃以后气氛由原来的 N_2 改为 O_2，以保证有机物完全燃烧，最后剩下惰性的无机填料约 3.5%。

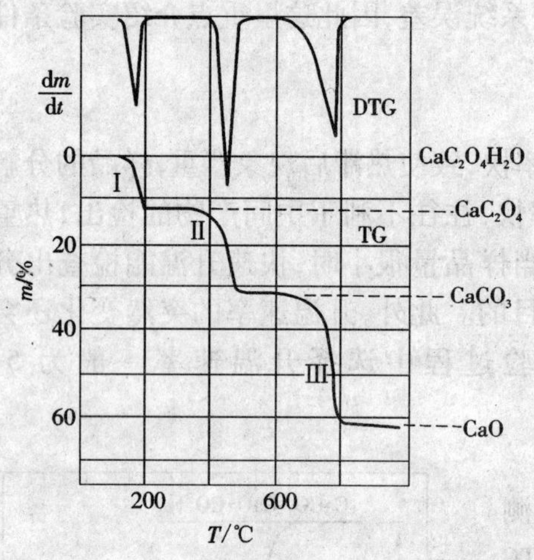

图 19-4 $CaC_2O_4 \cdot H_2O$ 的 TG 及 DTG 曲线

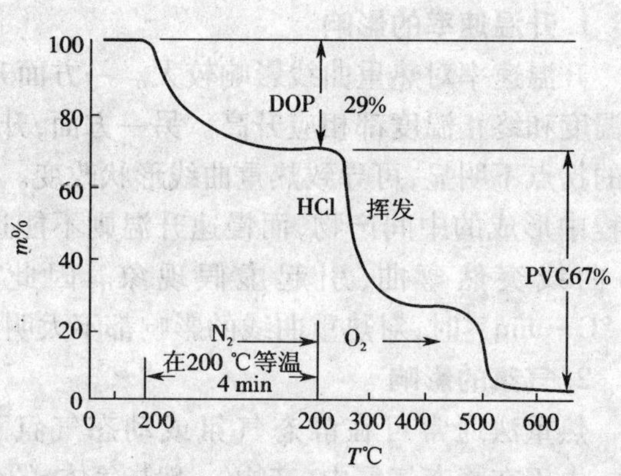

图 19-5 聚氯乙烯中增塑剂 DOP 的 TG 曲线

2. 定性分析

例 3 图 19-6 为相同实验条件下测得的几种高聚物的 TG 曲线。由图可知，这五种高聚物的稳定性次序为芳香族聚酰亚胺 > 聚四氟乙烯 > 高压聚乙烯 > 聚甲基丙烯酸甲酯 > 聚氯乙烯，即芳香族聚酰亚胺的热稳定性最好。图 19-7 为天然橡胶（NR）、丁烯橡胶（BR）和丁苯橡胶（SBR）的 DTG 曲线，根据各自的热裂解行为可加以区别。

19-3 差热分析法

一、差热分析基本原理

差热分析（differential thermal analysis，DTA）是在程序控制温度条件下，测量样品与参比物（基准物，是在测量温度范围内不发生任何热效应的物质，如 $\alpha-Al_2O_3$、MgO 等）之间的温度

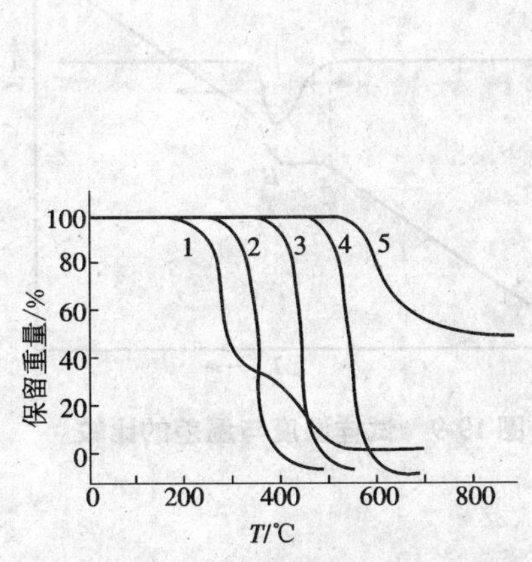

图 19-6 几种高聚物的 TG 曲线

1—聚氯乙烯；2—聚甲基丙烯酸甲酯；
3—高压聚乙烯；4—聚四氟乙烯；
5—芳香族聚酰亚胺

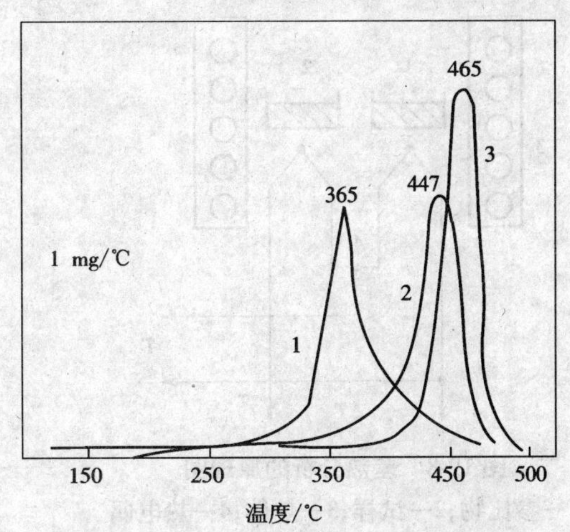

图 19-7 天然橡胶、丁烯橡胶和丁苯橡胶的 DTG 曲线

1—NR；2—BR；3—SBR

差（ΔT）与温度关系的一种热分析方法。

测量时，一般是将试样与参比物分别放入两个小坩埚，并置于加热炉，在相同的条件下加热或冷却。测量试样与参比物温差所用热电偶的两个接点分别与坩埚底部接触，如图 19-8 所示。由于试样和参比物的测温热电偶是反向串联的，如果试样不发生反应，试样温度（T_s）应和参比物温度（T_r）相等，即 $\Delta T = T_s - T_r = 0$。当试样发生物理或化学变化而引起吸热或放热效应时，则 $\Delta T \neq 0$。由于热电偶的电动势与 ΔT 成正比，温差电动势经放大后，把 T 和 ΔT 转变为电信号，送入记录仪，得到以 ΔT 为纵坐标、温度为横坐标的差热曲线（DTA 曲线），如图 19-9 所示。其中，基线相当于 $\Delta T = 0$，试样无热效应发生；向上和向下的峰反映了试样的放热、吸热过程。图 19-9 为炉温以线性速率增加时样品温度和试样与参比物温差 ΔT 的变化曲线。由图可以看出，试样吸热过程始于 A 点，之后由于试样吸收热量，使得样品温度从初始温度 T_i 偏离程序控制温度，达到温度 T_f 即 B 点时，反应基本完成。随后温度逐渐上升，至 C 点再回到炉温。温差（$T_s - T_r$）在 T_i 时，曲线开始偏离基线形成峰，反应终止温度 T_f 稍落在峰的高温边（准确位置与仪器有关），至 C 点又回到基线。因此采用温差 ΔT 作检测量，即便温度的微小变化都能检测出来，且能从峰的面积来估算热焓和样品量。若是放热反应，差热峰形类似，只是差热峰处于与吸热峰相反的方向。

二、差热分析仪

尽管目前的 DTA 仪器种类繁多，其内部结构基本相同。差热分析仪一般由炉子（有试样和参比物坩埚，温度敏感元件等）、炉温控制器、微伏放大器、气氛控制、记录仪等部分组成，装置简图如图 19-10 所示。样品支持器材料主要包括氧化铝、氧化锆、熔融石英、石墨、铝、铂或铂的合金等，选择何种材料主要取决于差热分析仪所要求的最大工作温度。此外，对碱性物质（如 Na_2CO_3）、含氟高聚物（如聚四氟乙烯易与硅形成化合物）等不能用玻璃、陶瓷类坩埚；铂具有高热稳定性和抗腐蚀性，高温时常选用，但不适用于含有 P、S 和卤素的试样。另外，Pt 对

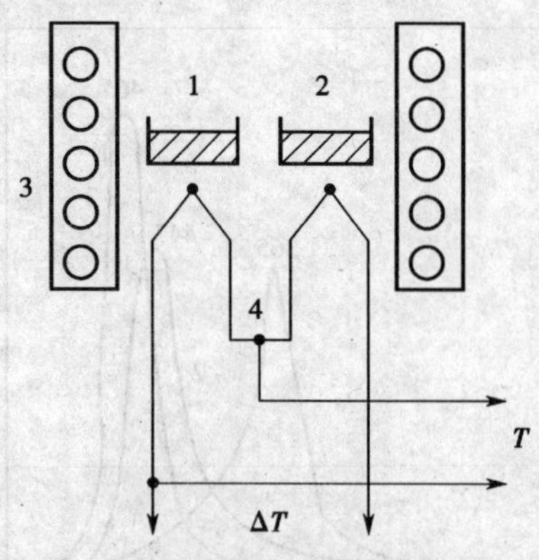

图 19-8　差热分析的原理图

1—参比物;2—试样;3—炉体;4—热电偶

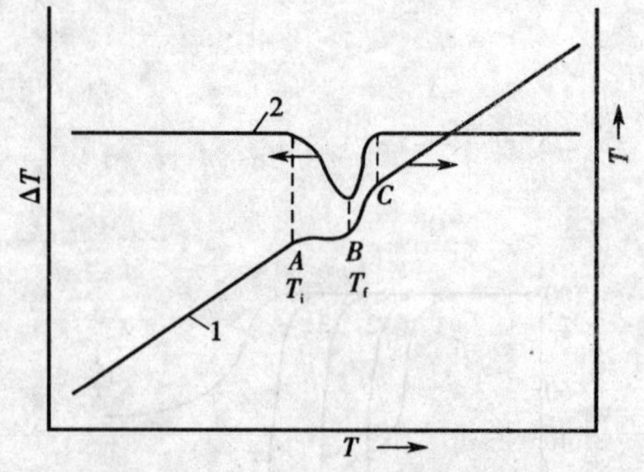

图 19-9　试样温度与温差的比较

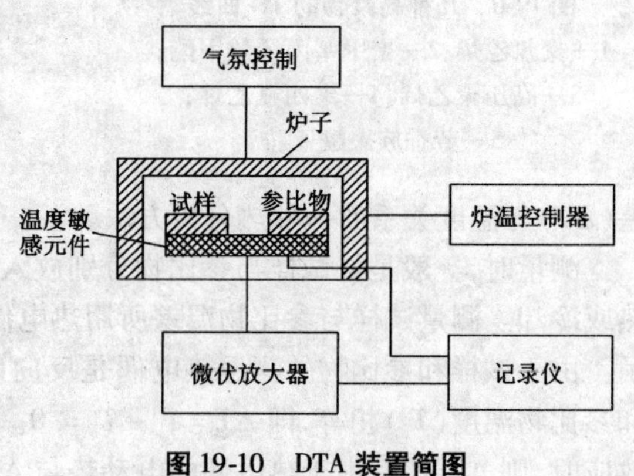

图 19-10　DTA 装置简图

许多有机、无机反应具有催化作用,若忽视可导致严重的误差。炉子加热元件和炉子类型的选择取决于所要求的温度范围。炉子可以垂直或水平安装,但应保证对称加热,炉子的热容量小,便于调节升、降温速度,此外还要求炉子的线圈无感应现象,避免对热电偶电流干扰。加热炉子可用电阻元件、红外线辐射、高频振动等方法,其中应用最广泛的方法之一是电阻元件加热。根据使用仪器的不同,热电偶可以插入试样中或简化成与试样架直接接触。由于差热分析的主要问题之一是如何能方便、准确地获得试样和参比物实际温度的正确读数,因此,每次实验热电偶都必须准确定位。炉子和样品支持器内气氛控制,主要采用向炉内充所需气体等方法。由于差热分析中温差信号很小,一般只有几微伏到几十微伏,ΔT 信号须由微伏直流放大器放大进入到量程为毫伏级的记录系统,在记录仪中直接得到温差对温度的函数关系曲线。

三、差热曲线

差热分析法得到的记录称为差热分析曲线或 DTA 曲线。以温度 T(或时间 t)为横坐标,温度差 ΔT 为纵坐标。基线突变的温度与样品的转变温度、反应时吸热或放热有关,典型的 DTA 曲线由图 19-11 所示。差热曲线中,峰的数目表示在测温范围内试样发生变化的次数;峰的位置对应于试样发生变化的温度;峰的方向则指示变化是吸热还是放热,峰的面积表示热效应的大小等等。一般低温吸热峰是由熔融或熔化转变引起的,高温吸热峰通常是由分解或裂解反应引起的,而且温差越大,峰也越大。例如聚合物的 DTA 曲线如图 19-12 所示。

因此,可以根据各种吸热和放热峰的数目、位置、方向、形状以及相应的温度来定性地鉴定物质,而利用峰面积比例于热量可以半定量或定量测定反应热。

1. DTA 曲线特征点温度

DTA 曲线特征点温度的确定如图 19-13 所示。由于试样和参比物之间热容的不同,在一

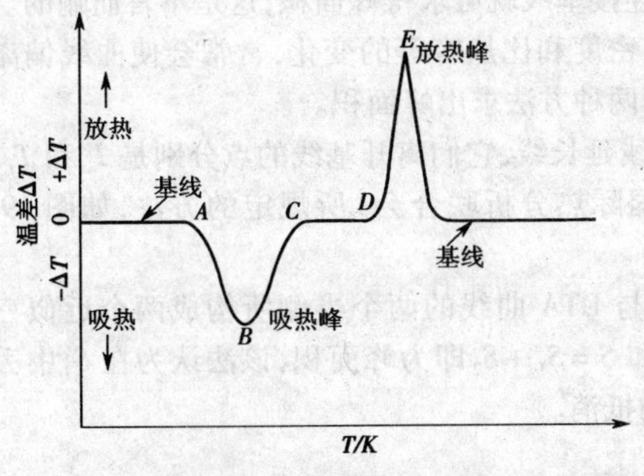

图 19-11　典型的 DTA 曲线

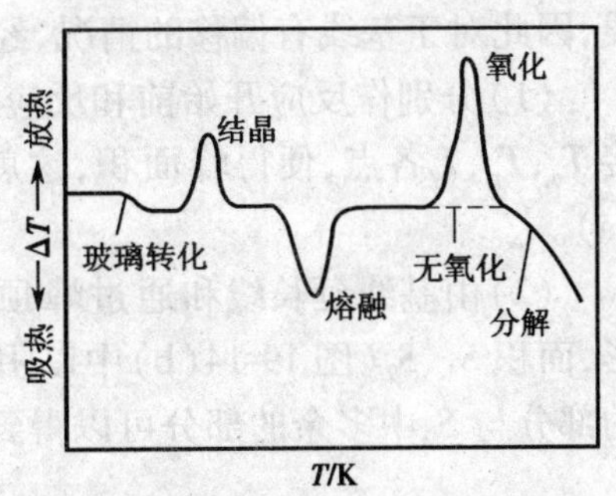

图 19-12　聚合物的 DTA 曲线

定的程序升温过程中，它们对均温块的温度滞后并不相同，即试样和参比物之间有温差 ΔT 存在。当热容差被热传导自动补偿后，试样和参比物才按预定的程序升温，此时 ΔT 成为定值 $(\Delta T)_a$。因此，试样在发生变化之前，表现出一定的基线偏离。oa 即差热曲线的基线，当有热效应发生时，曲线便开始离开基线，曲线偏离基线之点为起始温度，用 T_a 表示。之后 ΔT 值逐渐变大，即产生 ΔT 一峰形，曲线起始边切线和基线延长线交点的温度称为外推起始温度，用 T_e 表示。T_p 为曲线的峰顶温度（传热系数越小，峰越高，灵敏度也越高）。其中 T_a 与仪器的灵敏度有关，灵敏度越高则出现得越早，即 T_a 值越低，故一般重复性较差，T_p 和 T_e 的重复性较好，故国际热分析协会推荐用 T_e 作为 DTA 曲线的起始温度。

从外观上看，曲线回复到基线的温度称终止温度用 T_f 表示。实际上反应的真正终点温度在 T_f，$T_{f'}$ 之后，ΔT 即以指数函数降低。这是由于整个体系的热惰性，热量仍有一个散失过程，即使反应终了，曲线不能立即回到基线。要测定反应终点 f'，通常以 $\lg[\Delta T-(\Delta T)_a]-t$ 作图，可得一直线，从峰的高温侧的底部逆向取点时，开始偏离直线的那点，即表示终点 $T_{f'}$。

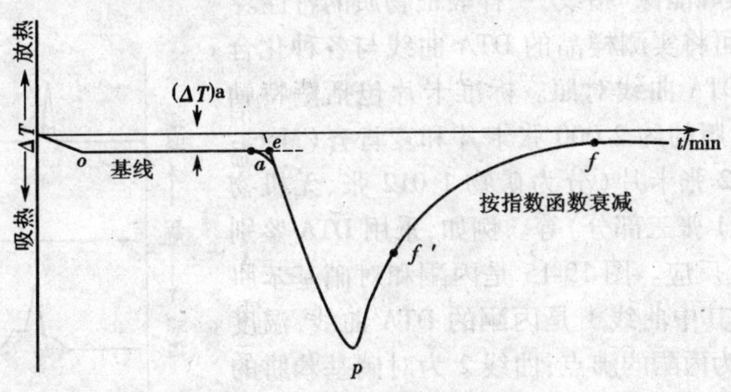

图 19-13　DTA 吸热转变曲线

2. DTA 峰面积的确定

DTA 的峰面积为反应前后基线所包围的面积，是反应热的一种度量。测量方法主要有以下几种：①使用积分仪，可以直接读数或自动记录下差热峰的面积；②如果差热峰的对称性好，可作等腰三角形处理，用峰高乘以半峰宽（峰高 1/2 处的宽度）的方法求面积；③剪纸称重法，若记录纸厚薄均匀，可将差热峰剪下来，在分析天平上称其质量，其数值可以代表峰面积。

对于反应前后基线没有偏移的情况，只要连接基线就可求得峰面积，这是不言而喻的。但由于在反应过程中，试样的基本性质如热传导、密度和比热容等的变化，常常会使曲线偏离基线，因此对于基线有偏移的情况，经常采用下面两种方法求出峰面积。

(1)分别作反应开始前和反应终止后的基线延长线，它们离开基线的点分别是 T_a 和 T_f，连接 T_a，T_p，T_f 各点，便得峰面积，这就是 ICTA(国际热分析联合会)所规定的方法，如图 19-14(a)。

(2)由基线延长线和通过峰顶 T_p 作垂线，与 DTA 曲线的两个半侧所构成两个近似三角形，面积 S_1、S_2(图 19-14(b)中以阴影表示)之和 $S = S_1 + S_2$ 即为峰面积，该法认为在 S_1 中丢掉的部分与 S_2 中多余的部分可以得到一定程度的抵消。

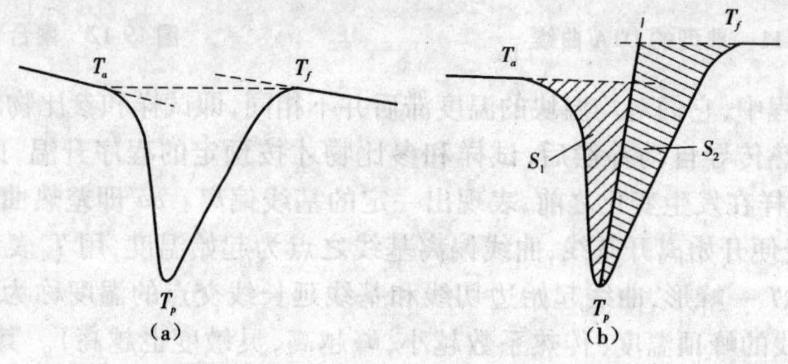

图 19-14 DTA 峰面积求法

四、差热分析的应用

1. 定性分析

定性表征和鉴别物质，主要是根据物质的相变(包括熔融、升华和晶型转变等)和化学反应(包括脱水、分解和氧化还原等)所产生的特征吸热和放热峰以及峰温、形状和峰数目。这些特征吸热和放热峰能像“指纹”一样表征物质的特性。

实验过程中，可将实测样品的 DTA 曲线与各种化合物的标准(参考)DTA 曲线对照。标准卡片包括萨特勒(Sadtler)研究室出版的约 2 000 张卡片和麦肯齐(Mackenzie)制作的 1 662 张卡片(分为矿物 1 012 张、无机物 287 张与有机物 311 张三部分)等。例如，采用 DTA 鉴别有机化合物和有机反应。图 19-15 是丙酮和对硝基苯肼反应的 DTA 曲线，其中曲线 1 是丙酮的 DTA 曲线，温度为 53 ℃的吸热峰为丙酮的沸点；曲线 2 为对硝基苯肼的 DTA 曲线，起始温度为 147 ℃的吸热峰为对硝基苯肼的熔点；曲线 3 为丙酮和对硝基苯肼反应的 DTA 曲线，150 ℃附近的吸热峰对应于反应产物丙酮对硝基苯腙衍生物，54 ~ 90 ℃的吸热峰是过量的丙酮蒸发引起的；曲线 4 为丙酮对硝基苯腙衍生物的 DTA 曲线。由此可见，利用 DTA 不仅可以鉴别有机反应产物，而且可以了解反应

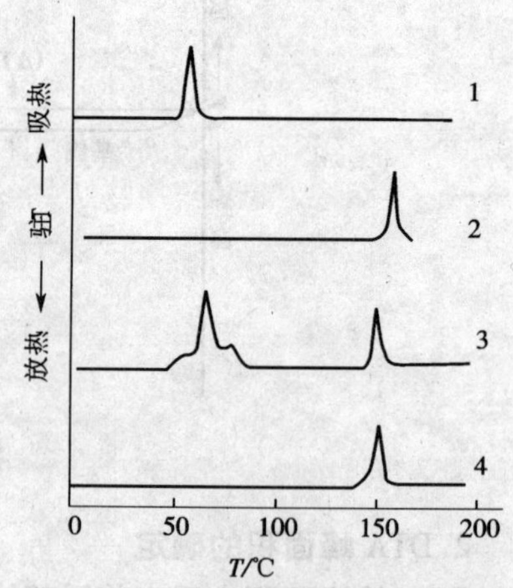

图 19-15 丙酮和对硝基苯肼反应的 DTA 曲线

的转变过程且非常简便、快捷。

2. 定量分析

由于 DTA 的峰面积反映了物质的热效应(热焓),故可用其来定量计算参与反应的物质的量或测定热化学参数。DTA 曲线峰包围的面积 S 可用下式表示

$$\Delta Hm = KS$$

式中:m 是反应物的质量;ΔH 是转变热或反应热;K 是校正系数,与样品支持器的几何形状和热传导率有关,通常可通过测定已知转变(或反应)热的化合物来校正,但对于 DTA 来说,K 值是温度的函数,即仪器的量热灵敏度随温度升高而降低,所以它在整个温度范围内是一变量,要用其于定量分析,需经多点标定。

目前,差热分析已在有机化合物、无机化合物、高聚物、催化、水泥、陶瓷、金属等领域得到了广泛的应用,特别是在高温、高压方面取得了较大的进展,由于其 DTA 样品支持器可在高达 2 400 ℃的超高温和几十 MPa 以上操作,因此它在高温、高压、抗腐蚀以及黏土矿物等领域占独特的优势。

19-4 差示扫描量热法

一、原理

差示扫描量热法(differential scanning calorimetry,DSC)是在 20 世纪 60 年代初期,为弥补差热分析(DTA)定量性不良的缺陷而发展起来的方法。它是在程序控制温度条件下,测量输入给样品与参比物的功率差与温度关系的一种热分析方法。按照测量方式的不同分为功率补偿型 DSC 和热流型 DSC 两种。其中,热流型 DSC 是使用在不同温度下 DTA 曲线峰面积与试样焓变的校正曲线来定量量热的差热分析法,仍属于 DTA 的测量原理,但因结构上与传统的 DTA 有别,故又称为定量差热分析仪。常用的功率补偿型 DSC 和 DTA 仪器装置相似,不同的是,试样和参比物都有各自独立的加热器和传感器,如图 19-16 所示。整个仪器由两个系统进行监控(图 19-17)。其中一个用于控制温度,使试样和参比物在预定的速率升温或降温:另一个用于补偿试样与参比物之间的温差。当试样在加热过程中由于热效应与参比物之间出现温差 ΔT 时,通过差示温度放大器和差动热量补偿放大器,调节样品和参比加热器的差示功率的增量,从而保证试样与参比物之间的温差始终趋于零,即保持一种动态零位平衡的状态,这也是 DSC 与 DTA 技术最本质的不同。这样,试样在热反应时发生的热量变化,由于及时输入电功率而得到补偿,所以实际记录的是试样和参比物的热功率差与温度的变化关系。此外,如果

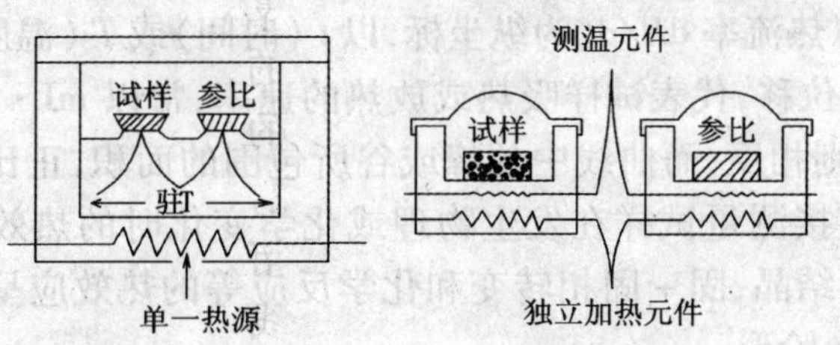

图 19-16 DTA 和 DSC 加热元件示意图

(1)DTA (2)DSC

样品在加热过程中放出挥发性的物质，在 DSC 曲线上也有反映。

差示扫描量热法克服了差热分析法以温差间接表达物质热效应，且差热分析曲线影响因素很多，难于定量分析的缺陷，具有分辨率高、灵敏度高等优点，能定量测定多种热力学和动力学参数，且可进行晶体微细结构分析等工作，如样品的焓变、比热容等的测定。

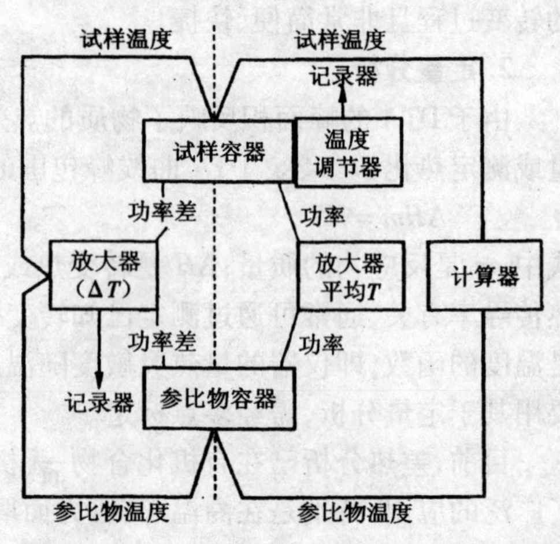

图 19-17 功率补偿型 DSC 的控制线路图

二、DSC 仪器

差示扫描量热仪与差热分析仪结构相似，除试样和参比物都有各自独立的加热器和传感器，还增加了差动热补偿单元，其余装置皆相同。图 19-18 为 DSC 仪器结构示意图；图 19-19 为 Perkin-Elmer 功率补偿型 DSC 的结构简图。

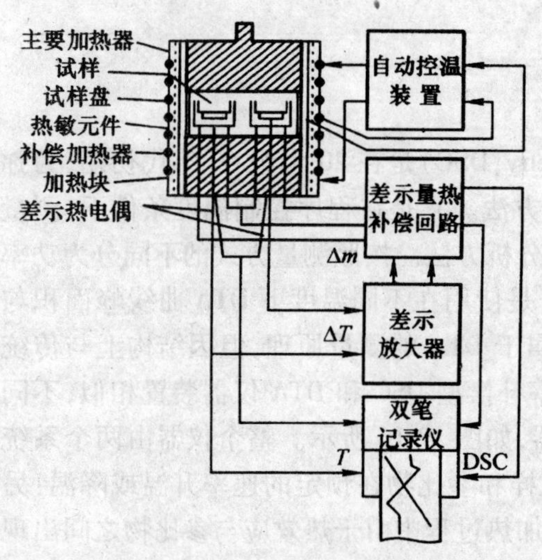

图 19-18 DSC 仪器结构示意图

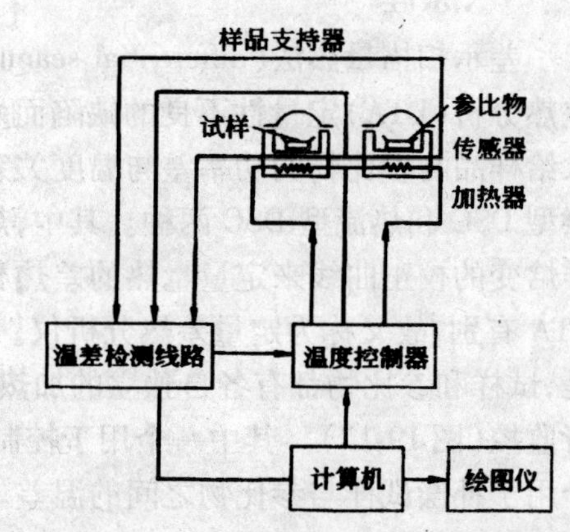

图 19-19 Perkin-Elmer 功率补偿型 DSC 的结构简图

三、DSC 曲线

典型的 DSC 曲线以热流率 dH/dt 为纵坐标，以 t（时间）或 T（温度）为横坐标，如图 19-20 所示。曲线离开基线的位移，代表试样吸热或放热的速率，常以 $mJ \cdot s^{-1}$ 表示；向上表示放热峰（热焓增加），吸热峰则相反；而曲线中的峰或谷所包围的面积，正比于热焓的变化。因此，差示扫描量热法可以直接测量试样在发生物理或化学变化时的热效应。对聚合物而言，在 DSC 曲线中，诸如熔融、结晶、固－固相转变和化学反应等的热效应呈峰形；诸如玻璃化转变等的比热容变化，则呈台阶形。

四、DTA 与 DSC 的比较

DTA 与 DSC 两种技术都是基于试样受热产生热效应而建立的分析方法，都是以测量试样

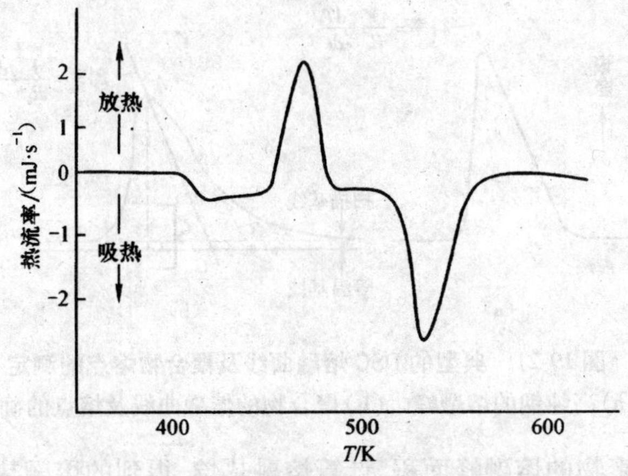

图 19-20 典型的 DSC 曲线

焓变为基础的。通过测量热量的变化，DTA 与 DSC 都能得到直接反映样品发生物理和化学变化的谱图，如结晶、熔融、氧化、分解等，在谱图中呈现相应的吸热或放热峰。因此，它们应用的领域实际上是相同的。就定性而言，DTA 和 DSC 都是比较好的。但是，一般 DSC 仪样品支持器只限 750 ℃，DTA 仪可在更高的温度范围下操作，而且在高压方面也具有独特的优势；另一方面，DTA 中试样与参比物及周围环境之间的热传递会降低热效应测量的灵敏度和精确度，而 DSC 中试样热效应带来的温差及时得到了补偿，因此热损失小，在很低的加热速度下，检测的灵敏度和精确度优于 DTA；另外，通常 DSC 仪比 DTA 仪精密、复杂、昂贵。在需要温度不高（有时可以很低）但对灵敏度要求较高的有机、液晶、高分子及生物化学等领域，DSC 更为适用；而 DTA 在高温、高压和抗腐蚀等领域独占优势。就定量而言，由于 DSC 中曲线峰所包围的面积是 ΔH 的直接度量，因此在面积与热量换算的校正中，只需进行单点校正就可以适用于整个温度范围；而在 DTA 中，校正常数与温度有关，不同的温度下，校正常数不同，因而 DSC 定量分析的准确性、分辨率、重现性优于 DTA，在 -200 ~ 800 ℃ 的温度范围内常代替 DTA 使用。

五、应用

1. 聚合物熔点的确定

聚合物熔点在 DSC 曲线上都表现为一宽的吸热峰，如图 19-21(b) 所示。关于熔点的确定，至今没有统一的规定，根据要求不同，一般有三种方法。一种是从样品的熔融峰顶作一条直线，图 19-21(a) 为高纯铟的熔融峰前沿的斜率 $\frac{1}{R_0}\cdot\frac{\mathrm{d}T}{\mathrm{d}t}$，其中 R_0 是样品皿与样品支持器之间的热阻（产生热滞后的主要原因），该直线与等温基线交于 C 点，C 点即为真正的熔点（误差不超过 ±0.2 ℃）。这种确定熔点的方法一般是在需要非常精密测定时才用，如利用熔点测定物质的纯度。一般情况下是将直线与扫描基线的交点 C' 所对应的温度作为熔点。第二种是以熔融峰前沿最大斜率点的切线与扫描基线的交点 B，对应的温度作为熔点，这也是确定熔点最通用的方法。第三种是直接以熔融峰定点 A 对应的温度作为熔点，但要注意样品量升温速率对峰温的影响。

2. 结晶度的测定

根据高聚物的结晶度与熔融热焓值成正比的关系，可用 DSC 测定高聚物的百分结晶度。

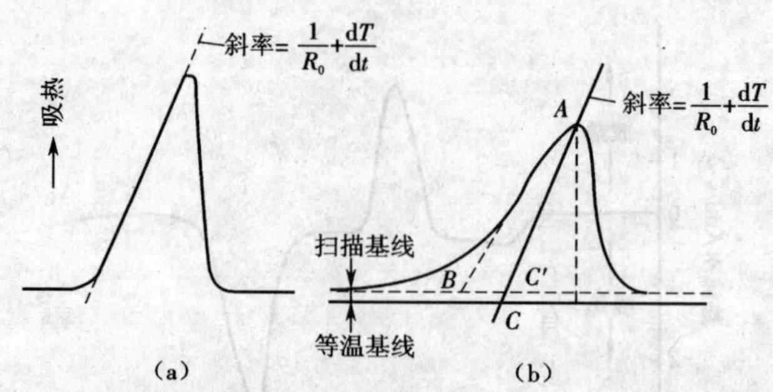

图 19-21 典型的 DSC 熔融曲线及聚合物熔点的测定

(a)高纯铟的熔融峰 (b)聚合物的熔融曲线及熔点的确定

先由 DSC 曲线得到高聚物的熔融峰面积,计算熔融热焓,得到的熔融热焓除以 100% 结晶度聚合物的熔融热焓,就可得到百分结晶度。计算公式如式(19-1)所示,其中 ΔH_f^* 的测定主要有两种方法:一是用一组已知结晶度的样品作出结晶度 - ΔH_f图,然后外推求出 100% 结晶度的 ΔH_f^*;二是以模拟样品的熔融热焓值作为 ΔH_f^*,例如聚乙烯样品结晶度的测定可选用正三十二烷为 100% 结晶度的模拟样品。

$$\text{结晶度}(\%) = \frac{\Delta H_f}{\Delta H_f^*} \times 100\% \tag{19-1}$$

3. 纯度的测定

DSC 测定物质的纯度是基于熔点或凝固点下降来确定杂质总含量,熔点下降与杂质量之间的关系用 Van't Hoff 方程表示。

$$T_0 - T_m = \frac{RT_0^2 x_2}{\Delta H_f^0} \tag{19-2}$$

式中:T_m为平衡时含杂质样品的熔点;T_0为平衡时纯样品的熔点;R 为气体常数;ΔH_f^0为纯样品的熔融热焓;x_2为样品中所含杂质的摩尔数。利用热分析数据工作站和相应的纯度计算软件可快速、方便地计算出纯度值。图 19-22 为不同纯度优霉唑的 DSC 曲线。由图可见,样品的纯度降低,熔融起始温度降低,峰高度下降,熔程加宽,同时对比峰形可简便地估计样品的纯度。据报道,约有 20% ~70% 的有机化合物适宜用这种方法,有经验的分析化学家用眼睛观察 DSC 就可估计出纯度大约在 99.8% 的范围。

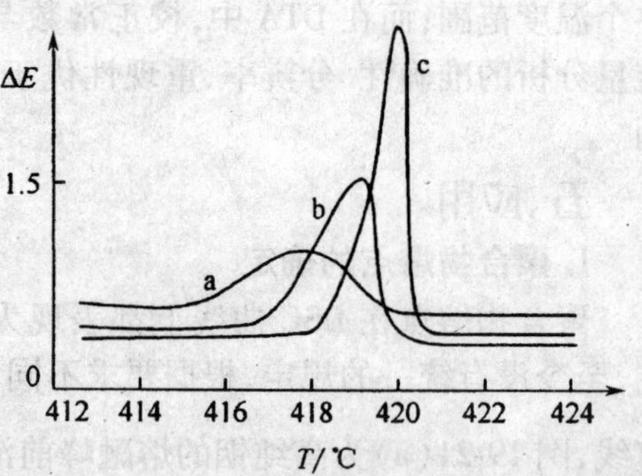

图 19-22 不同纯度优霉唑的 DSC 曲线

a—91.37%;b—98.71%;c—99.39%

虽然热分析已在各个学科领域中获得了广泛的应用,但与其他分析手段一样,有时单靠某一种热分析技术不能得出准确的结果,往往需要几种分析技术联用获得更有价值的资料。目前已实现了多种分析仪器的联用技术,如 TG-DTA-DSC 联用、DTA-GC(气相色谱)联用、TG-GC 联用、TG-MS(质谱)联用、红外光谱 - 热重 - 质谱(FTIR-TG-MS)联用等多种联用技术,需要时可查阅相关书籍。

思 考 题

1. 简述热分析的定义、分类。
2. 简述热重分析的特点及影响因素。与 TG 相比,DTG 具有哪些优点?
3. DTA 实验中如何选择参比物?常用的参比物有哪些?
4. 差热曲线的形状与哪些因素有关?影响差热分析结果的主要因素是什么?
5. 简述 DSC 技术的原理和特点以及分类。
6. 简述 DTA 与 DSC 在原理、装置以及应用方面的异同。

参考文献

[1] 肖新亮等.实用分析化学.2版.天津:天津大学出版社,2000.
[2] 武汉大学.分析化学(下册).5版.北京:高等教育出版社,2006.
[3] 华东理工大学分析化学教研组,四川大学工科化学基础课程教学基地.分析化学.6版.北京:高等教育出版社,2009.
[4] 叶宪曾等.仪器分析教程.2版.北京:北京大学出版社,2007.
[5] 朱明华等.仪器分析.4版.北京:高等教育出版社,2008.
[6] 李克安.分析化学教程.北京:北京大学出版社,2005.
[7] 林树昌等.分析化学(仪器分析部分).北京:高等教育出版社,1994.
[8] 孙毓庆等.分析化学.2版.北京:科学出版社,2006.
[9] 胡劲波,秦卫东,李启隆.仪器分析.北京:北京师范大学出版社,2008.
[10] 方惠群等.仪器分析.北京:科学出版社,2002.
[11] 高小霞等.电分析化学导论.北京:科学出版社,1986.
[12] 李启隆等.电分析化学.2版.北京:北京师范大学出版社,2007.
[13] 李超隆.原子吸收分析理论基础.北京:高等教育出版社,1988.
[14] 陈耀祖.有机结构分析.北京:科学出版社,1985.
[15] 杨红等.有机分析.北京:高等教育出版社,2009.
[16] 朱为宏,杨雪艳,李晶.有机波谱及性能分析法.北京:化学工业出版社,2007.
[17] 赵瑶兴,孙祥玉.有机分子结构光谱鉴定.北京:科学出版社,2003.
[18] 梁小天.核磁共振(高分辨氢谱的解析和应用).北京:科学出版社,1981.
[19] 宁永成.有机混合物鉴定与有机波谱学.2版.北京:科学出版社,2000.
[20] 陈耀祖,涂亚平.有机质谱原理及应用.北京:科学出版社,2001.
[21] 常建华等.波谱原理及解析.北京:科学出版社,2005.
[22] 叶秀林.立体化学.北京:北京大学出版社,1999.
[23] 詹益兴.实用色谱法.北京:科学技术文献出版社,2008.
[24] 于世林.高效液相色谱方法及应用.2版.北京:化学工业出版社,2005.
[25] 孙传经.气相色谱分析原理与技术.北京:化学工业出版社,1979.
[26] 刘国诠等.色谱柱技术.北京:化学工业出版社,2005.
[27] 史坚.现代柱色谱分析.上海:上海科学技术文献出版社,1988.
[28] 云自厚等.液相色谱检测方法.2版.北京:化学工业出版社,2005.
[29] 傅若农.色谱分析概论.2版.北京:化学工业出版社,2005.
[30] 孙传经.毛细管色谱法.北京:化学工业出版社,1991.
[31] 陈立仁等.高效液相色谱基础与实践.北京:科学出版社,2001.
[32] 达世禄.色谱学导论.2版.武汉:武汉大学出版社,1999.
[33] 刘振海等.热分析导论.北京:化学科学出版社,1991.
[34] 陈镜弘等.热分析及其应用.北京:科学出版社,1985.
[35] M LEGRAND,M J ROUGIER.旋光谱和圆二色光谱.陈荣峰等,译.开封:河南大学出版社,1990.